Pflanzenzucht im Walde.

Ein Handbuch

für

Forstwirthe, Waldbesitzer und Studierende

von

Hermann Fürst,

k. bayr. Regierungs- und Forstrath,
Direktor der Forstlehranstalt Aschaffenburg.

Zweite vermehrte und verbesserte Auflage.

Mit 52 in den Text gedruckten Holzschnitten.

Springer-Verlag Berlin Heidelberg GmbH
1888.

ISBN 978-3-662-36047-7   ISBN 978-3-662-36877-0 (eBook)
DOI 10.1007/978-3-662-36877-0

Softcover reprint of the hardcover 2nd edition 1888

Vorwort zur ersten Auflage.

Zu den wichtigsten Aufgaben eines Revierverwalters gehört wohl allenthalben die Erziehung des zahlreichen und mannigfaltigen Pflanzmaterials, dessen unser Forstbetrieb in seiner gegenwärtigen Gestaltung bedarf. Sie gehört aber auch zu dessen dankbarsten Aufgaben, da der Erfolg einer richtigen Lösung alsbald in die Augen springt; ein tüchtiger Pflanzenzüchter genannt zu werden, ist mit Recht ein Stolz des Forstmannes, und der Zustand der Saatkämpe und Forstgärten eines Forstbezirkes liefert einen nicht unwichtigen Beitrag zur Bemessung der Tüchtigkeit und Thätigkeit des einschlägigen Verwaltungs- und S c h u t z beamten.

So wird denn heut zu Tage viel Geld, viel Zeit und Arbeitskraft auf Saat- und Pflanzgärten verwendet, zahlreiche tüchtige Praktiker suchen gemeinsam mit den Männern der Wissenschaft nach den Mitteln und Wegen, die Pflanzenerziehung möglichst einfach, billig und zweckmäßig zu gestalten, und wir werden wenige Hefte unserer (leider allzu zahlreichen!) forstlichen Zeitschriften zur Hand nehmen, ohne irgend welche auf die Pflanzenerziehung bezügliche Mittheilung zu finden. Aber diese oft werthvollen Mittheilungen und Fingerzeige kommen, eben in Folge der Zersplitterung unserer Tagesliteratur, häufig nur einem kleinen Theil unserer Praktiker in die Hand, oder sie werden zwar von denselben gelesen, verschwinden aber mit der meist nur zirkulirenden Zeitschrift dem Leser aus der Erinnerung, so daß ihre Wirkung und Anwendung nur beschränkt sind.

Der Verfasser hat sich nun die Aufgabe gestellt, jenes reiche Material unserer Journal-Literatur in Verbindung mit jenem, welches in unsern Lehrbüchern des Waldbaues, wie in Spezialwerken über einzelne Holzarten niedergelegt ist, zu sammeln und an der Hand einer zwanzigjährigen Praxis und Thätigkeit im Forstdienst, sowie der im akademischen Forstgarten dahier gemachten Erfahrungen, Versuche und Beobachtungen zu sichten und systematisch geordnet zu einem Werke zusammenzustellen, welches als Handbuch der Pflanzenerziehung sowohl dem Anfänger und Privatwaldbesitzer zur Belehrung und Anleitung, wie dem Mann der Praxis zum Nachschlagen bei so manchen sich aufdrängenden Fragen dienen soll. Durch möglichst reichlichen Literatur-Nachweis soll dabei auch die Gelegenheit geboten werden, sich durch Benutzung der Quellen über so manchen Gegenstand noch eingehender zu informiren, als sich dies durch das vorliegende Buch ohne übergroßen Umfang desselben ermöglichen läßt.

Letztern so weit thunlich zu beschränken und hiedurch das Werkchen auch dem minder bemittelten Fachgenossen zugänglich zu machen, war das weitere Bestreben des Verfassers.

Das Buch selbst aber sei hiemit der freundlichen Aufnahme aller
Fachgenossen empfohlen! Möge es im Stande sein, eine unzweifelhaft
bestehende Lücke in unserer Fachliteratur entsprechend auszufüllen, möge
es dem Anfänger Belehrung, dem Manne der Praxis Rath in zweifel=
haften Fällen bieten, Anregung zur Prüfung, zu vergleichenden Ver=
suchen geben und dadurch unserem Wald, unserer Wissenschaft von
Nutzen sein.

Für Mittheilung von Erfahrungen jeder Art, für Berichtigungen
und Belehrungen — sei es durch unsere Tagesliteratur, sei es direkt
an seine Adresse — wird der Verfasser allen Fachgenossen in hohem
Grade dankbar sein und dieselben, wenn es dem Büchlein gelingen
sollte, sich eine bleibendere Stätte zu erringen, entsprechend zu verwerthen
suchen.

Aschaffenburg, im Mai 1882.

Der Verfasser.

Vorwort zur zweiten Auflage.

Das vorliegende kleine Werk, welches ich im Jahre 1882 meinen
werthen Fachgenossen übergab, hat sowohl seitens der Praktiker wie
der Kritik freundliche Aufnahme gefunden, so daß nunmehr eine Neu-
auflage nothwendig geworden ist. Ich habe dieselbe unter Beachtung
alles dessen, was einerseits in der Fachliteratur seit dem Erscheinen
der 1. Auflage Beachtenswerthes mitgetheilt wurde, wie der Erfahrungen
und Beobachtungen, die ich in den eigenen Forstgärten, wie auf zahlreichen Exkursionen und forstlichen Reisen mittlerweile gesammelt habe,
sorgfältig bearbeitet, einzelne Abschnitte — so jene über Keimproben,
Erziehung von Ballenpflanzen, Verpackung und Transport der
Pflanzen — geäußerten Wünschen entsprechend, theils erweitert, theils
neu eingefügt, im Uebrigen aber an dem ursprünglichen Plane des
Buches festgehalten, da mir ein Grund zu wesentlicher Umarbeitung
nicht gegeben schien.

Jenen geehrten Kollegen, welche mich durch Mittheilungen irgend
welcher Art freundlich in meinem Bestreben, den Pflanzenzüchtern ein
möglichst vollständiges Handbuch zu bieten, unterstützten, spreche ich
unter Wiederholung meiner Bitte um Mittheilung von Erfahrungen,
Berichtigungen und Belehrungen hiemit den besten Dank aus. Möge
auch diese neue, verbesserte Auflage sich freundlicher Aufnahme erfreuen!

Aschaffenburg, im Dezember 1887.

Der Verfasser.

Inhalt.

VI. Abschnitt.
Die Kosten der Pflanzenerziehung.

Anhang.

Zweiter Theil.
Spezielle Regeln für Erziehung der einzelnen Holzarten im Saat- und Pflanzbeet.

I. Abschnitt.
Die Laubhölzer.

II. Abschnitt.
Die Nadelhölzer.

Uebersicht
der vorzugsweise benutzten Literatur
(nebst Angabe der gebrauchten Abkürzungen).

A. Zeitschriften.

Allgemeine Forst- und Jagdzeitung, herausgegeben von Prof. Dr. Lorey und
Prof. Dr. Lehr (früher von Dr. G. Heyer). (Allgem. F.- u. J.-Z.)

Monatsschrift für das Forst- und Jagdwesen, jetzt (seit 1879) **Forstwissenschaft-
liches Centralblatt,** herausgegeben von Prof. Dr. Baur. (Monatsschr.
f. d. F.- u. J.-W.)[1].

Tharander forstliches Jahrbuch, herausgegeben von Geh. Oberforstrath Dr. Judeich.
(Thar. forstl. Jahrb.)

Zeitschrift für Forst- und Jagdwesen, herausgegeben von Oberforstmeister
Dr. Danckelmann. (Zeitschr. f. F.- u. J.-W.)

Forstliche Blätter. Zeitschrift für Forst- und Jagdwesen, herausgegeben von Oberforstmeister Grunert und Oberforstmeister Dr. Borggreve. (Forstl. Bl.)

Centralblatt für das gesammte Forstwesen, herausgegeben von Prof. G. Hempel.
(Centralbl. f. d. F.-W.)

Kritische Blätter für Forst- und Jagdwissenschaft, herausgegeben von Oberforstmeister Dr. Pfeil, fortgesetzt von Prof. Dr. Nördlinger. (Krit. Bl.)

Aus dem Walde. Mittheilungen in zwanglosen Heften von Forstdirektor Dr.
Burckhardt. (A. d. Walde.)

Forstliche Mittheilungen, herausgegeben vom K. Bayrischen Ministerialforstbureau.
(Forstl. Mitth.)

Mittheilungen aus dem forstlichen Versuchswesen Oesterreichs von Prof. Dr.
v. Seckendorff. (Seckendorff, Mitth.)

Oesterreichische Forstzeitung, herausgegeben von Prof. G. Hempel. (Oestr. Fz.)

---

[1] Aus Zweckmäßigkeitsgründen, zur Vermeidung von Verwechslungen, haben wir auch für
die seit 1879 unter letzterem Titel erschienenen Jahrgänge die angegebene Bezeichnung angewendet.

B. Selbſtändige Werke.

Burckhardt, Säen und Pflanzen nach forſtlicher Praxis. 5. Aufl. 1880.

Heyer, Waldbau. 3. Aufl. 1878.

Gayer, Waldbau. 1. Aufl. 1880.

Stumpf, Waldbau. 4. Aufl. 1870.

Pfeil, Die deutſche Holzzucht. 1860.

Fiſchbach, Lehrbuch der Forſtwiſſenſchaft. 3. Aufl. 1877.

Fiſchbach, Praktiſche Forſtwirthſchaft. 1879.

Demontzey, Studien über die Arbeiten der Wiederbewaldung und Beraſung der Gebirge (überſetzt von Prof. Frhr. v. Seckendorff). 1880.

Heß, Der Forſtſchutz. 1880.

Schmitt, Anlage und Pflege der Fichtenpflanzſchulen. 1875.

Grebe, Der Buchenhochwaldbetrieb. 1856.

Gerwig, Die Weißtanne im Schwarzwald. 1868.

Dreßler, Die Weißtanne. 1878.

v. Alemann, Ueber Forſtkulturweſen. 3. Aufl. 1884.

v. Schütz, Die Pflege der Eiche. 1870.

v. Manteuffel, Die Eiche. 2. Aufl. 1874.

Geyer, Die Erziehung der Eiche zum Hochſtamm. 1870.

v. Manteuffel, Die Hügelpflanzung der Laub= und Nadelhölzer. 4. Aufl. 1874.

Kayſing, Der Kaſtanien=Niederwald. 1884.

Reuß, Die Lärchenkrankheit. 1870.

v. Pannewitz, Anbau der Lärche, echten Kaſtanie und Akazie. 1855.

Fiſchbach, H., Ueber die Lockerung des Waldbodens. 1858.

Genth, Doppelte Rieſen. 1874.

Einleitung.

Die Lehre von der Erziehung unserer Holzpflanzen wird sich naturgemäß theilen in allgemeine Grundsätze und Regeln, welche für die Pflanzenzucht im Wald überhaupt gelten, und in spezielle Regeln für die Erziehung der einzelnen Holzarten. Demgemäß wird sich denn auch unser Werkchen theilen in einen allgemeinen und einen speziellen Theil.

Im allgemeinen, von der Pflanzenerziehung überhaupt handelnden Theil werden wir, nachdem im ersten, einleitenden Abschnitt die Bedeutung der Pflanzenzucht, die verschiedenen Arten von Pflanzen und Methoden der Erziehung derselben kurze Besprechung gefunden, zunächst von den Vorbereitungen für die Pflanzenzucht zu reden haben: von der Auswahl des Platzes für Saatbeet oder Forstgarten, der Bearbeitung des Bodens, dessen Verbesserung und Düngung; ferner von der etwa nöthigen Einfriedigung der Pflanzschule und endlich von deren Eintheilung und inneren Einrichtung.

Die beiden nächsten Abschnitte werden sodann die Pflanzenerziehung durch Saat und durch Verschulung zu behandeln und einerseits die Ausführung der Ansaat und resp. Verschulung, anderseits Schutz und Pflege der Saat= und Pflanzbeete zu erörtern haben. — Ein letzter Abschnitt endlich hat die Kosten der Pflanzenerziehung, deren Faktoren und den Einfluß des Wirthschafters auf diese Kosten zu behandeln.

Aufgabe des zweiten, speziellen Theiles aber wird es sein, die Art und Weise der Erziehung der einzelnen Holzarten, wie sie unter Berücksichtigung der Eigenthümlichkeiten einer jeden sich in der forstlichen Praxis herausgebildet hat, unter möglichster Bezugnahme auf die Erörterungen des allgemeinen Theiles darzustellen.

Allgemeine Grundsätze und Regeln der Pflanzenzucht.

I. Abschnitt.
Die Pflanzenzucht überhaupt.

§ 1.
Bedeutung der Pflanzenzucht im Forsthaushalt.

Wie bekannt, hat die Forstkultur in diesem Jahrhundert an Wichtigkeit und Ausdehnung stetig zugenommen, und mancherlei Gründe lassen sich hiefür angeben.

Die nächste Veranlassung hiezu ist jedenfalls in der großen Verbreitung der künstlichen Verjüngung an Stelle der natürlichen zu suchen, zunächst eine Folge des massenhaften Anbaues des Nadelholzes an Stelle des Laubholzes, sei es, weil auf dem durch Streunutzung heruntergekommenen Boden eine Nachzucht des Laubholzes überhaupt nicht mehr möglich war, sei es, weil man mit Hülfe der raschwüchsigen, nutzholzreichen Nadelhölzer eine höhere Rentabilität der Waldungen zu erzielen hoffte. Aber auch bei der Verjüngung der Nadelholzbestände, der Fichte und selbst der Tanne, gab man um des einfachen, sicheren Verfahrens willen an vielen Orten dem künstlichen Anbau den Vorzug vor der früher geübten natürlichen Verjüngung; und selbst bei der Buchenwirthschaft hat das Bestreben, dem Buchenwald nutzholzliefernde Laub- und Nadelhölzer beizumischen, der Forstkultur ausgedehnten Eingang verschafft. Endlich aber hat das Bestreben, Oedländereien überhaupt durch Anbau mit Holz nutzbar zu machen, wie intensive Bestandspflege durch den sich mehr und mehr verbreitenden Unterbau der Lichthölzer, der Forstkultur eine stets wachsende Ausdehnung gegeben.

Mit der zunehmenden Bedeutung des Forstkulturwesens und dessen intensiverem und rationellerem Betrieb ist aber die ursprünglich dominirende Saat mehr und mehr zurück und dafür die Pflanzung in den Vordergrund getreten. Noch im Jahre 1854 konnte Carl Heyer[1]) sagen, die Zahl der Forstwirthe, welche die Saat vorzögen, sei die überwiegende, während im Jahre 1876 Wagener[2]) bereits die Anwendung der Saat als Zeichen einer zurückgebliebenen Wirthschaft charakterisiren zu sollen glaubte. Geht letzteres Urtheil in dieser Allgemeinheit auch zu weit und gibt es auch heute noch eine nicht geringe Anzahl von Fällen, in denen die Saat ihre volle Berechtigung hat, — Vorsaaten in Bestandslücken und gelichteten Bestandspartien, Unterstützung der natürlichen Verjüngung, Nachzucht empfindlicher Holzarten unter Schutzbestand, Begründung von Eichenhorsten im Buchenwald u. dgl. m. — so behauptet die Pflanzung doch gegenwärtig fast allenthalben die erste und wichtigste Stelle im Kulturbetrieb und mit ihr auch die Pflanzenerziehung. Die Beschaffung eines guten, zweckentsprechenden und billigen Pflanzenmateriales in hinreichender Menge gehört an den meisten Orten, wie wir dies schon im Vorwort betont haben, zu den wichtigsten Aufgaben des Revierverwalters; ja vielfach, so z. B. in Bayern, wünscht man von ihm die Erziehung einer über den eigenen Bedarf hinausgehenden Pflanzenmenge zur Deckung des Bedarfes der Privatwaldbesitzer und erwartet hievon nicht mit Unrecht eine Hebung des vielfach heruntergekommenen Zustandes der Privatwaldungen.

§ 2.

Verschiedene Arten der zur Verwendung kommenden Pflanzen.

Das Pflanzenmaterial, dessen unser heutiger Kulturbetrieb bedarf, ist nach den örtlichen Verhältnissen ein außerordentlich verschiedenes, wie nach Holzart, so nach Alter und Stärke. Von der einjährigen Föhrenpflanze mit nur wenige Centimeter hohem Stämmchen bis zum kräftigen 2 und 3 Meter ·hohen Eichenheister finden wir Pflanzen jeder Größe und Stärke in Verwendung, wobei allerdings der beim Pflanzbetrieb gültige Grundsatz, mit Rücksicht auf die Kosten Pflanzen stets nur in der absolut nöthigen Stärke und also je kleiner, je lieber zu benützen, eine rasche Abnahme in der Zahl der zur Verwendung kommenden stärkeren Pflanzen zur Folge hat[3]).

Fassen wir unser Pflanzenmaterial also näher ins Auge, so haben

---

¹) Waldbau 1. Aufl. S. 49.

²) Regelung des Forstbetriebs, S. 398.

³) In den Jahren 1880 und 1881 kamen in den bayrischen Staatswaldungen 1 663 000 Laubholzpflanzungen zur Verwendung, darunter nur 114 000 Heister.

1*

wir dasselbe zunächst zu unterscheiden nach dem Alter und der dadurch bedingten Größe.

Von Nadelholzpflanzen, deren Zahl jene der zur Verwendung kommenden Laubholzpflanzen ums Vielfache[1]) übersteigt, deren Erziehung auf vielen Revieren fast ausschließlich in Anwendung kommt und selbst auf keinem Laubholzrevier heut zu Tage gänzlich mehr entbehrt werden kann, kommen vorzugsweise nur 2 Sortimente in Verwendung. 1= bis 3jährige Saatschulpflanzen und 3—6jährige Schulpflanzen, wie sie durch Verschulung im Pflanzbeet erzogen oder etwa mit Ballen gewonnen werden. Noch stärkere Pflanzen werden nur ausnahms= weise und vereinzelt da und dort zur Ausfüllung einzelner kleiner Lücken als starke Ballenpflanzen aus natürlichen Anflügen oder Saaten ausgehoben und in unmittelbarer Nähe verwendet; auch der bisweilen benützte Lärchenheister gehört zu diesen Ausnahmen!

Mannigfacher sind die zur Verwendung kommenden Laubholz= pflanzen. Auch hier kommen 1—3jährige Saatschulpflanzen zur Verwendung, doch in verhältnißmäßig geringerer Zahl; ein großer Theil derselben wird ein=, ja selbst zweimal verschult und liefert die bis zu 1 m hohe Lodenpflanze, den bis 2 m hohen Halbheister, den starken 3, ja 4 m hohen Heister, wie sie die Nachbesserung in den Schlägen des Hoch= und Niederwaldes, die Oberholz=Nachzucht des Mittelwaldes, die Bepflanzung von Hutweiden, die Anlage von Alleen, Parkanlagen u. dgl. verlangen. — Wird das Stämmchen bei der Ver= pflanzung unmittelbar über dem Boden abgeschnitten, so entsteht die Stummel= oder Stutzpflanze, wie sie (namentlich von Eiche und Edelkastanie) zur Anlage und Vervollständigung von Niederwaldungen mit gutem Erfolg angewendet wird. Ja selbst die kaum aufgegangene Keimpflanze findet bisweilen, wenn auch nur zur Einschulung ins Pflanzbeet, Anwendung mit gutem Erfolg. Der Steckling endlich, wie er bei Weichhölzern (Weiden und Pappeln) verwendet wird, ist als Pflanze überhaupt kaum zu betrachten und wird erst durch seine Anwurzelung zu einer solchen; im Pflanzbeet erzieht man wohl aus Stecklingen kräftige und bewurzelte Setzlinge.

---

[1]) In den Staatswaldungen Bayerns sind in den Perioden
1855—1861 jährlich 2 458 000 Laubholz= und 58 006 000 Nadelholzpflanzen,
1861—1867 „ 1 941 000 „ „ 43 757 000 „
durchschnittlich zur Verwendung gekommen. (Forststatistische Mittheilungen der bayr. Forstverwaltung S. 20.)

In Weiterem werden wir ballenlose und Ballenpflanze, Einzel= und Büschelpflanze zu unterscheiden haben.

Die weitaus größte Zahl von Pflanzen wird jetzt aus Saatbeeten oder nach vorheriger Verschulung aus Pflanzbeeten gewonnen und ohne Ballen, also mit nackten Wurzeln als Einzelpflanze verwendet. Diesen ballenlosen[1]) Pflanzen steht gegenüber die Ballenpflanze, deren Wurzeln mit einem je nach der Größe der Pflanzen und nach deren Bewurzelung größeren oder kleineren Erdballen umgeben sind; den Gegensatz zur Einzelpflanze aber bilden die Büschelpflanzen, bei welchen eine kleinere oder größere Zahl von Pflanzen in einem gemeinsamen Ballen dicht beisammen stehend verwendet werden.

Auf einen weiteren Unterschied je nach, der Erziehung oder Gewinnung — künstlich erzogene Pflanzen und Wildlinge — wird uns der folgende Paragraph führen.

<h2 style="text-align:center">§ 3.</h2>

<h2 style="text-align:center">Gewinnung des nöthigen Pflanzenmaterials.</h2>

Die ursprünglichste und naheliegendste Methode der Pflanzenbeschaffung war jedenfalls die Entnahme der Pflanzen aus natürlichem Anflug, die Verwendung von Wildlingen[2]), später die Entnahme aus Saaten; doch ist auch die künstliche Erziehung von Pflanzen in eigens dazu bestimmten und zugerichteten Saatkämpen eine sehr alte, wie denn schon eine Forstordnung von 1651 die Anlage von Eichen=, Buchen= und Tannenkämpen durch Pflügen und Ansäen vorschreibt[3]). Immerhin aber sind diese letzteren bis in unser Jahrhundert die Ausnahme und die erstgenannten Pflanzengewinnungs=Arten die Regel gewesen, mit welcher sich bei der ausgedehnten Anwendung der Saat gegenüber der seltener geübten Pflanzung auskommen ließ. Die allgemeinere Anwendung dieser letzteren aber, der dadurch bedingte außerordentlich große Pflanzenbedarf, die gesteigerten Anforderungen an die Qualität der Pflanzen einerseits, die fehlenden natürlichen Anflüge und

---

[1]) Den Ausdruck „ballenlos" oder „nacktwurzelig" halte ich für richtiger, als den da und dort gebrauchten „wurzelfrei"; nach Analogie von schuldenfrei, tadelfrei würden wurzelfreie Pflanzen solche ohne Wurzeln (Stecklinge) sein! Besser wäre etwa der Ausdruck „freiwurzelig".

[2]) In dem Arbeitsplan des Vereins der forstlichen Versuchsanstalten Deutschlands für Kulturversuche werden die Wildlinge als „Schlagpflanzen" im Gegensatz zu den künstlich erzogenen „Zuchtpflanzen" bezeichnet.

[3]) Bernhard, Forstgeschichte. I. Theil. S. 241.

Saatkulturen anderseits haben jene früheren Arten der Pflanzen=
gewinnung sehr in den Hintergrund treten lassen, die künstliche Er=
ziehung der Pflanzen vielfach zur selbst ausschließlichen Regel gemacht.

Bei Beantwortung der Frage: wie gewinnen wir gegenwärtig unser
Pflanzenmaterial? werden wir zunächst unterscheiden müssen zwischen der
Ballenpflanze und der ballenlosen Pflanze.

Die Ballen= (und Büschel=) Pflanze wird entweder aus natür=
lichen Anflügen und Verjüngungen oder dicht stehenden Saatkulturen
entnommen oder auf besonders dazu bestimmten, leicht bearbeiteten und
ziemlich dicht besäten Flächen gewonnen, endlich, wenn auch um des
größeren Kostenaufwandes willen nur seltener, in Pflanzschulen eigens
erzogen.

Die ballenlose Pflanze dagegen gewinnen wir nur ausnahmsweise
aus natürlichen Verjüngungen (so Buchen zu Unterpflanzungen), öfter
aus dicht stehenden Riesensaaten, denen das entbehrliche Material ent=
nommen wird. Auch durch Ansaat von Stocklöchern und Graben=
aufwürfen sucht man wohl da und dort auf einfache und billige Weise
Pflanzen zu erziehen; ein lockerer oder gelockerter Boden, welcher das
Ausheben der Pflanzen ohne Verlust der feinen Saugwurzeln gestattet,
ist hier ebenso Bedingung, wie für die Ballenpflanze ein etwas binden=
der Boden. Weitaus die überwiegende Menge ballenloser Pflanzen aber
wird unverschult oder verschult in Saat= und Pflanzkämpen und
Forstgärten erzogen, und es behaupten diese Pflanzen vielfach selbst der
Billigkeit, noch mehr aber der Qualität nach den entschiedenen Vorrang
vor Wildlingen und Pflanzen aus Saatkulturen.

Bisweilen werden wohl auch schwache Wildlinge ohne Ballen aus=
gehoben und in Pflanzschulen eingeschult. (Vergl. im zweiten Theil
die Abschnitte über Esche, Weißbuche, Tanne.)

§ 4.

Verwendung der Ballen= und ballenlosen Pflanzen im Kulturbetrieb.

Welchen Werth, welche Bedeutung hat nun die Ballenpflanze,
welchen die ballenlose für unsern Kulturbetrieb, und in welchem Maß
finden hienach beide Verwendung?

Die Versetzung einer Pflanze mit der die Wurzeln allseitig um=
gebenden Erde, mit dem Ballen, erscheint jedenfalls als das schonendste
und sicherste Verfahren, und in der That läßt, wenn die Größe des
Ballens mit der Größe der Pflanze und resp. deren Wurzelbau in
richtigem Verhältniß steht, das Gedeihen von Ballenpflanzen nichts zu

wünschen übrig; die versetzte Pflanze wächst, zweckentsprechende Behand=
lung bei der Verpflanzung vorausgesetzt, meist ohne jedes Stocken und
Kümmern fort. So war denn auch die Ballenpflanzung die ursprüng=
lichste und lange Zeit die beliebteste Pflanzmethode, die auch heut zu
Tage noch da und dort ihre Berechtigung hat, in manchen Fällen das
letzte Mittel zur Aufforstung einer mißlichen Blöße ist; sie ist nament=
lich noch dann von Bedeutung, wenn stärkere Nadelholzpflanzen
(Föhren und Fichten) zur Verwendung kommen sollen, welche gegen
Wurzelverlust und Wurzelbeschädigung viel empfindlicher sind, als
Laubholzpflanzen — wir erinnern hier beispielsweise an die Behandlung
(richtiger Mißhandlung!), welche sich Obstbäume gefallen lassen müssen!

Die Verwendung der Büschelpflanze, früher für die Fichte nament=
lich im Harz in ziemlicher Ausdehnung üblich, hat so mancherlei
Schattenseiten gezeigt, daß sie keine größere Verbreitung gewinnen
konnte — im Gegentheil, die Büschelpflanze hat vielfach der stufigen
Einzelpflanze das Feld räumen müssen und ist überhaupt nur unter
besonders mißlichen Verhältnissen, so bei unbeschränktem Weidegang,
starkem Wildstand u. dgl., noch da und dort am Platz und in An=
wendung.

Der ausgedehnteren Anwendung der so manche Vortheile bietenden
Ballenpflanzung aber stehen zahlreiche Hindernisse im Weg: in erster
Linie die viel höheren Kosten, welche Stechen, Transport, Ein=
pflanzen erheischen, ferner ungünstige Bodenbeschaffenheit,
welche entweder das Stechen oder den weiteren Transport erschwert,
ja selbst unmöglich macht (steiniger, verwurzelter oder zu leichter Boden).
Tiefgehende oder weitausstreichende Wurzelbildungen treten ins=
besondere auf ärmerem Boden der Gewinnung in so ferne hindernd in
den Weg, als entweder übergroße Ballen nöthig werden oder bedeuten=
der Wurzelverlust für die Pflanzen nicht zu vermeiden ist. Das Aus=
stechen von Ballen in größerer Zahl aus Anflügen oder Ansaaten wird
diesen nicht selten geradezu verderblich, die Erziehung von Ballenpflanzen
durch Verschulung aber, für die Fichte früher namentlich in Thü=
ringen sehr in Anwendung[1]), ist immerhin etwas kostspielig.

Alle diese Verhältnisse haben in Verbindung mit dem großen
Pflanzenbedarf der Gegenwart die Ballenpflanze mehr und mehr in den
Hintergrund gedrängt[2]), und die ballenlose Pflanze, unverschult

---

[1]) Allg. F.= u. J.=Z. 1862. S. 285.

[2]) In den Jahren 1880 u. 1881 wurden in den bayr. Staatswaldungen
8 505 000 Nadelholzpflanzen versetzt, wovon 611 000 als Ballenpflanzen.
Die Angabe Wageners (Waldbau S. 436), daß in den amtlichen Wirthschafts=

ober verschult in Saat= und Pflanzbeet erzogen, behauptet unbedingt den ersten Platz, um so mehr, als die Fortschritte im Gebiete des Forst=kulturwesens innerhalb der letzten Jahrzehnte die Erziehung guten und billigen Pflanzmaterials und dessen Verwendung mit sehr gesichertem Erfolg gelehrt haben.

Die Erziehung ballenloser Pflanzen in Saat= und Pflanzgärten wird es daher vor Allem sein, welche uns hier zu beschäftigen hat, wenn auch der Erziehung von Ballenpflanzen, soweit eine solche noch stattfindet, die entsprechende Rücksicht geschenkt werden soll.

§ 5.

Saatkamp, Pflanzkamp, Forstgarten.

Die Erziehung der nöthigen Pflanzen kann nun erfolgen auf klei=neren, in der Regel auf den Kulturobjekten oder in deren nächster Nähe gelegenen Flächen, die lediglich zur Anzucht 1—3jähriger unverschulter Pflanzen (vorwiegend Nadelholzpflanzen) bestimmt sind, meist nur kürzere Zeit benutzt werden und den Namen S a a t k ä m p e oder S a a t s c h u l e n führen. Dienen dieselben auch zur Erziehung verschulter Pflanzen, so nennt man die dazu bestimmten Beete P f l a n z b e e t e im Gegensatz zu den S a a t b e e t e n, und die ganze, aus Saat= und Pflanz=beeten bestehende Anlage P f l a n z k a m p oder P f l a n z s c h u l e, und zwar spricht man bei nur ein= oder zweimaliger Benutzung von w a n d e r n d e n Saat= und Pflanzkämpen[1]).

Größere zur d a u e r n d e n Pflanzenzucht bestimmte Flächen nennt man dagegen P f l a n z g ä r t e n oder F o r s t g ä r t e n; dieselben enthalten

---

regeln für die bayr. Staatswaldungen die Ballenpflanzung in den Vordergrund gestellt werde, läßt sich nach obigen Zahlen auf ihren wirklichen Werth zurückführen.

[1]) Es möge hier auch der H o m b u r g'schen Reolstreifen als sehr kleiner wandernder Saatkämpe als eines Mittels zu billiger Pflanzenerziehung Erwähnung geschehen.

H. empfiehlt, in den zu verjüngenden alten Beständen an passenden Plätzen unter dem Schirm des Mutterbestandes Platten oder Streifen gut zu bearbeiten und dieselben in etwa 20 cm entfernten Saatrinnen dünn anzusäen. Die er=scheinenden Pflanzen werden zum kleinen Theil auf den Saatflächen belassen, zum weitaus größern zur Anpflanzung der zwischen den Platten und Streifen befind=lichen unbestockten Stellen als ein= und zweijährige Pflänzlinge möglichst mit der anhaftenden Erde verpflanzt, und rühmt H. die Billigkeit des Verfahrens, wie die Sicherheit des Gedeihens der versetzten Pflanzen.

(Vgl. H o m b u r g, Die Nutzholzwirthschaft im geregelten Hochwald=Ueberhalt=betrieb und ihre Praxis. 1878.)

dann angesäete Saatbeete und fast immer auch Pflanzbeete voll ver=
schulter Pflanzen, meist verschiedener Art und Stärke, sind solid ein=
gefriedigt und haben den Bedarf eines größeren Bezirks — Reviers
oder Schutzbezirks — zu decken.

§ 6.

Wandernde Saat= und Pflanzkämpe oder ständige Forstgärten?

Die Frage, ob es zweckmäßiger sei, die nöthigen Pflanzen in zahl=
reichen, kleineren Saat= und Pflanzkämpen, die nur wenige Jahre be=
nutzt werden sollen, oder in größeren, dauernd benutzten Forstgärten zu
erziehen, ist schon vielfach ventilirt worden und jede Seite dieser Frage
hat ihre Vertreter und Vertheidiger gefunden; es dürfte sich also wohl
lohnen, derselben etwas näher zu treten[1]).

Eine absolut und für alle Fälle richtige Antwort auf jene
Frage giebt es nun wohl nicht, und sowohl kleinere, wandernde wie
größere und ständige Pflanzschulen haben je nach der Holzart, wie nach
lokalen Verhältnissen ihre entschiedene Berechtigung.

Wenn es sich um die Erziehung von Pflanzen handelt, welche wie
Föhren, Fichten, Erlen, eines Schutzes durch Einfriedigung vielfach ent=
behren können; wenn die erstmalige Bodenbearbeitung leicht und billig
auszuführen ist, also auf mehr sandigem oder wenig lehmigem, stein=
und wurzelfreiem Boden; wenn in Folge günstiger Boden= und Terrain=
verhältnisse passende Oertlichkeiten allenthalben zur Verfügung stehen:
dann wird die Anlage kleiner Saat= und Pflanzkämpe direkt auf den
größeren Kulturflächen oder in deren nächster Nähe am Platze sein.
Es ist jederzeit von Vortheil, die nöthigen Pflanzen in unmittelbarer
Nähe der Kulturflächen zu haben. Unter steter, spezieller Aufsicht des
die Kultur überwachenden Forstbediensteten werden die Pflanzen, stets
nur in der momentan nöthigen, sofort zu verwendenden Menge, aus=
gehoben, die Arbeit des Verpackens, wie die Gefahr des Vertrocknens
in Folge mangelhafter Verpackung fallen weg; verschulten Pflanzen kann
man beim Ausheben möglichst viel Muttererde an den Wurzeln hängen
lassen, während dieselbe bei weiterem Transport abgeschüttelt wird oder
zur Erleichterung desselben abgeschüttelt werden muß, und die Kosten
des Transports (die für kleinere Pflanzen allerdings gering sind)
werden erspart. Von wesentlicher Bedeutung sind letztere aber bei

---

[1]) Vergl. hierüber: Allg. F.= u. J.=Z. 1866. S. 165 u. 208; ferner Ver=
handlungen des Hils=Solling=Vereines 1882 S. 39.

Ballen= und Büschelpflanzen, und Pflanzbeete, in welchen solche Pflanzen erzogen werden sollen, legt man unter allen Umständen in möglichster Nähe des Verwendungsortes an.

Noch manche weitere Gründe werden für Wanderkämpe und gegen große Forstgärten, gegen zu große Konzentrirung der Pflanzenerziehung ins Feld geführt: die Kosten der Einfriedigung, welche bei ersteren vielfach erspart werden können, der Düngung, welche ganz oder theil= weise erspart werden soll[1]); die stärkere Verunkrautung, welcher ständige Pflanzgärten gegenüber den Wanderkämpen auf frischem Boden all= mählich unterliegen[2]), und ebenso die allmähliche Vermehrung der unterirdischen Feinde — so der Engerlinge, der Drahtwürmer (Elater= Larven), Werren[3]) in ersteren, welch' letztere Mißstände wir nach unsern eigenen Erfahrungen zugeben müssen.

Es wird betont, daß es Aufgabe jedes Försters sein soll, das für seinen Aufsichtsbezirk nöthige Pflanzmaterial möglichst selbst erziehen zu helfen, dann werde er auch das größte Interesse an sorgfältiger Verwendung haben[4]). — Ebenso dürfte zu erwähnen sein, daß passende Plätze für kleine Pflanzkämpe leichter zu finden sind, als für größere Pflanzgärten, daß sich für erstere der so wohlthätige Seitenschutz durch vorliegende Bestände in höherem Grade beschaffen und erhalten läßt, als für letztere; daß endlich Kalamitäten — Insekten, Krankheiten (Schütte) u. dergl. — bei einer größeren Anzahl kleinerer Pflanzschulen voraussichtlich doch nicht so verderblich auftreten und wenigstens einen Theil der letzteren verschonen werden!

Als eine Schattenseite der Wanderkämpe hebt Kammerrath Horn[5]) hervor, daß nach seinen Wahrnehmungen in Fichtenrevieren die früheren Kampflächen selbst nach kurzer Benutzung einen entschieden schlechtern Holzwuchs zeigen, als ihre Umgebung, und daß die Zahl der solcher= weise deteriorirten Flächen dort, wo man die Kulturen vorwiegend mit verschulten Fichten vornehme, also zahlreiche Kämpe bedürfe, keine geringe sei. (Nach unsern Erfahrungen rührt diese Erscheinung nicht selten daher, daß beim Verlassen eines ausgebauten Kampes einfach eine große Zahl schlechter, zum Verpflanzen nicht mehr geeigneter Pflanzen als Bestockung derselben belassen werden!)

---

1) Monatsschr. f. d. F.= u. J.=W. 1868. S. 343.
2) Krit. Bl. L. 1. S. 121.
3) Verhandl. dem Hils=Solling=Vereines. 1882. S. 42.
4) Zeitschr. f. F.= u. J.=W. Bd. 6. S. 255.
5) Verhandl. des Hils=Solling=Vereines. 1882. S. 53.

Nicht wenige Stimmen dagegen sprechen für thunlichst konzen=
trirten Betrieb der Pflanzenerziehung, welche dann, auf die passend=
sten Plätze verlegt, vom Revierverwalter am leichtesten überwacht werden
könne [1]). Am weitesten geht hierin wohl E. Heyer [2]), der zunächst die
Gründe gegen ständige Forstgärten unter Hinweis auf die Billigkeit
guter Düngung, auf die geringen Transportkosten für ballenlose Pflan=
zen, auf die Leichtigkeit guter Verpackung für nicht stichhaltig erklärt
und der Verschiedenheit des Standortes zwischen Forstgarten und
Kulturplatz jede Bedeutung abspricht, wenn ersterer nicht etwa in ent=
schieden milderem Klima liegt, als letzterer; sodann die Vortheile stän=
diger Forstgärten hervorhebt: die nur einmal aufzuwendenden Kosten
für Rodung, Planirung oder Terrassirung der betreffenden Fläche, für
Verbesserung der physikalischen Eigenschaften, für Einfriedigung und
Hütte, dann die leichtere Ueberwachung. Heyer will die Konzentration
so weit als möglich treiben, förmliche Holzpflanzen=Magazine anlegen,
einen großen Forstgarten für ganze Waldkomplexe, für eine ganze
Provinz; unter Hinweis auf die Erfolge großer Handelsgärtnereien
glaubt er, daß auf solche Weise die besten und billigsten Pflanzen er=
zogen, viel Lehrgeld erspart, die besten Geräthe angewendet würden,
das Lokalpersonal Entlastung fände u. s. f.

Wenn nun auch zugegeben werden muß, daß von diesen Anschau=
ungen manche als richtig anzuerkennen sind — auch Burkhardt stimmt
theilweise zu, betont auch noch, daß größere Forstgärten mehr Gelegen=
heit zu wissenschaftlichen und praktischen Versuchen und Beobachtungen
geben [3]) —, so werden doch nur Wenige so weit gehen wollen, wie
Heyer! Es wäre allerdings sehr bequem, wenn der Revierverwalter
im Frühjahr einfach seinen Bestellzettel an das „Pflanzenmagazin"
sendete — aber schon die genaue Bestimmung der Zahl der nöthigen
Pflanzen jeder Gattung würde manche Schwierigkeit bieten, ebenso die
gute Verpackung, der oft weite Transport in entlegene Waldungen,
das rechtzeitige Eintreffen, ganz abgesehen davon, daß mit der Pflanzen=
erziehung dem thätigen Wirthschafter eines der dankbarsten Arbeits=
gebiete entzogen würde [4]). Und so ist jener Gedanke Heyers wohl kaum

---

[1]) Zeitschr. f. F.= u. J.=W. Bd. 8. S. 404.
[2]) Allg. F.= u. J.=Z. 1866. S. 205.
[3]) Säen u. Pflz. S. 71.
[4]) Auch die Verantwortlichkeit für das Gelingen bezw. Mißlingen der
Kulturen wird in bedenklicher Weise getheilt: trägt an letzterem das gelieferte Pflanz=
material, dessen mangelhafte Verpackung oder die schlechte Ausführung der Kultur
die Schuld?

irgendwo realisirt worden; die Erziehung des nöthigen Pflanzenbedarfs in jedem Revierbezirk wird die Regel bleiben, der aushülfsweise Bezug von Pflanzen aus einem andern Revier dadurch jedoch nicht ausgeschlossen sein.

Daß größere und ständige, eine längere Reihe von Jahren benutzte Forstgärten manche Vorzüge bieten und vielfach sehr am Platz, ja unbedingt nöthig sind, soll damit in keiner Weise in Abrede gestellt werden, und wir haben oben deren Vorzüge schon kennen gelernt. Insbesondere werden dieselben zur Laubholzzucht und bei stärkeren Wildständen um der nöthigen soliden Einfriedigung willen nicht entbehrt werden können, und ebenso macht kostspieliger Bodenumbruch längere Benutzung wünschenswerth. Düngemittel verschiedener Art werden gegen die sonst unvermeidliche Vermagerung des Bodens helfen und in rechter Quantität und Art angewendet, den erwünschten Erfolg haben — benutzt ja auch der Handelsgärtner fort und fort denselben Platz zur Erziehung seiner Gewächse[1]).

So werden denn Saatkamp wie Forstgarten ihre Stelle in der Pflanzenzucht behaupten, und jeder von beiden unter gewissen Verhältnissen und Bedingungen seine entschiedene Berechtigung haben.

II. Abschnitt.
Die Vorbereitungen zur Pflanzenzucht.

1. Kapitel.
Auswahl des Platzes.

§ 7.
Allgemeine Erörterungen.

Die Auswahl eines passenden Platzes zur Anlage eines Saatkampes, eines Forstgartens, kann unter günstigen Verhältnissen mit sehr wenig Schwierigkeiten verbunden sein, unter ungünstigen dem Wirthschafter viel Sorgen und Zweifel erregen. Eine ganze Reihe von Faktoren sind es, die der Würdigung bedürfen, und die Nichtbeachtung des einen oder andern rächt sich oft schwer durch Erziehung mangelhaften

---

[1]) Ein 2 ha großer fiskalischer Pflanzgarten bei Hannover, im Jahre 1865 angelegt, zur Laubholzzucht benutzt und mit Straßenkehricht, Rohhumus und ungelöschtem Kalk gedüngt, hat sich vollständig produktionsfähig erhalten. (Verhandl. des Hils-Solling-Vereines. 1882. S. 48.)

Pflanzmaterials, durch vergeblichen Aufwand von Geld, Zeit und Mühe. Insbesondere ist es die Auswahl eines (meist größern) Platzes für Anlage eines ständigen Forstgartens, welche ganz besonders erwogen sein will, da sich Fehler hier viel schwerer rächen, als der Mißgriff, der etwa bei Auswahl der Oertlichkeit für einen kleinen Wanderkamp gemacht wurde. Zudem soll ein solch ständiger Pflanzgarten oft zur Erziehung mehrerer, in ihren Ansprüchen an Boden, Schutz 2c. sehr verschiedener Holzarten dienen, wodurch die Auswahl wesentlich er=schwert werden kann.

Die Faktoren aber, welche bei Auswahl des Platzes zu beachten sind, und die wir nun näher ins Auge fassen wollen, sind: **Lage, Boden, Terraingestaltung, bisherige Benutzung, Um=gebung**; auch die **Gestalt**, welche der neuen Anlage gegeben werden soll, wie deren **Größe** spielt schon bei der Auswahl des Platzes, zu=mal in coupirtem Terrain, eine Rolle.

Nicht selten wird es schwer fallen, einen Platz ausfindig zu machen, der alle wünschenswerthen Eigenschaften zeigt, allen Ansprüchen genügt:[1] dann heißt es eben Licht und Schattenseiten gegen einander abwägen, wobei wieder die Rücksicht auf die vorzugsweise anzuziehende Holzart in den Vordergrund tritt. So wird man für Tannen der geschützten Lage des Saatbeets besondern Werth beilegen, für Föhren dem tief=gründigen und lockern Boden u. s. f.

§ 8.

Lage.

Die zweckmäßige Lage einer Pflanzschule ist von großer Bedeutung, und Schmitt[2] sagt mit Recht, daß derselben vielfach höherer Werth beizulegen sei, als der Güte des Bodens. Letzterer läßt sich bezüglich seiner physikalischen und chemischen Eigenschaften verbessern, während ungünstigen Einflüssen in Folge der Lage viel schwieriger zu be=gegnen ist.

Mancherlei Rücksichten sind es nun, die hiebei ins Auge zu fassen und denen, so weit sie sich eben unter den gegebenen Verhältnissen ver=einen lassen, Rechnung zu tragen ist.

So erscheint es zunächst wünschenswerth, daß der Pflanzgarten

---

[1] Ueber die Anforderungen bei Anlage eines ständigen Forstgartens s. auch Demontzey, Studien über Wiederbewaldung und Berasung der Gebirge (übersetzt von v. Seckendorff). S. 202.

[2] Fichtenpflanzschulen S. 22.

nicht allzu entfernt liege vom Wohnsitz des ihn beaufsichtigenden Forstbediensteten, des Försters oder Oberförsters — derselbe kann nie zu oft in seine Saatschule, seinen Forstgarten kommen! Die Ueberwachung ist erleichtert, Schäden und Gefährdungen werden sofort im Entstehen und ersten Auftreten bemerkt, mancherlei Arbeiten des Schutzes und der Pflege (so z. B. Auflegen und Entfernen von Schutzgittern u. s. f.) mit leichter Mühe im rechten Augenblick vorgenommen. — Auch große Entfernung von den Ortschaften, welche die nöthigen Arbeiter stellen, ist aus naheliegenden Gründen unerwünscht.

Ebenso wünschenswerth ist namentlich für den größern und ständig benutzten Forstgarten die leichte Zugänglichkeit für Fuhrwerk, die Nähe also eines guten Weges. Die Beifuhr von Düngematerial jeder Art, die Abfuhr von Pflanzen verursachen andernfalls Schwierigkeiten und erhöhte Kosten, und es wird dieser Punkt ganz besonders auch bei jenen Gärten zu beachten sein, welche Pflanzen in großer Menge und zum Verkauf an Private liefern sollen.

Die Nähe der Kulturorte ist nur dann von hervorragender Wichtigkeit, wenn es sich um Erziehung von Ballenpflanzen handelt; bei ballenlosen Pflanzen ist der Transport so billig, daß diese Rücksicht gegen andere, wichtigere Erwägungen zurücktritt. Daß übrigens diese Nähe unter allen Umständen manche Vortheile bietet, haben wir oben (§ 6) bereits hervorgehoben.

Von großer Bedeutung ist bei der Lage eines Forstgartens die möglichste Abhaltung schädlicher atmosphärischer Einflüsse, der Wirkungen von Hitze und Frost.

Um den Einwirkungen der Hitze und der dadurch hervorgerufenen Trockniß zu begegnen, werden wir keine gegen Süd und West geneigte Lage wählen, sondern der nördlichen, nordöstlichen oder nordwestlichen Neigung den Vorzug geben. Das in solchen Lagen etwas später als an der Südseite eintretende Erwachen der Vegetation bringt zugleich einigen Schutz gegen Spätfröste mit sich, und auch für den Kulturbetrieb überhaupt hat dies spätere Regewerden der Vegetation um des größern Zeitraums willen, der dadurch für die beste Kulturzeit gegeben ist, seine Vortheile.

Dem Spätfrost aber, diesem gefährlichen Feind so vieler unserer Holzgewächse, beugen wir, abgesehen von dem Schutz, welchen ein umgebender Holzbestand gewährt (s. § 12) und von den später zu erörternden künstlichen Schutzmitteln, vor Allem auch durch richtige Auswahl des Platzes für unsere Pflanzschule vor. Sogenannte Frostlagen, Mulden, Einbeugungen, enge Thäler sind absolut zu vermeiden, überhaupt die Lage lieber etwas hoch, als zu tief zu wählen. Lokale Erfahrungen hinsichtlich der den Spätfrösten ausgesetzten Oertlichkeiten werden hier den besten Fingerzeig geben.

In einem Verwaltungsbezirk, dessen Waldungen sehr verschiedene Höhenlagen haben, kann bei konzentrirtem Betrieb der Pflanzenzucht auch die Frage herantreten, ob man die Pflanzen für die Hochlagen in einem in tieferer, milderer Lage befindlichen Forstgarten erziehen könne, nachdem hier die Pflanzen oft schon zu treiben beginnen, ehe in jenen Hochlagen mit der Kultur begonnen werden kann. Durch frühzeitiges Ausheben der Pflanzen und Einschlagen an kühlem, schattigem Ort läßt sich allerdings diesem, namentlich bei Laubhölzern und der Lärche bedenklichen früheren Treiben vorbeugen[1]), doch dürfte es vielfach angezeigt sein, diesem Faktor bei Anlage der Pflanzschule etwas Rechnung zu tragen, eventuell eben zwei Pflanzschulen, in höherer und tieferer Lage, anzulegen.

<h2 style="text-align:center">§ 9.</h2>

<h1 style="text-align:center">Boden.</h1>

Daß neben der Lage der Boden von größter Wichtigkeit für den Erfolg der Pflanzenzucht sein müsse, bedarf wohl keiner weitern Erörterung, und zwar sind es die chemische Zusammensetzung, der Gehalt desselben an Pflanzennährstoffen, wie seine physikalische Beschaffenheit: Lockerheitsgrad, Frische, Tiefgründigkeit, welche hiebei in Betracht kommen; durch das Zusammenwirken dieser beiden Faktoren ist die größere oder geringere Güte des Bodens bedingt.

Man war nun früher vielfach der Ansicht, der Boden, auf welchem man die Pflanzen erziehe, müsse möglichst jenem des künftigen Verwendungsortes gleichen, und eine in gutem Boden erzogene Pflanze werde bei ihrer Versetzung auf schlechteren Boden kümmern[2]), in höherem Grad wenigstens kümmern, als eine nur auf mittelgutem Boden erzogene. Dieser Ansicht entsprechend vermied man, wo es sich um Erziehung von Pflanzen für geringe Standorte handelte, bei Auswahl des Platzes für die Pflanzschule absichtlich den guten Boden und wählte geringern.

---

1) Versuche, welche Professor Bühler mit Fichten angestellt hat, haben ergeben, daß dieses Ausheben und Einschlagen der Pflanzen an schattigem Ort dem ebenfalls zur Zurückhaltung der Vegetation angewendeten weiteren Mittel des dichten Deckens der Pflanzbeete mit Tannenreisig vorzuziehen ist, die Entwicklung der Triebe in höherem Grade zurückhält. (Prakt. Forstwirth für die Schweiz. 1885.)

2) Cotta, Waldbau. 6. Aufl. S. 294. v. Lips, Waldbau. S. 344.

Von dieser Ansicht ist man jetzt wohl allgemein abgekommen und hat die Ueberzeugung gewonnen, daß auf gutem Boden erzogene, möglichst normal beastete und bewurzelte Pflanzen unter allen Verhältnissen die beste Garantie für das Gedeihen einer Kultur bieten[1]. „Der beste Kiefernboden ist nicht zu gut dazu" sagt Burkhardt[2] bei Besprechung der Erziehung von Kiefernpflanzen — und keiner Pflanze muthen wir ja bez. des Bodens mehr zu, als der Kiefer[3]. — Es ist insbesondere ins Auge zu fassen, daß geringer Boden die Pflanzen nöthigt, sich durch tiefgehende und weitaus greifende Wurzeln die nöthige Nahrung zu verschaffen[4], die beim Ausheben theilweise verloren gehen müssen — solcher Wurzelverlust thut aber dem freudigen Gedeihen der Pflanzen stets Eintrag.

Wir werden daher bei der Wahl eines Platzes zur Pflanzenerziehung stets möglichst nach einem guten Boden greifen, einem Boden, der hinreichend kräftig ist und dabei günstige physikalische Eigenschaften — entsprechenden Grad von Bindigkeit, Gründigkeit und Feuchtigkeit — zeigt, Eigenschaften, die ja wieder mit dem mineralischen Ursprung und der chemischen Zusammensetzung des Bodens in engem Zusammenhang stehen. Dabei ist aber günstigen physikalischen Eigenschaften jedenfalls eine größere Bedeutung beizulegen, als dem momentanen Gehalt an Pflanzennährstoffen; einem Mangel an letztern läßt sich durch entsprechende Düngung jederzeit leichter abhelfen, als ungünstiger physikalischer Beschaffenheit des Bodens.

Was die Bindigkeit des Bodens betrifft, so wird ein lehmiger Sand- oder sandiger Lehmboden stets den strengeren Lehm- oder

---

[1] v. Manteuffel, Die Eiche. S. 79.

[2] Burkhardt, S. u. Pfl. S. 293.

[3] Es dürfte hier vielleicht die von Reuß und Möller gemachte Beobachtung (v. Seckendorff, Mitth. aus d. österr. Versuchswesen. Bd. II. S. 186) zu erwähnen sein, nach welcher 3jährige, auf Granitsand erzogene und auf Thonschiefer verschulte Pflanzen ein viel ungünstigeres Verhalten durch stärkern Abgang und geringere Entwickelung zeigten, als eben so alte auf Thonschiefer erzogene und gleichzeitig auf dasselbe Pflanzbeet verschulte Pflanzen. Einjährige Pflanzen dagegen, im Granit erzogen und auf Thonschiefer verschult, zeigten keinerlei Rückgang. Im Bd. II, S. 330 ist allerdings konstatirt, daß die Entwickelung jener ersten Pflanzen von Jahr zu Jahr besser wurde, so daß der Unterschied am Ende des 2. Jahres gegenüber den auf Thonschiefer erzogenen nur ein geringer mehr war. — Eine irgend sichere Schlußfolgerung läßt sich unseres Erachtens aus diesem vereinzelten Versuch nicht ziehen.

[4] Fichtenpflanzen auf ärmerem Boden zeigen dies weite Ausgreifen der Wurzeln oft in sehr prägnanter Weise.

Thonböden vorzuziehen sein. Letztere sind schwerer zu bearbeiten und zu lockern, trocknen im Frühjahr zur Zeit des Säens und Verschulens nur langsam ab und stellen dadurch der Arbeit manche Hindernisse in den Weg, leiden auch in Folge der in den obern Schichten sich haltenden Feuchtigkeit mehr durch Auffrieren. Im Sommer dagegen leidet solch schwerer Boden durch Hartwerden und Aufreißen, ist meist stark zur Verunkrautung geneigt und stellt doch wieder dem Ausjäten größere Schwierigkeiten in den Weg, indem die Unkrautwurzeln, statt sich mit ausziehen zu lassen, abreißen und alsbald aufs Neue ausschlagen[1]). — Ebenso aber werden wir zu leichten Sandboden um des allzu raschen Austrocknens, wie des geringen Nährstoffgehaltes willen zu vermeiden suchen; am ersten ist derselbe wohl noch für die Erziehung einjähriger Föhren zulässig.

Die Forderungen an die Tiefgründigkeit des Bodens werden verschieden sein je nach den Holzarten, um deren Anzucht es sich handelt, nach der Stärke, die wir unsere Pflanzen erreichen lassen wollen; ein zur Erziehung von Eichen, vielleicht gar von Heistern bestimmter Pflanzkamp bedarf selbstverständlich eines tiefgründigeren Bodens, als eine Fichtenpflanzschule. Flachgründigen Boden wird man unter allen Umständen zu vermeiden suchen, da derselbe durch Austrocknen, Auffrieren, baldige Erschöpfung leidet, eine große Tiefgründigkeit aber eben so wenig fordern, da zu tiefgehende Wurzeln für die künftige Verpflanzung ungünstig sind. — Undurchlassender Untergrund gibt im Frühjahr in Folge der stagnirenden Feuchtigkeit leicht Veranlassung zum Auffrieren des Bodens, zumal wenn die undurchlassende Schichte seicht liegt.

Die Frage nach der Tiefe der Bodenbearbeitung (s. § 17) wird uns übrigens auf dies Thema nochmals zurückführen.

Der natürliche Feuchtigkeitsgrad des Bodens endlich sei ein mäßiger; eigentlich trockne Böden sind wenigstens für manche Holzart fast eben so ungünstig, wie dies im Allgemeinen feuchter Boden ist, der durch starken Gras- und Unkrautwuchs viele Reinigungskosten verursacht, durch Auffrieren den Pflanzen Nachtheil bringt. Ein frischer Waldboden wird allen Holzarten am zuträglichsten sein, und nur zu Erlen-Saat- und Pflanzschulen wählt man gerne Oertlichkeiten

---

[1]) Mit der Aufforderung E. Heyers (Allg. F.- u. J.-Ztg. 1866. S. 208), dort, wo Engerlingsschaden droht, auf starken Thongehalt zu sehen, ja selbst plastischen Thon zu wählen, wird man sich kaum einverstanden erklären können; die anderweiten Nachtheile überwiegen doch wohl jenen einzigen Vortheil!

mit höherem Feuchtigkeitsgrad, während wir bei Föhrensaatbeeten in Sandgegenden allerdings auch bisweilen mit leichtem, trocknem Sandboden vorlieb nehmen müssen.

§ 10.
Boden-Neigung.

Hat man in der Auswahl des Platzes freie Hand, so wählt man gerne ebenes oder doch nur sanft geneigtes Terrain für die Pflanzschule und gibt letzterem bei einer Neigung gegen Nord, Nordost, Nordwest sogar den Vorzug vor der ganz ebenen Lage, indem hier, abgesehen von den in § 8 erwähnten Vorzügen (Schutz gegen Austrocknen durch Einwirkung der Sonne), auch ein leichteres Austrocknen nach anhaltendem Regen, nach Schneeabgang stattfindet, die Feuchtigkeit nicht stagnirt. — Stärkere Neigung des Bodens sucht man jedoch zu vermeiden, da hier einerseits Beschädigungen durch Abschwemmen des Bodens bei heftigern Regengüssen zu fürchten sind, anderseits auch die Bodenbearbeitung durch das nöthige Terrassiren theurer, die Tiefe der Bodenbearbeitung in den Terrassen auch eine sehr verschiedene wird[1]). Auch Schutzgräben zum Auffangen des Wassers sind meist nicht zu umgehen und verursachen Kosten. Am ersten erscheint solch stärker geneigtes Terrain noch für Verschulungsbeete zulässig, in minderem Maße für die durch Abschwemmen gefährdeteren Saatbeete.

Ist man genöthigt, solch stärker geneigtes Terrain zu wählen, so gibt man der Anlage wenigstens in der Richtung der Wasserlinie mit Rücksicht auf die sonst steigende Gefahr der Beschädigung durch Abschwemmen keine zu große Ausdehnung. Burkhardt[2]) empfiehlt in solchem Falle auch Zwischenstreifen unbearbeiteten Bodens, welche die Gewalt des Wassers brechen (vergl. § 20).

§ 11.
Bisherige Benutzung.

Auch die bisherige Bestockung oder Benutzung der betreffenden Fläche ist wohl ins Auge zu fassen. Alte, durch langes Bloßliegen vermagerte oder verunkrautete Böden vermeidet man gerne, und ebenso hat bisheriges Ackerland Manches gegen sich; zur Benutzung des letztern wird man namentlich bei Aufforstung angekaufter größerer Ackerflächen

----

[1]) Allg. F.- u. J.-Ztg. 1860. S. 217.
[2]) Burkhardt, S. u. Pflz. S. 557.

gerne veranlaßt, da die erstmalige Bearbeitung des Bodens eine sehr leichte und billige ist — allein einerseits pflegen solche verlassene Felder sehr ausgebaut zu sein, anderseits hat man auf denselben in der Regel einen harten Kampf mit massenhaftem Unkraut, namentlich auch der eben so lästigen als schwer zu vertilgenden Quecke zu bestehen, und es vergehen meist mehrere Jahre, bis man den Boden etwas rein von Unkraut bringt. Dagegen sagt Burkhardt[1]), daß bisheriges Weideland mit guter Grasnarbe nicht zu verschmähen sei.

Am besten pflegen neu ausgestockte Flächen inmitten älterer Bestände ihren Zweck zu erfüllen, da hier der Boden seine volle Fruchtbarkeit besitzt und vollkommen unkrautrein zu sein pflegt, so daß wenigstens in den ersten Jahren Düngung und Reinigung sehr geringe Kosten verursachen. — Frische oder doch durch längeres Bloßliegen noch nicht vermagerte Windbruchlöcher inmitten eines Bestandes, durch Wegnahme einzelner Stämme nöthigenfalls vergrößert oder regulirt, werden vielfach mit gutem Erfolg benutzt und bieten dabei den weitern Vortheil allseitigen Schutzes (s. § 12).

§ 12.

Umgebung.

Endlich werden wir auch der Umgebung unserer neuen Pflanzschule einige Rücksicht bei Auswahl des Platzes schenken. E. Heyer[2]) warnt um der Mäuse willen vor der Nähe der Felder, um der Engerlinge willen vor jener von Eichenstockschlägen. Pflanzschulen auf der Grenze von Feld und Wald führen den weitern Nachtheil mit sich, daß die Feinde beider Kulturarten an Unkräutern und Insecten hier zusammentreffen. Pflanzgärten in Mitte junger Schläge wird man um des massenhaft einfliegenden Unkrautsamens, wie um des fehlenden Seitenschutzes willen vermeiden. Letzterem aber möchten wir eine ganz besondere Bedeutung beilegen[3]) — dem Schutz durch einen auf der Süd- und Westseite vorstehenden alten Bestand gegen die austrocknende Sonne, wie auf der Nord- und Ostseite durch, wenn auch jüngere Bestände gegen kalte und austrocknende Windströmungen. Namentlich bei Holzarten, welche gegen Frost und Hitze empfindlicher sind — Tannen, Fichten — springt die Wirkung dieses Seitenschutzes oft in augenfälligster Weise hervor.

---

1) S. u. Pfl. S. 72.
2) Allg. F.- u. J.-Z. 1866. S. 207.
3) Forstl. Mitth. XI. 119.

Am vollkommensten genießen diesen allseitigen Schutz Pflanzgärten inmitten von Beständen, auf Windbruch oder eigens gerodeten Flächen, denen wir im vorigen Paragraphen bereits das Wort geredet haben. Gayer[1] will zwar Vorstände von hohem Holz auf der Nord- und Ostseite um der oft empfindlichen Folgen der Reflexion (des Brennens) willen entfernt wissen, doch haben wir solche Folgen weder früher in eigener Praxis, noch in neuerer Zeit bei Beobachtung zahlreicher, inmitten alter glattrindiger Buchenbestände des Spessarts gelegener Forstgärten wahrnehmen können. — Jüngere Bestände, Mittelhölzer, erfüllen übrigens den Schutz gegen austrocknende Winde in vollkommenster Weise, ohne die von Gayer (auch Nördlinger) erwähnte, also doch wohl vorgekommene obige Gefährdung in Gefolg zu haben.

Selbstverständlich darf dieser Seitenschutz nicht in einen Seitendruck übergehen, der Schutzbestand darf nicht zu nahe an das Pflanzbeet heranrücken, seine Traufe darf nicht auf dasselbe fallen; namentlich bei Lichthölzern, Eichen, Föhren, macht sich zu starker Seitenschatten sofort bemerklich. Gegen das Stehenlassen einiger Stämme auf der Fläche selbst als eine Art Schutzbestand, wie man dies wohl da und dort namentlich in Tannen- und Buchenpflanzkämpen sieht, möchten wir uns absolut aussprechen! Seitenschutz ist jeder Pflanze wohlthätiger, als direkte Ueberschirmung, durch welche zuviel Licht, sowie die schwächeren atmosphärischen Niederschläge abgehalten werden, und das freudige Gedeihen obiger Schatthölzer auf kleinen Blößen, ihr kümmerlicher Wuchs, ja ihr gänzliches Fehlen unter der Schirmfläche starker Bäume ist hiefür der deutlichste Beweis[2]. Solche übergehaltene Bäume beeinträchtigen auch die Bearbeitung und regelmäßige Eintheilung der Pflanzgärten in lästiger Weise, und daß sie durch ihren größeren Nahrungs- und namentlich Wasserbedarf die innerhalb ihres Wurzelraumes befindlichen Pflanzen in nicht geringer Weise beeinträchtigen, erscheint ebenfalls kaum zweifelhaft[3]. — Jenem Fingerzeig der Natur dürfen wir ja bei Auswahl des Platzes nur folgen, unsere Pflanzbeete unter entsprechendem Seitenschutz anlegen, so werden wir die Vortheile des Schutzes ohne die Nachtheile der Ueberschirmung und der Traufe erlangen. —

---

[1] Waldbau. S. 416.

[2] Vergl. Fischbach, Lehrbuch der Forstw., S. 111, welcher für, und Burkhardt, Säen u. Pfl. S. 399, dann Heyer, Waldbau, S. 399, welche gegen solchen Schutzbestand sich aussprechen.

[3] Borggreve, Holzzucht. S. 82.

Die unmittelbare Nähe von Wasser beim Pflanzgarten wird in den meisten Lehrbüchern als wünschenswerth oder selbst absolut nöthig bezeichnet — so will Gayer[1]) Forstgärten nur da angelegt haben, wo direkte Bewässerung möglich. Man wird hier aber wohl unterscheiden müssen zwischen kleineren (Nadelholz=) Saat= und Pflanzkämpen und größeren Forstgärten. Erstere können des Wassers in der Nähe wohl entbehren, da man das Gießen der Saaten oder Pflanzen soviel als möglich vermeidet und die geringe Menge von Wasser, die man vielleicht zum Anschlämmen u. dgl. bedarf, doch überall beigeschafft werden kann. Für große Pflanzgärten dagegen, wo dieser Wasserbedarf ein bedeuten= der sein kann, das Gießen zur Erhaltung werthvoller Holzarten auch wohl eher Platz greift, ist die Nähe von Wasser allerdings sehr wünschenswerth, und man wird daher auch finden, daß solche größere Anlagen meist fließendes Wasser in der Nähe, außerdem Brunnen und Cisternen haben.

Eine eigentliche Bewässerung der Gärten, wie sie Karl Heyer und Vonhausen empfehlen (vergl. § 42 u. 58), gehört übrigens nach unseren Erfahrungen zu den selteneren Fällen.

§ 13.

Gestalt.

Bei der Erwägung, welche Gestalt wir unserem Saatkamp oder Forstgarten geben wollen, wird zunächst die Nothwendigkeit oder Ent= behrlichkeit einer soliden, also kostspieligen Einfriedigung eine wesent= liche Rolle spielen.

Ist eine Einfriedigung entbehrlich, wie dies ja namentlich für Nadelholzpflanzen nicht selten der Fall, so sind wir bezüglich der Ge= stalt, die wir unserer Anlage geben wollen, nicht gebunden, können uns ganz nach Terrain, Seitenschutz u. s. w. richten und wählen dann nicht selten die Form eines langgestreckten Rechtecks; so also namentlich in stärker geneigtem Terrain, in welchem dann die lange Seite des Recht= ecks horizontal am Berge hin gelegt wird, oder längs einer Bestands= wand, welche Seitenschutz gegen die Sonne geben soll. Ebenso wird man durch geringe Breite des Pflanzbeets im Innern der Bestände, auf Lücken, für empfindliche Holzarten — Tannen, Buchen — die wohl= thätige Wirkung allseitigen Seitenschutzes am vollständigsten erreichen.

Ist aber eine solide Einfriedigung nöthig, so werden wir trachten müssen, dieselben mit möglichst geringen Kosten herzustellen, ihr eine im

---

[1]) Waldbau. S. 416.

Verhältniß zur eingefriedigten Fläche möglichst geringe Länge zu geben. Den kleinsten Umfang hat bei gleicher Fläche der Kreis, dann das regelmäßige Polygon, die aber beide sehr erklärlicher Weise unverwendbar für die Gestalt eines Pflanzgartens sind, und man wird für letztere daher die nächst günstige geometrische Figur — das Quadrat, nach diesem das Rechteck mit nicht zu großem Unterschied in der Länge der beiden zusammenstoßenden Seiten wählen. In diesem Fall ist die Differenz in der Länge des einzufriedigenden Umfanges gegenüber dem Quadrat eine geringe; so würde z. B. ein Hektar in Quadratform einen Umfang von 400 Meter, in Rechtecksform mit Seiten von 125 und 80 m Länge einen solchen von 410 m haben. Ein solches Opfer kann man anderweiten Vortheilen (Seitenschutz!) wohl bringen!

Unter allen Umständen aber stecke man die Figur genau rechtwinklig ab — selbst ein kleiner Fehler in dieser Beziehung macht sich in unangenehmer Weise bei der Eintheilung bemerklich.

<h2 style="text-align:center">§ 14.</h2>

<h3 style="text-align:center">Größe.</h3>

Die Größe eines anzulegenden Saatkamps oder Forstgartens hängt von mancherlei Verhältnissen ab.

In erster Linie ist die Gesammtfläche der in einem Verwaltungsbezirk anzulegenden Pflanzschulen abhängig von Betriebsart und Verjüngungsmethode. Im Allgemeinen wird der Plänterwald weniger künstliche Nachhülfe erfordern, als der schlagweise Hochwaldbetrieb, ebenso der Mittel und Niederwald; die natürliche Verjüngung bedarf zu den allerdings nie fehlenden Nachbesserungen geringere Pflanzenmengen, als der Kahlschlagbetrieb mit nachfolgender Pflanzung, welch letztere, wie Eingangs schon berührt, jetzt fast allenthalben an Stelle der Saat getreten ist. Durch Betriebsart, Umtriebszeit, Verjüngungsweise im Zusammenhalt mit der Größe des Verwaltungsbezirkes wird die Größe der durchschnittlich alljährlich zu kultivirenden Fläche bestimmt werden.

In Weiterem wird auf die Gesammtgröße der Pflanzschulen eines Reviers von wesentlichem Einfluß sein das Alter und die Stärke der zu verwendenden Pflanzen, ob man 1, 2, 3jährige Saatschulpflanzen, ob man verschulte Pflanzen und in welchem Alter verwendet. Mit jedem Jahr, welches die Pflanzen länger in der Saat oder Pflanzschule stehen, wächst die Fläche der letzteren um ein Beträchtliches (wenn auch nicht in direktem Verhältniß, da man kleinere Pflanzen stets in viel engerem Verband pflanzt, als stärkere), und starke Heister, die etwa alljährlich in gewisser Zahl zur Verfügung stehen sollen, erfordern verhältnißmäßig sehr große Pflanzschulen.

Auch der Umstand, ob die im Frühjahr von Pflanzen geräumte Fläche s o f o r t wieder benutzt wird oder bis zum nächsten Frühjahr liegen bleibt, wie dies Schmitt[1]) sehr befürwortet, ist von nicht unwesentlichem Einfluß auf die Größe der Fläche der Forstgärten.

Verhältnisse besonderer Art: Aufforstung von erworbenen Oedländereien, von Windbruchflächen u. dgl. machen eine zeitweise Vergrößerung der Pflanzschulen über das gewöhnliche Maß nöthig. — Ebenso ist der Umstand, ob man auch Pflanzen zum Verkauf erziehen will und soll, ob zu letzterem entsprechende Gelegenheit gegeben ist, von Einfluß.

Erfahrungszahlen endlich über die auf einer Flächeneinheit zu erziehende Pflanzenmenge, je nach Holzart, Alter, Erziehungsweise wesentlich verschieden, bestimmen unter Berücksichtigung des stets auch stattfindenden Abgangs an unbrauchbarem Material im Zusammenhalt mit obigen Verhältnissen und Erwägungen die Größe der zur Pflanzenzucht nöthigen G e s a m m t f l ä c h e.

Bezüglich der Größe der e i n z e l n e n Pflanzschulen eines Reviers werden jene Erwägungen maßgebend sein, die wir gelegentlich der Frage: s t ä n d i g e oder w a n d e r n d e Pflanzkämpe (§ 6), erörtert haben; die ersteren pflegen stets größer zu sein, als letztere.

Nicht aus dem Auge dürfte aber zu verlieren sein, daß der für die Pflanzen so wohlthätige Seitenschutz mit zunehmender Größe der Pflanzschule abnimmt, ja theilweise ganz verloren geht, und wir würden stets lieber 2 Forstgärten zu je $^1/_2$ ha, durch einen genügend breiten Streifen Wald getrennt, anlegen, als einen einzigen 1 ha großen Garten, trotz der durch diese Trennung verursachten höheren Einfriedigungskosten.

---

2. Kapitel.
Bearbeitung des Bodens.

§ 15.
Allgemeine Erörterungen.

Hat man einen zur Pflanzschule tauglichen Platz ausgewählt und nach Bestimmung von Größe und Gestalt abgesteckt, so ist die nächste

---

[1]) Fichtenpflanzschulen. S. 29, 118.

Aufgabe die zweckentsprechende Zurichtung des Bodens. In welcher Weise ist der etwa vorhandene Bodenüberzug zu beseitigen, wie am besten zu verwenden? Wie tief soll der Boden bearbeitet werden, in welcher Weise und zu welcher Zeit soll diese Bearbeitung stattfinden, wie ist die Oberfläche des Pflanzbeets zu gestalten, welche Rücksichten sind etwa auf die gleichzeitige Verbesserung des Bodens zu nehmen? — diese Fragen werden dabei an uns herantreten und nach den örtlichen Verhältnissen, der anzuziehenden Holzart in verschiedener Weise zu beantworten sein.

§ 16.
Entfernung des Bodenüberzuges.

Nach dem, was wir in § 11 über die Auswahl des Platzes gesagt haben, werden wir es bei unserer Pflanzschulfläche zu thun haben mit einer Bodendecke von Laub, Nadeln oder Moos, wenn es sich um eine zu rodende bestockte Fläche handelt, oder etwa mit einem Rasenüberzug bei Auswahl einer Oedfläche, nur ausnahmsweise aber mit einem Ueberzug von Heidelbeer- oder Heidekraut. Jeder Ueberzug aber muß, da er der spätern Bearbeitung des Bodens und Zurichtung der Beete hindernd in den Weg tritt, beseitigt werden.

Wird ein Stück eines Bestandes für die neue Anlage gerodet, so läßt man die vorhandene Laub-, Nadel- oder Moosdecke zusammenrechen und setzt dieselbe nicht selten, eventuell mit Kalk zum Zweck rascherer Zersetzung, zu sog. Komposthaufen an (s. § 24 d). Erst dann erfolgt die Entfernung des Bestandes unter möglichst gründlicher Rodung sämmtlicher Stöcke und Wurzeln, welche außerdem bei der spätern Bearbeitung des Bodens hinderlich werden. Bei der Rodung ist übrigens das Obenaufbringen des rohen Bodens zu vermeiden, beziehungsweise derselbe sofort wieder zum Ausfüllen der Stocklöcher zu benutzen.

Eine Rasendecke wird flach abgeschält und entweder nach vorherigem Trocknen der Plaggen zu Rasenasche verbrannt oder zum Zweck der Verwesung, der Gewinnung sog. Rasenerde in Haufen gesetzt (s. § 24 b); wo, wie später beschrieben, der Boden rajolt wird, da bringt man wohl auch den Rasen auf die Sohle der Rajolgräben in der Absicht, durch seine Verwesung den Boden zu düngen.

Stärkere Bodenüberzüge von Heidelbeer- oder Heidekraut werden mit ihrem ganzen Wurzelfilz abgeschält und ebenfalls, etwa in Verbindung mit Rasenplaggen, zu Asche zum Zweck der Düngung verbrannt.

§ 17.

Tiefe der Bodenbearbeitung.

Von nicht geringer Wichtigkeit ist die richtige Beantwortung der Frage, wie tief der Boden zu bearbeiten sei. Jede über das Maß der Nothwendigkeit und Zweckmäßigkeit hinausgehende Tiefe der Bearbeitung ist eine unter Umständen nicht unbedeutende Geldverschwendung, während anderseits eine zu seichte Bodenbearbeitung sich durch minder günstige Wurzelbildung und Pflanzenentwickelung, durch leichteres Austrocknen des Bodens und Ausfrieren der Pflanzen rächen kann.

Absolute Zahlen über die nothwendige Tiefe der Bodenbearbeitung lassen sich unserer Ansicht nach nicht geben; die Beschaffenheit des Bodens, des Untergrundes, vor Allem auch die anzuziehende Holzart, die Stärke, welche die Pflanzen erreichen sollen, sprechen ein gewichtiges Wort mit. Wie weit die Ansichten über die nothwendige Bodentiefe auseinandergehen, mögen die Angaben E. Heyers und Fischbach beweisen, von denen ersterer[1]) ganz allgemein für ständige Forstgärten eine 75—100 Centimeter tiefe Bodenlockerung durch Rajolung verlangt, während der letztere[2]) sich für Saatschulen mit einer 10—20, für Pflanzschulen mit einer 15—30 cm tiefen Bodenbearbeitung (nur für Kiefern verlangt er größere Tiefe) begnügt. Das Richtige dürfte für die weitaus meisten Fälle in der Mitte liegen, eine Bodenbearbeitung, wie sie Heyer fordert, viel zu kostspielig und auch für die stärksten Eichenheister überflüssig sein, dagegen die von Fischbach angegebene untere Grenze von nur 10 resp. 15 cm sich doch in den meisten Fällen als zu gering erweisen und mancherlei Nachtheile nach sich ziehen. Eine einigermaßen tiefe, durchschnittlich etwa 25—30 cm betragende Bodenlockerung gewährt den Vortheil, daß Regen- und Schneewasser leichter und tiefer in den Boden einsinken; dadurch wird einerseits dem oft so nachtheiligen Auffrieren des Bodens einigermaßen vorgebeugt, da dieses bei größerem Feuchtigkeitsgehalt der obern Bodenschichten auftritt, wie anderseits dem allzu raschen Austrocknen im Sommer. Das tiefer eingedrungene Wasser verdunstet langsamer, steigt aber beim Austrocknen der obern Schichten wieder in die Höhe und kommt so den Pflanzen zu gut[3]). — Schwerer Boden wird eine tiefere Lockerung wünschenswerth machen, als an sich leichter und lockerer; ebenso ist bei festerem Untergrund flachgründigen Bodens

---

[1]) Allg. F.- u. J.-Z. 1866. S. 208.
[2]) Lehrb. der Forstwissensch. S. 111, 116.
[3]) Forstl. Mitth. XI. 121.

eine entsprechende Lockerung des erstern aus obigen Gründen wünschens=
werth und bietet den weiteren Vortheil, daß die Verwitterung des=
selben befördert, also Nährstoffe aufgeschlossen werden, die bei wieder=
holter Benutzung der Fläche durch Mischung mit den oberen Schichten
den Boden kräftigen.

Es leuchtet ferner ein, daß die Tiefe der Bodenbearbeitung durch
das Pflanzmaterial, welches man erziehen will, bis zu gewissem Grade
bedingt ist: für die flachwurzelnde Fichte wird eine geringere Boden=
tiefe genügen, als für Eiche und Föhre, und ein Heisterkamp wird stets
tiefere Bodenbearbeitung bedingen, als ein Saatbeet für Nadelholz=
pflanzen irgend welcher Art. — Ebenso aber, wie die Wurzelbildung
der anzuziehenden Pflanzen von Einfluß auf die nöthige Tiefe der
Bodenlockerung, so wird anderseits durch letztere auch wieder die
Bildung der Wurzeln mehr oder weniger beeinflußt. In tiefer
Bodenlockerung, bei der etwa noch der bessere Boden oder Düngemittel
in die unteren Schichten gebracht wurden, hat man ein Mittel gefun=
den, Pflanzen mit sehr tiefgehender Bewurzelung — einjährige Föhren
zur Bepflanzung trockner Sandböden — zu erziehen; auch bei Eichen
macht sich zu tiefe Bodenbearbeitung namentlich auf geringerem
Boden durch eine zu lange Pfahlwurzel in lästiger Weise fühlbar[1]).
In minder tiefer Bodenlockerung wird man daher auch ein Mittel
haben, dieser bei der Verpflanzung oft gerade zuhinderlichen, allzu tief=
gehenden Wurzelbildung entgegen zu wirken, und durch gründliche Locke=
rung der obern Bodenschichten in Verbindung mit guter Düngung
derselben ein minder tiefgehendes, aber um so reicher verzweigtes Saug=
und Seitenwurzel=System hervorrufen[2]).

Die Besprechung der einzelnen Holzarten im zweiten Theile dieses
Werkchens wird uns auf die Frage wiederholt zurückführen.

§ 18.
Zeit der Bodenbearbeitung.

Jede zu einer neuen Pflanzschule bestimmte Fläche pflegt man
zweckmäßiger Weise einer wiederholten Bearbeitung zu unter=
ziehen, und ganz besonders nothwendig erscheint dies, wenn man
es mit etwas bindenderem Boden zu thun hat.

Die erstmalige gröbere Bearbeitung wird im Sommer oder
Herbst durch rauhes Umhacken, bisweilen auch durch Pflügen (s. § 19),

---

[1]) Burkhardt, Säen u. Pflz. S. 73.
[2]) Seckendorff, Forstl. Versuchsw. II. Bd. S. 345.

vorgenommen und hiemit zwar die in § 20 näher besprochene Arbeit des Planirens oder Terrassirens verbunden, die Oberfläche dagegen absichtlich grobschollig belassen, damit dieselbe während des Winters den atmosphärischen Einflüssen und insbesondere den Einwirkungen des Frostes möglichst ausgesetzt sei. Durch letzteren wird der Boden so mürbe, daß er im Frühjahr mit Leichtigkeit zerfällt, weshalb, wie oben berührt, bei bindendem Boden diese Bodenbearbeitung vor Winter von besonderer Bedeutung ist; außerdem aber vermag die Winterfeuchtigkeit in den gelockerten Boden viel reichlicher und tiefer einzudringen, als in den ungelockerten.

Ist der Boden stark verunkrautet, so soll die erste Bearbeitung schon im Vorsommer geschehen, damit das untergearbeitete Unkraut verwese — im Winter findet bei der geringen Temperatur eine Verwesung nicht statt und das Unkraut kommt bei der zweiten Bearbeitung im Frühjahr in demselben Zustand wieder herauf, in welchem es untergebracht wurde[1]).

Die zweite, feinere, gartenmäßige Bearbeitung (mit dem Spaten) findet im Frühjahr statt und soll womöglich der Benutzung einige Zeit vorausgehen, damit der Boden sich wieder hinreichend setzen kann, da stärkeres Setzen desselben nach der Saat oder Verschulung manchen Mißstand nach sich zieht.

Wird eine Fläche wiederholt benutzt, so ist es zwar ebenfalls wünschenswerth, wenn auch minder nothwendig, daß dieselbe gleichfalls schon im Herbst grob umgehackt werde, was aber durch die auf derselben stehenden und erst im Frühjahr zur Verwendung kommenden Pflanzen häufig unmöglich gemacht wird, so daß man sich mit einer einmaligen Bearbeitung im Frühjahr begnügen muß. Die von Schmitt[2]) empfohlene einjährige Brache solcher Flächen ermöglicht deren doppelte Bearbeitung, im Herbst und im Frühjahr.

§ 19.
Art und Weise der Bodenbearbeitung.

Die doppelte Bearbeitung des Bodens pflegt in verschiedener Weise zu geschehen.

Die erstmalige Bearbeitung im Sommer oder Herbst kann durch Pflügen, Umhacken oder eigentliches Rajolen (Riolen) stattfinden und wird man jene Methode wählen, bei welcher der Zweck

---

[1]) Allg. F.- u. J.-Ztg. 1880. S. 41.
[2]) Fichtenpflanzschulen. S. 26.

hinreichend tiefer Lockerung und gleichzeitiger möglichster Säuberung des Bodens von Steinen, Wurzeln, Unkraut mit den geringsten Kosten erreicht werden kann.

Am billigsten wird bei völlig ebenem und einer Planirung nicht bedürftigem, von Wurzeln und Steinen freiem Boden das Pflügen kommen, jedoch vorzugsweise nur bei Verwendung von bisherigem Weideland nach vorherigem Abschälen der Grasnarbe, von Ackerland oder dem steinfreien Sandboden der Ebene Anwendung finden können. Auch setzt das Pflügen eine nicht zu geringe Größe der betreffenden Fläche, sowie genügend tiefes Eingreifen des Pfluges voraus.

Viel häufiger wird das Umhacken des ausgewählten und von seinem etwaigen Ueberzug befreiten Platzes mit der Rodehacke statt=finden, wobei alle Steine und Wurzeln sorgfältig entfernt werden. Ein eigentliches Wenden des Bodens in der Weise, daß die bisherige obere Bodenschichte in die Tiefe käme, findet hiebei nicht statt, wäre bei guter oberer Bodenschichte sogar ein Fehler, wohl aber erfolgt ein meist vortheilhaftes Mengen der obern und untern Bodenschichten. Die Tiefe, bis zu welcher der Boden auf solche Weise gut bearbeitet werden kann, beträgt 30 bis höchstens 40 cm; soll der Boden in be=sonderen Fällen noch tiefer gelockert werden oder will man ein völliges Stürzen desselben vornehmen, so muß man zu dem eigentlichen Rajo=len greifen.

Diese sehr gründliche, aber auch theuerste Bodenbearbeitung erfolgt nun in der Weise[1]), daß man längs einer Seite des umzuarbeitenden Platzes einen Graben von vielleicht 30 cm Tiefe zieht, die Erde bei Seite wirft und nun die Grabensohle entsprechend tief lockert; auf dieselbe wird nun das Erdreich aus dem nächsten, neben dem ersten zu ziehenden Graben geworfen, sodann dessen Sohle gelockert und so fort=gefahren. Ist der Boden in den verschiedenen Schichten von durchaus gleicher Güte oder gar die untere Bodenschichte die bessere (Sandboden), so stürzt man auch wohl den Boden vollständig, indem man den ersten Graben gleich in der vollen Tiefe, in welcher der Boden gelockert wer=den soll — 40 bis 50 cm — aushebt, in denselben die Erde des nächsten Grabens wirft und so bis zum Ende fortfährt. — Will man den etwa aus Rasen bestehenden Bodenüberzug nicht zu Asche brennen, so wird er tief untergraben, und wirkt derselbe bei seiner Verwesung düngend. Seichtes Untergraben von Rasen ist streng zu meiden, da seicht liegende Rasenschwarten beim Säen und Verschulen lästig werden

---

[1]) E. Heyer in d. Allg. F.= u. J.=Z. 1866. S. 203. Forstl. Mitth. XI. 121.

und ebenso durchwachsend zur Verunkrautung des Saatbeets bei=
tragen.

Zur Erziehung lang bewurzelter Föhrenjährlinge hat man bei
tiefer Bodenlockerung wohl auch den guten obern Boden absichtlich in
die Tiefe gebracht, um hiedurch gleichsam die Wurzeln in die Tiefe zu
locken, lang bewurzelte Pflanzen zu erziehen. Solche Jährlinge mit
langen fadenförmigen Wurzeln haben sich aber nicht sonderlich bewährt,
sind auch schwer ohne Krümmung der Wurzeln zu verpflanzen[1]); in
dem magern Oberboden aber kümmert nicht selten der Keimling und
erwächst dann nie zur kräftigen Pflanze[2]).

Eine billige Bearbeitung des Bodens dadurch erzielen zu wollen,
daß man die betr. Fläche ein oder zwei Jahre lang zur landwirth=
schaftlichen Benutzung, namentlich zum Hackfrüchtebau, abgibt, ist
um der Schwächung der Bodenkraft willen wohl stets zu widerrathen[3]).

Bei größeren Flächen steckt man zweckmäßig die dann nöthigen
breiteren Hauptwege vor der erstmaligen Bearbeitung des Bodens
ab und schließt sie von derselben aus, indem man lediglich die obere
Bodenschichte in der den Wegen zu gebenden Tiefe abhebt und zur
Planirung des übrigen Terrains verwendet.

Die zweite Bodenbearbeitung im Frühjahr erfolgt mit dem
Spaten in gartenmäßiger Weise unter nochmaliger Reinigung von
Steinen, Wurzeln, Unkraut 2c. und Zerkleinern aller größern Erd=
schollen, wobei ein 20—25 cm tiefes Umstechen in der Regel vollständig
genügen wird.

Hand in Hand mit der ersten, häufiger mit der zweiten Bearbei=
tung des Bodens pflegt die Verbesserung der chemischen und
physikalischen Eigenschaften des Bodens durch Beimengung von düngen=
den Stoffen oder von solchen zu geschehen, welche lockernd oder bin=
dend wirken sollen. Das Kapitel über die Düngung und insbesondere
der von der Ausführung der Düngung handelnde § 28 enthalten hier=
über das Nähere.

§ 20.

Planiren und Terrassiren.

Gleichzeitig mit der erstmaligen Bearbeitung des Bodens geschieht
das Einebnen der Fläche, das Planiren und, wo nöthig, das Terrassiren.
Bei ebenen oder sanft geneigten Flächen sucht man die Oberfläche

---

1) Burkhardt, Säen u. Pflz. S. 203.
2) Krit. Blätter. L. a. S. 121.
3) Allg. F.= u. J.=Z. 1872. S. 228.

des Kamps möglichst in e i n e, horizontale oder gleichmäßig geneigte Ebene zu legen, vorhandene Vertiefungen oder Erhöhungen also zu beseitigen. Dadurch, daß man beim Umhacken stets von den tiefer gelegenen Punkten ausgehend die Erde auf diese zuzieht, wird schon viel geschehen können; bei größeren Erhebungen und Vertiefungen wird aber ein umständliches Abgraben und Auffüllen nicht zu vermeiden sein. Dabei hüte man sich aber, rohen Boden obenauf zu bringen, sondern räume erst die gute Erde bei Seite, grabe soweit nöthig ab und benutze den abgegrabenen rohen Boden nur zum Ausfüllen g r ö ß e r e r Vertiefungen; dann aber bringe man da wie dort gute Erde obenauf, wie solche namentlich auch bei dem Ausheben der breitern Wege, oft in ziemlicher Menge, gewonnen werden kann. — Nicht selten sieht man diese Vorsicht versäumt und die Folgen treten in der Entwickelung der Pflanzen (bei Fichten auch sehr prägnant in der gelblichen Färbung der Nadeln) zu Tage; auf den abgehobenen Stellen, wo nur roher Boden obenauf liegt, kümmern die Pflanzen, in den mit gutem Boden ausgefüllten Vertiefungen nebenan zeigen sie vorzügliche Entwickelung!

An steileren Gehängen, zu deren Benutzung man im Berglande wohl hie und da genöthigt ist, wird zur Vermeidung des Abschwemmens eine t e r r a s s e n artige Bearbeitung und Zurichtung des Terrains nöthig. Die einzelnen Beete werden staffelförmig horizontal gelegt, selbst mit leichter Neigung gegen die an der Bergseite gelegenen schmalen Zwischenwege zu, nach welchen dann das Regenwasser abfließt, um dort in den Boden einzusinken. — Auch bei dem Terrassiren hat man sich, namentlich in stärker geneigtem Terrain, vor dem Obenaufbringen des rohen Untergrundes bei starkem Abgraben zu hüten.

Nach Burkhardt[1]) läßt man bei solch stärkerer Neigung des Gehänges, die allerdings thunlichst zu vermeiden ist, zweckmäßig die bearbeiteten Streifen mit unbearbeiteten wechseln, auf welch letztere Steine, Wurzeln, später das ausgejätete Unkraut geworfen werden; diese unbearbeiteten Streifen mit ihrer Decke bieten guten Schutz gegen das Abschwemmen[2]).

---

[1]) Säen u. Pflz. S. 357.

[2]) Unter besonders ungünstigen Verhältnissen, so bei Aufforstung großer Oedflächen im Gebirge, wie sie im südlichen Frankreich stattfinden, verzichtet man auch auf Anlage eigentlicher Saatkämpe und benutzt kleinere, über die ganze Fläche zerstreute Plätze oder Streifen, welche einigermaßen eben und geschützt liegen, zur Pflanzenerziehung. (Demontzey, Studien. S. 218.)

3. Kapitel.
Verbesserung des Bodens, Düngung.

§ 21.
Allgemeine Erörterungen.

Trotz aller Sorgfalt, mit welcher wir den Platz für unsern Saat=
kamp, unsern Forstgarten auswählen, hat der Boden daselbst nicht
immer alle jene physikalischen und chemischen Eigenschaften, welche zur
gedeihlichen Pflanzenerziehung nothwendig sind, oder er hat sie wenig=
stens nicht in dem wünschenswerthen Maße. Es können die Verhält=
nisse eines Waldes so gestaltet sein, daß eine Oertlichkeit, deren Boden
allen Anforderungen entspricht, beispielsweise nicht zu fest oder nicht
zu locker ist, überhaupt nicht zur Verfügung steht, oder es können die
Vorzüge der Lage, deren Wichtigkeit wir oben ja besonders hervor=
gehoben haben, so bedeutende sein, daß wir über den einen oder andern
Mangel in der Qualität des Bodens wegsehen. Es wird ferner
ein ursprünglich nahrungsreicher Boden durch die auf ihm erzogenen
Pflanzen seiner löslichen Nährstoffe nach und nach beraubt und dadurch
zur Erziehung gesunder, kräftiger Pflanzen untauglich werden, wenn
wir ihm nicht zu Hülfe kommen.

Eine solche Hülfe geben wir nun dem von Haus aus nicht
nahrungskräftigen oder dem seiner Nährstoffe beraubten Boden durch
eine entsprechende Düngung, durch Beimischung von Stoffen, welche
die nöthigen Pflanzennährmittel in löslicher Form enthalten. Wir
geben aber unter Umständen dem Boden auch Stoffe bei, welche vor=
wiegend nur dessen physikalische Eigenschaften verbessern sollen — so
z. B. dem bindenden Boden Sand — und sprechen dann nur von einer
Melioration des Bodens. In vielen Fällen wirken aber die
zweckmäßig gewählten Stoffe, die wir dem Boden beimengen, in beiden
Richtungen, düngend und verbessernd, so z. B. die Beigabe guter Wald=
erde auf zu lockerem oder zu bindendem Boden.

In den folgenden Paragraphen werden wir nun von der Melio=
ration und Düngung unserer Saatbeete und Forstgärten eingehender
zu reden und namentlich jene Stoffe zu besprechen haben, welche zu
der viel häufiger vorkommenden eigentlichen Düngung Anwendung fin=
den. Die richtige Wahl derselben, die anzuwendende Menge, die
entsprechende Zeit, die Art und Weise der Ausführung sind
weitere Gegenstände der Betrachtung in diesem für die Praxis wichtigen,
nicht selten vielleicht zu wenig beachteten Kapitel.

§ 22.

Verbesserung der physikalischen Eigenschaften des Bodens — Melioration.

Wir haben in § 9 die Anforderungen, welche wir an die physikalischen Eigenschaften eines Bodens, an Bindigkeit, Tiefgründigkeit und Feuchtigkeitsgrad stellen, eingehend besprochen und betont, daß denselben bei Auswahl des Platzes größere Wichtigkeit beizulegen sei, als dem momentanen Gehalt des Bodens an Pflanzennährstoffen, aus dem einfachen Grunde, weil einem Mangel an letzteren viel leichter abzuhelfen ist, als ungünstiger physikalischer Beschaffenheit.

Mangelnder Tiefgründigkeit wird sich überhaupt schwer abhelfen lassen, am Ersten vielleicht durch Ausheben breiterer und tieferer Wege und Steige und Erhöhung der Beete mittelst des aus ersteren gehobenen Materiales; übrigens wird dies der vielleicht seltenste Mangel sein, an dem unsere Forstgärten leiden.

Ueberflüssiger Feuchtigkeit wird man durch Gräben, eventuell selbst durch Drainage abhelfen, feuchte Plätze aber um des Unkrautes und der Frostgefahr willen an sich vermeiden.   Zu große Trockenheit des Bodens hängt in der Regel mit zu großer Lockerheit zusammen und wird durch Verminderung der letzteren auch ersterer einigermaßen abgeholfen; ist sie freilich durch die Lage (zu starke Einwirkung der Sonne) bedingt, so läßt sich kaum abhelfen.

Der Bindigkeitsgrad pflegt es unter den physikalischen Eigenschaften des Bodens am öftesten zu sein, der uns bei sonst günstigen Verhältnissen der Lage und des Bodens unseres neu anzulegenden Pflanzgartens am wenigsten entspricht, sei es, daß der Boden zu schwer, zu bindig und in Folge dessen zur Krustenbildung, zum Auffrieren im Frühjahr, zum Aufreißen im Sommer geneigt ist, sich schwerer lockern und reinigen läßt, sei es, daß er zu leichter Sandboden ist und in Folge dessen zu rasch austrocknet.

Im ersten Falle, bei zu großer Bindigkeit, wenden wir zunächst mechanische Hülfsmittel an: wiederholte Bearbeitung und Lockerung, dann aber das so wirksame Ausfrieren des im Herbst grobschollig umgearbeiteten Bodens (s. § 18). Die wohl auch als Lockerungsmittel empfohlene Ueberlassung des Bodens zum ein- oder zweijährigen Bau von Hackfrüchten haben wir schon oben (§ 19) als minder zweckmäßig und nicht empfehlenswerth bezeichnet.

Wollen und können wir aber zur Beimengung lockernder Stoffe greifen, so wählen wir hiezu Sand, der natürlich nur lockernd wirkt, während Humus oder mit vielen humosen Stoffen gemengte Walderde zugleich auch düngende Wirkung hat, und beiden ähnlich wirken Rasenasche, Kompost, leichter Torf. Auch gebrannter Kalkstaub, von nahe gelegenen Kalköfen oft sehr billig zu beziehen, wird als Lockerungsmittel empfohlen [1]), und ebenso ist die Steinkohlenasche mit ihren zahlreichen grusigen Beimengungen nach unsern eigenen Erfahrungen ein günstiges Mittel zur Lockerung schweren Bodens.

Ist dagegen der Boden zu locker, ein Fall, der in den ausgedehnten Kiefernrevieren sandiger Ebenen nicht selten vorkommt, so wirkt abermals der Humus, gute Walderde günstig auf die Bindigkeit und damit auch auf die Fähigkeit des Bodens, die Feuchtigkeit länger zu halten, ein; auch Stalldünger, Mergel, Rasenerde wirken in ähnlicher Weise, sämmtliche Substanzen aber zugleich düngend, was bei solch lockerem Sandboden sich übrigens ohnehin nöthig erweisen wird.

Es geht sonach die Verbesserung der physikalischen Eigenschaften des Bodens in vielen Fällen mit einer eigentlichen Düngung Hand in Hand; eine ausschließliche Melioration durch Beiführen anderer Stoffe, also z. B. von Sand, sucht man um der Kostspieligkeit willen stets zu vermeiden.

§ 23.

Verbesserung der chemischen Eigenschaften des Bodens — eigentliche Düngung.

Darüber, daß eine Düngung der wiederholt benutzten Saatbeete, der ständigen Forstgärten, stattfinden müsse, wenn beide ihren Zweck: die Lieferung kräftiger Pflanzen — erfüllen sollen, besteht gegenwärtig wohl nirgends mehr ein Zweifel. Dem einfachsten Praktiker sagen dies die kümmernden Pflanzen in seinem ausgebauten Saatbeet, und schon ehe uns die Wissenschaft zu Hülfe kam und uns nähere Belehrung über den Grund dieser Erscheinung und die anzuwendenden Gegenmittel gab, hatte der Praktiker durch Düngung dem Uebel abzuhelfen gesucht und bei Wahl der richtigen Mittel auch abgeholfen [2]).

---

[1]) Monatsschr. f. d. F.-W. 1883. S. 245.

[2]) Es ist in neuerer Zeit (Forstl. Bl. 1884. S. 377) die Frage aufgetaucht, ob nicht auch ein Holzartenwechsel in unsern Forstgärten in ähnlicher Weise, wie bei der Fruchtfolge in der Landwirthschaft angezeigt — nothwendig oder doch vortheilhaft — sei? Nach unsern Erfahrungen in den hiesigen Forstgärten ist bei ausreichender Düngung ein solcher Wechsel mindestens nicht geboten und selbst eine Ersparung an Düngemitteln will uns zweifelhaft erscheinen. Sagt doch der Verf. jenes Ar-

Insbesondere sind es die ständigen Forstgärten, welche ohne entsprechende Düngung nicht bestehen können; aber auch Wanderkämpe bedürfen auf armem Boden selbst gleich vor der ersten Benutzung eine Düngung, sollen kräftige Pflanzen erzogen werden.

Die Frage nun, mit welchen Stoffen eine Düngung am erfolgreichsten und billigsten vorgenommen werde, lag nahe und Wissenschaft wie Praxis haben sich eingehend mit derselben beschäftigt[1]). Eine ausführliche Behandlung dieses wichtigen Themas dürfte daher auch hier am Platze sein.

Zunächst galt es wohl zu ermitteln, welche Nährstoffe und in welchen Mengen dem Boden durch die Pflanzen entzogen werden; die Beantwortung dieser Frage mußte ja maßgebend sein für die Wahl der anzuwendenden Düngstoffe. Die Agrikulturchemie, die ihre Kräfte in erster Linie der Landwirthschaft zugewendet hatte, nahm sich allmählich auch mehr und mehr der Forstwirthschaft an und die für letztere wichtigen Untersuchungen wurden vorwiegend von den an den Forstakademien thätigen Chemikern vorgenommen; ihnen verdanken wir denn auch in erster Linie die Antwort auf obige Fragen.

Diese geht nun auf Grund vorgenommener Aschenanalysen dahin, daß es vorzugsweise Kalk, Kali, Kieselsäure, Magnesia, Phosphorsäure und Schwefelsäure sind, welche durch die Pflanzen dem Boden entzogen werden, Stoffe also, welche — wenn wir etwa von der Kieselsäure, sowie vom Kalk auf stark kalkhaltigen Bodenarten absehen — sich im Boden stets nur in geringerer Menge vorzufinden pflegen, deren Vorrath sich daher bei fortgesetztem Entzug rasch erschöpfen muß. Diese Erschöpfung wird um so früher eintreten müssen, je geringere Tiefe die von den Wurzeln durchzogene Erdschichte hat, je weniger von obigen Stoffen, je weniger mineralische Kraft der Boden überhaupt besitzt; sie wird später erfolgen, wenn durch Mischung der unteren, mineralisch noch kräftigen Bodenschichten mit den oberen bereits ausgesogenen den Wurzeln neue Nahrung zugeführt werden kann.

---

tikels selbst, daß er Fichtensaatbeete auf Kalkboden noch längere Jahre zur Erziehung von Eichen und Eschen nach vorausgegangener Düngung mit Erfolg benützt habe! — Bei der Versammlung des Hils-Solling-Vereines im Jahre 1882 (s. die Verhandlungen S. 48) sprachen sich übrigens mehrere Stimmen im Sinne der Zweckmäßigkeit eines Holzartenwechsels aus.

[1]) Vergl. hierüber neben Anderem

Zeitschr. f. F.- u. J.-W. II. 323. IV. 37.

Monatsschr. f. d. F.-W. 1874. S. 289.

Allg. F.- u. J.-Z. 1872. S. 228.

Auch über die Q u a n t i t ä t jener Stoffe, welche durch Holzarten verschiedener Art, verschiedenen Alters dem Boden entzogen werden, haben uns die Untersuchungen unserer Chemiker Aufschluß gegeben. Allerdings zeigen die Resultate der desfallsigen Analysen und Berechnungen nicht unwesentliche Abweichungen, die Dulk[1] dadurch erklärt, daß eben der Aschengehalt der Pflanzen in ziemlich weiten Grenzen abhängig ist von der Zusammensetzung des Bodens, und daß es den Anschein habe, als ob die Pflanzen bei dem Mangel e i n e s Nährstoffes im Boden genöthigt seien, um so größere Mengen eines andern, in reicherem Maße vorhandenen aufzunehmen.

Wir müssen darauf verzichten, die Resultate jener Untersuchungen hier eingehender mitzutheilen — die Konstatirung der Thatsachen und der Hinweis auf jene Literatur mögen hier genügen. Um jedoch wenigstens einigen Anhalt über die durch Pflanzenzucht dem Boden entzogenen Nährstoffe unsern Lesern zu geben, mögen nachstehende Zahlen und Untersuchungen von Dulk und Schütze hier Aufnahme finden.

Nach Dulk[2] werden dem Boden jährlich pro ha entzogen

	durch 1jähr. Buchen	1jähr. Kiefern	1jähr. Fichten	4j. verschulte Fichten
an Phosphorsäure	18,7	11,1	8,0	8,9 Kilogr.
Kalk	52,1	19,5	33,5	17,0 „
Magnesia	9,9	3,4	2,1	3,0 „
Kali	30,5	23,5	15,6	10,6 „

Ein Blick auf diese Zahlen, insbesondere auf die bedeutenden Mengen von Kali und Phosphorsäure, welche dem Boden entzogen werden, belehrt uns jedenfalls über die Nothwendigkeit kräftiger Düngung der wiederholt benutzten Pflanzbeete!

Außer diesen Mineralstoffen wird dem Boden jedoch auch S t i c k s t o f f entzogen, und zwar in ziemlicher Menge; Schütze[3] hat dieselbe auf den bedeutenden Betrag von 24 Kilogr. pro ha und Jahr durch 1jährige Föhren bestimmt, wobei er allerdings darauf hinweist, daß alle atmosphärischen Niederschläge Stickstoffverbindungen (Salpetersäure und Ammoniak) enthalten, wodurch wenigstens theilweise Ersatz geboten wird.

§ 24.

Hülfsmittel zur Düngung.

Nachdem der vorige Abschnitt uns über die Nothwendigkeit der Düngung, wie über jene Stoffe, welche dem Boden durch die Holz-

---

[1] Monatsschr. f. d. F.- u. J.-W. 1874. S. 289.
[2] Monatsschr. f. d. F.- u. J.-W. 1874. S. 289.
[3] Zeitschr. f. d. F.- u. J.-W. IV. S. 38.

pflanzen vorzugsweise entzogen werden, belehrt hat, haben wir nun zunächst jene Stoffe kennen zu lernen, welche im Forsthaushalt überhaupt als Düngemittel angewendet werden können und bisher angewandt wurden. Wir folgen bei deren Aufzählung wohl am besten Dankelmanns[1]) klarer und übersichtlicher Eintheilung und Erörterung; derselbe unterscheidet

a) Thierischen Dünger,
b) Pflanzen-Dünger,
c) Mineral-Dünger,
d) Menge-Dünger.

Außerdem aber kann man die Düngemittel noch unterscheiden als **vollständige**, welche alle den Pflanzen nöthigen Stoffe, einschlüssig des Stickstoffes, enthalten, und **unvollständige**, welche nur einen oder einige dieser Stoffe dem Boden geben; zu welcher dieser beiden Arten die nachbenannten Düngemittel gehören, gibt die Zusammensetzung eines jeden leicht zu erkennen.

a) Thierischer Dünger.

Zu demselben gehören Stalldünger, Abtrittdünger, Jauche, Knochenmehl und Guano.

Stalldünger, der neben den thierischen Düngestoffen allerdings im Stroh auch eine nicht unwesentliche Quantität vegetabilischer enthält, wirkt einigermaßen verschieden nach der Thierart, von welcher er stammt. Am besten wirkt der Dünger des Rindviehes, insbesondere auf leichterem Boden, dessen physikalische Eigenschaften durch guten verrotteten Stalldünger zugleich eine Besserung erfahren. Rindviehdünger empfiehlt insbesondere auch Schmitt[2]) auf Grund langjähriger Erfahrungen und hält diese Düngung mit Rücksicht auf ihre Nachhaltigkeit und Wirksamkeit in allen Fällen, wo der Transport nicht besondere Schwierigkeiten bereitet, für die beste und relativ billigste. — Roßdünger ist bekanntlich ein hitziger Dünger, zersetzt sich rasch und wird besonders für schwere und kalte Böden empfohlen; ihm ähnlich verhält sich der Schafmist, während Schweinemist stickstoffarm und geringwerthig ist. — Rindviehdünger gehört insbesondere auch durch seinen Stickstoffgehalt zu den vollständigsten Düngemitteln.

Auch die **Pferchdüngung** gehört hierher, die sich nicht selten auf billige Weise wird beschaffen lassen und namentlich durch den Harn

---

[1]) Zeitschr. f. d. F.- u. J.-W. II. S. 323.
[2]) Fichtenpflanzschulen. S. 45.

der Schafe günstig wirkt; doch muß der Pferch mehrere Nächte auf derselben Stelle bleiben, wenn die Wirkung eine genügende sein soll. Nach dem Pferchen soll, um den Verlust des Ammoniaks zu vermeiden, der Boden sofort gepflügt oder seicht umgehackt werden, und Ueberstreuen mit Gyps nach erfolgtem Unterbringen ist ebenfalls von Vortheil als ein Mittel zur Bindung des Ammoniaks[1].

Abtrittdünger, dessen Verwendung vorzugsweise nur in der Nähe größerer Ortschaften in Frage kommen wird, hat bis jetzt wohl wenig Verwendung in Forstgärten gefunden. In fester Form (als Poudrette) mit Kompost gemischt verwandte ihn v. Manteuffel mit gutem Erfolg in seinen Pflanzgärten; die Anwendung flüssiger Fäkalstoffe in einer sehr ausgebauten Pflanzschule nächst Stuttgart zeigte für alle Holzarten — Eschen, Eichen, Akazien, Tannen, Fichten — sehr guten Erfolg, nur Lärchen gingen zu Grund[2].

Auch die Jauche ist hierher zu rechnen und dadurch, daß sie die Nährstoffe in löslichster Form enthält, ein rasch wirkendes Düngemittel[3], das aber bis jetzt wohl auch nur ausnahmsweise Verwendung gefunden hat. Das Uebergießen von Komposthaufen, die oben zur Aufnahme der Jauche vertieft sind, trägt jedenfalls zur Erhöhung der Wirksamkeit des Kompostes wesentlich bei und ist vielleicht die zweckmäßigste Art ihrer Anwendung[4].

Knochenmehl, durch Dämpfung von thierischem Fett befreit, besteht vorwiegend aus phosphorsaurem Kalk und ist daher ein unvollständiges Düngemittel, wirksam und angezeigt für einen an Phosphorsäure (und Kalk) armen Boden. In der Landwirthschaft vielfach angewendet, ist dasselbe allenthalben leicht beziehbar. — Am besten wirkt dasselbe in Verbindung mit andern Düngemitteln: Kompost, Rasenerde u. dgl., durch welche die dem Knochenmehl fehlenden Nährstoffe dem Boden zugeführt und letztere Düngemittel selbst verstärkt werden — also in Mengedüngern.

Guano ist ein sehr konzentrirtes und darum mit Vorsicht anzuwendendes Düngemittel, dabei kostspielig und in seiner Wirkung nach Nördlingers Versuchen[5] sehr wechselnd. Seine Zusammensetzung ist

---

[1] Allg. F.- u. J.-Z. 1880. S. 43.

[2] Monatsschr. f. d. F.- u. J.-W. 1877. S. 328.

[3] Allg. F.- u. J.-Z. 1872. S. 230.

[4] In solcher Weise findet die Jauche im akademischen Forstgarten dahier Verwendung.

[5] Krit. Blätter. LI. 2. S. 201.

nach den mannigfachen im Handel vorkommenden Arten verschieden,
Phosphorsäure und Kali sind jederzeit die Hauptbestandtheile desselben.
Die Anwendung im Forstgarten ist bis jetzt eine beschränkte gewesen
und der Guano dann stets nur als ein Bestandtheil von Mengedüngern
benutzt worden.

b) Pflanzendünger.

Der Pflanzendünger entsteht durch Verbrennung oder Verwesung
vegetabilischer Stoffe; in letzterem Falle können diese Stoffe entweder
in bereits verfaultem und zersetztem Zustand in den Boden gebracht
werden, oder in noch grünem Zustand (Gründüngung). Die wichtigsten
Düngemittel dieser Kategorie sind: Rasenasche, Holzasche, Torfasche;
Humus, meist in Gestalt guter Walderde (Dammerde) verwendet, Rasen=
erde; Lupinen, als Gründüngung angewendet.

Unter den durch Verbrennung gewonnenen Düngemitteln stellen
wir billig die Rasenasche als das wichtigste und seit Jahren bei
der Pflanzenzucht in ausgedehntem Maße angewendete Mittel obenan.
Dieselbe wurde namentlich von dem Oberförster Biermans zu Höven
zuerst in größerem Maßstabe in den Saatbeeten wie bei Kulturen zur
Anwendung gebracht, diese Anwendung und deren Erfolge von dem=
selben im Jahr 1845 auf der Versammlung süddeutscher Forstwirthe
zu Frankfurt veröffentlicht, und spielt die Rasenasche seitdem im Forst=
betrieb eine ziemlich bedeutende Rolle als Düngemittel in Forstgärten,
weniger bei der Ausführung von Kulturen, bei welchen sie Biermans
gleichfalls in ausgedehnter Weise verwendete[1]).

Diese Rasenasche wird nun gewonnen durch Verbrennen des flach
abgeschälten Bodenüberzuges (sammt anhängender dünner Bodenschwarte)
nach vorheriger guter Trocknung. Biermans[1]) benutzte in erster Linie
Rasen hiezu und erklärt die aus Rasen von mineralisch kräftigem Boden
gewonnene Asche als die beste, jene aus Heidelbeerüberzug gemischt mit
Gräsern noch als eine gute, die Asche aus Heidelbeerkraut und Heide
als die mindest kräftige, eine Abstufung, die auch jetzt noch von Vielen
als die richtigste anerkannt wird. E. Heyer dagegen erklärt[2]) gerade
die letztere als das werthvollste und billigste Material und stellt jene
aus Rasen in die zweite Reihe.

Die Gewinnung selbst wird an den eben angegebenen Orten und
namentlich von Heyer genau beschrieben. Die im August und spätestens

---

[1]) Forstl. Mitth. I. 1. (Darstellung des Biermans'schen Kulturverfahrens.)
[2]) Allg. F.= u. J.=Z. 1864. S. 219.

September abgeschälten Rasen- oder Heidelbeer-Plaggen werden zum Trocknen auf die schmale Kante, die Erde nach außen, paarweise gegen einander gestellt, nach dem Trocknen durch Klopfen möglichst von anhängender Erde befreit — was insbesondere auch Heß auf Grund seiner Versuche für wichtig erklärt[1] — und sodann in größeren oder kleineren Meilern mit Hülfe von etwas dürrem Holz und Reisig verbrannt. Die kleineren Meiler, wie sie vielfach zur Anwendung kommen, werden meist in ziemlich einfacher Weise konstruirt, die Rasen nicht zu dicht angesetzt, mit etwas Reisig behufs leichteren Ansteckens gemischt, gut mit Rasen gedeckt und unter entsprechender Aufsicht gebrannt. Große Meiler, wie sie E. Heyer empfiehlt[2], bis 3 m Durchmesser und 4 m Höhe sind natürlich kunstreicher anzusetzen, erhalten eine Art Gerüst durch vier mit Hülfe von Stangen gebildete Feuerkanäle und in der Mitte eine mit Reisig zu umbindende Quandelstange. Das Material wird unter entsprechendem Wechsel von lockeren Substanzen — Heidelbeere, Heide, Reisig — und dichtem Material — Rasenplagge, Kompostmasse — angesetzt, gut mit Rasen gedeckt und dann von den vier Feuerungskanälen aus zugleich angezündet. Ein solch großer Meiler glüht 6 bis 12 Wochen, bedarf jedoch nur Anfangs der Ueberwachung, des Nachfüllens und dann Verschließens der Kanäle und des Ueberdeckens mit Rasen, wo das Feuer durchbrechen will; später genügt öfteres Nachsehen.

Die auf solche Weise gewonnene Asche besteht nun aus der Asche der verbrannten vegetabilischen Substanzen, gemischt mit der an den Plaggen hängen gebliebenen Erde, auch kleineren Steinen und nur verkohlten Pflanzenresten, welch beide letztere Beimischungen durch Sieben der Masse entfernt werden können. — Die Wirkung dieser Rasenasche beruht nicht nur auf den in der eigentlichen Pflanzenasche enthaltenen löslichen Nährstoffen, sondern auch darauf, daß die beigemischte Erde durch das Glühen aufgeschlossen, in löslicheren Zustand versetzt wird, und darin liegt auch vor Allem wohl der Grund, weshalb sich Rasenasche von gutem, thonigem Boden kräftiger erweist, als solche von ärmerem Sandboden[3]. Bei dem oben empfohlenen gründlichen Abklopfen der Erde von den Plaggen handelt es sich um Entfernung des Uebermaßes derselben, da sonst die eigentliche Asche einen allzu geringen Bruchtheil der Rasenasche bilden würde.

---

[1] Centralbl. 1875. S. 38.
[2] Allg. F. u. J.-Z. 1864. S. 219.
[3] Zeitschr. f. F.- u. J.-W. II. 337. Forstl. Mitth. I. 7.

Die so gewonnene Rasenasche soll jedoch nie sofort zur Verwendung kommen, sondern erst durch Liegen wenigstens bis zum kommenden Frühjahr — Heyer empfiehlt sogar 2—3 Jahre! — ihre ätzenden Wirkungen etwas verlieren. Man bewahrt sie an trockenen Orten in gut mit Rasen gedeckten Haufen oder mit Lehm ausgeschlagenen Gruben[1]) auf und verhindert durch gute Deckung das Abschwemmen oder Auslaugen durch Regenwasser. Zur Düngung wird sie sich empfehlen für bindenden oder doch etwas lehmigen Boden, für Sandboden nur dann, wenn sie von kräftigem Boden stammt und nicht etwa von Heidekrautplaggen auf magerem Sandboden; in letzterem Falle würde ihr Einfluß insbesondere auf die physikalischen Eigenschaften des Bodens kein günstiger sein.

Als eine Schattenseite der Rasenaschegewinnung erscheint der Nachtheil, der den zum Abschälen der Plaggen benützten Flächen durch Bloßlegung und Entfernung der humosen Bodenschichte zugeht. Auf frischem, kräftigem Boden wird dieser Nachtheil zu verschmerzen sein, empfindlicher ist er auf ärmerem, und sollte auf solchem die Rasenasche möglichst nur auf Flächen, deren Bodenüberzug ohnehin entfernt werden müßte — zum Zweck der Ansaat, Pflanzgartenanlage, zu Wegbauten u. s. w. —, stattfinden.

Holzasche enthält alle mineralischen Nährstoffe der Holzpflanzen in löslicher Form, nach Liebig[2]) insbesondere auch phosphorsaure Salze in ziemlichen Mengen, welch letztere jedoch nach der Holzart, von welcher die Asche stammt, verschieden sind: so enthält die Eichenholzasche nur 4 bis 5, Fichten= und Tannenholzasche 9 bis 15, Buchenholzasche bis 20 Prozent phosphorsaure Salze, und letztere ist daher zur Düngung am werthvollsten. Auch der Reichthum der Holzasche an Kali ist von Bedeutung, dieselbe daher stets als ein gutes Düngemittel zu erachten, nach Dankelmann jedoch ihre Wirkung bei unvermischter und stärkerer Anwendung auf Sandboden eine ungünstige, in Folge vielleicht allzugroßer Kalimengen, welche im minder absorptionsfähigen Sandboden durch das Bodenwasser den Wurzeln zugeführt werden.

Die Holzasche wird seltener rein, in der Regel gemischt mit andern Düngemitteln, namentlich auch mit Kompost, angewendet, und verdient, weil überall leicht zu erhalten und rasch wirksam, ganz besondere Beachtung und Verbreitung. Insbesondere läßt sie sich bei den Holz=

---

[1]) Centr.=Blatt. 1876. S. 644.
[2]) Centr.=Blatt. 1878. S. 636.

hauerfeuern, dann durch Verbrennung werthlosen Reisigs, Schlag=
reinigungsmateriales u. dgl. m. oft in billigster Weise gewinnen.

Weniger dungkräftig ist die an Phosphorsäure und Alkalien
ärmere Torfasche, und ihre Anwendung auch aus naheliegenden
Gründen eine seltnere. Auch Torf selbst wird als Düngemittel an=
gewendet, jedoch nicht leicht allein, sondern in Verbindung mit andern
Substanzen als Kompost, weshalb wir denselben unter den Menge=
düngern noch erwähnen werden.

Nächst der Rasenasche ist nun jedenfalls Humus und bez. die
durch dessen Vermischung mit den obern Bodenschichten entstehende
Dammerde eines der am öftesten zur Anwendung kommenden Dünge=
mittel. Der Humus wirkt nicht nur düngend durch die in ihm in
löslicher Form enthaltenen Pflanzennährstoffe, durch die sich entwickelnde
und das Wasser sättigende Kohlensäure — kohlensäurehaltiges Wasser
aber wirkt bekanntlich viel lösender auf verschiedene Nährstoffe — son=
dern namentlich auch durch Verbesserung der physikalischen Eigenschaften
des Bodens; bindender Boden wird durch ihn lockerer, zu lockerer Bo=
den bindender und wasserhaltiger. Das Vermögen des Bodens, Nähr=
stoffe festzuhalten, wird durch den Humus gesteigert, dessen Absorptions=
fähigkeit für Wasserdampf und Ammoniak erhöht. — Humusdüngung
allein bezeichnet Vonhausen[1]) jedoch als eine immerhin schwache, nicht
immer ausreichende Düngung. Hier würde sich also Verstärkung der
letztern durch Beimengung von Holzasche empfehlen.

Der noch ausgebreiteteren Anwendung der Dammerde steht vielfach
die etwas mißliche Folge der Gewinnung entgegen, da ihre Entnahme
aus Beständen diese letztern unter allen Umständen schädigt, zumal auf
an sich armen Bodenarten. Man sucht sie daher lieber aus Boden=
einsenkungen und Mulden, in denen das Wasser humose Theile zu=
sammen geschwemmt hat, aus den Seitengräben der Wege, am Fuß
von Gehängen, von Flächen, welche behufs Wegeanlagen ausgestockt
werden müssen, möglichst waldunschädlich zu gewinnen, setzt sie auch,
wenn etwa unverwestes Laub darunter sein sollte, behufs besserer Ver=
wesung erst ein oder zwei Jahre in Haufen. Unverweste Laubstreu
erweist sich insbesondere auf Sandboden um der starken Lockerung des
Bodens willen als unvortheilhaft.

Die ebenfalls von Biermans[2]) empfohlene Rasenerde wird
durch flaches Abschälen des Rasens und Ansetzen der Rasenplaggen in

---

[1]) Allg. F.= u. J.=Z. 1880. S. 42.
[2]) Forstl. Mitth. I. S. 8.

Haufen, die Oberfläche der Rasenplaggen gegen einander gekehrt, ge=
wonnen; man läßt die Rasen verfaulen, sucht etwa auch die Verwesung
durch Umstechen der Haufen zu befördern. Die Wirkung der Rasen=
erde, vor Allem auch bedingt durch die Güte des Bodens, von welchem
die Rasen stammen, wird im Verhältniß zu ihrer Quantität stets eine
minder energische sein als jene der Rasenasche, mit welcher man sie
auch gemischt hat; im Ganzen ist ihre Anwendung wohl eine be=
schränktere geblieben. Bezüglich der Schattenseite ihrer Gewinnung
gilt das oben bei der Rasenasche Gesagte.

Um so häufiger wird dagegen der s. g. Kompost angewendet,
welcher, in so weit er nur durch Verwesung vegetabilischer Stoffe, ins=
besondere des beim Ausjäten anfallenden Unkrautes entsteht, hier ab=
zuhandeln sein würde. Da er aber meist durch Mischung vegetabilischer
und mineralischer Substanzen hergestellt wird, so reihen wir ihn wohl
zweckmäßiger den Mengedüngern an.

Gerberlohe, welche durch einjähriges Liegen in Haufen und
zeitweiliges Begießen mit Jauche in ein für humusarme Böden passen=
des Düngemittel verwandelt werden soll[1]), wird in unseren von
Städten und Märkten meist entfernt liegenden Waldungen wohl nur
ausnahmsweise Verwendung finden. — Der Düngerwerth der Loh=
asche ist nach Versuchen Prof. Petermanns ein geringer und nur
etwa $\frac{1}{4}$ von jenem der Holzasche[2]).

Die Gründüngung, durch Anbau der Lupine auf armem
Sandboden landwirthschaftlich vielfach und mit gutem Erfolg ange=
wendet, hat auf ähnlichen Oertlichkeiten auch im Forstbetrieb auf Kultur=
flächen, der Föhrenpflanzung vorausgehend, versuchsweise stattgefunden[3]).
Sie kann natürlicher Weise dem Boden keinerlei Pflanzennährstoffe zu=
führen, wohl aber wirkt sie bezüglich der letztern aufschließend, befördert
die s. g. Gahre des Bodens und führt demselben, untergehackt und
verwesend, humose Stoffe zu. Als besonderer Vortheil des Lupinen=
baues wird hervorgehoben, daß die sich dicht bestockende und den Boden
beschattende Lupine den Unkrautwuchs zurückhält, so daß insbeson=
dere für Beete, welche den Sommer hindurch etwa brach liegen, deren
Anbau zu empfehlen ist[4]).

Vonhausen erwähnt[5]) auch eine andere Art der Gründüngung

---

1) Centralbl. f. d. F.=W. 1880. S. 529.
2) Centralbl. f. d. F.=W. 1882. S. 129.
3) Auff'm Ordt, Die Lupinenkultur. 1885.
4) Verhandlungen des Hils=Solling=Vereines. 1882.
5) Allg. F.= u. J.=Z. 1880. S. 42.

mit vor der Samenreife abgeschnittenem und auf die zu düngende Fläche gebrachtem Gras und saftigem Unkraut, welches behufs rechtzeitiger Verwesung am besten bei der erstmaligen Bearbeitung im Sommer untergebracht werden soll, und hebt hervor, daß eine derartige Gründüngung den Boden an Humus und Mineralstoffen bereichere.

c) Mineraldünger.

Man unterscheidet natürliche, in der Natur vorkommende Mineraldünger, wie Gyps, Mergel, Kalk, Phosphorit, Abraumsalze, und künstliche, in chemischen Fabriken hergestellte: Phosphate, Nitrate, Kalisalze u. s. w. — Im Forsthaushalt haben bisher vorzugsweise nur die drei erstgenannten natürlichen Mineraldünger, insbesondere Gyps und Kalk in gebranntem Zustand als Aetzkalk in Mischung mit Kompost Anwendung gefunden, künstliche Mineraldünger aber wurden, namentlich in unvermischtem Zustand, nur wenig benutzt[1]). Der Grund hiefür liegt nahe: abgesehen von dem oft doch etwas umständlichen Bezug setzt die richtige Verwendung solcher chemischer Präparate doch mehr chemische Kenntnisse voraus, als die Mehrzahl der Forstwirthe besaß und (der früheren Ausbildung nach) besitzen konnte; die Anwendung eines einzelnen solchen Mineraldüngers ohne vorherige Bodenanalyse konnte ganz erfolglos sein, sei es, daß der betreffende Stoff schon im Boden genügend vorhanden war, oder daß dessen Zuführung bei dem Mangel eines andern wichtigen Nährstoffs nicht fördernd wirken konnte; ja manche Salze wirkten bei stärkerer Anwendung möglicher Weise sogar schädlich. Düngungsversuche, lediglich mit dem einen oder andern Mineraldünger angestellt, mußten sich daher nicht selten als erfolglos erweisen, den betreffenden Stoff in Mißkredit bringen, und der Praktiker griff daher immer wieder lieber zu seinen bewährten Hausmitteln, zu Dammerde und Rasenasche, zu Kompost und Stallmist.

Eine rationelle Anwendung von Mineraldüngern, entweder in geeigneter Mischung unter sich oder mit Dammerde, Kompost u. dgl., kann dagegen zu sehr günstigen Resultaten führen, und zahlreiche Versuche sind in dieser Richtung schon angestellt worden und werden allenthalben angestellt.

Betrachten wir nun die einzelnen Mineraldünger und deren Bestandtheile näher.

---

[1]) Zeitschr. f. F.- u. J.-W. IV. S. 37.

Mergel, ein Gemenge von kohlensaurem Kalk mit Thon und Sand, wird bekanntlich in der Landwirthschaft sehr vielfach in Anwendung gebracht, während diese letztere im Forsthaushalt eine beschränktere ist. Auf sandigem Boden ist die Wirkung eine in doppelter Richtung günstige, indem einerseits diesem der Regel nach kalkarmem Boden dies wichtige Pflanzennährmittel zugeführt, anderseits durch den Thon dessen Bindigkeit und resp. Fähigkeit, die Feuchtigkeit festzuhalten, erhöht wird. Die Transportkosten werden der Verwendung nicht selten hindernd im Wege stehen, da zu geringe Quantitäten nur wenig wirken können; auch ist die Düngung nur mit Mergel eine unvollständige.

Viel häufiger findet wohl der Aetzkalk (gebrannter Kalk) Verwendung und zwar vor Allem bei der Kompostbereitung, da er als vortreffliches Zersetzungsmittel vegetabilischer Stoffe wirkt; wir werden bei der Besprechung der Mengedünger auf denselben zurückkommen.

Gyps führt dem Boden Kalk und Schwefelsäure zu, und wird sich auf kalkarmen Böden günstig erweisen; doch findet auch er gleich dem Aetzkalk vorzugsweise nur in Mischung mit andern Düngern Anwendung.

Phosphorit, Abraumsalze, Chilisalpeter, Superphosphat und sonstige chemische Präparate werden nach Schütze[1]) stets am besten in Mischungen angewendet, da jeder dieser Stoffe allein nur eine unvollständige Düngung ergeben würde; als eine solche Mischung, welche sämmtliche wichtigen Pflanzennährstoffe — so also Kali, Kalk, Magnesia, Phosphorsäure, Schwefelsäure und Stickstoff enthalten würde, bezeichnet Schütze ein Gemenge von

Gereinigter schwefelsaurer Kalimagnesia,

Superphosphat oder Knochenmehl und

Natron- oder Ammoniak-Salpeter,

wobei dann zweckmäßig noch Kalk in Gestalt von Gyps oder gebranntem Kalk beigefügt würde.

Neuerdings wird als Düngemittel die s. g. Thomasschlacke empfohlen, eine Schlacke, welche sich bei der Reinigung des Eisens von Phosphor (Patent Thomas) ergibt und in Deutschland in großer Menge anfällt; sie kommt in fein gemahlenem Zustand als Thomasschlackenmehl in den Handel. Dies letztere, reich an Phosphorsäure (10—25 %) und Kalk (bis 50 °/o), zersetzt sich rasch und wird als

---

[1]) Zeitschr. f. F.- u. J.-W. IV. S. 37.

billigste Phosphorsäurequelle gerühmt; es dürfte sich wohl vor Allem zur Verstärkung von Kompostdüngern empfehlen[1]).

Auch die S t e i n k o h l e n a s c h e wurde als Düngemittel und zwar namentlich bei Gartenkultur[2]), schon angewendet und wird der Erfolg gerühmt; die d ü n g e n d e Wirkung derselben ist zwar nur eine mäßige, dagegen wirkt sie auf schwerem, bindendem Boden sehr günstig durch L o c k e r u n g desselben und kann, weil nun fast allenthalben kostenlos zur Verfügung stehend, wohl auch in unsern Forstgärten Anwendung finden. Dieselbe soll vor der Benutzung durch Siebe von den gröbern Brocken befreit werden und sodann unter öfterem Umstechen einige Monate an der Luft liegen.

d) Mengedünger, Kompost,

ein im Forsthaushalt zur Düngung der Forstgärten seit langer Zeit und in ausgedehntem Maß angewendetes Material, besteht aus den mannigfachsten organischen und mineralischen Substanzen, welch erstere vor der Verwendung erst v e r w e s e n sollen, vielfach unter Einwirkung der letztern. Unkraut aller Art, insbesondere das bei Reinigung der Pflanzgärten sich ergebende Material, dann Laub und Nadeln, Säge= späne, selbst Torf, gemischt mit Aetzkalk, Straßenkoth, Grabenaushub, bilden das Material der K o m p o s t h a u f e n, während dem zur Ver= wendung f e r t i g e n Kompost zur Verstärkung der Wirkung wohl noch Asche, chemische Präparate 2c. zugesetzt werden.

Die Güte und Wirksamkeit des Kompostes wird nun erklärlicher Weise in hohem Grad bedingt sein durch die verwendeten Stoffe, die mehr oder weniger sorgfältige Zubereitung, den Grad der Zersetzung der organischen Substanzen. Während Fischbach[3]) den Kompost, wie er namentlich durch das faulende Unkraut hergestellt wird, als den theuersten Dünger bezeichnet, der nur wenig Nahrungsstoffe ent= halte, durch das öftere Umarbeiten der Haufen sehr theuer werde und leicht die Verunkrautung der damit gedüngten Beete nach sich ziehe, wird von Anderen guter Kompost als ein vorzügliches Düngemittel gerühmt[4]), so insbesondere auch von Forstmeister Meier in Uslar, der folgende Anweisung zur Herstellung guten Kompostes gibt[5]):

---

1) Allg. F.= u. J.=3. 1887. S. 35. Wagner, Die Thomasschlacke, ihre Be= deutung und Anwendung. 1887.

2) Centralblatt. 1880. S. 279.

3) Allg. F.= u. J.=3. 1860. S. 217.

4) Zeitschr. f. F.= u. J.=W. II. S. 340; Allg. F.= u. J.=3. 1862. S. 231.

5) Krit. Blätter. L. 1. S. 134.

Die erste, etwa 15 cm hohe Schichte organischer Masse, als Rasen, Heidelbeerfilz, Unkraut, Sägespäne 2c., wird mit einer dünnen Lage ungelöschten Kalkes überstreut; hierauf eine zweite, eben so starke Lage der erstgenannten organischen Substanzen geschichtet, der wieder eine Kalkschichte folgt u. s. f.; auf diese Weise wird ein meilerförmiger, oben jedoch nicht zugespitzter, sondern breiter und zur Aufnahme des Regenwassers vertiefter Haufen angesetzt und allenthalben mit sorgfältig angeklopfter Erde bedeckt. Die Löschung des Kalks beginnt nach wenigen Tagen und ist ebenfalls in einigen (2—4) Tagen beendigt. Während dieser Zeit soll der Haufen täglich ein paar Mal kontrolirt und sollen alle in der Erddecke entstehenden Risse sorgfältig zugedeckt werden, damit Wärme, Wasserdampf und Ammoniak nicht entweichen. Nach 4—6 Wochen zum ersten Mal und dann in entsprechenden Zwischenräumen noch einige Male wird der im Frühjahr angesetzte Haufen umgelegt und liefert dann bis zum kommenden Frühjahr einen sehr guten Dünger. — Bei Anwendung von gelöschtem Kalk oder nur kalkhaltigen Bodens als Zwischenlage dauert natürlich die Zersetzung viel länger, mehrere Jahre, und auf solche Komposthaufen, auf denen sich gerne Unkraut aller Art ansiedelt und die zur Vertilgung des letzteren ein oftmaliges Umarbeiten bedürfen, mag sich Fischbachs oben angeführtes Urtheil beziehen. —

Im bayrischen Forstamt Freising werden Komposthaufen in der Weise angesetzt[1]), daß eine etwa 30 cm hohe Schicht von vegetabilischen Resten jeder Art mit einer 4—6 cm hohen Schicht Torfmulle bedeckt, letztere stark mit Kalkstaub überstreut, dann Rasenasche etwa 8 cm hoch aufgebracht und diese mit Staßfurter Salz in dünner Schichte überdeckt wird. Eine Schichte Walderde macht den Schluß; im Nachsommer wird der Haufen umgestochen, im Frühjahr durchgeworfen und verwendet. Durch solchen Kompost sollen sowohl der verbrauchte Humusgehalt des Bodens, wie dessen mineralische Bestandtheile ersetzt, dessen Frische und Feuchtigkeit erhalten werden.

Auch durch Mischung von Sägespänen von Schneidemühlen, die mitten im Wald liegend dies Material oft in Menge bieten, mit Aetzkalk soll sich nach Meier[2]) ein guter Kompost bereiten lassen, doch erfordert der Prozeß der Zersetzung mehrere Jahre.

Straßenkoth, mechanisch fein zertheilte mineralische Stoffe gemengt mit dem Koth der Zugthiere, liefert unter Umständen ein sehr

---

[1]) Monatsschr. f. b. F.- u. J.-W. 1881. S. 75.
[2]) Krit. Blätter. L. 1. S. 134.

gutes Düngemittel, sei es rein, sei es in Mischung mit vegetabischen Stoffen im Kompost. Das Material, mit welchem die betreffenden Straßen beschottert sind, wird auf die Güte des Düngers von großem Einfluß sein, und kann z. B. der Abraum von Basaltstraßen[1] für sandigen Boden nicht bloß düngend, sondern in Folge seines Thongehaltes auch physikalisch verbessernd wirken. Dagegen würde der Koth von Kalkstraßen für Saatbeete auf Kalkboden nahezu werthlos sein!

Mengedünger anderer Art kann aber auch hergestellt werden durch anderweite Mischung animalischen, vegetabilischen und mineralischen Düngers, wobei die Stoffe in fein zertheiltem, daher leicht zu mengendem Zustand sich befinden. So hat Vonhausen[2] Versuche angestellt mit einem aus Holzasche, Knochenmehl und Chilisalpeter, dann einem aus beiden erstern Stoffen und Peruguano (im Verhältniß von $5 : {}^1/_2 : 1$) hergestellten Mengedünger; beide Arten desselben erwiesen sich als sehr wirksam, insbesondere aber die letztere, was Vonhausen dem Stickstoffgehalt desselben zuschreibt. Eine andere Art von Mengedünger (nach Schütze), welche nur aus Mineralstoffen besteht, haben wir oben unter den Mineraldüngern schon erwähnt.

Die Wirkung solcher Mengedünger, welche die Pflanzennahrung in sehr löslicher Form enthalten, ist eine rasche, was unter Umständen (bei Düngung kümmernder Pflanzenbeete) von großer Bedeutung sein kann, und sie werden in solchem Falle ohne weitere Zusätze angewendet.

Häufig aber verstärkt man, wie schon berührt, die Wirkung von Kompost, Walderde, Rasenerde durch Beigabe von kräftiger wirkenden Düngemitteln, wie Holzasche, Knochenmehl, Superphosphat, Guano 2c., in entsprechender Weise, den Boden dadurch in vollständigster und chemisch wie physikalisch verbessernder Weise düngend.

<h2 style="text-align:center">§ 25.</h2>

<h2 style="text-align:center">Wahl des Düngemittels.</h2>

Wenn es sich um Beantwortung der Frage handelt, welches von den vielen, im vorigen Paragraphen erwähnten Düngemitteln in einem gegebenen Fall am zweckmäßigsten zur Anwendung komme, so werden

---

[1] Solcher Abraum wurde im hiesigen Forstgarten mit sehr gutem Erfolg verwendet.

[2] Allgem. F.- u. J.-Z. 1872. S. 228.

wir in erster Linie die Eigenschaften unseres Bodens ins Auge zu fassen und uns klar zu machen haben, ob derselbe nur eine Verbesserung seiner chemischen oder zugleich eine solche seiner physikalischen Eigenschaften bedürfe. Der Fall, daß nur letztere zu verbessern sind, wird der seltnere, jener, daß eine Verbesserung in beiden Richtungen wünschenswerth erscheint, der häufigere sein; denn wenn ein Boden ursprünglich auch vollkommen entsprechende Grade von Bindigkeit und Frische besitzt, so geht doch insbesondere die letztere mit der Konsumirung des ursprünglich vorhandenen Humusgehaltes bei längerer Benutzung mehr oder weniger verloren und damit auch die günstige Einwirkung, die der Humus durch Absorption von Ammoniak und Wasser aus der Luft äußerte; ein Ersatz der konsumirten humosen Theile erscheint daher häufig wünschenswerth, ja geboten, ein Ersatz der durch die wiederholte Benutzung der Pflanzbeete dem Boden entzogenen mineralischen Nährstoffe aber unter allen Umständen nöthig.

Ist nun neben der Düngung eine Verbesserung der fehlenden oder theilweise verloren gegangenen günstigen physikalischen Eigenschaften des Bodens nöthig, so sind Dammerde, Rasenasche, Rasenerde, Kompost, Stalldünger jene Düngemittel, welche eine Wirkung nach beiden Seiten zeigen und welche deshalb auch die ausgedehnteste Verwendung gefunden haben und finden. Dabei wird man noch möglichst den Eigenschaften des zu düngenden Bodens Rechnung tragen, indem man z. B. den hitzigen, rasch sich zersetzenden Roßmist vorzugsweise für schweren, kalten Boden, Kuhmist für leichteren Boden verwendet, indem man ferner dem Sandboden lieber die physikalisch so günstig wirkende Dammerde oder gute Rasenerde, bindendem Boden die lockernde Rasenasche beigibt. — Die genannten Dünger sind, wie wir wissen, vollständige, alle Pflanzennährstoffe enthaltende Düngemittel; ihre Wirkung kann bei den chemisch nur schwächer und langsamer wirkenden, so bei Dammerde, Rasenerde, Kompost, soweit nöthig durch Beifügung chemisch kräftig wirkender Mittel — Asche, Knochenmehl, Mineraldünger verschiedener Art — jederzeit erhöht und beschleunigt werden, wie schon oben bemerkt.

Handelt es sich aber lediglich um Zuführung von Pflanzennährstoffen, dann würde auf die Frage, welche derselben wohl zuzuführen seien, am sichersten eigentlich eine Bodenanalyse antworten. Vonhausen verwirft jedoch[1]), und sicherlich mit Recht, dieselbe als viel zu umständlich und kostspielig, um so mehr, als ihre Gültigkeit doch

---

[1]) Allgem. F.- u. J.-Z. 1872. S. 228; 1880. S. 44.

nur von geringer Dauer sein, die Zusammensetzung des Bodens und resp. dessen Gehalt an Nährstoffen sich doch mit jeder Pflanzenernte ändern würde, und gibt der praktischen Erwägung, dem praktischen Versuch den Vorzug. Er wie Schütze[1]) empfehlen, nie einen unvollständigen, nur einzelne Nährstoffe enthaltenden Dünger, wie Gyps, Aetzkalk, Knochenmehl, sondern stets Mengedünger von verschiedener Zusammensetzung, wie wir sie im vorigen Paragraphen angegeben, in Anwendung zu bringen.

Die praktische Erwägung aber, von der wir eben gesprochen, wird sich dabei doch auf wissenschaftlicher Grundlage zu bewegen haben: dem gebildeten Forstmann werden seine chemischen und mineralogischen Kenntnisse sagen, welche Pflanzennährstoffe der betr. Boden in Folge seines Ursprungs in reicher, welche er in geringer Menge enthält, und während er dem durch Verwitterung des Buntsandsteines, des Gneußes entstandenen Boden eine reichliche Kalkdüngung in dem Mengedünger gibt, weiß er, daß solche auf dem Verwitterungsboden des Kalkgebirges unnöthig ist; weiß, daß diesem letzteren eine Düngung mit kalireichen Stoffen viel nöthiger ist, als dem Verwitterungsprodukte des Basaltes oder Diorits. Die Wissenschaft ist's, die ihn bei seinen Düngungsversuchen vor direkten Mißgriffen und Fehlern schützt!

In Weiterem empfiehlt Vonhausen[2]), bei Auswahl des Düngers wohl ins Auge zu fassen, ob die Wirkung desselben eine sofortige sein soll, wie z. B. bei der Erziehung einjähriger Pflanzen, bei Zwischendüngung, oder ob eine langsamere und nachhaltigere Wirkung wünschenswerth erscheint, wie in den Verschulungsbeeten, den Heisterkämpen. In ersterem Fall wird die Anwendung eines Düngemittels, welches die Pflanzennährstoffe in löslichster Form enthält — so Asche oder Mengedünger aus Asche, Knochenmehl und Guano — zu empfehlen sein, in letzterem gute Komposterde, deren Nährstoffe theilweise erst durch die fortschreitende Verwesung frei werden. Unter allen Umständen wird aber zweckmäßig neben ersterem Dünger in entsprechendem Wechsel auch der letztere verwendet werden, da sonst die humosen Stoffe in nachtheiliger Weise aus dem Boden entschwinden.

§ 26.

Zeitpunkt, in welchem die Düngung einzutreten hat.

Durch die Düngung sollen der betr. Fläche nicht nur jene Stoffe ersetzt werden, welche ihr durch die Pflanzenzucht entzogen wurden,

---

[1]) Zeitschr. f. F.- u. J.-W. IV. S. 37 ff.
[2]) Allgem. F.- u. J.-Z. 1872. S. 228; 1880. S. 44.

sondern es soll auch der Boden überhaupt so reich an löslichen Pflanzen= nährstoffen gemacht werden, daß wir möglichst kräftige Pflanzen erziehen. Es ist dabei wohl ins Auge zu fassen, daß die von der oft außerordentlich großen Zahl der Pflanzen dem Boden entzogene Nähr= stoffmenge überhaupt keine geringe ist, wie wir oben (§ 23) nachgewiesen haben, und daß diese Nährstoffe einer meist nur wenig tiefen Boden= schichte entzogen werden.

Entsprechende Düngung zu rechter Zeit ist also von großer Bedeutung, und wir dürfen mit der Düngung nicht etwa zuwarten, bis die Pflanzen durch gelbliche Farbe der Nadeln und Blätter, kleine Knospen und kümmernden Wuchs uns den Nahrungsmangel augen= scheinlich dokumentiren. Jeder wiederholten Benutzung eines Saat= oder Pflanzbeetes hat unbedingt eine Düngung voran zu gehen, und wenn auch ein auf frischem, kräftigem Boden neu angelegtes Saatbeet das erste Mal der Düngung vielleicht entbehren könnte — und darin findet man ja einen nicht unwesentlichen Vortheil der Wanderkämpe (vergl. § 6) — so wird sich doch auch in diesem Fall eine mäßige Düngung, etwa mit der auf der betr. Fläche gewonnenen Rasenasche, als nützlich erweisen. Minder kräftige Böden aber bedürfen jedenfalls schon vor der ersten Benutzung eine hinreichende Düngung, wenn das Resultat ein günstiges sein soll, und diese Düngung muß erklär= licher Weise um so kräftiger ausfallen, zu je schwächerem Boden wir uns bei der Auswahl des Platzes bequemen mußten.

Rechtzeitige Düngung vor der Benutzung des Beets, vor dessen Ansaat oder Besetzung mit verschulten Pflanzen ist sonach Regel — doch kommt es in Folge eines Uebersehens in dieser Richtung oder bei längerem Stehen der Pflanzen in den Saat= oder Pflanzbeeten (so z. B. bei der Erziehung dreijähriger unverschulter Fichten) wohl vor, daß in dem mit Pflanzen besetzten Beet Nahrungsmangel eintritt, sich im Habitus der Pflanzen dokumentirt. In diesem Falle hat auch auf dem bestockten Beet eine Düngung, Zwischendüngung, da und dort wohl auch Kopfdüngung genannt, einzutreten, und erweist sich mit den rechten (leicht löslichen) Düngemitteln in richtiger Weise ausge= führt, von gutem und raschem Erfolg.

Ueber die Jahreszeit, in welcher im einen oder andern Fall die Düngung zur Ausführung gelangt, werden wir weiter unten (§ 28) zu sprechen haben.

§ 27.

Nöthige Düngermenge.

Welche Quantitäten von den verschiedenen Düngemitteln pro Ar oder Hektar anzuwenden seien, darüber lassen sich theils nur annähernde Zahlen, für solche Dünger aber, deren Zusammensetzung eine sehr verschiedene ist, wie Rasenasche, Kompost und ähnliche, nicht einmal diese geben. Die natürliche Zusammensetzung des Bodens, dessen größere oder geringere Erschöpfung an Nährstoffen und Humus, der Zeitraum, für welchen die Düngung ausreichen soll, sind hiebei erklärlicher Weise bestimmend, und der Praktiker muß eben hier gar oft auf dem Wege des Versuchs das Richtige für seine konkreten Verhältnisse zu finden suchen. — Es ist ferner — nach Vonhausens[1]) Ansicht — im Auge zu behalten, daß es nicht genügt, dem Boden etwa soviel Mineralstoffe zurückzugeben, als nach Ausweis von Aschenanalysen demselben durch die Pflanzenzucht beiläufig entzogen wurde, sondern wesentlich mehr, wenn die Pflanzen freudig gedeihen sollen, da ja bei Weitem nicht aller Dünger sofort den Pflanzen zu Gute kommt. (Bei regelmäßiger Düngung im ständigen Forstgarten muß aber doch wohl ein nachhaltiger Ersatz der entzogenen Stoffe genügen, da die langsamer löslich werdenden Stoffe der ersten Düngung der zweiten Pflanzengeneration zu Gute kommen u. s. f.)

So sehr nun auch eine hinreichend kräftige Düngung zu empfehlen ist, so nachtheilig kann sich — abgesehen von dem unnützen Kostenaufwand — auch eine zu starke Düngung erweisen. E. Heyer[2]) warnt vor einer solchen, die übertriebene, schwammig gewachsene, empfindliche Pflanzen erzeuge, die durch Frost, Hitze, Wild zu leiden hätten; ebenso Booth[3]), welcher darauf hinweist, daß die durch zu reichliche Düngung aufgeschossenen Pflanzen bis in den Herbst treiben, schlecht verholzen und den Frühfrösten verfallen, und der insbesondere für Nadelhölzer zu guten Boden für verderblich erklärt. Namentlich aber vermag ein Uebermaß stark wirkender mineralischer Dünger geradezu schädlich auf die Vegetation einzuwirken — so tödtete nach Nördlingers Mittheilung[4]) eine stärkere Düngung mit Staßfurter Kalisalz geradezu die Pflanzen, und auch Dankelmann und Schütze warnen, wie schon

---

[1]) Allg. F.- u. J.-Z. 1880. S. 42.

[2]) Allg. F.- u. J.-Z. 1866. S. 209.

[3]) Booth, Die Naturalisation ausländischer Waldbäume. 1882.

[4]) Krit. Blätter. LI. 2. S. 205.

früher berührt, vor gar zu starker Kalidüngung, namentlich auf leich=
terem Boden.

Einigen Anhalt bezüglich der zu verwendenden Düngermengen
mögen nachstehende Mittheilungen geben:

Schmitt[1]) erklärt 200 Ctr. Stalldünger (Rindviehdünger) =
20 Wagenladungen pro Hektar für eine ausreichende Düngung für
Fichten= Saat= und Pflanzbeete, fordert aber um der nachhaltigen
Wirkung und nöthigen größern Nährstoffmenge willen das doppelte
Quantum, wenn die Pflanzen 3 Jahre im Pflanzbeet stehen sollen[2]).
— Eine Wagenladung auf je 5 Ar dürfte aber für eine sehr mäßige
Düngung zu erachten sein!

Dankelmann[3]) bezeichnet 32 Fuder Roßmist als eine ausreichende
Düngung pro Hektar, bemerkt jedoch, daß bei längerer derartiger Dün=
gung sich der Mangel an Phosphorsäure bemerklich gemacht habe, dem
durch Beigabe von Knochenmehl abgeholfen werden könne.

Dammerde wird in dem Eberswalder Forstgarten zur all=
jährlichen Düngung der zur Erziehung einjähriger Föhren be=
stimmten Beete in etwa 3 cm hoher Schichte aufgebracht, es werden
also 3 cbm pro Ar verwendet.

Bezüglich der Anwendung von Mergel bemerkt Dankelmann, daß
schon eine 1 1/2 cm hohe Schichte (also 1 1/2 cbm pro ar), entsprechend
beigemischt sich auf Sandboden von günstigem Erfolg zeigen werde.

Der durch Vonhausen empfohlene Mengedünger (s. § 24), zu=
sammengesetzt aus 5 Theilen Holzasche, 1 Theil Guano, 1/2 Theil
Knochenmehl, soll nach seiner Angabe in einem Quantum von ca.
26 Ctr. pro ha — also 20 Ctr. Asche, 4 Ctr. Guano und 2 Ctr.
Knochenmehl — die entsprechende Düngung bieten[4]).

Von einem von Schmitt empfohlenen Kunstdünger, aus Guano
oder Knochenmehl und Kalidünger hälftig gemischt, werden für Saat=
beete pro ha 5 Ctr., für Verschulungsbeete 10 Ctr. als nöthig erklärt.

Schütze endlich bezeichnet[5]) bei einer Düngung mit Kalisalzen,

---

[1]) Fichtenpflanzschulen. S. 41.

[2]) Nach Dulks Angaben (s. § 23) scheint der Entzug an Nährstoffen durch
2jähr. Fichtenpflanzen im Saatbeet pro Jahr in Folge der viel größern Zahl der=
selben ebenso groß zu sein, als jener durch 2 Jahre im Pflanzbeet stehende ver=
schulte Pflanzen.

[3]) Zeitschr. f. F.= u. J.=W. II. 332.

[4]) Allgem. F.= u. J.=Z. 1880. S. 43.

[5]) Zeitschr. f. F.= u. J.=W. IV. S. 37.

Superphosphat, Natronsalpeter, Ammoniaksalz ein Quantum von 4 Ctr. als das Maximum, welches pro ha in Anwendung kommen dürfe.

§ 28.
Ausführung der Düngung.

Die nöthige Düngung geht in den meisten Fällen der Ansaat oder Verschulung voraus, kann aber auch auf den schon mit Pflanzen besetzten Beeten als Zwischendüngung stattfinden, wenn das Aussehen der Pflanzen auf Nahrungsmangel schließen läßt, und wird demgemäß in verschiedener Weise erfolgen.

Im erstern Falle, bei der vorausgehenden Düngung, wird man sich zunächst darüber entscheiden müssen, ob man den Dünger in die oberste Bodenschichte oder in die Tiefe bringen oder endlich den als Wurzelraum dienenden Boden mehr gleichmäßig damit durchmengen will. Die zu erziehende Holzart, die Benutzung der Fläche als Saat- oder Pflanzbeet werden hiefür zunächst maßgebend sein. Handelt es sich um Erziehung der schon im ersten Jahr tiefgehende Wurzeln treibenden Eiche oder Föhre, so wird man den Boden jedenfalls auf größere Tiefe zu düngen haben, als wenn man bloß einjährige Fichten zum Zweck der Verschulung erziehen will, in welchem Fall eine sehr seichte Düngung genügt. Saatbeete werden stets in der oberen, dem Keimling und der jungen Pflanze den ersten Wurzelraum bietenden Schichte entsprechend zu düngen sein — auch bei Eiche und Föhre nicht bloß in der Tiefe —, Verschulungsbeete eine tiefer gehende Düngung verlangen, um so tiefer, je stärker die Pflanzen im Pflanzbeet werden sollen.

Im Allgemeinen ist es bekanntlich erwünscht, wenn die Pflanzen im Saat- und Pflanzbeet keine zu tief gehenden Wurzeln erlangen, da durch solche das spätere Verpflanzen erschwert wird, und man düngt daher den Boden nicht gerne zu tief, um dadurch eine reiche Seiten- und Saugwurzelbildung in den nahrhaften obern Bodenschichten hervorzurufen. — Eine Ausnahme besteht hinsichtlich der einjährigen Föhren, bei denen man zur Sicherung des Gedeihens der auf leichtem, rasch austrocknendem Sandboden zu verwendenden Pflanzen gerne die Entwickelung der Pfahlwurzel befördert; dies geschieht neben tiefer Bodenlockerung durch tiefgehende Düngung, selbst durch vorzugsweise Düngung der untern Bodenschichten, in welche man hiedurch die Wurzeln gleichsam hinabzulocken sucht. (Vergl. § 17.) Jedes Uebermaß in dieser Richtung ist jedoch ebenfalls von Uebel, da zu lange Wurzeln beim Einpflanzen Schwierigkeiten bereiten, verkrümmt oder umgestülpt werden[1]).

Auch die Art des zur Anwendung kommenden Düngemittels wird für die Tiefe des Unterbringens von Einfluß sein. Stalldünger soll etwas tiefer untergegraben werden, damit die Pflanzenwurzeln nicht in direkte Berührung mit ihm kommen[2]), während Rasenasche, Kompost, Humus mit der ganzen den Wurzelraum bildenden Bodenschichte gemengt, leicht lösliche Düngersorten — Mengedünger aus Knochenmehl, Guano u. dgl. — nur seicht eingehäckelt werden; dem Regen wird es überlassen, die Nährstoffe in gelöstem Zustand in die Tiefe zu führen.

In den meisten Fällen wird die Düngung mit der zweiten, im Frühjahr stattfindenden Bodenbearbeitung verbunden und nur da, wo man etwa zur Erziehung langer Wurzeln den Dünger in größere Tiefe bringen will, oder wenn das Düngematerial erst im Boden verwesen soll — Gründüngung — geschieht die Düngung bei der erstmaligen Bodenbearbeitung im Sommer oder Herbst[3]).

Die Unterbringung des Düngers geschieht nun beim Stallmist in ähnlicher Weise, wie in der Gärtnerei, durch Untergraben mit dem Spaten; Kompost, Dammerde werden gleichmäßig über die zu düngende Fläche ausgebreitet und beim Umgraben mit dem Boden tüchtig vermischt, die leicht löslichen Düngemittel aber, wie schon oben berührt, erst nach dem zweitmaligen Umgraben des Bodens obenauf gestreut und nun durch leichtes Einhacken oder kräftiges Einrechen mit der obern Bodenschichte tüchtig gemengt. Aehnlich verfuhr auch Biermans mit der Rasenasche, als einem ebenfalls leicht löslichen Düngemittel.

Vonhausen[4]) düngt mit dem von ihm empfohlenen Mengedünger (s. o.) einige Tage vor beabsichtigter Saat und begießt die Beete, wenn während dieser Tage Regen ausbleibt, um hiedurch die Lösung des Düngers zu befördern, dessen ätzende Wirkung zu vermeiden. In letzterer Beziehung ist überhaupt bei Anwendung stark wirkender Düngemittel besondere Vorsicht nöthig, nie soll der Same mit demselben in direkte Berührung kommen, und ein einfaches Ausstreuen solcher Düngemittel in die Saatrillen ist daher durchaus unzulässig[5]). So wendet

---

1) Vergl. Burkhardt, Säen u. Pfl. S. 293.
2) Zeitschr. f. F.- u. J.-W. II. S. 332.
3) Geht die Beeteintheilung der Düngung voraus, so erspart man auch das Düngen der schmalen Seitenwege, welche immerhin 20 % der Fläche einnehmen.
4) Allg. F.- u. J.-Z. 1872. S. 230.
5) Zeitschr. f. F.- u. J.-W. IV. S. 47.

auch Bonhauſen[1]), um jeder übeln Wirkung vorzubeugen, von ſeinem Mengedünger vor der Saat nur etwa die Hälfte des normalen Quantums an und düngt im Sommer nach.

Eine ſolche Nachdüngung, ſowie die ſchon oben (§ 26) erwähnte Zwiſchendüngung in mit Pflanzen beſetzten Beeten, in welchen Nahrungsmangel ſichtlich eingetreten oder zu befürchten iſt, führt man dann durch Einſtreuen des entſprechenden leicht löslichen und raſch wirkenden Düngemittels zwiſchen die Pflanzenreihen und nicht zu nahe an dieſe hin aus und miſcht dasſelbe durch Einhäckeln mit dem Boden. Selbſtverſtändlich iſt dieſe Zwiſchendüngung thunlichſt im Frühjahr auszuführen, ſo daß mit beginnender Wachsthumsperiode den Pflanzen die zugeführten Nahrungsſtoffe ſofort zu Gute kommen, eine raſche Löſung derſelben durch die Frühjahrsfeuchtigkeit erfolgt. — Auch bei ſolcher Zwiſchendüngung iſt bez. der ſtark wirkenden Düngemittel die nöthige Vorſicht zu beachten — wir weiſen auf den ſchon in § 27 erwähnten Verſuch in Hohenheim hin, bei welchem eine ſtarke Zwiſchendüngung mit Staßfurter Kaliſalz vollſtändiges Abſterben der Pflanzen zur Folge hatte[2]).

§ 29.

Koſten der Düngung.

So wenig, als ſich über die Quantität der anzuwendenden Düngemittel beſtimmte, für alle Fälle paſſende Zahlen geben laſſen, eben ſo wenig erklärlicher Weiſe über die, neben der verwendeten Quantität noch durch mancherlei lokale Verhältniſſe bedingten Koſten der Düngung. So werden z. B. bei der Raſenaſche die durch die ortsübliche Höhe des Tagelohns bedingten Koſten der Gewinnung, beim Stalldünger die Koſten des Ankaufs und des oft weiten Transportes zu den Pflanzgärten, bei Anwendung von Mergel, Straßenkoth faſt nur die Transportkoſten ausſchlaggebend ſein, während die Koſten der chemiſchen Düngemittel faſt lediglich durch den allenthalben nahezu gleichen Ankaufspreis bedingt ſind.

------

[1]) Allgem. F.- u. J.-Z. 1872. S. 230.

[2]) Bei der Verſammlung des Hils-Solling-Vereines im Jahre 1882 wurde eine Zwiſchendüngung mit Laub und Erde für die Fichtenſaatbeete ſehr empfohlen. Zwiſchen die Pflanzenreihen wird 2—4 cm hoch Buchenlaub geſchüttet und dieſes dann etwa 2 cm hoch mit guter, lockerer Erde bedeckt. Das Verfahren bietet zugleich den Vortheil, daß an Reinigungskoſten ſehr geſpart, anderſeits aber insbeſondere auch die Bodenfriſche erhalten wird. (Verhandl. S. 63.)

Der Literatur sind denn auch über die Kosten der Düngung nur wenige Angaben zu entnehmen.

Nach größeren und sorgfältig ausgeführten Versuchen von Heß[1]) kam der Hektoliter guter Rasenasche (aus möglichst von Erde befreiten Plaggen gebrannt) durchschnittlich auf 45—65 Pfennige zu stehen. — Nach Vonhausens Angabe[2]) sind, wenn Lupinendüngung angewendet werden will, zur Aussaat pro ha 1½ Ctr. à 10 Mark nöthig. — Schmitt[3]) gibt den Preis einer Wagenladung (10 Ctr.) Stalldünger inkl. Transports zum Pflanzbeet im Schwarzwald auf 7—8 Mark an, und da er hiemit 5 ar düngt, so käme die Düngung pro ar auf 1,40 bis 1,60 Mark. Oberförster Müller gibt an[4]), daß sich nach Kulturrechnungen die Kosten der Düngung mit Kompost im Durchschnitt von vier Jahren auf rund 2,50 Mark pro ar belaufen haben.

Einige Angaben über die Preise chemischer Düngungsmittel sind als Anhalt über die Kosten der Düngung unsern Fachgenossen vielleicht nicht unerwünscht.

In der chemischen Fabrik Heufeld (Oberbayern) kostet

Gedämpftes Knochenmehl I pro	100	Kilogr.	13.50	Mark,
Knochenmehl Superphosphat „	100	„	12.00	„
Kali-Superphosphat . . „	100	„	13.50	„
Ammoniak-Superphosphat, Ersatz für Peru-				
Guano . . . . . pro 100		Kilogr.	18.00	„

Endlich beträgt der Preis für Chilisalpeter pro 100 Kilogr. etwa 45 Mark, für Peruguano 26 Mark, doch ist namentlich der Preis des letztern je nach dem garantirten Gehalt an löslichen Nährstoffen, an Stickstoff, Phosphorsäure, Kali, verschieden.

---

4. Kapitel.

Einfriedigung der Forstgärten und Kämpe.

§ 30.

Nothwendigkeit und Entbehrlichkeit.

Die Beantwortung der Frage, ob ein Saatkamp, ein Pflanzbeet einzufriedigen sei, oder ob die meist nicht unbedeutenden Kosten einer

---

[1]) Centralbl. 1875. S. 38.
[2]) Allg. F.- u. J.-Z. 1880. S. 42.
[3]) Fichtenpflanzschulen. S. 41.
[4]) Verhandl. des Hils-Solling-Vereines. 1882. S. 44.

Umzäunung erspart werden können, wird in erster Linie von lokalen Verhältnissen im Zusammenhalt mit den zu erziehenden Holzarten abhängen. — Einfriedigungen sollen unsere Anlagen vor Allem gegen die vierfüßige Thierwelt schützen, gegen Weidevieh, Hochwild, Sauen, Rehe, Hasen, Kaninchen, während ein Schutz gegen Menschen nur in minderem Maße nöthig ist — gegen eine beabsichtigte boshafte Beschädigung schützt keinerlei Zaun! Es wird sonach in jedem Einzelfall zu erwägen sein, in wie weit eine Gefährdung des Saat- und Pflanzkampes durch Weidevieh, durch den vorhandenen Wildstand besteht, und in wie weit insbesondere wieder die zu erziehenden Holzarten durch Wild bedroht erscheinen.

Weidevieh sollte zwar nur unter guter Aufsicht im Walde weiden; allein eine einzige sich verlaufende Kuh kann insbesondere durch Zertreten in unseren Saatbeeten so unangenehme Zerstörungen anrichten, daß wir da, wo Waldweide noch stattfindet, wenigstens durch eine einfache Verlanderung, einen sogenannten Weidhag (§ 33), uns gegen solche Gefahr schützen werden — so namentlich unsere etwa auf einer Windbruchlücke inmitten eines alten, der Hut geöffneten Bestandes gelegenen Pflanzkämpe.

Am gefährlichsten für jede Kampanlage sind Hochwild und Sauen, erstere im Winter fast jede Holzart annehmend, die aus dem Schnee hervorragenden Gipfeltriebe verbeißend, letztere durch ihr Brechen im gelockerten Boden gefährlich — so daß, wo die eine oder andere dieser Wildarten als Standwild vorhanden ist, eine feste Einfriedigung sich wohl stets als nöthig erweisen wird. Minder gefährlich sind Rehe und Hasen, bei welchen die anzubauenden Holzarten maßgebend sind für den nöthigen oder entbehrlichen Schutz; dagegen machen Kaninchen, die etwa in der Nähe eines Pflanzkamps ihre Baue haben, eine sehr dichte Einfriedigung nöthig, gefährden andernfalls fast sämmtliche Pflanzen in strengen Wintern sehr bedeutend.

Laubhölzer bedürfen nun eines solchen Schutzes zumeist, und nur Erlen und etwa Eichen können desselben entbehren; dagegen unterliegen die Ahorne, Eschen, Hainbuchen, Linden dem Verbeißen durch Rehe und Hasen, am meisten aber ist die Akazie gefährdet, die offenbar eine Lieblingsspeise der Hasen (und Kaninchen) ist. Von den Nadelhölzern sind die Tannen bekanntlich am meisten bedroht, ihre kräftigen Endknospen bilden eine Lieblingsäsung der Rehe, während die übrigen Nadelhölzer durch Rehe nur ausnahmsweise, durch Hasen fast gar nicht bedroht sind.

Die Frage der Einfriedigung steht mit jener über die Zweckmäßigkeit bleibender Forstgärten oder wandernder Saat- und Pflanzkämpe in engem Zusammenhang. Wo man durch die eben besprochenen Verhältnisse genöthigt ist, die Pflanzen durch dichte Einfriedigungen gegen das Wild zu schützen, da wird man in den hohen Kosten, welche solche Einfriedigungen verursachen, einen Grund zur Anlage bleibender Forstgärten finden; und ebenso wird man da, wo man ständigen Forstgärten überhaupt den Vorzug gibt, dieselben zum Schutze gegen Mensch und Thier selbst bei minder bedrohten Holzarten einfriedigen. Die Entbehrlichkeit einer solchen Schutzvorrichtung gibt nicht selten den Ausschlag für die Wahl kleinerer, wandernder Kämpe; diese letzteren, vorzugsweise für die Fichte und Föhre im Gebrauch, erhalten in der Regel keine oder nur eine höchst einfache Einfriedigung. Wo besondere Verhältnisse, wie stärkerer Hochwildstand, auch für sie bessern Schutz nöthig machen, greift man wohl zu den transportablen Kulturgattern (§ 36), die nach Ausnutzung eines Kamps bei dem nächsten aufgestellt werden.

<h2 style="text-align:center">§ 31.</h2>

<h3 style="text-align:center">Verschiedene Arten der Einfriedigung.</h3>

Die Einfriedigung der Pflanzgärten kann nun in sehr mannigfacher Weise erfolgen und wird je nach den Thiergattungen, gegen welche ein Schutz nöthig ist, wie nach der Dauer, welche sie haben soll, eine bald einfachere, bald solidere, ebenso aber auch nicht selten eine nach dem im konkreten Fall zur Verfügung stehenden oder billig zu beschaffenden Material verschiedene sein.

Was die Thiere betrifft, gegen welche unsere Saatkämpe zu schützen sind, so genügt gegen Weidevieh die einfachste Art der Einfriedigung, da dasselbe weder durch solche kriechen, noch sie überfliehen kann; Graben und Wall oder einfache Verlanderung erweisen sich hier meist schon als ausreichend. Gegen Hasen und Kaninchen ist eine dichte, aber wenig hohe Einfriedigung geboten, gegen Rehe und Hochwild eine hinreichend hohe, gegen Schwarzwild eine genügend feste Einfriedigung nöthig. — Je nach dem zur Verwendung kommenden Material unterscheiden wir außer den Gräben, die da und dort genügen, noch Trockenmauern aus Plaggen oder Steinen, hölzerne Einfriedigungen der verschiedensten Konstruktion, in neuerer Zeit vielfach auch Drahtzäune; Einfriedigungen durch lebende Hecken und in direktem Gegensatz zu diesem fest mit dem Boden verbundenen Material die oben schon genannten transportabeln Gatter — eine reiche

Auswahl von Einfriedigungsmitteln steht uns zur Verfügung und soll in nachstehenden Paragraphen kurze Besprechung finden[1]).

Eine sehr wesentliche Rolle wird bei der Wahl der Einfriedigungs= art in den meisten Fällen neben der Zweckmäßigkeit der Kostenpunkt spielen, und jene Umzäunung, durch welche der angestrebte Zweck in billigster Weise erreicht wird, den Vorzug verdienen. Daß hierbei nicht allein die momentanen erstmaligen Kosten, sondern auch die Rück= sicht auf die Dauer und die Unterhaltungskosten sehr in die Wagschale fallen, ist selbstverständlich, und werden wir daher neben dem Kostenpunkt auch die Frage der Dauer in den Kreis unserer Be= sprechungen zu ziehen haben.

Ausnahmsweise — in vielbesuchten Waldungen, in der Nähe größerer Städte, Badeorte u. s. f. — bringt man wohl auch der Aesthetik ein Opfer und sucht dem Zaun unbeschadet seiner Solidität auch ein gefälliges Ansehen zu geben, so durch Anwendung des Rauten= zaunes, der Drahtgitter und dergleichen.

§ 32.
Gräben und Mauern.

Gräben von geringen Dimensionen, aber mit möglichst senkrecht abgestochenen Wänden dienen als Schutz gegen die Einwanderung von Mäusen und Werren und werden in dem Kapitel über den Schutz unserer Saat= und Pflanzbeete Erwähnung finden. Dagegen werden namentlich in Heidegegenden, wo der Boden von geringem Werth, die Arbeit im leichten Sandboden eine billige, Gräben von größerer Breite und Tiefe — bis zu 1,2 m breit und 0,7 m tief — insbesondere zum Schutz gegen Weidevieh und Schafherden hergestellt[2]). Die Graben= erde, auf die Seite des zu schützenden Grundstücks geworfen, bildet zu= gleich einen den Schutz verstärkenden Wall. Ein solcher Wall wird aber auch noch hergestellt durch abgestochene Plaggen (Soden), die nach Art von Bausteinen auf einander gelegt werden; mit solchen Plaggen wird der Wall entweder nur auf einer, besser auf beiden Seiten ver= sehen und dann zwischen die beiden Wände der Grabenaushub gewor= fen, wobei man die Stärke des Walles nach oben abnehmen läßt, dem= selben also eine entsprechende Böschung gibt. Burkhardt gibt die Sohlenbreite eines solchen Walles auf 1,2 m, die Kronenbreite auf 0,6 m bei 1,2 m Höhe an.

---

[1]) Wir weisen hier insbesondere auf die vortreffliche Behandlung dieses Gegen= standes in Burkhardts Säen und Pflanzen und in Heyers Waldbau hin, denen wir auch die betreffenden Abbildungen uns theilweise zu entlehnen erlaubten.

[2]) Burkhardt, Säen u. Pflz. S. 504.

Zum Schutz gegen Rehe und Hasen wendet man auch einen Besatz des Grabenaufwurfes mit Dornenbunden an[1]), welche in schräger Stellung, halb liegend, halb stehend, auf den Aufwurf gestellt und mittelst leichter, senkrecht eingeschlagener Pfähle befestigt werden, wobei ein Pfahl jedesmal zwei Bunde faßt.

Wo Steinmaterial in reicher Menge zur Verfügung steht, als sogenannte Lesesteine kostenlos zur Hand liegt oder bei Rodung der Kampfläche angefallen ist, da setzt man bisweilen auch Trockenmauern an, denen man aber wohl nie eine das Saatbeet hinreichend schützende Höhe geben kann. Durch Säulen, welche zwischen die Steine eingesetzt werden, und Querlatten läßt sich letzterem Mangel dann abhelfen.

<h2 style="text-align:center">§ 33.</h2>

<h3 style="text-align:center">Hölzerne Einfriedigungen.</h3>

Weitaus am häufigsten finden wir in unsern Waldungen hölzerne Einfriedigungen in Anwendung, zu welchen ja der Wald selbst das Material in billigster und bequem zu beziehender Weise darbietet; ist es doch nicht selten sehr geringwerthiges, ja da und dort überhaupt schwer verwerthbares Durchforstungsmaterial, welches bei den Einfriedigungen Verwendung findet.

Die einfachste Art der hölzernen Einfriedigung ist die nur zum Schutz gegen Weidevieh, Fuhrwerk 2c. dienende sogenannte Verlanderung, — bestehend aus längeren Stangen, welche in etwa 1 m Höhe zwischen je zwei schwachen Pfosten mit hölzernen Nägeln befestigt sind. — Etwas solider ist schon der Weidhag[2]) (Fig. 1), aus 16—20 cm starken, in 3—4 m Abstand in den Boden eingerammten meter-

Figur 1.

hohen Pfosten bestehend, an welchen zwei parallel laufende Querstangen mittelst hölzerner Nägel befestigt oder durch Löcher in den Pfosten geschoben sind. Auch er dient nur zum Schutz gegen Weidevieh.

---

[1]) Burkhardt, Säen u. Pflz.　S. 504.
[2]) Heyer, Waldbau.　S. 183.

Der **Pallisadenzaun**, Pfahlzaun (Fig. 2) besteht aus hin=
reichend langen und starken, im Durchforstungsweg gewonnenen Nadel=
holzstangen, zum Schutz
gegen Rehe 1,5 m, gegen
Hochwild bis 2 m über
dem Boden lang, welche
so dicht neben einander,
daß kein Hase durch=
schlüpfen kann, in den
Boden eingelassen und in
1 bis 1,3 m Höhe durch
eine aufgenagelte Latte
fest verbunden werden.
Bei der Anfertigung

Figur 2.

dieses Zaunes, welcher allerdings da, wo jenes Stangenmaterial gut
verwerthbar ist, in seiner Anlage ziemlich theuer kommen kann, empfiehlt
G. Heyer[1]) das Einsetzen der also auf 2—2,5 m abgelängten Palli=
saden in einen etwa 0,5 m tiefen Graben, der dann wieder eingefüllt
wird, wobei man die Stangen durch festes Einstampfen der Erde be=
festigt. — Früher sah man wohl, wie um Wildparke, so auch um Forst=
gärten solche Pallisadenzäune auch von gerissenem Eichenholz; jetzt wer=
den solche aus naheliegenden Gründen wohl nirgends mehr hergestellt.

Die gebräuchlichsten Holzzäune um unsere Forstgärten sind wohl die

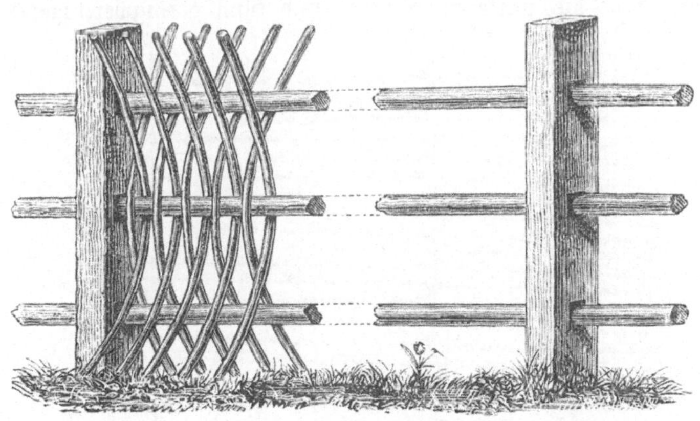

Figur 3.

Flechtzäune, und zwar jene mit senkrechter Stellung der Flecht=
ruthen an vielen Orten auch Spriegelzäune genannt (Fig. 3). Bei

---

[1]) Waldbau. S. 183.

deren Anfertigung werden in Entfernungen von 3—4 m hinreichend starke, runde oder leicht beschlagene, zur Erhöhung der Dauer etwa unten angekohlte Säulen von 2—2,5 m Höhe fest in den Boden eingesetzt, nachdem dieselben vorher an drei Stellen zum Einziehen der Querstangen durchlocht wurden. Sind diese Querstangen, Durchforstungsstangen von Hopfenstangen-Stärke, nach vorheriger Entrindung eingezogen, so werden die Flechtruthen (Spriegel, Etterruthen, Hannichel), Stängchen in der Stärke von Bohnenstecken und in Fichten-, Föhren- oder Tannen-Junghölzern bei der ersten Durchforstung als noch grünes Material gewonnen (bereits abgestorbene Stangen besitzen nicht mehr die nöthige Biegsamkeit), eingeflochten und dicht an einander gerückt, so daß kein Hase durchschlüpfen oder unten durchkriechen kann. Die Flechtruthen werden entweder alle in gleicher Höhe abgeschnitten oder, wenn sie an sich etwas kurz sind, oder das Ueberfliehen von Hochwild zu fürchten ist, in voller Länge belassen, allerdings auf Kosten des gefälligeren Aussehens.

Da diese Zaunart dem Wind viel Fläche darbietet, Beschädigungen durch Stürme ausgesetzt ist, zumal wenn die Säulen nach längerem Stehen anfangen, am Fuß schadhaft zu werden, so bringt man in ungeschützteren Lagen auf der dem Wind entgegengesetzten Seite einzelne Streben an, verstärkt auch die schadhaft werdenden Säulen durch neben eingerammte starke Pfosten.

Auch horizontale Flechtung läßt sich anwenden; bei derselben erspart man die stärkeren Säulen und kann geringwerthigeres und

Figur 4.

schwächeres Flechtmaterial, Reisig jeder Art und Länge, in Anwendung bringen, bedarf aber eine größere Anzahl von Pfählen. Die Abbildung (Fig. 4) versinnlicht wohl am einfachsten die Anfertigung dieser Zäune. Sie sind billiger herzustellen als die vorigen, aber auch minder haltbar, und finden vorzugsweise Anwendung bei Saatkämpen, deren Benutzung sich nur auf kürzere Zeit erstrecken soll, dann im Buchenwald, wo das geringe Material der ersten Durchforstungen hiezu verwendet werden kann, während die zur senkrechten Flechtung nöthigen Nadelholzstängchen fehlen.

Statt die Bohnenstecken einzuflechten, nagelt man sich auch mit entsprechend langen Stiften auf zwei durch die vertikalen Säulen gezogenen oder an denselben mit starken Holznägeln befestigten Querstangen (Brusthölzer) in einer das Durchschlüpfen von Hasen hindernden Entfernung senkrecht fest (Fig. 5) und stellt dadurch den senkrechten

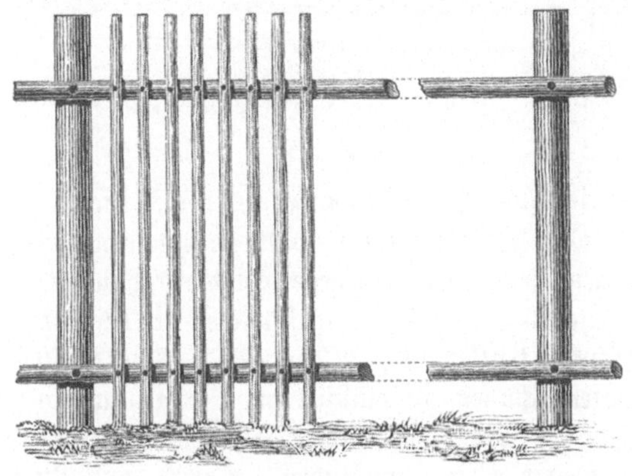

Figur 5.

Stangenzaun her; oder man läßt die Stängchen sich unter entsprechendem Winkel kreuzen, die einen auf der innern, die andern auf der äußern Seite der Brusthölzer annagelnd, und erhält so den gefälligeren, aber auch kostspieligeren Rautenzaun (Fig. 6).

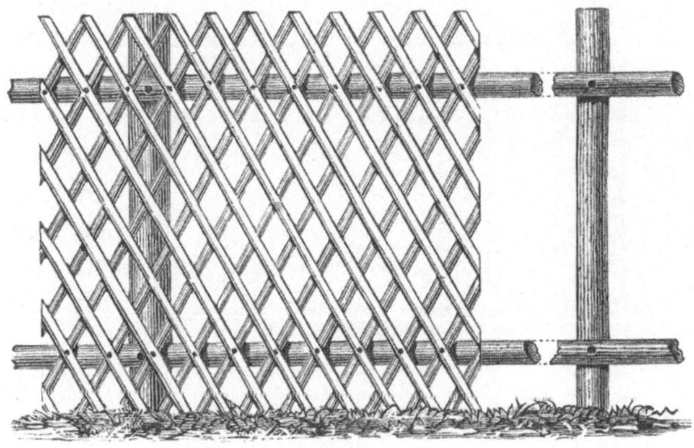

Figur 6.

Stangenzäune mit horizontal liegenden Stangen (Fig. 7) dienen vorzugsweise zum Schutz gegen größeres Wild, werden überhaupt

Figur 7.

mehr als Einfriedigung für Wildparke als für Forstgärten angewendet. Die Stangen, acht bis elf an der Zahl, je nachdem es sich um den Schutz nur gegen Rehe oder auch gegen Hochwild handelt, werden unten enger zusammengerückt, um das Durchkriechen zu verhindern, nach oben aber in wachsender Entfernung aufgenagelt. Sollte ein solcher Zaun auch gegen Hasen schützen, so müßten die Stangen unten sehr eng beisammen liegen — aber jede stärkere Schneefall würde denselben das Durchkriechen weiter oben ermöglichen. Durch eine Verbindung des horizontalen und vertikalen Stangenzaunes — durch Herstellung eines niederen senkrechten Zaunes mit höheren Säulen, an welche sogen. Sprunglatten genagelt werden (Fig. 8), kann man Schutz gegen jede Wildart geben und die größeren Kosten des senk-

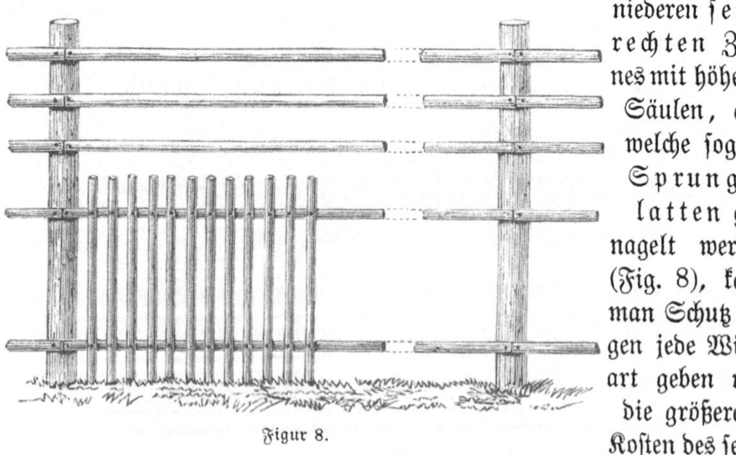

Figur 8.

rechten Stangenzaunes nicht unwesentlich verringern.

§ 34.
Drahtzäune.

An Stelle hölzerner Zäune werden schon seit längerer Zeit Draht-Einfriedigungen angewendet, und zwar zunächst zum Schutz von Kulturen in Wildparken oder bei starkem Wildstand überhaupt, wie auch zur Einfriedigung ganzer Thiergärten[1]). Aber auch zum Schutz unserer Forstgärten finden Drahtzäune verschiedener Art Anwendung und eine Erwähnung derselben erscheint hier am Platze.

Die zu erst erwähnten Zwecken hergestellten (aber auch für Forstgärten verwendeten) Drahtzäune bestehen jederzeit aus einer kleineren oder größeren Zahl horizontal gespannter Drähte, welche in angemessener, von unten nach oben wachsender Entfernung mit Klammernägeln an Säulen befestigt und straff angezogen sind. Wir entnehmen den Mittheilungen des Oberförsters Witte zu Großschönebeck[2]), woselbst solche Drahtzäune zum Schutz der Kulturen und Schläge gegen Hochwild angewendet wurden, Folgendes: Die Zahl der Drähte betrug sechs, welche in Entfernungen von 20, 20, 20, 20, 25, 30 cm gespannt wurden; die Befestigung derselben erfolgt an Säulen, und zwar werden die stärkeren, etwa zu 16 cm im Quadrat, in Entfernungen von 40, bei ebenem Terrain auch bis 70 m genügend tief — bis 90 cm bei 2,50 m Länge — in den Boden gesetzt, die Ecksäulen auch noch mit Streben versehen. Zwischen dieselben kommen die schwächeren Leitungspfosten, 15 auf 8 cm stark, in Entfernungen von je 4 m. Sind die Säulen und Pfosten gesetzt, so werden zuerst die Klammernägel (Fig. 9) in den angegebenen, an den Pfosten vorgezeichneten Abständen eingeschlagen, jedoch nur so tief, daß der Draht noch in die Klammer eingelegt werden kann; sodann wird der unterste Draht an der ersten Säule befestigt, seiner ganzen Länge nach (ca. 200 m) in die untersten Klammern sämmtlicher Pfosten eingelegt, mit Hülfe einer Winde durch zwei Arbeiter straff gespannt und nun durch Eintreiben der Klammernägel befestigt; in gleicher Weise wieder der oberste Draht und sodann die vier Zwischendrähte gespannt. Der verwendete Draht war geglühter und in Leinöl gesottener Telegraphendraht, dessen Preis pro Centner (450 m) 15 Mark, sonach pro laufenden Meter 3,5 Pfennig betrug.

Figur 9.

---

[1]) Thiergarten bei Arolsen (Allg. F.- u. J.-Z. 1858. S. 370).
[2]) Zeitschr. f. F.- u. J.-W. I. S. 247.

Soll dagegen ein Forstgarten durch einen solchen Drahtzaun gegen das Eindringen jedes Wildes, selbst der Hasen, geschützt werden, so sind eine ziemlich große Zahl von Drähten nöthig, welche in der Nähe des Bodens sehr eng gezogen werden müssen. Heß[1]) wandte bei dem akademischen Forstgarten in Gießen 14 Drähte an, die er in folgenden Entfernungen spannte: 8, 8, 8, 8, 9, 9, 10, 10, 12, 12, 16, 12, 18 cm, in einem zweiten Falle 6, 6, 7, 7, 8, 9, 10, 11, 12, 12, 12, 13, 15, 15 cm, so daß die Gesammthöhe in ersterem Falle 1,50 m, in letzterem 1,41 m betrug. Der verwendete Draht war 3—4 mm stark, überkupfert und die erstmalige Herstellung des Zaunes eine ziemlich kostspielige (1,75—1,90 Mark pro m). Werden diese hohen Anlagekosten auch durch die längere Dauer des Drahtzaunes gegenüber dem Holzzaun allmählich ausgeglichen, so werden sie doch ein Hinderungsgrund für dessen häufigere Anwendung sein, und möchten wir denselben mit Rücksicht auf die mit wechselnder Temperatur sich ändernde Spannung des Drahtes als einen minder sicheren Schutz gegen das Durchkriechen der Hasen betrachten, und derartige Drahtzäune für Forstgärten weniger empfehlen.

Mit gutem Erfolg und unter manchen Verhältnissen auch mit entschiedenem finanziellen Vortheil können die netzartig geflochtenen Drahteinfriedigungen (Fig. 10) zum Schutz der Forstgärten ange-

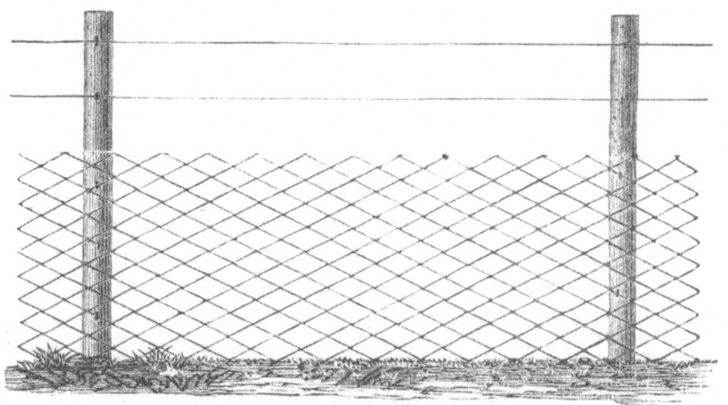

Figur 10.

wendet werden. Diese Drahtgitter, aus verzinktem Draht bestehend, 1 m hoch und in Rollen von beliebiger Länge käuflich, sind so eng geflochten, daß für Hasen ein Durchschlüpfen nicht möglich ist; sie werden an nur 10—12 cm starke Pfähle, — nur die Ecksäulen müssen entsprechend stärker sein, — deren Höhe über dem Boden 1,5 m beträgt und die 4—5 m von einander entfernt stehen, mittelst einfacher Klammer-

<hr>

[1]) Suppl. zur Allg. F.- u. J.-Z. Heft IX. S. 64.

nägel (Fig. 11) befestigt und zum Schutz gegen Roth-
und Rehwild dann noch mit zwei starken Drähten (altem
Telegraphendraht oder mit dem bekannten Stacheldraht,
als einem guten Schutzmittel gegen das Uebersteigen durch
Menschen), die an den Pfosten mit eben solchen Nägeln befestigt werden, überspannt. Die Anwendung einer solchen
Einfriedigung empfiehlt sich besonders dann, wenn die
allmähliche Vergrößerung eines neu angelegten Forstgartens
oder ein Schutz für Wanderkämpe beabsichtigt ist. In ersterem Falle

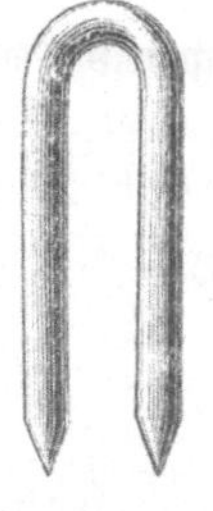

Figur 11.

bringt man — während man den übrigen Theil des Forstgartens etwa
mit einem Flechtzaun versieht — die Drahtgitter auf jener oder jenen
Seiten an, nach welchen hin man den Garten vergrößern will, und
kann dieselben dann seinerzeit mit sehr geringen Kosten wegnehmen und
hinausrücken [1]). Ebenso läßt sich mit der Verlegung der ausgenützten
Wanderkämpe die Drahteinfriedigung leicht weiter transportiren. Das
Drahtgitter kostet etwa 75 Pfennige bis 1 Mark pro Quadratmeter,
das Tausend der Klammernägel (Fig. 11) etwa 6—7 M., der laufende
Meter Stacheldraht 10 Pf., und sind deren Bezugsquellen namentlich
den Jagdzeitungen zu entnehmen, in welchen sich dasselbe in verschiedener Maschenweite, je nach den Zwecken, häufig angeboten findet [2]).

Eine Verbindung von Draht- und Holzzaun ist der von Oberförster
Sachse in Groß-Schönebeck empfohlene Drahtspriegelzaun [3]).
Zur Herstellung desselben werden 2,4 m lange, 16 cm starke Kiefern-
pfosten in 3 m Entfernung 0,8 m tief in den Boden fest eingesetzt
und sodann 4 Drähte — 4 mm starker, verzinkter Eisendraht — in
40 cm Entfernung von einander, so daß der untere Draht 20 cm vom
Boden absteht, mittelst einfacher Klammern an diesen Pfosten befestigt
und straff angezogen; die Eckpfosten sind hierbei mit hinreichend starken
Streben zu schützen. In diese Drähte, welche also die Querhölzer des
gewöhnlichen Flechtzaunes ersetzen, werden nun 2 m lange, 3—4 cm
starke Flechtruthen — Spriegel — dicht eingeflochten. Sachse rühmt
diesem Zaun, welcher gegen jede Wildart den nöthigen Schutz bietet,
nach, daß derselbe wegen des federnden Drahtes vom Wind nicht leicht

---

[1]) An dem im Jahre 1878 dahier neu angelegten akademischen Forstgarten
wurde dieser Drahtzaun in angegebener Weise verwendet und sehr zweckmäßig be-
funden.

[2]) Wir nennen beispielsweise die Drahtwaarenfabrik von Ferd. Schultz Nach-
folger in Rostock, dann die Drahtgitterfabrik von Frd. Gloger in Schwedt a./O.

[3]) Zeitschr. f. F.- u. J.-W. XI. 93.

gedrückt oder geworfen wird, und daß abgefaulte Pfosten leicht ersetzt werden können, ohne daß dadurch die anstoßenden Theile des Zaunes Noth leiden, was bei dem gewöhnlichen hölzernen Flechtzaun nicht der Fall ist.

§ 35.

Lebende Einfriedigungen (Hecken).

Lebende Zäune, Hecken, werden wohl am wenigsten zur Umfriedigung von Forstgärten verwendet. Sie bedürfen geraume Zeit, bis sie den entsprechenden Schutz gewähren, verlangen stete, sachver=ständige Pflege, wenn sie dieser Anforderung dauernd entsprechen, nicht durch Absterben der untern Zweige lückig werden sollen, und zeigen trotz aller Sorgfalt nicht selten doch solche, den Hasen Zugang gestattende Lücken.

Da es sich bei Anlage eines Forstgartens stets um Herstellung sofortigen Schutzes handeln wird, so ist man genöthigt, zunächst einen Holzzaun herzustellen und neben demselben die Hecke anzulegen, die nach Schadhaftwerden des ersteren den Schutz des Gartens übernehmen soll. Schon hieraus geht hervor, daß man lebende Einfriedigungen nur bei jenen Forstgärten überhaupt in Anwendung bringen wird, deren Be=nutzung voraussichtlich eine sehr lang andauernde ist, da nur in diesem Fall sich die Anlage und Pflege einer Hecke rentiren wird — und da solche bestimmte Voraussicht doch vielfach fehlt, so ergibt sich hiedurch auch die Beschränkung der Anwendbarkeit von Hecken überhaupt.

Wir glauben uns deshalb bezüglich derselben hier auch kurz fassen zu dürfen.

Als Material für Hecken dienen Weißdorn, Fichte und Hainbuche. Bei Weißdorn werden die Pflanzen 12—15 cm weit gesetzt, tief am Boden abgeschnitten und von den erscheinenden Ausschlägen nur zwei belassen, die mit jenen der links und rechts stehenden Pflanzen gitter=artig verbunden oder an einen lichten Lattenzaun angebunden werden; dies gitterartige Verbinden wird alljährlich fortgesetzt. Aehnlich werden Hainbuchenzäune behandelt. Bei Fichten verwendet man kleine, recht „rauhfüßige“ Pflanzen, die auf 12 cm Entfernung gesetzt werden, und schneidet rechtzeitig Höhen= und Seitentriebe zurück, damit die Hecke an der Erde dicht und buschig bleibt, die Stämmchen sich nicht in Folge der Beschattung der untern Aeste durch die oberen am Fuße reinigen. Das wichtigste Mittel für die Pflege der Hecken, für die Er=haltung eines dichten, das Durchkriechen kleiner Thiere (Hasen) ver=

hindernden Fußes liegt in dem alljährlichen Scheeren derselben mittelst der Heckenscheere (Fig. 12), in der entsprechen= den Beschränkung der Breite derselben, da eine zu große Breite neben dem Einnehmen eines zu großen Raumes auch das Auslichten des Fußes zur Folge hat. Nach Heyers[1] Angabe hält eine rationell angelegte und behandelte Fichten= hecke über fünfzig Jahre lang aus; in Folge der nöthigen Pflege kommen die Hecken aber trotzdem nicht so billig zu stehen, als man zu glauben geneigt ist.

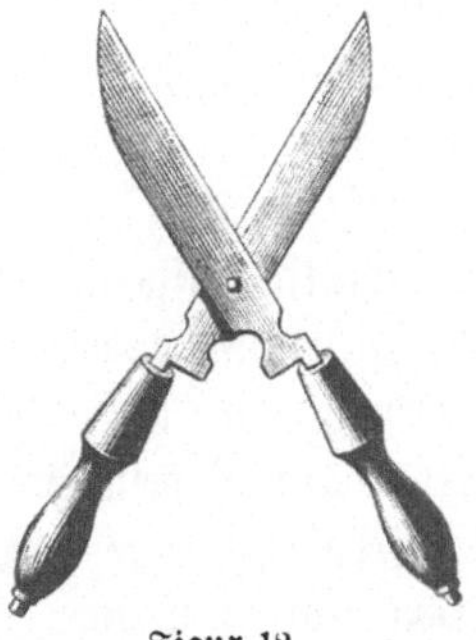

Figur 12.

Fichtenhecken schatten übrigens ziemlich stark und die Pflanzen zeigen in deren unmittelbarer Nähe nicht selten ein Zurückbleiben im Wuchs; jedenfalls wird man unmittelbar an dieselben nur Saat= und Pflanz= beete von Schattholzarten legen, denen jener Schutz allerdings sogar wohlthätig sein kann.

§ 36.

Transportable Einfriedigungen.

Die transportabeln Kulturgatter, Hürdengatter, Horden= zäune dienen in erster Linie zum längere oder kürzere Zeit nothwen= digen Schutz der Kulturen wie des Feldes da, wo ein stärkerer Wild= stand solchen Schutz nöthig macht; sie werden aber auch mit Vortheil zum Schutz wandernder Saat= und Pflanzbeete verwendet und sind daher hier zu erwähnen.

Figur 13.

Ein solches Hürdengatter (Fig. 13) besteht nach Forstmeister

---

[1] Waldbau. S. 190.

Beurmanns Beschreibung[1]) aus drei vertikalen stärkeren Rahmstücken, von circa 2—2,3 m Höhe; dieselben werden durch eine Anzahl schwächerer Stangen, welche 3,5—4,5 m lang sind, verbunden, und um ein seitliches Verschieben zu verhindern, dem Gatter einen größeren Halt zu geben, wird schräg von einem Rahmstück zum andern die sogenannte Windlatte aufgenagelt. Bei ebenem Terrain rechtwinklig zusammengefügt, muß dagegen bei geneigtem Terrain das Gatter verschoben werden, da die Rahmstücke stets senkrecht stehen, die Querhölzer stets parallel dem Boden laufen. Die Zahl der Querstangen und deren Entfernung ist je nach der Wildart verschieden; für Hochwild genügen etwa acht, soll aber auch Schutz gegen das Durchkriechen von Rehen und Sauen gegeben werden, so mehrt man ihre Zahl bis elf, und rückt die untern näher zusammen. — Die um Saatkämpe gestellten Hürden werden dadurch aufrecht und zusammen gehalten, daß man dicht vor die Verbindungsstelle je zweier Hürden einen Pfahl schlägt, und durch je zwei Wieden die Hürden mit demselben und gleichzeitig mit einander zusammenbindet, und den Hürden zugleich wechselständig schräge Stützen gibt.

Figur 14.

Aehnlich sind die von Heß[2]) beschriebenen Hordenzäune (Fig. 14),

---

[1]) Aus dem Walde. I. S. 131. S. auch Burkhardt, Säen u. Pflz. S. 510.
[2]) Allg. F.- u. J.-Z. 1862. S. 295.

wie sie in Thüringen zum Schutz der Wanderkämpe angewendet wurden. Derselbe hebt als besonders praktisch, weil die leichte Zerlegbarkeit und Transportirung ermöglichend, jene Konstruktion hervor, bei welcher die Querhölzer mit den Vertikalhölzern nicht durch Nägel fest verbunden, sondern lediglich mit den zugespitzten Enden in eingebohrte Löcher eingelassen sind. Das oberste Querholz aber geht d u r c h das Vertikalholz und wird durch beiderseits vorgesteckte Pflöckchen gehalten; zieht man letztere heraus, so zerfällt die Horde in ihre einzelnen Stücke und wird nun mit Leichtigkeit an den Ort der Verwendung transportirt.

Beim Aufstellen werden die Pfähle mit ihren zugespitzten Enden in den Boden getrieben und wird entweder zur Vermehrung der Haltbarkeit ein weiterer Pfahl in der Mitte der ca. 4 m langen Horde eingeschlagen, an den man einige Querhölzer mit Wieden bindet; oder man schlägt, wenn die Gatter keine stärkeren und zugespitzten Vertikalsäulen haben, an der Verbindungsstelle einen hinreichend starken Pfahl in den Boden, an den die Horden gebunden werden. Durch Streben erhalten dieselben eine weitere Befestigung und Schutz gegen das Umwerfen durch Wild und Wind.

Gegen Hasen geben diese Horden nur ungenügenden Schutz; man müßte zu diesem Behuf die untern Stangen sehr nahe zusammenrücken, bei tieferen Schneelagen schlüpfen aber dann die Hasen durch die oberen, weiteren Zwischenräume; dadurch ist die Anwendung dieser für Wanderkämpe praktischen Einfriedigung eine auf die minder schutzbedürftigen Nadelholzkämpe beschränkte geblieben.

§ 37.
Verschluß der Forstgärten.

Der Verschluß der um die Saatbeete und Forstgärten hergestellten Einfriedigungen richtet sich nach der Art der letzteren, wie nach lokalen Verhältnissen — in letzterer Beziehung insbesondere darnach, ob er auch hinreichende Sicherung gegen das unbefugte Eindringen von Menschen bieten soll. In den meisten Fällen wird letztere Sicherung nicht nöthig sein, denn beabsichtigte b o s h a f t e Beschädigungen eines Forstgartens werden auch durch solchen Verschluß nicht verhindert; will man aber doch einen solchen, so ist eine mit eisernen Angeln und einem Vorlegeschloß versehene Thüre nicht zu umgehen. In den meisten Fällen aber begnügt man sich mit Angeln von zähen Fichtenwieden und einem einfachen hölzernen Riegel oder richtet die Thüre so ein, daß sie in hölzernen Haken hängt und leicht ausgehoben werden kann;

nebenstehende Abbildung (Fig. 15) stellt eine von Schütz[1]) beschriebene

einfache und zweckmäßige solche Thüre dar. — Auch eine Art hölzernen Schlosses — weniger dem Verderben und der Entwendung ausgesetzt, als ein eisernes — ist da und dort im Gebrauch und wurde ein solches von Lorey[2]) beschrieben. Zweckmäßig ist es, in Angeln laufende Thüren so zu richten, daß sie geöffnet von selbst zufallen.

Bei der einfachsten Art der Einfriedigung, dem Waidzaun, werden lediglich an einer Stelle ein paar Stangen zum Zurückschieben in den durchlochten Säulen eingerichtet und auf diese Weise der Ein-

Figur 15.

gang hergestellt. Bei transportabeln Gattern wird letzterer durch seitliches Verschieben einer nur durch Binden an einen Pfahl befestigten Horde gewonnen.

Bei nur einigermaßen **größeren Forstgärten** ist die Anbringung **mehrerer Thüren**, mindestens von zwei sich gegenüberliegenden, zu empfehlen. Die Arbeiter, welche Unkraut hinaus, Kompost, Humus ꝛc. herein zu schaffen haben, ersparen hiedurch unter Umständen viel Zeit; für Fuhrwerke wird die Möglichkeit, den Garten ohne Umkehren zu verlassen, gewonnen.

§ 38.

Dauer der verschiedenen Einfriedigungen.

Bei der Wahl der einen oder anderen Einfriedigungsart wird, wie schon oben berührt, die Frage nach deren Dauerhaftigkeit eine sehr wichtige und nicht selten entscheidende Rolle spielen, da mit ihr jene bez. des Kostenpunktes aufs Innigste zusammenhängt. Eine anscheinend sehr billige Einfriedigung kann bei kurzer Dauer eine in Wirklichkeit theure werden, wie umgekehrt eine ursprünglich kostspieligere in Folge langer Dauer, geringer Reparaturkosten zu einer verhältnißmäßig billigen.

In den meisten Fällen verlangen wir von unsern Einfriedigungen möglichst lange Dauer — jedoch nicht immer; legt man z. B. behufs

---

[1]) Die Pflege der Eiche. S. 73.
[2]) Allg. F.- u. J.-Z. 1863. S. 362.

Aufforstung größerer neu acquirirter Felder 2c. einen Forstgarten an, der nach vollzogener Kultur wieder eingehen soll, so wird der oft nur kürzere Zeitraum, innerhalb dessen letztere bewerkstelligt werden soll, ins Auge zu fassen und die Solidität des Zaunes dieser Zeit einiger= maßen anzupassen sein. Man wird dann keine zu starken Säulen und Querhölzer wählen, das Imprägniren unterlassen, transportable Ein= friedigungen wählen u. dgl. m.

In erster Linie wird das verwendete Material die Dauer der Ein= friedigung bedingen. Wir haben oben der sehr langen Dauer gut ge= pflegter Hecken Erwähnung gethan, und eben solche werden gut kon= struirte Trockenmauern zeigen; ihnen schließen sich wohl die Drahtzäune an, wenn zu denselben gut verzinktes oder auf andere Weise gegen den Rost geschütztes Material verwendet wurde. Bei den hölzernen Zäunen ist von größter Bedeutung die Art des verwendeten Materials — die Holzart, die Verhältnisse, unter denen das Holz aufgewachsen ist (Stangen aus Durchforstungsmaterial werden stets jenem von Schnee= bruchflächen vorzuziehen sein), das Alter u. s. w.; man verwende ins= besondere zu den Säulen stets nur dauerhaftes Material, Eichen, harz= reiche Föhren, Akazien. Für die Säulen und Pfosten ist neben diesen Momenten und neben deren Stärke der Boden, in welchen sie gesetzt wurden, ob feucht oder trocken, bindend oder locker, von wesentlichem Einfluß auf die Dauer. Der über die Erde kommende Theil der Säulen und Pfosten wird meist scharfkantig beschlagen, das obere Ende schräg abgeschnitten und tüchtig mit Steinkohlentheer bestrichen, der untere, in die Erde kommende Theil dagegen bleibt unbeschlagen und dadurch möglichst stark, was sowohl bezüglich des festern Standes wie der längern Dauer von Vortheil ist. Durch Ankohlen dieser unteren, in und unmittelbar an den Boden kommenden Theile, durch Bestreichen mit Theer, Imprägniren mit antiseptischen Stoffen läßt sich diese Dauer sehr erhöhen; in Württemberg wird eine Mischung von 25 Pfund Theer, zu welchem in heißem Zustande 1 Pfund Kalk und 1 Pfund Kohlenpulver gesetzt und durch Umrühren tüchtig eingemischt werden, zum Anstrich der Säulenfüße mit gutem Erfolg verwendet[1]). Für ständige Forstgärten ist die Auswahl guten Materials zu den Säulen und Anwendung solcher konservirender Mittel von wesentlicher Bedeutung.

Bestimmte Zahlen über die Dauer der einen oder andern Art der oben beschriebenen hölzernen Einfriedigungen lassen sich nach dem eben

---

[1]) Oestr. F.=Z. 1887. S. 137.

Gesagten nicht wohl geben — sehen wir doch, wie in einem und demselben Zaune die eine Säule noch vollkommen gut ist, während die nächste, einem zweiten oder dritten Abschnitte des nämlichen Baumes entstammend, schon abgefault ist! Im Allgemeinen läßt sich nur etwa sagen, daß Pallisaden=Zäune mit ihrem stärkeren Material größere Dauer zeigen, daß Flechtzäune (Spriegelzäune) mit senkrechter Flechtung sich in Folge des leichteren Austrocknens (nach Regenwetter) länger zu halten pflegen, als solche mit horizontaler Flechtung[1], bei welchen namentlich die untersten Lagen rasch faulen, und daß Zäune mit senkrecht oder rautenförmig aufgenagelten Stangen aus dem gleichen Grunde die dichteren Flechtenzäune an Haltbarkeit übertreffen werden; daß endlich die Dauer eines hölzernen Zaunes 8—12 Jahre nicht übersteigen und derselbe auch während dieser Zeit manche Reparatur erheischen wird[2]. Für transportable Gatter gibt Burkhardt sogar die Dauer nur auf 5—6 Jahre an[3], eine Folge wohl des Umstands, daß behufs leichteren Transportes auch zu den Rahmenstücken vorwiegend schwächeres Material Verwendung findet.

§ 39.

Kosten der Einfriedigung.

Obwohl dieselben, streng genommen, in Abschnitt VI „Kosten der Pflanzenerziehung" zu besprechen wären, so haben wir es doch für zweckmäßiger gehalten, Alles, was auf die Einfriedigungen Bezug hat, im Zusammenhang abzuhandeln, und reihen daher die Besprechung der Kosten für dieselben schon hier an.

Die Kosten für die Einfriedigungen sind bisweilen reine Arbeitslöhne, so bei der Anwendung von Gräben, von Wällen aus Plaggen, von Trockenmauern — ja selbst bei hölzernen Zäunen kann der Werth des Holzes da, wo in waldreichen, gebirgigen Gegenden die schwächeren Sortimente schwer oder gar nicht absetzbar sind, ein so unbedeutender werden, daß er neben den Arbeitslöhnen verschwindet. Dagegen wird in Gegenden, wo jede Stange, jeder Bohnenstecken gut verwerthbar ist, der Holzpreis neben jenen Löhnen eine ziemlich bedeutende Rolle spielen; bei den geflochtenen Drahtzäunen endlich der

---

[1] Heyers Waldbau. S. 184.

[2] Heß i. d. Suppl. z. Allg. F.= u. J.=Z. IX. S. 71; Ztschr. f. F.= u. J.= W. XI. S. 93.

[3] Säen u. Pflanzen. S. 510.

Preis des anzukaufenden Flechtwerks in erster Linie stehen, der Arbeitslohn neben demselben sehr zurücktreten. Auch die Transportkosten für
das Holz können da und dort ins Gewicht fallen.

Solchen Verhältnissen wird der denkende Revierverwalter Rechnung
tragen, wenn es sich um die Wahl der einen oder andern Einfriedigungsart handelt; er wird da, wo das schwache Holz nahezu werthlos ist,
stets den dann billigen Holzzaun wählen, bei hohem Preise der Klein-
nutzhölzer, hohen Tagelöhnen dagegen den Drahtzaun meist vortheil-
hafter finden. — Es ergibt sich aber auch aus dem oben Gesagten,
daß bei Vergleichung der Herstellungskosten von Einfriedigungen ganz
gleicher, wie verschiedener Art stets 2 Faktoren — Arbeitslohn und
Materialkosten — aus einander gehalten werden müssen, wenn diese
Vergleichung einen Werth haben soll, daß Angaben über die Herstellungskosten eines Zaunes ohne Angabe der ortsüblichen Tagelöhne,
der lokalen Holzpreise für weitere Kreise ohne Werth sein müssen.

Bei der Entscheidung über die zweckmäßigere, weil billigere, Anwendung der einen oder andern Einfriedigungsart spricht aber noch
ein dritter, sehr gewichtiger Faktor mit: die Dauer der hergestellten
Einfriedigung, die Höhe der alljährlich oder periodisch nöthigen Reparaturkosten. Auch dieser Faktor ist ein höchst schwierig festzustellender,
da die Güte des zu Pfosten, Querhölzern, Flechtruthen verwendeten
Holzmaterials, die Oertlichkeit, in welcher sich der eine oder andere
Zaun befindet, auf die Dauer der Einfriedigung, wie auf die Höhe der
Reparaturkosten von größtem Einfluß sind, letztere auch noch durch die
Angriffe, denen der Zaun durch Menschen, Thiere, Wind u. s. f. ausgesetzt ist, bedingt werden. Wir verweisen bezüglich der für die Kostenfrage so wichtigen Dauer auf das im vorigen Paragraphen Gesagte und
wiederholen nur, wie schwierig es Angesichts aller dieser Verhältnisse
ist, vergleichende Angaben von Werth für weitere Kreise über
die Anlagekosten der einen oder andern Zaunart und den Vorzug, den
etwa die eine um ihrer Billigkeit willen vor der andern verdient, zu
machen.

Im Allgemeinen wird unter gleichen Verhältnissen der stärkeres
Holz erfordernde Pallisadenzaun kostspieliger sein, als die übrigen Holzzäune — auch die Transportkosten des Materials können bedeutend
sein —, der Flechtzaun billiger als der Zaun mit senkrecht aufgenagelten Stangen oder als der Rautenzaun, welcher der theuerste unter den
hölzernen Zäunen letzterer Art sein dürfte. Drahtzäune ersetzen die
größeren erstmaligen Kosten durch lange Haltbarkeit und geringe Reparaturkosten; die in § 34 beschriebenen Drahtspriegelzäune gehören den

Angaben des Oberförsters Sachse nach zu den nach Anfertigung und Dauer billigern Zaunarten.

Einige positive, der desfallsigen Literatur entnommene Angaben mögen folgen:

Nach Heyers Angabe[1]) kostete ein Spriegelzaun, wobei alles Holz 3/4 Stunden weit beigefahren werden mußte, inklusive Holzwerth (Taxe?) und bei 1,50 Mark Tagelohn pro laufenden Meter 2,10 Mark.

Von einem in der Oberförsterei Groß = Schönebeck hergestellten Drahtspriegelzaun[2]) kam der laufende Meter inklusive Holzwerth (4,50 Mark pro Festmeter Säulenholz, 0,20 Mark pro Hundert Spriegel) auf nur 0,53 Mark pro Meter zu stehen. (Die Höhe des orts= üblichen Tagelohns ist nicht angegeben.)

Nach Burkhardts Mittheilungen[3]) kostet bei einem Tagelohn von 2 Mark der laufende Meter

     Spriegelzaun . . . circa   40   Pfennig Arbeitslohn,

     Rautenzaun . . .   „   53   „   „

     Transportable Gatter „ 19—24   „   „

Nach Heß' Angaben[4]) kamen bewegliche Hordenzäune von 4,5 m Länge bei dem allerdings sehr niedrigen Tagelohn von 1 Mark durch= schnittlich auf 42 Pfennig per Stück inklusive des (jedenfalls auch sehr niedrigen) Holzwerthes.

Ueber die Kosten gezogener Drahtzäune, welche Kosten allerdings sehr wesentlich durch die Zahl der Drähte und respektive dadurch be= dingt sind, ob diese nur Schutz gegen größeres Wild oder auch gegen Hasen gewähren sollen, macht ebenfalls Heß genaue Mittheilungen[5]). Nach diesen kam der laufende Meter bei einem Tagelohn von 1,50— 2 Mark, einem Holzpreis von 16 Mark pro Festmeter Nadelholz und 24 Mark pro Festmeter Laubholz (Eichen zu Säulen) inklusive An= kohlen und Theeren auf 1,75 Mark, wobei 14 Drähte gezogen wurden und die ganze Arbeit unter etwas ungünstigen Verhältnissen ausgeführt werden mußte.

Viel geringer werden natürlich die Kosten bei einer nur geringen Zahl von Drähten, wie sie bei Parkeinfriedigungen oder zum Schutz von Saatbeeten gegen Hochwild etwa angewendet werden, sein; nach

---

[1]) Waldbau. S. 184.

[2]) Zeitschr. f. F.= u. J.=W. XI. S. 93.

[3]) Säen u. Pflanzen. S. 508 u. 510.

[4]) Allg. F.= u. J.=Z. 1862. S. 295.

[5]) Suppl. zur Allg. F.= u. J.=Z. IX. S. 71.

Wittes Angabe[1]) beliefen sie sich in Großschönebeck (vergl. § 34) inkl. Holzwerth nur auf 30 Pfennig pro laufenden Meter.

Von den geflochtenen, 1 m hohen Drahtgittern, welche eine vollkommen hasendichte Einfriedigung bilden, kostet der Quadratmeter Geflecht — gut verzinkter Draht — etwa 75 Pfennig bis 1 Mark, und kam im hiesigen akademischen Forstgarten die Herstellung der Einfriedigung unter Anwendung dieses Drahtgitters, über welches noch zwei Telegraphendrähte gespannt wurden, auf 1,20 Mark pro laufenden Meter bei einem Preis des Gitters von 1 Mark pro Meter; der Taglohn, der hier sehr wenig ins Gewicht fällt, steht auf 1,70 Mark, die nur 15—20 cm starken Zwischenpfähle, an denen das Gitter befestigt ist, stehen in einer Entfernung von 5 m. Der Holzpreis ist bei solch geringem Material ebenfalls von kaum nennenswerthem Einfluß. An dem verzinkten Draht ist jetzt, nach Verlauf von acht Jahren, noch keine Spur von Rost zu sehen, so daß die Einfriedigung als eine dauerhafte und billige, mit Rücksicht auf ihre leichte Versetzbarkeit bei Erweiterung oder Verlegung eines Gartens besonders zweckmäßige empfohlen werden kann.

<hr>

5. Kapitel.

Eintheilung und innere Einrichtung des Forstgartens oder Pflanzkamps.

§ 40.

Eintheilung durch Wege.

Jede Anlage zur Erziehung von Pflanzen bedarf einer gewissen, durch Wege herzustellenden Eintheilung, die aber wieder je nach der Größe der betr. Fläche in verschiedener Weise gegeben wird.

Kleinere, nur zu vorübergehender Benutzung bestimmte Saat- und Pflanzkämpe, oft nur wenige Ar groß, wie wir sie namentlich zur Erziehung von Fichten- und Föhrenpflanzen nicht selten finden, sind in sehr einfacher Weise durch schmale Wege in eine Anzahl von Beeten oder Ländern von entsprechender Größe getheilt und können, wenn ohne Einfriedigung und also von allen Seiten leicht zugänglich, jeden breiteren Weg entbehren. Eingefriedigte oder etwa größere Kämpe erhalten einen breiteren, für Handkarren benutzbaren Mittelweg oder

---

[1]) Zeitschr. f. d. F.- u. J.-W. XI. S. 93.

werden durch zwei solche, sich rechtwinklig kreuzende Wege geviertheilt. Größere ständige Pflanzgärten dagegen bedürfen einer entsprechenden und systematischen Eintheilung durch eine Anzahl breiterer und schmaler Wege.

Die Mitte des Gartens durchschneidet ein Hauptweg, breit genug für ein Fuhrwerk, um hiedurch die Beifuhr von Erde und Dünger, die Abfuhr von Pflanzen möglichst zu erleichtern. Eine Anzahl von Seitenwegen, hinreichend breit etwa für einen zweirädrigen Handkarren, oder doch einen gewöhnlichen Schubkarren zerlegt den Garten in weitere Haupttheile, Quartiere, und eben solche Wege läßt man wohl ringsum längs der Einfriedigung laufen; durch weitere, thunlichst schmale Wege, gerade breit genug, um von ihnen aus einer Person das Säen, Reinigen, Behacken 2c. zu gestatten, werden die Quartiere endlich in Beete oder Länder zerlegt.

Bei ebenem Terrain ist diese Zerlegung des Gartens eine ohne Schwierigkeit zu bewerkstelligende Arbeit: man sorge, daß die Wege sich gehörig rechtwinklig schneiden, denn jede auch nur geringe Abweichung vom rechten Winkel wird bei den späteren Arbeiten (dem Ansäen mit Hülfe von Saatbrettern, dem Verschulen) sehr lästig, und vermeide jedes Uebermaß von Wegen, insbesondere auch durch überflüssige Breite derselben, da hiedurch die bearbeitete und eingefriedigte Fläche zu stark reducirt wird, die Kosten sich also verhältnißmäßig steigern. — Die breiten Wege steckt man zweckmäßig schon vor dem Umarbeiten der Fläche — also nach Abräumung des Bodenüberzuges — ab und schließt dieselben von jeder tieferen Bearbeitung aus, hebt nur die obere bessere Bodenschicht in entsprechender Tiefe ab und benutzt dieselbe beim Einebnen der übrigen Fläche (s. § 20). Kann man diese Wege zur Zurückhaltung des Unkrautes mit Kies oder Sand überfahren, so ist dies zu empfehlen. Die schmalen Wege, insbesondere jene, welche die einzelnen Beete trennen, werden entweder nach vollständig gartenmäßiger Bearbeitung der betr. Fläche einfach nach der Schnur abgetreten, wie dies der Gärtner thut, oder sie werden (bei etwas bindendem oder feuchterem Boden) mit der Schaufel mehr oder minder tief ausgehoben und die ausgehobene Erde auf die anstoßenden Beete vertheilt; diese ausgehobenen Wege wirken dann als seichte Entwässerungsgräben namentlich vorbeugend gegen das Auffrieren des Bodens. Man behalte aber hiebei wohl im Auge, daß mit der Tiefe des Weges auch jederzeit dessen obere Breite wächst.

In geneigtem Terrain lege man möglichst alle Wege horizontal, namentlich alle breiteren und tieferen Wege, und vermeide

längere oder tiefere Wege in der Richtung der Wasserlinie, da dieselben
bei starkem oder anhaltendem Regen nur zu gern zu Wassergräben
werden und Schaden bringen. Wo sich solche Wege nicht ganz ver=
meiden lassen, bringt man in entsprechenden kleineren Zwischenräumen
Wasserableitungen (durch schräg eingelegte Schwellen) und kleine Fang=
gruben an.

Als Breite für einen Hauptweg mag etwa 1,8 m, für Seitenwege
1 m genügen, während die Wege zwischen den Beeten etwa 30—40 cm
breit werden sollten, — letztere Zahl als Maximum bei auszuhebenden
Wegen [1]).

Neben einer solchen regelmäßigen Eintheilung empfiehlt nun
Schmitt [2]) für seine Fichtenpflanzschulen eine ganz systematische Ein=
theilung in der Weise, daß z. B. zur Erziehung vierjähriger, im Alter
von zwei Jahren verschulter Fichten der Garten in drei Hauptquartiere
zerlegt wird, von denen je eines stets ein Jahr brach liegt, die beiden
andern mit 3= und 4jährigen Pflanzen besetzt sind. Eine kleinere Ab=
theilung jedes Quartiers gilt als Saatbeet zur Erziehung der zur
Verschulung des betr. Quartiers nöthigen 2jährigen Pflanzen. — Eine
solche Eintheilung wird da zweckmäßig, ja nöthig sein, wo nur Pflan=
zen von einer höchstens zwei Holzarten in bestimmter, jährlich gleich
bleibender Zahl erzogen werden sollen; in Forstgärten und Pflanz=
kämpen, in welchen verschiedene Holzarten und diese wieder in wechselnder
Zahl, verschiedenem Alter erzogen werden sollen, läßt sich diese Ein=
richtung nicht wohl durchführen.

§ 41.

Beete und Länder (Gewannen).

Die Frage, ob man die von breiteren Wegen umschlossenen Quar=
tiere in schmale Beete von 1—1,2 m Breite oder in größere, 4—6 m
breite Länder oder Gewannen, wie man sie wohl manchen Orts
nennt, theilen soll, ist für die Saatbeete wohl allenthalben entschieden,
für die Pflanzbeete aber findet sie verschiedene Beantwortung.

Seit man für Saatbeete beinahe durchaus die Rillensaat in An=
wendung bringt, die früher (namentlich nach Biermans) übliche breit=
würfige Ansaat derselben verlassen hat (vergl. § 48), sind größere
Saat=Länder nur für einzelne Holzarten mehr im Gebrauch und man

―――――――――

[1]) 45—60 cm (Krit. Bl. L. 1. S. 136) ist entschieden zu viel.
[2]) Fichtenpflanzschulen. S. 99.

sät auf Beete, deren Breite nicht größer sein soll, als daß man vom Seitenweg her bequem bis zur Mitte reichen — also ansäen, ausgrasen, durchrupfen kann. Diese Breite beträgt nun 1—1,2 m; Beete von geringerer Breite sind in Folge der dadurch verhältnißmäßig größeren Wegfläche, welche nöthig wird, eine Raumverschwendung, Beete von größerer Breite unbequem und unpraktisch.

Nur für Eichensaatbeete, bei welchen, um der schon im ersten und zweiten Lebensjahr raschen Entwickelung der Pflanzen willen, die Saat= rillen in größerer Entfernung von einander gezogen werden — bis zu 30 cm —, bei welchen also ein Betreten der Beete zum Zweck der Reinigung und Lockerung ohne Beschädigung der jungen Pflanzen wohl möglich ist, wendet man meist größere zusammenhängende Saatbeet= flächen ohne Unterbrechung durch Steige an; Gleiches gilt für Edel= kastanien=Saatbeete.

Für Pflanzbeete dagegen findet man vielfach solche größere Länder in Verwendung, andernorts aber wieder nur Beete, und beide Verfahren haben ihre Vertheidiger, beide unter Umständen ihre entschiedene Berechtigung.

Für die größeren Länder wird die beträchtliche Raum= ersparniß geltend gemacht[1]), welche in Folge des Wegfalles der zahl= reichen Wege zwischen den Beeten möglich ist, der Wege, welche, ur= sprünglich vielleicht schmal angelegt, allmälig, insbesondere gelegentlich des Ausgrasens, immer breiter zu werden pflegen. Diese Raumersparniß, mit welcher die Kosten für die Bodenbearbeitung und Einfriedigung in engem Zusammenhang stehen, ist allerdings anscheinend nicht unbe= deutend, da z. B. bei 1,2 m breiten Beeten und 30 cm breiten Steigen schon $\frac{1}{5}$ der ganzen Fläche durch letztere für die Pflanzenzucht verloren geht, bei breiteren Zwischenwegen aber, wie man sie nicht selten trifft, der Verlust an nutzbarer Fläche noch größer ist.

Dagegen tritt Schmitt[2]) entschieden für die Eintheilung in Beete bei der langsamer sich entwickelnden Fichte — der Holzart, die jetzt wohl am meisten verschult wird — ein und erklärt hier die Ansicht von der Raumersparniß für irrig. Wo keine Steige sind, erscheint eine weitläufigere Verschulung, als sonst wohl nothwendig wäre, geboten, damit die Arbeiten des Ausgrasens, Bodenlockerns u. s. w. von den zwischen die Pflanzenreihen tretenden, in den Beeten sich bewegenden Arbeitern ohne Beschädigung der Pflanzen vorgenommen werden können;

---

[1]) Fischbach, Lehrbuch der Forstwissenschaft. S. 116.
[2]) Fichtenpflanzschulen. S. 31.

eine solche größere Entfernung der Pflanzreihen von einander, und betrage sie nur statt 15 cm deren 20, macht aber jene Ersparniß an Raum völlig illusorisch, ja letztere kann selbst ins Gegentheil umschlagen.

Wir möchten der Hauptsache nach letzterer Ansicht beistimmen, namentlich also für kleine, langsam sich entwickelnde und daher engere Verschulung zulassende Pflanzen, dann auf unkrautwüchsigem und bindendem Boden, dessen öfteres Betreten um des Festtretens willen zu vermeiden ist; schon bei der Arbeit des Verschulens selbst läßt sich bei den größeren Ländern dieses Zusammentreten des vorher sorgfältig gelockerten Bodens nicht vermeiden, während bei der Beeteintheilung diese Arbeit von den Wegen aus geschehen kann. Die Anbringung von Schutzvorrichtungen, Schutzgittern, wie sie für die meisten Holzarten vortheilhaft, ist bei beetweiser Eintheilung erleichtert; auch der Werth, den die schmalen Wege als Entwässerungsgräbchen und Vorbeugungsmittel gegen das Auffrieren (s. § 62) haben können, dürfte ins Auge zu fassen sein. Auf geneigtem Terrain ist die Anwendung größerer Länder geradezu ein Fehler — hier erscheinen nur horizontal gelegte Beete als zweckmäßig.

Dagegen erscheint die Anwendung größerer Länder als zulässig und zweckmäßig auf minder bindendem Boden und bei Holzarten, welche — wie die Mehrzahl unserer Laubhölzer — mit Rücksicht auf ihre rasche Entwicklung ohnehin in weiterem Verband zu verschulen sind (siehe § 81). Für stärkere, zum Zweck der Erziehung von Heistern zum zweiten Male verschulte Pflanzen wählt man stets größere Länder ohne Beeteintheilung: alle Motive für letztere und gegen erstere fallen hier weg und tritt die Raumersparniß in ihr volles Recht.

§ 42.

Sonstige Einrichtungen: Hütten, Brunnen u. dgl.

In jedem größeren und ständigen Forstgarten sollte unbedingt eine einfach gebaute, verschließbare Hütte stehen, die einerseits zur Aufbewahrung der nöthigen Kulturwerkzeuge, Saatbretter, Häckchen u. s. w. dient, andererseits den Arbeitern wie dem die Aufsicht führenden Personal als Unterschlupf bei plötzlich eintretendem Regen dient. Eine solche einfache Hütte erscheint wohl in keiner Weise als Luxus; der Transport jener Geräthe, jede Unterbrechung der Arbeit durch das momentane Fehlen des einen oder andern Instrumentes wird vermieden, ebenso aber das oft nöthige Beenden der Arbeit, wenn die Arbeiter durch einen Regenguß bis auf die Haut durchnäßt sind, während beim Vorhandensein eines schützenden Obdaches oft schon nach kurzer Pause die Arbeit wieder aufgenommen werden könnte.

Ein solches, wenn auch noch so einfaches Obdach wird man aber zweckmäßig selbst bei kleineren oder nur kürzer benutzten Pflanzkämpen anbringen: das Material von geringen Stangen und etwa von Fichtenrinde zur Dachung läßt sich ja meist mit sehr geringen Kosten beischaffen, und von der Forderung der Verschließbarkeit, der Verschalung mit Brettern n. dgl. kann man absehen, so daß der Aufwand für eine solche Hütte ein sehr unbedeutender sein wird.

Ueber die Zweckmäßigkeit, ja selbst Nothwendigkeit, Wasser in einem größeren Forstgarten oder wenigstens in dessen nächster Nähe zu haben, wurde bereits früher (§ 12) gesprochen. Fehlt fließendes Wasser, so legt man wohl im Forstgarten einen Brunnen oder eine Cisterne an, welch letzterer man durch Gräben das Regenwasser zuzuführen sucht. Heyer[1] und Vonhausen[2] empfehlen sogar Vorrichtungen zur Bewässerung der Forstgärten aus nahe gelegenen Bächen oder mit Hülfe von Sammelteichen — doch wird sich die Möglichkeit der Anwendung des allerdings sehr günstig wirkenden und dem Begießen in jeder Art vorzuziehenden Bewässerns immerhin an verhältnißmäßig wenig Orten ergeben, vielfach auch an den Kosten scheitern. (Vgl. § 59.) — Für kleinere Saat- und Pflanzkämpe sind aber Brunnen und Cisternen wohl entbehrlich.

Außerhalb des Forstgartens, manchmal auch innerhalb desselben, findet man endlich Plätze reservirt zur Aufbewahrung von Düngemitteln, Rasenasche, Komposterde, oder zum Ansetzen sogenannter Komposthaufen aus dem im Garten anfallenden Unkraut. Solche Lagerplätze (auch für die Schutzgitter während der Zeit ihrer Nichtbenutzung, für diese an einem trocknen, luftigen Ort, noch besser in einer einfachen gedeckten Halle) legt man gerne etwas abseits in einem minder in die Augen fallenden Winkel, zweckmäßiger aber noch außerhalb der Einfriedigung, um den Raum im Innern des Gartens und dessen regelmäßige Eintheilung nicht zu beeinträchtigen, zunächst des Ausganges an.

Früher fand man wohl auch Anlagen, Ziergesträuche, selbst Blumenbeete in den Forstgärten, was jetzt wohl selten mehr vorkommen dürfte; ebenso vermeidet man Rondelle inmitten des Gartens, die sonst als Zierde nicht selten angelegt und mit irgend fremden Holzarten besetzt

---

[1] Waldbau. S. 190.
[2] Centralblatt 1877. S. 17.

waren. Dieselben erschweren aber die regelmäßige Eintheilung und den Verkehr im Garten und bleiben besser weg. Die Kulturmittel pflegen heut zu Tage dem Forstmann so knapp zugemessen zu sein, daß sich ohnehin jeder Luxus verbietet — gut gehaltene und gepflegte Pflanzbeete werden auch ohne solch überflüssige Zuthaten das Auge des Sachverständigen erfreuen!

III. Abschnitt.
Die Pflanzenzucht im Saatbeet.

1. Kapitel.
Die Ansaat der Saatbeete.

§ 43.
Allgemeine Erörterungen.

Die Bestellung der Saatbeete erfolgt entweder in der Absicht, die erzogenen Pflanzen in ein- bis höchstens dreijährigem Alter sofort zu Kulturen zu verwenden, oder sie in einem Alter von 1—2 Jahren — ein höheres Alter wird nur ausnahmsweise vorkommen — zur Erziehung kräftiger, gut bewurzelter Pflanzen zu verschulen. In der Art und Weise der Ansaat wird aber hierdurch ein Unterschied nicht begründet, nur etwa in der Stärke der Aussaat, der Menge des verwendeten Samens, indem man in ersterem Falle wohl etwas dünner sät; das Nachstehende gilt daher für beide Fälle; bezüglich der Regeln über die zu verwendenden Samenmengen enthält der § 54 die nöthigen Erörterungen.

Die bei der Ansaat zu beobachtenden Grundsätze und Maßregeln lassen sich nun als solche unterscheiden, welche für die Ansaat im Allgemeinen, für alle Holzarten oder doch für eine Anzahl derselben Gültigkeit haben, und als spezielle Regeln für die einzelnen Holzarten, auf deren Eigenthümlichkeiten sich gründend. Wir werden nun hier zunächst diese allgemeinen Grundsätze und Regeln besprechen, wobei sich allerdings eine Erwähnung der einzelnen Holzarten vielfach nicht vermeiden lassen wird; im zweiten, der speziellen Betrachtung der einzelnen Holzarten gewidmeten Theil werden wir dann das, was bei jeder derselben besonders zu beachten ist, unter Bezugnahme auf diesen allgemeinen Theil erörtern.

Als solche allgemeine Grundsätze und Regeln aber werden hier zu besprechen sein jene für die Auswahl des Saatgutes, die Prüfung, Erhaltung und Beförderung der Keimkraft, für die Zeit der Aussaat, die Art und Weise der Ausführung dieser letztern unter Erwähnung der hiebei etwa zu benutzenden Instrumente und Hülfsmittel; auch die allgemeinen Grundsätze über die zu verwendenden Samenmengen gehören hierher, während die Angabe der bei den einzelnen Holzarten üblichen Quantitäten Aufgabe des speziellen Theils unseres Werkchens ist.

§ 44.
Bedeutung und Auswahl des Saatgutes.

Für den Erfolg unserer Saaten überhaupt wird die Anwendung eines möglichst guten und vollkommenen Samens von großer Bedeutung sein[1]), von ganz besonderer Wichtigkeit aber erklärlicher Weise für unsere Saatbeete, und die Auswahl solchen Samens verdient jedenfalls alle Rücksicht seitens des Forstwirthes. Wir dürfen uns hier jedenfalls ein Beispiel nehmen an den Landwirthen, die bekanntlich der Beschaffung eines möglichst vollkommenen Saatgutes große Sorgfalt zuwenden, während seitens der Forstwirthe in dieser Richtung sehr wenig geschieht — wobei allerdings zugegeben werden muß, daß die Sache für uns entschieden schwieriger liegt, indem die Qualität des Samens, namentlich auch soweit dessen Abstammung in Betracht kommt, sich in der äußern Erscheinung vielfach nicht zu erkennen giebt.

Verschiedene gewichtige Stimmen haben sich schon für die sorgfältigere Auswahl des Samens erhoben: so in früherer Zeit von Berg und Nördlinger[2]), später Burkhardt[3]) und in besonders eindringlicher Weise Reuß[4]). Letzterer hebt namentlich hervor, daß zwischen dem Momente, wo der Baum überhaupt zum ersten Mal Samen trägt, und jenem, wo er die Fähigkeit hiezu wieder theilweise oder völlig verliert, ein längerer oder kürzerer Abschnitt liegen müsse, innerhalb dessen der Baum den besten und keimfähigsten Samen trage, während vor und nach diesem Zeitraum der Samen des zu jungen oder überalten Baumes geringwerthiger sein müsse; daß es aber jedenfalls wünschenswerth sei, den Samen von gerade in jener Periode stehenden Stämmen zu gewinnen.

---

1) S. Gayers Waldbau S. 370.
2) Krit. Blätter XLI. 2. S. 230.
3) Säen u. Pflz. S. 420.
4) Die Lärchenkrankheit. S. 38. 63.

Frischer, vollkommen ausgereifter Samen von gesunden, kräftigen Stämmen in mannbarem Alter wird hienach jedenfalls als der beste zu betrachten sein[1]): seine Größe und sein Gewicht geben weitere Anhaltspunkte für seine Güte. Bei an sich größerem Samen, so vor Allem bei der Eichel, läßt der Größenunterschied sich schon nach dem Augenmaß leicht erkennen, bei kleineren Sämereien, so bei den Nadelhölzern, wird man etwa das Gewicht von je 100 Körnern der einen oder andern vorliegenden Sorte vergleichen. Direkte Versuche Nördlingers und Baurs[2]) hinsichtlich des Einflusses der Größe des Samens auf jene der daraus erzogenen Pflanzen, mit Eicheln angestellt, ergaben als Resultat, daß große Eicheln größere Pflanzen lieferten als kleine Eicheln, ein Resultat, das uns nicht wundern kann, wenn wir an die größere Menge von Nahrungsstoffen denken, welche eben der größere Samen dem Keimling bietet. Zu gleichen Resultaten haben die von Cieslar mit Fichtensamen angestellten Versuche geführt[3]).

In wie weit die sonstigen Eigenschaften des Mutterbaumes, wie Vollholzigkeit, Langwüchsigkeit, Drehwuchs[4]) u. s. f., sich durch den Samen fortzupflanzen vermögen, ob der Samen von Krüppelbeständen wieder Krüppelbestände erzeugt, darüber fehlen sichere Anhaltspunkte vielfach noch — wir sind auch hier dem Landwirth, der rasch den Erfolg wahrnehmen kann, gegenüber im Nachtheil! — Doch spricht die Vermuthung einigermaßen für solche Vererbung, ja es läßt sich letztere in einzelnen Fällen sogar nachweisen: so erwachsen aus dem Samen der am sogenannten Süntel in Hannover wachsenden, kurzschaftigen und krummastigen Süntelbuche wieder Bäume gleicher Art, und einen ähnlichen Fall berichtet Nördlinger[5]) bezüglich der Eiche aus Ungarn. Auch Burkhardt[6]) theilt Aehnliches bezüglich der Lärche aus Oldenburg mit, woselbst das aus dem Samen einiger besonders schönwüchsigen Lärchenbestände erzogene Pflanzmaterial sehr gesucht und hoch bezahlt

---

[1]) Die mühevollen Untersuchungen, welche Forstmeister Reuß jun. in dankenswerther Weise mit Fichtensamen von Bäumen verschiedensten Alters (von 15 bis zu 142 Jahren) und verschiedenster Entwicklung bezüglich der Keimkraft, wie des Wachsthums der aus diesen Samen erzogenen Pflanzen in den vier ersten Lebensjahren angestellt hat (s. Centralbl. 1884. S. 65 u. 175) haben allerdings zu einem maßgebenden Resultat in dieser Richtung nicht geführt.

[2]) Krit. Blätter XLI. 2. 101 u. Monatsschr. f. d. F.-W. 1880. S. 605.

[3]) Centr. f. d. F.-W. 1887. S. 149.

[4]) Heyers Waldbau. S. 107.

[5]) Krit. Blätter XLI. S. 231.

[6]) Säen u. Pflz. S. 420.

wird. In besonders entschiedener Weise tritt Booth[1]) für den Einfluß, den die Herkunft des Samens auf die Entwicklung und Eigenschaften der demselben entstammenden Pflanzen ausübt, ein und verlangt ins= besondere bei allen Versuchen mit der Acclimatisation fremder Holzarten, daß man nur solche Samen bei uns zur Aussaat bringe, von welchen man die Garantie hat, daß sie in der ursprünglichen Heimath, und bei ausgedehntem Verbreitungsgebiet im nördlichsten und kältesten Theil (Nordamerika's, Japan's) an exponirten Standorten, von den besten Individuen gesammelt seien.

Auch in den „Untersuchungen aus dem forstbotanischen Institut in München" (Band III S. 21) finden wir Fehler in dieser Richtung als Grund des schlechten Gedeihens so vieler bei uns cultivirter japanischer Holzgewächse angegeben.

Unter allen Umständen wird man gut thun, den Samen, in so weit man ihn selbst sammelt, nur von möglichst vollkommenen Stämmen und Beständen zu verwenden, sichtlich kleinen und schlecht entwickelten Samen überhaupt nicht zu sammeln oder — wie bei Eicheln, Kastanien wohl möglich — auszuscheiden. Bei gekauftem Samen, der freilich im gegenwärtigen Kulturbetrieb eine große Rolle spielt, fehlt natürlich jeder Anhaltspunkt für die Abstammung des Samens.

Von Wichtigkeit ist ferner die Verwendung möglichst frischen Samens. Von einer Anzahl unserer Holzarten kommt überhaupt nur ganz frischer Samen zur Verwendung, so von Eiche, Buche, Tanne (auch Ulme, Birke), da der Samen sich nur bis zum nächsten, der Samenreife folgenden Frühjahr aufheben läßt, ohne entsprechende Vor= sicht schon bis dahin leicht Noth leidet. Von andern Holzarten, so von unseren wichtigen Nadelhölzern, Fichte, Föhre, Lärche, läßt sich derselbe zwar (glücklicher Weise) mehrere Jahre keimfähig aufbewahren, doch nimmt die Keimkraft mit jedem Jahre ab, das Laufen des Samens erfolgt ungleichmäßig, was wegen der gemeinsamen Hebung der Boden= decke durch den Samen bei der Keimung, der Wegnahme einer etwa gegebenen Schutzdecke von Moos und Reisig (s. § 58) von Bedeutung sein kann, und man verwendet auch diese Sämereien so frisch als mög= lich. — Bei einer weitern Zahl von Holzarten keimt der Samen regel= mäßig — so bei Esche, Weißbuche, Zirbelkiefer — oder doch häufig — Ahorn, Linde — erst im zweiten Jahr, von diesem letztern Zeitpunkt an seine Keimkraft meist völlig verlierend und also nicht mehr ver= wendbar.

---

[1]) Die Naturalisation der ausländischen Waldbäume in Deutschland. 1882.

§ 45.

Untersuchung der Keimkraft.

Die Keimkraft des zu verwendenden Samens zu kennen, zu wissen, wie viel schlechte Körner unter je 100 Stück durchschnittlich seien, ist unbedingt nöthig. Diese Kenntniß wird uns davor bewahren, unsere sorgfältig zugerichteten Saatbeete mit allzu geringem Samen überhaupt anzusäen, sie wird uns vor zu dichter Aussaat mit gutem, vor zu schwacher Aussaat mit nur mittelmäßigem Samen bewahren. Die Erforschung der Keimkraft ist daher unsere Aufgabe, und doppelt nöthig ist dieselbe bei angekauftem Samen, um uns vor Betrug zu schützen.

Bei vielen Holzarten ist diese Prüfung der Keimkraft keine schwierige Aufgabe. Das äußere Ansehen des Samens, seine Farbe, das vollständige Ausfüllen der Schale durch den Kern, ein einfacher Schnitt durch den Samen gibt uns den nöthigen Aufschluß; so der dann zu Tag tretende weiße und wohlschmeckende Kern der Buchel und Edelkastanie, der grüne, saftige Samenlappen des Ahorn, der wachsartige, blauweiße Kern der Esche, der weiße Kern und kräftige Terpentingeruch des frischen Tannensamens[1]). Selbst bei den kleineren Nadelholzsamen — Föhre, Fichte, Lärche — wenden wir, wenn es sich um ein sofortiges Urtheil über die Güte des Samens handelt, diese sogenannte Schnittprobe an, wenn auch mit minderer Sicherheit.

Am schwierigsten wird ohne speziellen Versuch stets die meist geringe Keimkraft des kleinen Samens der Birke, Erle, Ulme zu bestimmen sein. Zerquetschen des ersteren mit dem Fingernagel, wobei sich bei keimfähigem Samen Spuren öliger Feuchtigkeit zeigen, Zerschneiden der letztern zur Untersuchung des Kerns dienen als Hülfsmittel.

Für die weitaus am meisten zur Ansaat — im Freien wie im Saatbeet — gelangenden Nadelhölzer: Fichte, Föhre, Lärche, bestehen aber noch eine ganze Reihe genauerer Prüfungsmethoden für die Keimfähigkeit des Samens, die sich fast sämmtlich darauf gründen, daß man durch Feuchtigkeit und Wärme den Samen zu raschem Keimen zu bringen sucht.

---

[1]) Kieniz weist (Forstl. Bl. 1880. S. 1) allerdings darauf hin, daß auch diese Kennzeichen trügen können, daß auch anscheinend ganz gute, frische Bucheckern, Ahorn- und Tannensamen die Keimung versagen.

Da diese Methoden für unsere Nadelhölzer gemeinsam sind, theil=
weise auch für Laubhölzer angewendet werden können, so möge hier
deren kurze Beschreibung folgen.

Die ursprünglichste Methode war wohl die s. g. Scherben= oder
Topfprobe; zu derselben nimmt man[1]) einen gewöhnlichen unglasirten
Blumentopf, füllt denselben zuerst zwei Finger hoch mit grobem Sand
oder klein geklopften Scherben, sodann mit guter Gartenerde, legt den
Samen in abgezählter Menge ein und bedeckt ihn leicht mit Erde.
Um diese letztere namentlich auch in der Oberfläche stets feucht zu er=
halten, legt man am besten eine Lage feuchten Mooses auf, das man
in entsprechenden Zwischenräumen abnimmt und in Wasser taucht, bei
beginnendem Aufkeimen ganz entfernt; durch Begießen würde der nur
leichtgedeckte Samen bloßgelegt und zusammengeschwemmt, auch die
nicht mit Moos bedeckte Erde in ihrer obersten Schichte bei warmem
Wetter sehr rasch austrocknen. Nach unsern Erfahrungen braucht der
Samen bei der Scherbenprobe länger zum Keimen, als in der nach=
beschriebenen Lappenprobe, und die Methode ist minder sicher, auch
umständlicher.

Die verbreitetste Anwendung hat nun wohl die eben genannte
Lappenprobe, bei welcher eine abgezählte Quantität von Samen=
körnern, meist 100, zwischen zwei Flanelllappen gelegt wird, die man
in einen flachen Teller bringt und hier durch Aufgießen von Wasser
fortwährend feucht erhält; beginnt nach einiger Zeit das Ankeimen
des Samens, so beseitigt man einfach jedes gekeimte Korn — die
Zahl der ungekeimt übrig bleibenden gibt dann das Mittel zur Be=
stimmung des Keimprozentes, so daß z. B. 23 zurückbleibende Körner
ein Keimprocent von 77 angeben.

Besondere Aufmerksamkeit ist hiebei der Erhaltung einer gleich=
mäßigen Feuchtigkeit zuzuwenden, und ein einmaliges völliges Aus=
trocknen der Lappen kann das Resultat der ganzen Probe fraglich
machen, während zu große Feuchtigkeit ein Verschimmeln des Samens
zur Folge hat. Dies und die verhältnißmäßig lange Dauer der Keim=
periode (ca. drei Wochen) hat Ohnesorge[2]) zu einer Modifikation des
Verfahrens, der Flaschenprobe, veranlaßt, welche nach beiden Rich=
tungen hin gute Erfolge zeigt.

Man legt nämlich die abgezählte Samenprobe in ein 5 cm breites
und 10 cm langes Flanellläppchen, die Körner möglichst einzeln und

---

[1]) Heyer, Waldb. S. 121.
[2]) A. d. Walde. VI. S. 158.

nicht aufeinander, wickelt das Läppchen zu einer kleinen Rolle zusammen und ſchließt dieſe letztere mit ein paar Stecknadeln. Dieſe Rolle und event. deren 2 oder 3 werden in einem 7—10 cm breiten und ca. 40 cm langen Flanelllappen, und zwar etwa in deſſen Mitte, eingerollt und dieſe größere Rolle ebenfalls durch eine Nadel geſchloſſen; die Rolle wird nun durch den nicht zu engen Hals einer Weinflaſche, die halb mit Waſſer gefüllt iſt, ſoweit eingelaſſen, daß der untere Theil des umhüllenden Lappens als Sauglappen ins Waſſer hängt, die Samen= rolle ſich zwiſchen Waſſerfläche und Flaſchenöffnung befindet, während der obere Theil des Sauglappens, über letztere herausragend, umge= ſchlagen wird und ein Hineinrutſchen des Lappens verhindert. In der durch den Sauglappen gebotenen ſteten Feuchtigkeit keimt der Same raſch, um ſo mehr, als man nun ohne Sorge vor Austrocknen des Flanells die Sonnen= und Ofenwärme einwirken laſſen kann; in 8 bis 10 Tagen, alſo kaum der Hälfte der ſonſt nöthigen Zeit, iſt die Kei= mung erfolgt, die Probe beendigt. Wir können nach eigenen Erfahrun= gen dieſe Methode nur empfehlen.

Etwas complicirter iſt Weiſe's Keimapparat, der gleichfalls eine Lappenprobe darſtellt und die Schwierigkeit, bei dieſen Proben eine ſtetige, gleichmäßige Befeuchtung herzuſtellen, in anderer Weiſe zu beſeitigen ſucht. Wir müſſen bez. dieſes Apparates auf die Schilderung des Erfinders[1]) verweiſen.

Zu möglichſter Erleichterung der Prüfung der Keimkraft hat man auch eine Anzahl von Apparaten aus leicht gebranntem, unglaſirtem Thon conſtruirt, bei welchem der Zweck einer ſteten gleichmäßigen Feuchterhaltung des Samens dadurch erreicht wird, daß das in einem Reſervoir enthaltene Waſſer den poröſen Thon durchdringt. Zu dieſen Apparaten gehört

Die Keimplatte von Nobbe[2]) (Fig. 16). Die zur Aufnahme des Samens beſtimmte Platte 1 iſt 20 cm im Quadrat groß, 5 cm hoch, die in der Mitte be= findliche und von einem 3 cm tiefen Kanal umgebene Mulde a iſt ſanft ausgewölbt, hat 10 cm im Durchmeſſer und iſt nach der Mitte zu etwa um 2 cm vertieft. Dieſe Mulde iſt zur Aufnahme des Samens beſtimmt,

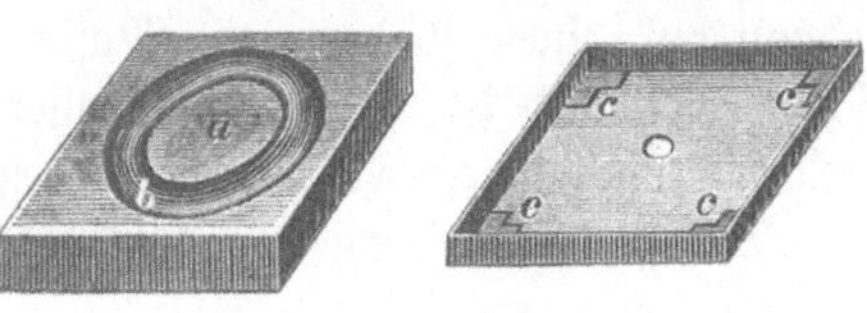
Figur 16.

---

[1]) Zeitſchr. f. d. F.= u. J.=W. VIII. S. 415.
[2]) Tharander Jahrb. 1870. S. 109. Gayers Waldbau. S. 374.

während der umgebende Kanal b das Wasser aufzunehmen hat. Der Deckel 2 greift ziemlich weit über und die 4 auf dessen Innenseite befindlichen flachen Erhöhungen c c hindern dessen festes Aufliegen und sichern in Verbindung mit der Oeffnung d den genügenden Luftzutritt. Der ganze Apparat besteht aus mild gebranntem, unglasirtem Thon und nur der Boden ist glasirt. — Zur Vornahme der Samenprobe werden die abgezählten Körner in die Mulde gebracht, und zwar kann man mehrere Samenproben gleichzeitig vornehmen, indem man die Mulde durch ein paar Hölzchen in 2 oder 3 Abtheilungen theilt; sodann wird der Kanal mit Wasser gefüllt und der Deckel aufgelegt. Durch Nachgießen von Wasser in den Kanal — dasselbe wird anfangs sehr rasch, später langsamer von dem porösen Thon aufgesogen — ist von Zeit zu Zeit für Ersatz der verdunsteten Feuchtigkeit Sorge zu tragen, jedoch soll in der Mulde nie tropfbar flüssiges Wasser sich zeigen; zu große Feuchtigkeit führt leicht das Verschimmeln des Samens nach sich[1]).

Die Thonwaarenfabrik von Pröhl in Chemnitz liefert den Apparat à 1 Mk. 50 Pf.

Die Hanemann'sche (Proskauer) Keimplatte[2]) beruht auf ganz ähnlichem Princip und gestattet die Vornahme einer größern Zahl von gleichzeitigen Keimproben. Die 2 cm starke Platte (Fig. 17) a hat 14 cm Durchmesser und enthält auf der Oberseite 24 Löcher von 1 cm Durchmesser und 5 mm Tiefe; deren Unterseite b zeigt 8 sternförmig vertiefte Kanäle, je 5 mm breit und 3 mm tief, welche das Durchdringen der aus leicht gebranntem Thon bestehenden Platte mit Wasser erleichtern sollen. — Beim Gebrauch werden die Samen in die numerirten Löcher eingelegt und die Platte sodann auf einen flachen, mit Wasser gefüllten Teller gestellt; durch Nachgießen wird das verdunstete Wasser stets ersetzt. Die Platte selbst deckt man mit einem Flanelllappen, dessen Enden in den Teller hängen.

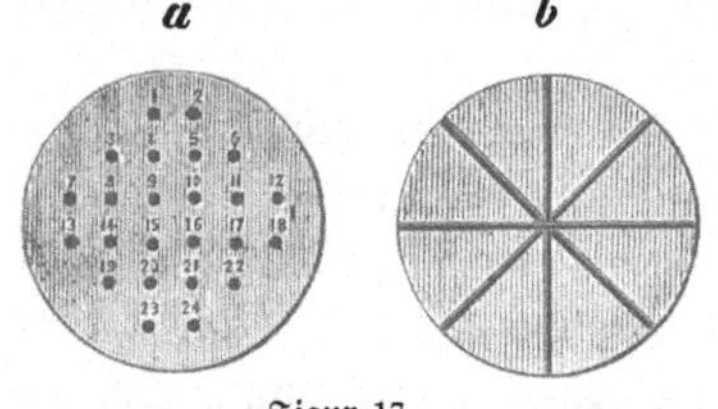

Figur 17.

Die für Aufnahme des Samens bestimmten Löcher sind etwas

---

[1]) Nach Mitth. Cieslars (Centralbl. f. d. g. F.-W. 1885. S. 510) erwies sich das Füllen des Nobbe'schen Keimapparates mit feiner Erde und Aussaat des Samens auf diese als sehr vortheilhaft, die Samen schimmelten insbesondere viel weniger, als dies direct auf dem feuchten Thon gerne der Fall ist.

[2]) Allg. F.- u. J.-Z. 1870. S. 153.

klein, doch kann jeder Töpfer eine solche Platte mit einer kleineren Anzahl größerer Oeffnungen leicht herstellen. Der Stainer'sche Keimapparat besteht aus einer runden Platte von 18 cm Durchmesser aus leicht gebranntem Thon und enthält auf der obern Seite 100 kleine Vertiefungen (Keimzellen) zur Aufnahme je eines Samenkornes; dieselbe liegt in einem mit Sand gefüllten Glasteller, ist mit einer Glasglocke zugedeckt, und Oeffnungen in der Mitte des Glastellers wie der Glocke sorgen für den nöthigen Luftzutritt. Ist der Samen in die Keimzellen eingelegt, so wird der Sand genügend angefeuchtet, und durch die poröse Thonplatte bringt so viele Feuchtigkeit, als zur Keimung nöthig, zum Samen. Der Apparat ist nach unsern Versuchen empfehlenswerth; einen complicirteren, ebenfalls von Stainer in Wiener-Neustadt construirten, zur gleichzeitigen Vornahme einer größern Anzahl von Keimproben dienenden Apparat, bei welchem neben gleichmäßiger Feuchtigkeit auch für gleichmäßige erwünschte Temperatur Sorge getragen wird, beschreibt Hempel[1]).

Als eine rasch vorzunehmende Samenprobe für Nadelhölzer sei endlich noch der s. g. Feuerprobe Erwähnung gethan, bei welcher man die Körner einzeln auf die stark erhitzte Herdplatte wirft; die guten springen platzend in die Höhe, die schlechten, keine Feuchtigkeit mehr enthaltenden bleiben ruhig liegen und verkohlen. Die Methode ist jedoch viel weniger sicher, als die eigentlichen Keimproben, weil viele, schon halb verdorbene keimunfähige Körner doch noch so viele Feuchtigkeit enthalten, um erhitzt zu platzen. Man wird die Feuerprobe ähnlich der Schnittprobe daher nur dann anwenden, wenn keine Zeit zur Anstellung anderer, sicherer Keimproben mehr zur Verfügung steht.

Im Uebrigen möge bez. der Anstellung von Keimproben[2]) noch Folgendes bemerkt sein:

Bei allen Keimversuchen ist die Erhaltung mäßiger Feuchtigkeit von großer Bedeutung; zu große Feuchtigkeit bringt leicht das Verschimmeln des Samens mit sich, während durch Austrocknen der Lappen, Erde u. s. w. der Keim unterbrochen event. selbst ganz verhindert wird. In der leichten Erhaltung dieser gleichmäßigen Feuchtigkeit beruht vor Allem der Werth der Keimapparate mit porösen Thonplatten. — Ebenso ist die Anwendung eines angemessenen, nicht zu hohen Wärmegrades für den Verlauf und insbesondere für die

---

[1]) Centralbl. 1877. S. 146.
[2]) Vergl. den Artikel von Kienitz: Ueber Ausführung von Keimproben. Forstl. Bl. 1880. S. 1.

raschere Durchführung von Keimversuchen von hervorragender Bedeu=
tung. Unsere Waldsämereien keimen im Freien im Allgemeinen bei
einer ziemlich niedern Temperatur und sind gegen künstlich gesteigerte
zu hohe Temperatur empfindlich; so haben die von Kienitz angestellten
Versuche mit Bucheln ergeben, daß die meisten derselben bei einer
Temperatur von etwa 20° C nach kurzer Zeit verdarben. Gleich=
mäßige etwas höhere Temperatur, wie sie z. B. in einem Ge=
wächshaus herrscht, erweist sich der raschen Keimung sehr förderlich;
so gelangt z. B. der Föhrensamen im Maschinenhaus der Keller'schen
Klenganstalt zu Darmstadt in 4—5 Tagen zur Keimung, und nach
den Kienitz'schen Versuchen begann Fichtensamen bei einer Temperatur
von 18—19 Grad schon am fünften, bei einer (Keller=) Temperatur
von 6,5 Grad erst am 29. Tag zu keimen.

Im Uebrigen ist aber wohl im Auge zu behalten, daß im Saat=
beet stets weniger Körner zur Keimung gelangen, als bei den Keim=
proben, da die für die Keimung nöthigen und günstigen Faktoren dort
nie für jedes Samenkorn in gleichem Maße gegeben werden können,
wie bei der Probe. — Keimproben, ohne Beachtung der nöthigen Vor=
sicht und Sorgfalt ausgeführt, haben natürlich keinen Werth, da sie
stets zu geringe Resultate ergeben müssen[1]). Es empfiehlt sich auch
stets die gleichzeitige Vornahme mehrerer Keimproben mit dem Samen
gleicher Art, deren Durchschnittsergebniß dann ein viel verläffigeres
Resultat gibt.

§ 46.

Erhaltung der Keimkraft, Beförderung und Verzögerung des Keimens.

Für die Erhaltung der Keimkraft ist die Behandlung und Auf=
bewahrung des Samens vom Moment der Einsammlung an von großer
Wichtigkeit. — Sofortiges gutes Abtrocknen aller etwa bei feuchtem
Wetter gesammelten, durch Thau oder Reif benetzten Samen und
Zapfen, dünnes Aufschütten auf trocknen Böden und öfteres Umstoßen
bis zu erfolgter Abtrocknung gilt als Regel und wird von E. Heyer[2])
selbst für jene Eicheln und Bucheln gefordert, die zur sofortigen Aus=
saat im Herbst bestimmt sind. — Die Samen dürfen aber [auch nicht

---

[1]) Die mit der technischen Hochschule München verbundene Samencontrol=
station, die mit vorzüglichen Keimapparaten jeder Art versehen ist, prüft auf Wunsch
auch Waldsamen und theilt den Erfolg mit.

[2]) Allg. F.= u. J.=Z. 1866. S. 209.

zu st a r k austrocknen, ja die Eicheln und Bucheln werden bei der Ueber=
winterung sogar angenetzt[1]), um solches Austrocknen zu verhindern;
bei Nadelholzsamen geschieht letzteres durch die Aufbewahrung in den
Zapfen.

Die meiste Sorgfalt erfordern einerseits jene Sämereien, welche
dem Verderben schon während des ersten Winters ausgesetzt sind, wie
Eiche, Buche, Tanne, dann jene, welche erst im zweiten Jahre keimen,
wie Esche, Weißbuche. Wir werden bei Besprechung der einzelnen
Holzarten die Aufbewahrungsmethoden der verschiedenen Samen kurz
besprechen.

Vielfach sind auch Versuche angestellt worden, durch welche Mittel
das Keimen der Samen beschleunigt werden könne, um dadurch den=
selben möglichst rasch über die Gefahren, welche ihnen durch Vögel,
Mäuse, Trockniß 2c. in der Zeit zwischen der Aussaat und dem Aufgehen
drohen, hinwegzuhelfen. — Das gebräuchlichste Mittel hiezu ist nun das
Einquellen des Samens in reinem oder mit gewissen Stoffen ver=
setztem Wasser. So empfiehlt dies Burkhardt namentlich bezüglich
durchwinterter Bucheln[2]), die ähnlich wie die Gerste bei der Malz=
bereitung behandelt und durch Anfeuchtung, Aufschichten in Haufen,
in denen sie sich erhitzen, und öfteres Umschaufeln so weit gebracht
werden sollen, daß unmittelbar vor der Aussaat der Kern eben zum
Vorschein kommt. E. Heyer empfiehlt[3]) das Einquellen von Bucheln,
Tannen, Eicheln im Frühjahr in der Weise, daß man den Samen 8
bis 12 Tage mit feuchtem Sand mengt, mit Fichtenreisig deckt und
öfters angießt; eben so lange will er den Lärchensamen in Wasser ein=
quellen lassen. — Eingehende Versuche hat Vonhausen angestellt[4]);
derselbe wandte zuerst Chlorwasser, dann verdünnte Mineralsäuren
— Salzsäure, Schwefelsäure, Salpetersäure — an, ersteres
wie letzteres mit gutem Erfolg, wenn die Verdünnung eine genügende
war, indem andernfalls jene Säuren zerstörend auf die Keimkraft
wirken. Günstigen Einfluß auf die Beschleunigung der Keimung so=
wohl, wie auf reichlicheres Keimen ältern Samens zeigte auch Kalk=
wasser. Die Wirkung all dieser Mittel beruht wohl auf dem raschen
Mürbemachen der äußeren Hülle, wodurch dem Sauerstoff der Luft wie
dem Wasser der Zutritt, dem Keim das Hervorbrechen erleichtert wird.

---

1) Genth, Doppelte Riefen. S. 48. 56. Burkhardt, Säen u. Pflz. S. 137.
2) Säen u. Pflz. S. 138.
3) Allg. F.= u. J.=Z. 1866. S. 210.
4) Allg. F.= u. J.=Z. 1858. S. 461; 1860. S. 8.

Vonhausen empfiehlt Kalkwasser vor den Mineralsäuren, einerseits weil seine Herstellung sehr einfach (gebrannter Kalk wird mit Wasser übergossen und bleibt dies so lange stehen, bis es alkalisch reagirt, gelbes Curcuma-Papier bräunt), andererseits eine schädliche Einwirkung desselben auf die Keimkraft nicht zu fürchten ist.

Aehnliche Versuche von Heß[1] führten zu gleichen Resultaten und zeigten für in Chlorwasser oder Kalkwasser eingequellte Fichten- und Föhrensamen die bedeutende Abkürzung des Keimprozesses von 5—6 Tagen. Als Resultat der Versuche, die Dr. Möller[2] mit Fichten- und Föhrensamen anstellte, ergab sich, daß eine längere Quellung, als zur einfachen Durchtränkung der Samen nöthig war, sich als nachtheilig erwies; der Zeitpunkt der Durchtränkung wird durch das Untersinken der Samen erkenntlich. Auch zu starke Erwärmung zeigte sich nachtheilig und eine Temperatur des Wassers bei dem Uebergießen von 45 Grad für Fichten-, 60 Grad für Föhrensamen als die vortheilhafteste. — Eingequellte Nadelholzsamen müssen jedoch vor der Aussaat durch Vermischung mit feiner trockner Erde so weit abgetrocknet werden, daß sie nicht an einander hängen, was die Aussaat und namentlich deren Gleichmäßigkeit erschweren würde. Auch darf die Aussaat eingequellten und also schon in der Keimung befindlichen Samens nicht bei zu trockenem Wetter und Boden erfolgen — eventuell muß durch Gießen und Decken nachgeholfen werden — da jede Unterbrechung des einmal begonnenen Keimprozesses nachtheilig wird, ja verderblich für die ganze Saat werden kann.

Dieser Umstand und die Erschwerung der Aussaat des eingequellten oder mit feuchtem Sand gemischten Samens ist wohl der Grund, weshalb das sonst manche Vortheile bietende Anquellen des Samens noch keine allgemeinere Anwendung gefunden hat. — Es haben sich jedoch gegen jene künstlichen Reizmittel, durch welche nicht nur die Keimung beschleunigt, sondern auch ein reichlicheres Keimen älteren Samens bezweckt werden soll, auch Stimmen erhoben, so von Reuß[3], welcher die Ansicht ausspricht, daß allerdings durch solche Reizmittel manches Korn noch zum Keimen werde gebracht werden, das außerdem versagt hätte, daß aber aus solchen Körnern der Hauptsache nach nur schwächliche und minderwerthige Pflanzen erzeugt würden. „Schlechten Samen können solche Mittel nie gut machen, wohl aber guten ver-

---

[1] Centr.-Blatt. 1875. S. 463.
[2] Centr.-Blatt. 1883.
[3] Die Lärchenkrankheit. S. 73.

derben." — Ein von Dr. Möller mit Schwarzkiefernsamen angestellter Versuch[1]) ergab für das Einquellen des Samens ebenfalls kein günstiges Resultat; kürzeres Einweichen — 24 Stunden — zeigte gar keinen Erfolg, längeres Einquellen — 36 bis 40 Stunden aber erwies sich direkt nachtheilig, indem dann statt 70 Prozent, wie beim nicht eingequellten Samen, nur 40—50 zur Keimung gelangten, ein Resultat, das jedenfalls zur Vorsicht mahnen dürfte.

Aber nicht nur befördern, auch etwas zurückhalten läßt sich die Keimung, und zwar durch stärkere Deckung des ausgesäten Samens mit Erde, bei Herbstsaaten auch durch dichtes Bedecken des gefrorenen Bodens während des Winters mit Reisig, das man nicht zu bald abnimmt. Eine solche spätere Keimung kann wünschenswerth sein bei Holzarten, welche wie Eiche und Buche durch Spätfröste gefährdet sind; doch wird man sich in den meisten Fällen zweckmäßiger durch Schutzgitter, Bestecken der Beete mit Reisig u. dergl. helfen, eventuell auch bei Frühjahrssaat durch **spätere Vornahme der Saat** (siehe § 61).

§ 47.

Zeit der Ansaat.

Die Ansaat der Saatbeete kann entweder im **Herbst** oder im **Frühjahr** erfolgen, in letzterem wieder früher oder später; eine andere Saatzeit, im eigentlichen Sommer, wird nur bei der Ulme unmittelbar nach der Samenreife (Anfang Juni) zur Anwendung gebracht. Als Regel dürfte wohl gelten, daß alle Samen, welche beim Aufbewahren über Winter größere Mühe und Kosten verursachen und zugleich einer Gefährdung ihrer Keimkraft durch Austrocknen, Erhitzung 2c. ausgesetzt sind, wo möglich alsbald nach der Reife im Spätherbst ausgesät werden, so Eiche, Buche, Tanne. Auch Erlen, Birken, Ahorn kann man noch im Herbste säen, und letzterer zumal keimt dann im Frühjahr **sicherer** und reichlicher, als bei der Frühjahrssaat; wo man die Ulme nicht im Juni säet, wählt man auch die Herbstsaat. — Dagegen werden Fichten=, Föhren= und Lärchen=Samen, die leicht und sicher zu überwintern sind, häufig auch erst während des Winters und bis zum Frühjahr ausgeklengt werden, stets erst im Frühjahr gesäet. In beiden Fällen folgen wir dem Fingerzeig der Natur, welche ja auch die erstgenannten Samen im Herbste, die letzteren im Frühjahr aussät.

---

[1]) Seckendorff, D. östr. Versuchsw. I. S. 118.

Droht aber in mäusereichen Jahren, zumal in Saatbeeten, welche nicht weit von Feldern abliegen, den Samen der Eiche, Buche, Kastanie die Gefahr des Verzehrt=werdens im Winterlager, so ist man genöthigt, diese Samen an geschütztem Ort zu überwintern und erst im Frühjahr auszusäen; ebenso kann der Bezug des Samens aus größerer Entfernung, das spätere Eintreffen desselben in Verbindung mit frühzeitigem Eintritt des Winters zur Frühjahrssaat nöthigen — so bei Tannensamen, ungarischen Eicheln. Der Wunsch, im frisch angelegten Saatbeet den Boden während des Winters tüchtig ausfrieren zu lassen, bindenden Boden dadurch entsprechend zu lockern, gibt ebenfalls nicht selten Veranlassung, die Frühjahrssaat statt der Herbstsaat anzuwenden, ebenso der Umstand, daß etwa die anzusäenden Beete noch mit den erst im Frühjahr zu verwendenden Pflanzen besetzt sind; — bei der mancherseits empfohlenen Brache der im Frühjahr abgeleerten Beete fällt dieser Grund allerdings weg.

Herbstsaaten pflegen stets früher aufzugehen als Frühjahrssaaten, und die Keimlinge empfindlicher Holzarten leiden dann leicht durch Spätfröste — unter Umständen ebenfalls ein Grund zur Frühjahrssaat; doch läßt sich, wie am Schluß des vorigen Paragraphen angegeben, das Keimen der Herbstsaat auf künstliche Weise etwas verzögern.

Die Aussaat der Samen im Frühjahr nimmt man zweckmäßig nicht zu bald vor; bei mangelnder Luft= und Bodenwärme verzögert sich die Keimung doch und der länger liegende Samen ist dem Verzehren durch Vögel und sonstige Feinde längere Zeit ausgesetzt als bei späterer Saat. Letztere soll aber auch nicht zu spät erfolgen, da die im Mai nicht selten eintretende längere Trockniß die Keimung gefährden kann, die noch zu schwachen und gering bewurzelten Keimlinge auch der oft schon bedeutenden Hitze am wenigsten zu widerstehen vermögen. Die zweite Hälfte April dürfte im Allgemeinen die beste Saatzeit sein [1]), wobei rauhes Klima spätere Saat bedingt, mildes Klima frühere Saat gestattet. Schmitt [2]) empfiehlt nach seinen bei

---

[1]) Versuche, welche bez. des Einflusses der Saatzeit auf das Gedeihen der Kiefernjährlinge in Eberswalde angestellt wurden (Z. f. d. F.= u. J.=W. 1887. S. 10) ergaben das günstigste Resultat für die Mitte April ausgeführte Saat, und lieferten insbesondere die späten Saaten im Mai die schwächsten Pflanzen und den meisten Abgang. — Erklärlicher Weise spielt die Frühjahrswitterung bei solchen Versuchen eine sehr bedeutende Rolle.

[2]) Fichtenpflanzschulen. S. 68.

Fichtensaaten gemachten Erfahrungen für mittleres und rauhes Klima den Monat Mai für die Vornahme der Saat und theilt mit, daß auch Saaten im Juni noch guten Erfolg zeigten; doch werden so später Saat entstammende Pflänzchen in der Entwicklung stets hinter den früher aufgegangenen zurückbleiben. Das Gleiche haben uns unsere eigenen Versuche bez. der späteren Saat der Eiche (s. dort) gezeigt.

Besondere Erwägung erfordert die Zeit der Aussaat jener schon mehr erwähnten Samen, welche eine **ein Jahr dauernde Keimruhe** besitzen, erst im zweiten Jahre keimen. Sät man dieselben sofort im Herbst oder Frühjahr nach der Samenreife aus, so ist zu fürchten, daß die betreffenden Beete während des Sommers stark verunkrauten oder daß beim Reinigen derselben der Same mit den Unkrautwurzeln herausgerissen wird; auch das Abschwemmen der bloß liegenden Beete während des Sommers ist wohl zu besorgen. Man hilft sich nun entweder durch ein Jahr dauerndes Einschlagen des Samens in die Erde, oder dadurch, daß man die alsbald angesäeten Beete mit handhoher Nadelschichte[1]) oder mit Laub, das durch aufgelegtes Reisig festgehalten wird, bedeckt und hiedurch das Erscheinen von Unkraut, wie das Abschwemmen des Bodens verhindert. Man versäume jedoch nicht, derartig gedeckte Beete im Spätherbst abdecken zu lassen, da sich sonst unter der Laub- und Nadelschichte die Mäuse mit besonderer Vorliebe ansiedeln und den Samen verzehren. Ebenso muß nach unsern Erfahrungen die Aussaat der in die Erde eingeschlagenen Samen (Esche, Hainbuche, Linde, auch Spitzahorn) sehr zeitig im Frühjahr erfolgen, da deren Keimung sehr frühzeitig beginnt[2]).

<h2 style="text-align:center">§ 48.</h2>

<h2 style="text-align:center">Vorbereitung zur Aussaat; Vollsaat und Rillensaat.</h2>

Wir haben oben (§ 19) gehört, in welcher Weise die zweite Bearbeitung und Zurichtung der Saatbeete im Frühjahr geschieht; dieselbe ist eine völlig gartenmäßige und erfolgt um so sorgfältiger, je kleiner der auszusäende Samen. Insbesondere erfordert die Anwendung von Säelatten, Saatbrettern und dergleichen Vorrichtungen, die wir unten kennen lernen werden, gute Einebnung des Beetes, da sonst die

---

[1]) Krit. Blätter. L. 1. S. 139.

[2]) Wir haben im Frühjahr 1886, nachdem am 21. März Thauwetter eingetreten und der Boden zugänglich geworden war, wenige Tage später die etwa 25 cm tiefen Keimgräben öffnen lassen und alle oben genannten Samen schon so stark angekeimt gefunden, daß sie nicht mehr verwendbar waren.

eingedrückten Rillen ungleich tief werden, die Bedeckung des Samens dadurch auch leicht ungleich wird, was für den Erfolg der Saat von wesentlicher Bedeutung sein kann.

Der Boden selbst soll sich vor der Einsaat wieder etwas gesetzt haben, und es ist daher gut, wenn die letzte Bearbeitung wenigstens einige Tage vor der Saat stattgefunden hat. Vonhausen empfiehlt[1], den Boden im Frühjahr so zeitig als möglich herrichten zu lassen; die an der Oberfläche liegenden Unkrautsamen keimen, durch Bearbeitung mit dem Rechen sollen dann die Unkrautpflänzchen herausgerecht oder durch Obenaufliegen zum Vertrocknen gebracht werden und neue Samen in günstige Keimlage kommen. Diese Operation, mehrmals wiederholt, soll sehr günstigen Erfolg bezüglich der Verminderung des Unkrautes zeigen. — Erscheint der einige Zeit vor Ausführung der Saat zuge= richtete Boden etwa in Folge starken Regens in der Oberfläche fest= geschlagen oder durch dem Regen gefolgte Trockniß verkrustet, so hilft ein leichtes Ueberrechen beiden Mißständen ab.

Die Aussaat kann nun als Vollsaat oder als Rillensaat erfolgen. Früher war erstere vielfach im Gebrauch, und Biermans säte seine Saatbeete stets voll an; — jetzt sind die Vortheile der Rillensaat so allgemein anerkannt, daß Vollsaaten wohl nur ausnahmsweise im Saatbeet vorkommen; eine solche Ausnahme gibt uns Burkhardt be= züglich der Erle an[2], Vonhausen empfiehlt die Vollsaat für Ulmen und Birken (auch Pappeln und Platanen)[3], und für letztere haben wir sie mit gutem Erfolg angewendet.

Die Vortheile der Rillensaat aber bestehen in der viel sichereren gleichmäßigen Aussaat, in der leichteren Pflege der Pflanzen durch Entfernung des Unkrautes, Lockern des Bodens, Durchrupfen zu dichter Wüchse, der Möglichkeit einer Nachdüngung auf den Zwischen= räumen, sowie der Verhinderung des Ausfrierens der Pflan= zen durch Belegen dieser Zwischenräume mit Moos, schließlich in dem erleichterten Ausheben der Pflanzen gegenüber jenen im voll ange= säten Beet. Auch dürfte es noch als Vortheil zu erwähnen sein, daß eine annähernde Bestimmung der vorhandenen Pflanzenzahl auf den durch Rillensaat bestellten Beeten viel leichter möglich ist, als bei der Vollsaat.

Während nun bei der Vollsaat, wo solche gleichwohl noch ange=

---

[1] Allgem. F.= u. J.=Z. 1880. S. 42.

[2] Säen u. Pflz. S. 227.

[3] Allg. F.= u. J.=Z. 1880. S. 46.

wendet wird, das geebnete Beet breitwürfig und möglichst gleichmäßig
besäet und der Samen dann durch Ueberstreuen mit feiner Erde,
Rasenasche 2c. entsprechend dick und ebenfalls möglichst gleichmäßig —
was gleichfalls schwieriger als bei der Rillensaat zu bewerkstelligen ist
— bedeckt wird, ist bei der Rillensaat ein entsprechendes Keimlager,
die Saatrille zu beschaffen. Die Entfernung dieser Rillen von einander, deren zweckmäßigste Breite und Tiefe, ihre Richtung nach der
Länge oder Breite der Beete und endlich die einfachste und sachgemäßeste
Art ihrer Herstellung — dies Alles verschieden nach Holzart, wie nach
dem Alter, welches die Pflanzen im Saatbeet erreichen sollen — werden uns nun in den nächsten Abschnitten zu beschäftigen haben.

§ 49.

Entfernung der Rillen von einander.

Bezüglich der Entfernung, in welcher die Saatrillen zu ziehen
sind, werden zunächst die Holzart und deren raschere oder langsamere
Entwicklung in den ersten Lebensjahren, dann das Alter und respektive die Größe, welche die Pflanzen im Saatbeet erreichen sollen, bestimmend sein, jedoch gehen auch unter sonst gleichen Verhältnissen die
Ansichten der Pflanzenzüchter nicht unbedeutend auseinander.

Als allgemein gültiger Grundsatz wird jedenfalls festzuhalten sein,
daß jede zu große Entfernung der Rillen als Raumverschwendung
auf unsern kostspieligen Saatbeeten ebenso von Uebel ist, wie ein zu
enges Aneinanderlegen der Rillen, durch welches die Entwicklung der
Pflanzen und namentlich die so vortheilhafte Lockerung des Bodens
zwischen den Rillen gehemmt wird.

Als Minimum der Rillenentfernung dürfte jene der bayrischen
Anleitung vom Jahre 1862[1]), sowie die von Schmitt[2]) empfohlene
mit etwa 10 cm zu betrachten sein, anwendbar für die Erziehung ein-
und zweijähriger Nadelholzpflanzen; sie gestattet eben noch eine entsprechende Bodenlockerung mit schmalem Häckchen. Burckhardt[3]) gibt
für Fichten die Entfernung auf 22, Heß[4]) sogar auf 24—26 cm an;
— wir möchten aber diese Entfernungen schon für überflüssig groß und
eine solche von 10 bis höchstens 15 cm nach unsern Erfahrungen für
Nadelhölzer als völlig genügend erachten. Für die sich schon im ersten

---

[1]) Forstl. Mitth. XI. S. 110.
[2]) Fichtenpflanzschulen. S. 63.
[3]) Säen u. Pflz. S. 358.
[4]) Allgem. F.- u. J.-Z. 1866. S. 210.

7 *

Jahr oft sehr kräftig entwickelnden Laubhölzer — Eichen, Ahorne, Kastanien, Akazien — sind selbstverständlich größere Entfernungen, bis zu 25 und 30 cm, angezeigt und das Gleiche wird da der Fall sein, wo selbst zur Saat nicht Beete, sondern größere Länder gewählt werden. Hier muß der Abstand der Rillen so groß sein, daß der jätende und lockernde Arbeiter sich ohne Beschädigung der Pflanzen zwischen den Saatrillen bewegen kann.

Neben der Holzart ist, wie oben erwähnt, die Zeit, welche die Pflanzen im Saatbeet stehen, die Stärke, welche sie in demselben erreichen sollen, von Einfluß auf die zu wählende Entfernung der Saatrillen; je länger diese Zeit dauert, je größer sonach die Pflanzen werden sollen, um so weiter wird man die Rillen behufs Gewährung des nöthigen Wachsraumes aus einander legen. So würde sich gegenüber der oben angegebenen Entfernung von 15—20 cm für ein- und zweijährige Fichten eine solche von 20 cm dort empfehlen, wo man kräftige dreijährige Pflanzen zur Verwendung ohne Verschulung erziehen will — und Aehnliches gilt natürlich für die übrigen Holzarten.

§ 50.
Breite der Rillen.

Wie über die Entfernung, so differiren die Ansichten auch über die Breite, welche den Saatrillen zu geben ist, nicht unwesentlich. Während man größere Samen — Eicheln, Bucheln, Kastanien — wohl fast allenthalben in schmale Rillen, Same möglichst neben Same, legt, werden die übrigen Laubhölzer, sowie die Nadelhölzer bald in schmale, bald in breitere Rillen gesät. Während Burckhardt[1] z. B. für Fichten 8—9 cm breite Rillen, Vonhausen[2] solche von 10 cm Breite empfiehlt, macht Schmitt dieselben nur 3 cm breit und die schon mehrerwähnte bayrische Anleitung geht noch weiter, indem sie die knapp 3 cm breiten Rillen nicht voll ansät, sondern mit Hülfe des dazu eingerichteten Saatbretts (vergl. § 53) aus jeder solchen Rille eine ganz schmale Doppelrille macht, in diesen die Pflanzen dann möglichst einzeilig stellend.

Wir geben auf Grund unserer eigenen Erfahrungen und Beobachtungen diesen schmalen Rillen entschieden den Vorzug vor den breiten. Wir sehen, daß in den Rillen sich die Randpflanzen stets viel kräftiger entwickeln, als die in der Mitte stehenden, im Luft- und

---

[1] Säen u. Pflz. S. 358.
[2] Allg. F.- u. J.-Z. 1880. S. 46.

Bodenraum beengten Pflanzen, und es liegt daher nahe, durch ganz schmale Rillen möglichst viele Randpflanzen zu erziehen. Breite Rillen, etwas dicht angesäet und selbst nur zwei Jahre stehend, liefern stets sehr viel Ausschußmaterial; dünner Stand und kräftige Dün= gung werden diesen Nachtheil allerdings nicht unwesentlich mindern, wie dies ein Versuch Vonhausens[1]), der die kümmernden Pflanzen in der Mitte breiter Rillen durch Begießen mit Mistjauche kurirte, be= weist. Vonhausen bestätigt hiedurch übrigens selbst das Zurückbleiben und Kümmern der Pflanzen in der Mitte der breiten Saatrille!

Als Vortheil der breiten Rille wird die größere Pflanzenmenge und die mindere Gefahr des Auffrierens geltend gemacht. Ersteres mag der Fall sein, aber die Pflanzen sind schwächer, enthalten, wie oben schon gesagt, viel Ausschuß; letzterer Gefahr aber läßt sich auch durch andere, bessere Schutzmittel vorbeugen.

§ 51.

Tiefe der Rillen.

Die Tiefe, welche den Rillen zu geben ist, steht in innigem Zu= sammenhang mit der Stärke der Bedeckung, welche der Samen erhalten soll. Indem wir die Rille entsprechend tief eindrücken oder ausheben und sodann nach erfolgter Einsaat wieder ausfüllen, haben wir die möglichst genaue Regulirung der Deckung in der Hand, in viel höherem Grad, als dies bei dem Uebererden einer Vollsaat der Fall ist. Wir werden daher hier die Frage: wie tief soll der Same zugedeckt werden? zu behandeln haben, da deren Beantwortung maßgebend ist für die Tiefe der herzustellenden Rillen.

Die Bedeckung soll das Austrocknen des Samens, des hervor= brechenden Keims hindern, ihn gegen das Verzehren durch Vögel, das Verschwemmen durch Regengüsse schützen; eine entsprechende Be= deckung wirkt stets vortheilhaft, ja ist unbedingt nöthig. Anderseits aber darf dieselbe auch den zur Keimung nöthigen Luftzutritt und Luft= wechsel im Boden nicht abhalten, und ein zu tiefes Decken des Samens kann dessen Keimen sehr erschweren, ja vollständig verhindern; kleine Samen, wie Birke, Ulme, sind hierin sehr empfindlich. — Die physi= kalische Beschaffenheit des Bodens und des zur Deckung benutzten Materiales ist erklärlicher Weise von wesentlichem Einfluß auf die zu= lässige Stärke der Deckung — mit lockerem Boden, humoser Erde darf

---

[1]) Allg. F.= u. J.=Z. 1880. S. 46.

man stärker decken als mit bindenderem Boden, der als Deckungsmittel überhaupt möglichst vermieden werden sollte.

Die Praxis hat bezüglich der Stärke der Deckung, welche für die einzelnen Holzsämereien als die beste zu erachten ist, sich nach und nach ihre Regeln gebildet und gesammelt, und ist hiebei von dem Grundsatz ausgegangen, daß je größer der Samen, um so stärker auch seine Bedeckung sein dürfe, eine Regel, welche die nachfolgend mitgetheilten Versuche Baurs[1]) auch mit einer einzigen Ausnahme (bez. der Akazie) bestätigt haben.

Diese Versuche, im Hohenheimer Forstgarten mit großer Genauigkeit und Sorgfalt angestellt, haben nun folgende Stärke der Deckung, also Tiefe der Saatrillen — nur bei großen Samen, wie Eicheln und Kastanien ist die Stärke des Samens, also 1—2 cm noch zuzugeben — mit entsprechend lockerem Material (durchgesiebte Erde) als die beste ergeben:

<pre>
Für Eichen   3—6 Centimeter,
 „ Buchen   1—4   „
 „ Ahorn   1—2   „
 „ Akazie   4—5   „
 „ Erle   ½—1   „
 „ Tanne   bis 2   „
 „ Fichte ⎫
 „ Föhre   ⎬ 1—1½ Centimeter, mehr nur bei Deckung mit
 „ Lärche ⎭   sehr lockerem, humosem Boden;
 „ Ulme   möglichst schwache Deckung; eine Decke von
            1½ cm verhindert bereits jedes Keimen.
</pre>

Für die Schwarzkiefer giebt ein Versuch Möllers[2]) eine Bodendecke bis zu 2 cm Stärke als das Richtigste an, während bei 4 cm fast aller Samen ausblieb.

Die stärkere Deckung hat dabei stets ein späteres Keimen, ein das Maß des Zulässigen übersteigendes Decken zunächst viel geringere Pflanzenzahl, sowie schwächliche kümmernde Pflanzen zur Folge; man wird sich daher unter allen Umständen vor Anfertigung zu tiefer Rillen, vor Ueberschreitung der durch obige Angaben bezeichneten Maxima der Tiefe zu hüten haben.

Zu seichte Rillen und damit zusammenhängend zu schwache Deckung des Samens erhöhen dagegen die Gefahr des Austrocknens,

---

[1]) Monatsschr. f. d. F.- u. J.-W. 1875. S. 337.
[2]) Seckendorff, Oestr. Versuchsw. Bd. I. S. 119.

des Herausschwemmens des Samens bei Regen, des Verzehrens (der Nadelholzsamen) durch Vögel und sind daher ebenfalls zu meiden.

§ 52.
Richtung der Rillen.

Die Rillen können entweder in der Längsrichtung der Beete oder parallel der schmalen Kante gezogen werden. Im Allgemeinen wird man dieser letztern Richtung, welche das Eindrücken der Rillen, die Anwendung von Säevorrichtungen, das Behäckeln der Zwischenräume von den schmalen Wegen aus wesentlich erleichtert, den Vorzug geben und sieht sie auch in den meisten Saatbeeten angewendet.

Dagegen werden tiefere Rillen, welche für Eicheln, Kastanien, etwa auch Bucheln nöthig sind und die sich nicht eindrücken lassen, sondern mit Hacke, Rillenzieher, Pflug rc. nach der Schnur gezogen werden müssen, meist nach der Längsrichtung der Beete mit Rücksicht auf diese Art ihrer Herstellung, welche lange Riefen wünschenswerth macht, ge=legt. — In vielen Fällen werden übrigens gerade bei diesen Holzarten die Saaten nicht auf Beete, sondern auf größere Länder vorgenommen, wobei dann die Frage der Rillenrichtung gegenstandslos wird.

§ 53.
Herstellung der Rillen.

Dieselbe geschieht, wie wir eben schon berührt, auf doppelte Weise: durch Eindrücken mit Hülfe von Saatlatten, Saatbrettern und ähnlichen Vorrichtungen für kleinere, minder tiefe Rillen bedürfende Samen, oder durch Anfertigung mit Hacke, Pflug u. dgl. für größere Samen, welche eine stärkere Deckung und also tiefere Rillen verlangen.

Das einfachste Instrument zum Eindrücken von Saatrillen ist die Saatlatte, wie sie Schmitt für Fichten anwendet. Dieselbe ist eine Latte, deren Länge gleich der Beetbreite (1 bis 1,2 m), deren Breite gleich dem Abstand der Rillen (10 bis 15 cm), deren Dicke endlich gleich der Breite der einzudrückenden Rillen (ca. 3 cm). Die schmale Seite wird, parallel zur schmalen Kante des Beets, entsprechend tief durch zwei in den Zwischenwegen sich gegenüberstehende Arbeiter ein=gedrückt, die breite Seite der Latte gibt dann durch Umschlagen den Zwischenraum, dann folgt abermaliges Eindrücken u. s. f.

Sollen die Rillen breiter werden, dann benutzt man zum Eindrücken eine Latte von entsprechender Breite, fügt etwa auch deren mehrere in dem der Rillenentfernung entsprechenden Abstand durch ein paar Querhölzer zu einem Gestell zusammen, oder mißt diesen Abstand jedes=mal durch ein Hölzchen ab.

Als sehr zweckmäßig zum Eindrücken der Rillen kann das bayrische Saatbrett [1]) empfohlen werden. Dasselbe (Fig. 18) besteht aus einem

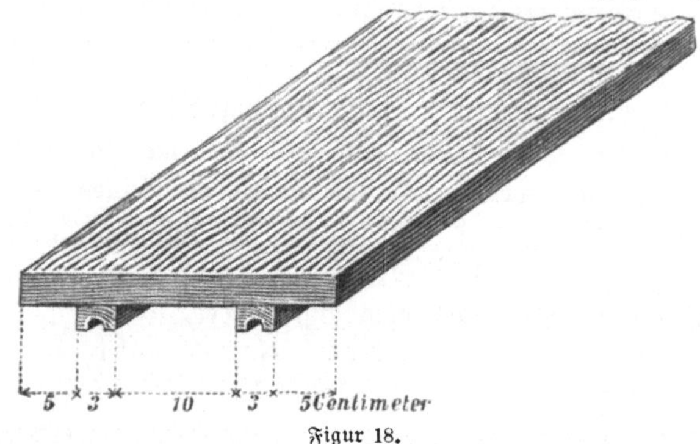

Figur 18.

26 cm breiten und etwa 3 cm starken Brett, am besten von Eichenholz, dessen Länge der Beetbreite entsprechend 1—1,2 cm beträgt; auf dies Brett sind nun zwei je 3 cm breite Hohlleisten in einer Entfernung von 10 cm aufgenagelt, während die Entfernung jeder Leiste von der betr. Längskante 5 cm beträgt.

Durch Auflegen dieses Brettes, welches bei den angegebenen Dimensionen zur Benutzung bei Fichten-, Föhren- und Lärchensaat- beeten bestimmt ist und durch andere Dimensionen des Brettes, der Leisten und des Abstandes dieser letztern entsprechend modifizirt werden kann, auf das gut geebnete Beet und Auftreten zweier kräftiger Per- sonen drücken sich nun zwei Doppelrillen hinreichend scharf dem Boden ein und zugleich markirt sich die Kante des Brettes auf der Boden-

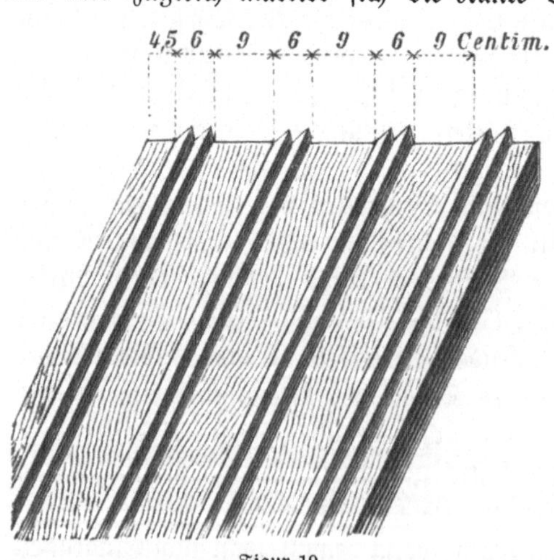

Figur 19.

oberfläche deutlich genug, um Anhalt dafür zu geben, wie das Brett anstoßend wieder angelegt werden soll. Besser noch arbeitet man mit zwei solchen, wechselsweise an einander gestoßenen Bret- tern.

Danckelmann hat dies Saatbrett im Nürnberger Reichswald gesehen und dasselbe einigermaßen mo- difizirt im Eberswalder Forstgarten zur Anwendung gebracht [2]). Dieses modi- fizirte Saatbrett (Fig. 19) hat doppelte Breite wie das bayrische und

---

[1]) Forstl. Mitth. XI. S. 123.
[2]) Zeitschr. f. F.- u. J.-W. V. S. 65.

auf der Unterseite 4 Paar Doppelleisten, welche dreikantig sind und sonach statt der runden Erhöhung des bayrischen Brettes einen scharfen Kamm zwischen den Doppelrillen herstellen; von letzteren werden sonach bei jedesmaligem Auflegen vier zugleich eingedrückt. Dabei wird stets mit zwei abwechselnd an einander zu stoßenden Saatbrettern gearbeitet, wodurch die möglichste Einhaltung der stets senkrechten Richtung der Rillen zur Längskante des Saatbeets gesichert ist.

Dieses breite Brett mag auf sehr leichtem Sandboden ganz zweckmäßig sein, auf lehmigeren Böden werden sich aber in Folge der großen Fläche des Bretts die Saatrinnen vielfach viel minder scharf abdrücken, insbesondere aber ungleich tief werden, wenn das Beet nicht vollkommen eben ist. Bei dem schmäleren Brett mit nur zwei Leisten werden beide Nachtheile in minderem Maße hervortreten, bezw. leichter überwunden werden.

Aehnlich dem bayrischen Saatbrett ist das Lang'sche Rillenbrett[1]), welches einfache, nicht Dop=
pelrillen, mittelst aufgena=
gelter vierkantiger Leisten
eindrückt. Ein solches
Brett (Fig. 20) mit 20 cm
Abstand der vierkantigen,
2 cm im Quadrat starken
Leisten wird von uns mit
gutem Erfolg seit Jahren
zur Saat von Ahorn,
Eschen, Tannen, Hain=
buchen, Akazien benützt.

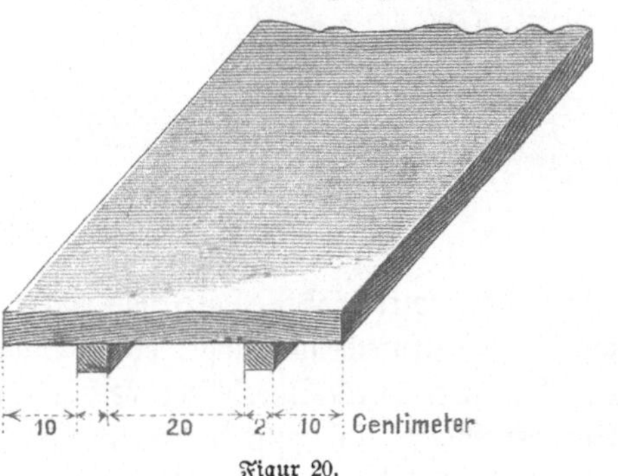

Figur 20.

Wir möchten den Saatbrettern entschieden den Vorzug vor der Saatlatte geben, da durch dieselben stets 2 resp. 4 Rillen zu gleicher Zeit eingedrückt werden, deren Tiefe eine stets gleiche und von den Arbeitern unabhängige ist, endlich durch das Antreten des Brettes gleich= zeitig der Boden etwas angedrückt und bei etwa frisch umgearbeitetem Boden dessen späterem Setzen vorgebeugt wird. — Lehmiger Boden muß jedoch auf der Oberfläche etwas abgetrocknet sein, da er sich sonst in die Hohlkehle und zwischen den Leisten zu stark anhängt, das scharfe Eindrücken der Rillen erschwert. Auch zu trockner Boden gestattet ein scharfes Ausprägen der Rillen nicht leicht, und man hilft sich in diesem Fall durch leichtes Ueberbrausen der Beete mit der Gieß=

---

[1]) Krit. Blätter. XLVI. 1. S. 173.

kanne und nochmaliges Ueberrechen der Oberfläche, wodurch letztere dann die für das Eindrücken der Rillen günstige Consistenz erhält.

Auch Walzen werden zur Herstellung von Rillen benutzt, und Figur 21 stellt eine solche vor[1]), wie sie an einigen Orten in Böhmen

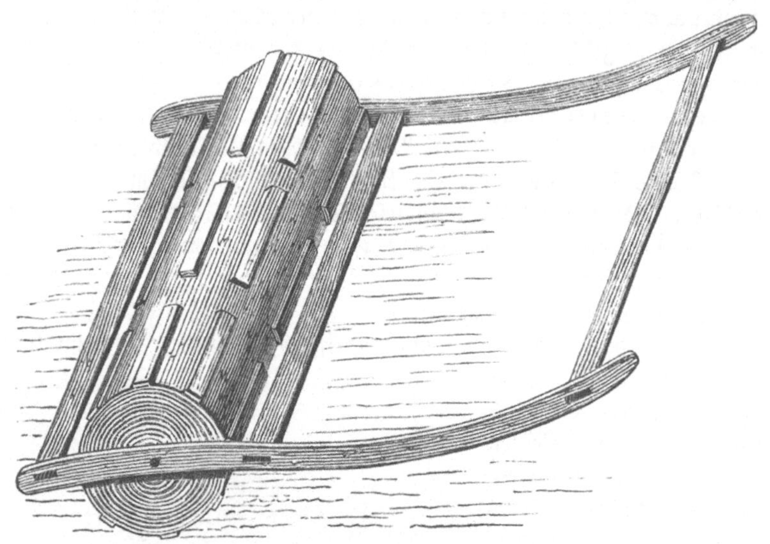

Figur 21.

angewendet wird. Die Walze von hartem Holz hat eine der Beetbreite von 1 m entsprechende Länge, einen Durchmesser von 40 cm und läuft zwischen zwei durch Querhölzer verbundenen, etwa 2 m langen Armen. Auf der Walze sind nun die 5 cm breiten, 1,5 cm hohen Rillenleisten in dem Rillenabstand entsprechender Entfernung angenagelt; ihre zwei= malige Unterbrechung soll das Verschlämmen der Rillen verhüten, scheint uns aber überflüssig. Bei der Anwendung wird nun die Walze un= mittelbar vor der Ansaat von zwei in den schmalen Wegen gehenden Arbeitern über die Beete geschoben, wobei ihre Schwere von etwa 80 Kilogramm zur erforderlichen Eindrückung der Rillen genügt. Auch hier erfolgt gleichzeitig ein entsprechendes Andrücken des frisch gelockerten Bodens, wie bei den Saatbrettern, auf dem ganzen Beet, und die An= fertigung der Rillen mag bei guter Führung der Walze durch die Ar= beiter sehr rasch und präcis von statten gehen.

Während die eben geschilderten Vorrichtungen zum Eindrücken der seichten Saatrinnen, wie sie für die Nadelholz= und leichteren Laub= holzsamen nöthig sind, dienen, werden die tieferen Saatrinnen für

---

[1]) Centr.=Blatt. 1879. S. 267.

Eicheln, Kastanien, etwa auch Bucheln, die eine stärkere Bedeckung vertragen und selbst bedürfen, mittelst anderer Hülfsmittel gefertigt.

Das einfachste Instrument hiezu ist die gewöhnliche Haue, mittelst der man längs der gespannten Schnur ein entsprechend tiefes Gräbchen zieht; die Saatrillen werden in diesem Falle der Länge der Beete nach gelegt und die Schnur eventuell gleich auf möglichste Länge, über mehrere neben einander liegende Beetreihen oder Länder, gezogen, um den mit dem Weiterstecken der Schnur verknüpften jedesmaligen Zeitaufwand möglichst zu reduziren. — In ähnlicher Weise, wie die Haue, wendet man einen löffelartigen Rillenzieher (Fig. 22) oder auch einen starken Rechen[1]) an, dessen 3—4 Zinken entsprechend weit von einander abstehen, 5—6 cm lang und entsprechend dick sind und gleichzeitig eine der Zinkenzahl entsprechende Anzahl von Saatrillen herstellen.

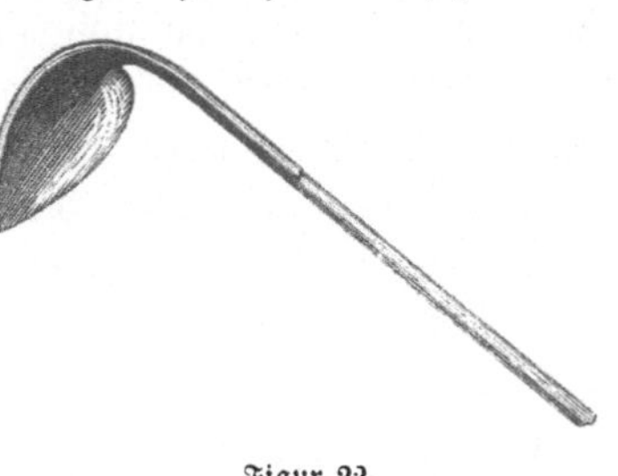

Figur 22.

Burkhardt[2]) erwähnt auch ein für Eichen sowohl bei der Aussaat ins Freie (auf bisherige Felder), wie im Saatkamp anwendbares Steckbrett (Fig. 23); durch Eindrücken eines Brettes, an welchem sich Zapfen von entsprechender Länge und Stärke in geeigneter Distanz, im Saatbeet also sehr nahe befinden, entsteht eine der Zapfenzahl entsprechende Anzahl von Stecklöchern von genau gleicher Tiefe. Das gegen die Anwendung eines solchen Steckbretts etwa geltend gemachte Bedenken, daß die Eichel hiebei nicht in die naturgemäße horizontale Lage komme, in Folge dessen häufig das Würzelchen und das Stengelchen eine mißliche Krümmung um die Eichel machen müsse, scheint nach einem von uns angestellten desfallsigen Versuch in so fern unbegründet, als ein Unterschied in der Entwicklung der Pflanzen sich nicht wahrnehmen ließ. (Vergl. im II. Theil § 99, die Eiche.)

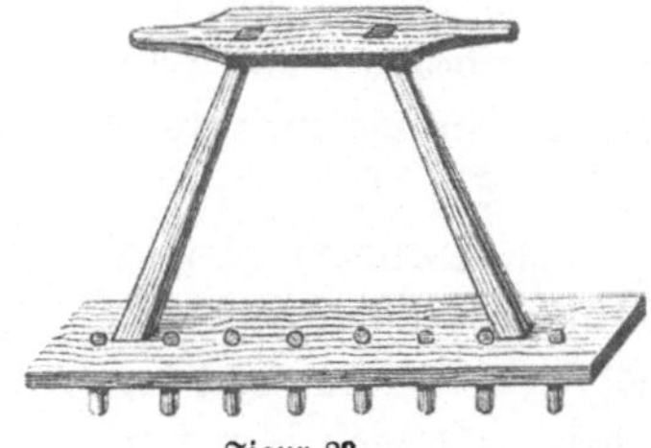

Figur 23.

---

[1]) Forstl. Mitth. XI. S. 123.

[2]) Säen u. Pflz. S. 62, s. auch Heyer, Waldbau, S. 146.

§ 54.

Bestimmung der nöthigen Samenmenge.

Die Angabe, welches Samenquantum pro Ar bei jeder einzelnen Holzart zu verwenden sei, wird im II. Theil unseres Werkchens, welcher sich die Besprechung der einzelnen Holzarten zur Aufgabe gemacht hat, erfolgen; hier haben nur die allgemeinen Gesichtspunkte, nach welchen dies Quantum zu bestimmen ist, ihren Platz zu finden.

Die Samenmenge, welche pro Flächeneinheit des Saatbeets zur Verwendung kommen soll und die bei allen kleineren Samen nach dem Gewicht (Kilogramm), bei einigen großen Samenarten nach dem Maß (Hektoliter) bestimmt wird, ist für eine Holzart nicht stets die gleiche.

In erster Linie kommt die Güte des Samens selbst in Betracht, wie sie etwa durch Keimproben festgestellt wurde; je geringwerthiger der Samen, um so dichter selbstverständlich die Saat. Holzarten, welche erfahrungsgemäß viel tauben Samen erzeugen, wie Lärchen, Ulmen, werden stets etwas dicht zu säen sein, während man den stets keimkräftigen Samen der Akazie, Schwarzkiefer entsprechend dünner sät. Bei einigen andern Holzarten, deren Samen ebenfalls meist ein hohes Keimprozent besitzt, wie Eicheln, Kastanien, ist es die nicht unbedeutend schwankende Größe der Früchte, welche das nöthige Samenquantum bedingt und resp. modifizirt; enthält doch ein Hektoliter große Stieleicheln nur etwa 12,000, ein Hektoliter kleiner Traubeneicheln über 40,000 Stück!

Im Weiteren ist wohl ins Auge zu fassen, wie lange die erscheinenden Pflanzen bis zu ihrer Verschulung oder direkten Verwendung ins Freie im Saatbeet stehen sollen; je rascher letztere erfolgen, um so dichter wird man säen dürfen, und sonach für Fichten, welche einjährig verschult werden sollen, dichtere Saat anwenden dürfen, als wenn deren Verwendung in dreijährigem Alter ohne vorherige Verschulung beabsichtigt ist.

Die langsamere oder raschere Entwicklung der Pflanzen, je nach der Holzart, ist ebenso ein Faktor bei der Bestimmung der Samenmenge; die fast durchaus in den ersten Lebensjahren sich rascher entwickelnden Laubhölzer — man vergleiche Ahorn, Eiche, Akazie mit Fichte und Tanne! — erfordern deshalb eine verhältnißmäßig minder dichte Saat.

Erklärlicher Weise ist aber auch die angewendete Samenmenge und der dadurch bedingte mehr oder minder dichte Stand der Pflanzen auf die Entwicklung der letztern nach Stamm und Wurzelbildung von großem Einfluß; ein dünner Stand pflegt (bis zu gewissen Grenzen) stets kräftigere Pflanzen und reichlichere, allseitigere Wurzelbildung zur Folge zu haben. So kann man z. B. beobachten, wie dicht stehende zwei- und dreijährige Fichten fast zu einer Pfahlwurzelbildung genöthigt werden, nachdem namentlich den in der Mitte breiterer Rillen befindlichen Pflanzen die Möglichkeit der Bildung von Seitenwurzeln durch ihre Nachbarn entzogen wird; für die spätere Verpflanzung ist dies geradezu als Mißstand zu betrachten. — Einen exakten Versuch über diesen Einfluß der Samenmenge auf Zahl und Entwicklung der Pflanzen, angestellt im Forstgarten zu Eberswalde, theilt Riedel mit[1]. Hienach wurden auf vier gleich großen, je 31 Quadratmeter haltenden Flächen Kiefern angesät und zwar mit Samenquantitäten, welche der Verwendung von 1,75 . . . 1,50 . . . 1,25 . . . 1 Kilogramm pro Ar entsprechen. Das Resultat war, daß zwar die Zahl der b r a u c h b a r e n Pflanzen Hand in Hand ging mit der verwendeten Samenmenge — sie betrug 25,479, 21,531, 15,549 und 15,306 Pflanzen —, daß aber die geringeren Samenmengen viel kräftigere Pflanzen erzeugten: das Tausend derselben wog in obiger Reihenfolge 1,300 . . . 1,317 . . . 1,727 . . . 1,733 Kilogramm.

Da es sich aber meist um Erziehung k r ä f t i g e r Pflanzen mit guter Wurzelbildung handelt, so wird man einer m ä ß i g dichten Saat, welche entsprechend viele und hinreichend kräftige Pflanzen liefert, den Vorzug geben.

Auch die Güte des Bodens, die mehr oder minder reichliche Düngung spricht hiebei wohl ein Wort mit, und dichte Saat auf schwächerem Boden wird stets ein unbefriedigendes Resultat liefern.

Wie bei Ansaaten ins Freie, so wird auch bei der Ansaat von Saatbeeten die S a a t m e t h o d e von nicht unwesentlichem Einfluß auf die nöthige Samenmenge sein: zu der (seltener angewendeten) Vollsaat wird man mehr Samen verwenden als zur Rillensaat, und bei letzterer wird wieder die Breite und E n t f e r n u n g der Rillen von großer Bedeutung sein[2]. Durch letzteres Moment werden denn auch wohl die oft so abweichenden Angaben, welche wir in unserer Literatur über die zweckmäßig zu verwendenden Samenmengen finden, bedingt sein.

---

[1] Zeitschr. f. d. F.- u. J.-W. XI. S. 114.

[2] Für Rillensaaten erscheint die Angabe der Samenmenge pro laufenden Meter zweckmäßiger und vergleichungsfähiger, als jene pro Ar.

§ 55.

Die Ansaat selbst; Säevorrichtungen.

Das Einlegen des Samens in die Saatrillen, die Aussaat selbst, erfolgt nun bei größeren Samen, wie Eicheln, Bucheln, Tannensamen, stets aus der Hand, und ebenso können die mit größeren Flügeln versehenen Laubholzsamen, wie Ahorn, Esche, Ulme, nicht wohl anders gesäet werden. Ebenso erfolgt die Vollsaat stets aus der Hand, ohne Säevorrichtungen.

Auch die kleineren Samen, so also jene von Fichte, Föhre, Lärche, wurden ursprünglich und werden vielfach noch jetzt in gleicher Weise gesät und es läßt sich nicht in Abrede stellen, daß aufmerksame und geübte Personen — man verwendet zum Säen fast ausschließlich die billigeren weiblichen Arbeitskräfte — eine ziemliche Gleichmäßigkeit in der Vertheilung des Samens, auf die es ja vor Allem ankommt, erzielen. Dagegen hängen diesem Ansäen aus der Hand auch wesentliche Schattenseiten an: vor Allem geht dasselbe langsam und ist daher kostspielig; sind die Leute nicht geübt und aufmerksam, so wird die Saat ungleich, wie es denn überhaupt schwierig ist, eine Anzahl von Leuten zu gleich starkem Ansäen anzuweisen und abzurichten; insbesondere aber wird die Saat gern ungleich an kalten Tagen, wie sie Ende April, Anfang Mai nicht selten sind, indem dann die durch Frost steifen und minder empfindlichen Finger der Arbeiterinnen den Samen ungleich ausfallen lassen. Endlich ist auch das stete Niederkauern für die letzteren beschwerlich; dieselben treten und drücken dabei auch gerne die schmalen Zwischenwege ungebührlich breit.

Schon lange hat man sich daher mit dem Problem beschäftigt, einfache und zweckmäßige Apparate zur Ansaat, insbesondere der in unsern Forstgärten in großer Menge zur Verwendung kommenden Nadelholzsamen zu konstruiren, und einfache, wie komplizirtere Vorrichtungen verdanken diesem Streben ihre Erfindung. Insbesondere ist es die Saat in schmale Rillen, welche solche Säevorrichtungen leicht anwendbar macht, während man breite Rillen wohl stets aus der Hand wird ansäen müssen.

Nachstehend mögen nun eine Anzahl solcher Apparate — mit Ausschluß solcher, die praktisch wenig anwendbar erscheinen — eine kurze Erwähnung und Beschreibung finden.

In der von E. Heyer[1]) angegebenen Methode, aus einem Blatt

---

[1]) Allg. F.- u. J.-Z. 1866. S. 210.

steifen Papiers, das entsprechend spitzwinklig zusammengefaltet ist, zu säen, können wir keinen rechten Vortheil erblicken. Eher ist dies schon

der Fall bei der soge=
nannten Saatrinne,
welche Verfasser vor Jah=
ren im Steigerwald in
Anwendung gesehen hat[1])
(Fig. 24). An ein etwa
10 cm breites Brett,
dessen Länge gleich der

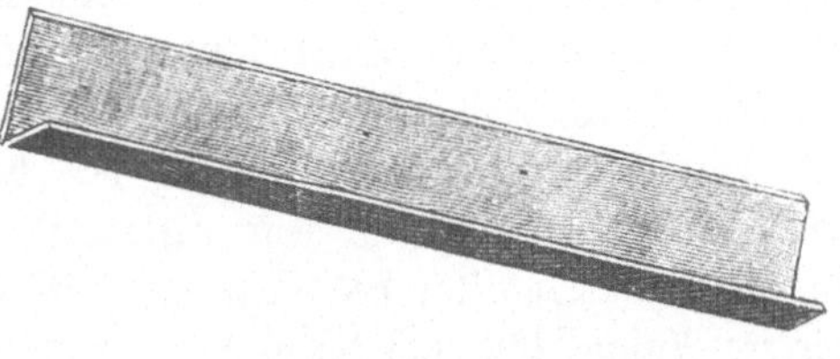

Figur 24.

Beetbreite, ist längs einer der langen Kanten eine schwache, etwa 3 cm hohe Leiste rechtwinklig angenagelt; in die dadurch gebildete Rinne wird der Samen von den in den schmalen Wegen einander gegenüber stehenden Arbeitern eingestreut, — von jedem bis zur Mitte der Rinne — etwaige Ungleichheiten werden mit den Fingern ausgeglichen und sodann die schmale Leiste genau an die vorher schon eingedrückte Rille gelegt. Durch eine leichte Hebung des Brettes gleitet der Samen über die schmale Leiste in die Rille.

Der Apparat ist sehr einfach, dagegen die gleichmäßige Vertheilung des Samens in der Rille doch zeitraubender, als man glauben sollte.

Eine ebenfalls sehr einfache, aber praktische Vorrichtung ist in der Gegend von Aschaffenburg in Anwendung (Fig. 25). An einer Holz=

leiste, deren Querschnitt
nebenan in natürlicher
Größe gegeben ist, und
deren Länge gleich der
halben Beetbreite, ist
längs der obern Kante
eine seichte Rinne einge=
schnitten, eben tief genug,
um die kleinen Samen=
körner der Fichte, Föhre,
Lärche, Korn an Korn,
aufnehmen zu können;

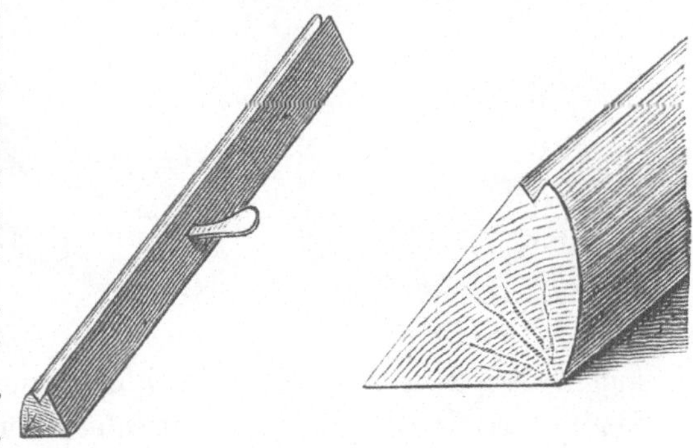

Figur 25.

zur bequemeren Handhabung befindet sich an der der Abrundung ent= gegengesetzten Seite ein etwa 10 cm langer Handgriff. Der Samen wird in einen hinreichend großen, seichten Kasten aus leichten Brettern geschüttet, und die Arbeiter, die je zwei einander gegenüber an einem

---

[1]) Monatsschr. f. d. F.= u. J.=W. 1867. S. 138.

Beete arbeiten, rücken denselben auf letzterem mit fort; aus dem Kasten wird nun der Samen mit jenem Saatholz gleichsam geschöpft, in der kleinen Rinne bleibt eben genug Samen liegen und gleitet von dem mit der abgerundeten Seite längs der vorher eingedrückten Rille angelegten Saatholz durch eine kleine Drehung leicht und sicher in diese. Das Ansäen der unter Anwendung des bayrischen Saatbrettes eingedrückten Doppelrillen geht sehr rasch und völlig gleichmäßig vor sich. Die je nach Qualität des Samens wünschenswerthe schwächere oder stärkere Ansaat läßt sich durch Anwendung verschiedener Saathölzer mit seichter oder tieferer Rinne reguliren, und da das Stück derselben nur auf etwa 40 Pfennige kommt, so kann man ja leicht eine kleine Anzahl derselben vorräthig halten.

Auch die von Forstmeister Eßlinger in Aschaffenburg construirte Säelatte kann namentlich um deßwillen empfohlen werden, weil das Säen mit derselben nicht nur rasch von Statten geht, sondern auch der Samen — unabhängig von der Geschicklichkeit der Arbeiter — gleichmäßig und entsprechend dünn, wie dies insbesondere zur Erziehung 2—3jähriger, unverschult zur Verwendung kommender Fichtenpflanzen wünschenswerth erscheint, in die Saatrillen gestreut wird.

Diese Säelatte, von welcher Figur 26 a den Querschnitt in natürlicher Größe gibt, besteht aus zwei mit einander verbundenen Latten, A und B, deren Länge gleich der Beetbreite. Längs der Kante sind

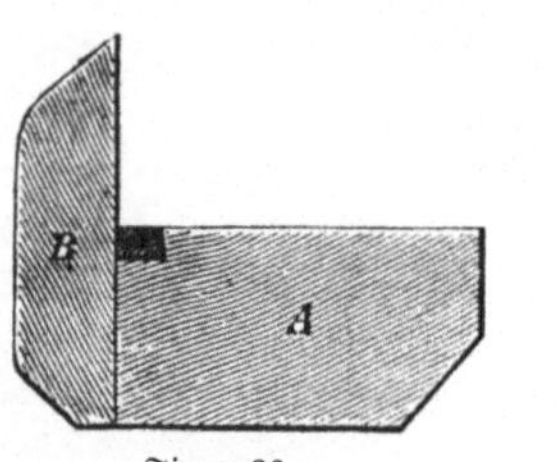

Figur 26 a.

Figur 26 b.

nun in der Latte A kleine, etwa 7 mm lange, seichte, rechteckige Einschnitte, welche etwa 3 bis 4 Samenkörner von Fichte oder Föhre aufzunehmen vermögen, durch gleich große, nicht vertiefte Zwischenräume getrennt (Fig. 26b). — Zu der Säelatte gehört nun noch ein der Länge der Latte entsprechender, etwa 12 cm breiter und 8 cm hoher Kasten, sowie das Fig. 20 abgebildete Rillenbrett. Soll nun gesäet werden, so werden mit letzterem Brett zuerst die Rillen eingedrückt, der Kasten mit Samen etwa zur Hälfte gefüllt und aus diesem mit der Säelatte gleichsam geschöpft: bei entsprechender Drehung der Latte rollen alle

Samenkörner, bis auf die in den Vertiefungen liegenden, in den Kasten zurück. Die gefüllte Latte wird sodann an den Rand der eingedrückten Rille angesetzt und der Same durch seitliches Umkippen in die Rille eingestreut.

Als sehr einfach, zweckmäßig und arbeitsfördernd kann Verfasser nachfolgende Vorrichtung, das **Klappbrett** (Fig. 27) empfehlen. Zwei etwa 10—12 cm breite, mäßig starke Bretter, deren Länge wieder gleich der Breite der anzusäenden Beete, sind durch zwei oder drei **innen** angebrachte schmale Charniere so an einander befestigt, daß sie sich bis zu einem Winkel von etwa 90° öffnen können und dann das eine fest auf dem andern steht, beide mit einander eine geschlossene Rinne bilden, in welche der Samen eingestreut werden kann. Setzt man die Kante des Bretts in die eingedrückte Saat- rille und klappt die beiden Seiten- bretter zusammen, so öffnet sich durch die Charniere die untere Kante

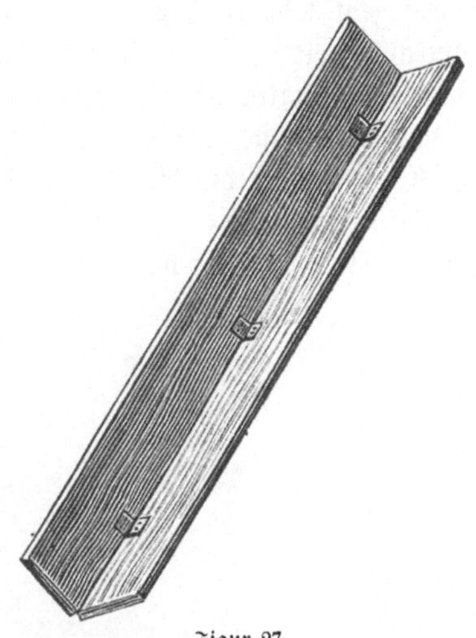

Figur 27.

so weit, daß der Samen (Fichten-, Föhren-, Lärchen-Samen) durch und in die Rille fällt.

Das Einlegen des Samens in die durch beide Bretter gebildete Rinne erfolgt aber eben so rasch als gleichmäßig — und das ist der Vorzug des Apparates gegenüber der oben be- schriebenen Saatrinne — dadurch, daß man die innere Kante des auf- sitzenden Bretts etwas abstumpft, wie dies neben- stehender Querschnitt (Fig. 28) durch den un- teren Theil des Saat- bretts (natürl. Größe)

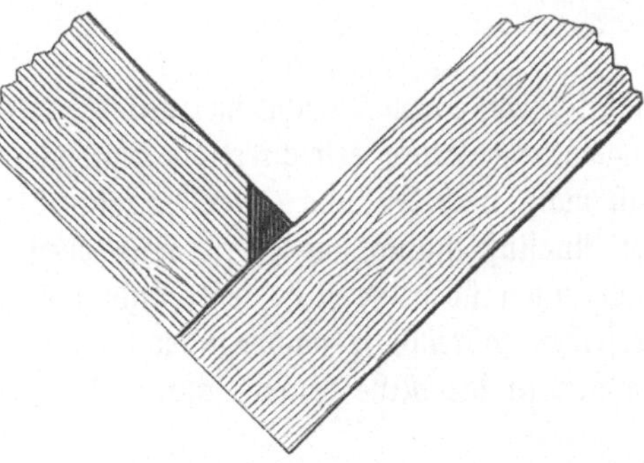

Figur 28.

versinnlicht. Wenn nun der eine der Arbeiter, die sich in den schmalen Wegen gegenüberstehen und mit je einer Hand das Brett halten, eine Prise Samen einlegt und durch die Rinne nach der andern Seite

schiebt, woselbst der andere den Ueberschuß in seine aufgesteckte Schürze
streift, so bleibt in der kleinen, durch die Abstumpfung der Kante gebildeten Vertiefung so viel Samen, als nöthig, in gleicher Vertheilung liegen, ja man hat durch leichteres oder festeres Aufsetzen des
Fingers beim Durchstreifen des Samens eine stärkere oder schwächere
Einsaat, je nach Qualität des Samens, ganz in der Gewalt. — Die
Arbeit geht sehr rasch und sicher vor sich; eine weitere Vereinfachung
dadurch erzielen zu wollen, daß man die Saatrille selbst mit der scharfen
Kante des Saatbretts eindrückt[1]), hat sich nicht als praktisch bewährt
— das vorherige Eindrücken der Rillen mit dem s. g. bayrischen
Saatbrett fördert die Arbeit entschieden besser.

In einer von den bisher beschriebenen Methoden verschiedenen
Weise sucht das Säehorn (Fig. 29) das Ziel einer möglichst gleichmäßigen Saat zu erreichen.

Dasselbe[2]) besteht aus
einem etwa 20 cm hohen
elliptischen Blechgefäß, welches, mit einem Deckel zum
Aufklappen versehen, unten
ein Ausschüttrohr in schräger Richtung angelöthet besitzt; dieses Ausschüttrohr,
etwa 20 cm lang, enthält
vier sich allmählich verjüngende, durch s. g. Bajo-
nettverschluß mit einander
verbundene Tüllen, deren
Ausflußöffnungen sich all-

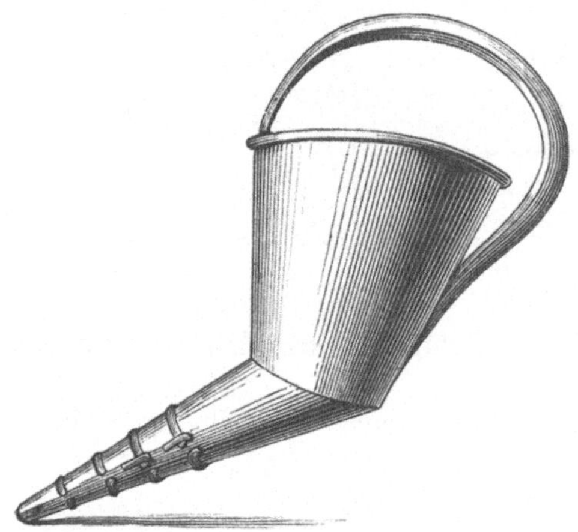

Figur 29.

mählich von einem Durchmesser mit 4,5 cm auf 1 cm verkleinern. Ein
angelötheter Henkel erleichtert die Handhabung, die in der Weise erfolgt,
daß man, nach Füllung des Blechgefäßes mit Samen und Regulirung
der Ausflußöffnung, die zuerst nach oben gehaltene Spitze des Rohrs
nach unten über die Rille senkt und nun, langsamer oder rascher längs
derselben fahrend, je nachdem man dünner oder dicker säen will, den
Samen in die Rille laufen läßt. Uebung und sichere Hand sind zu

---

[1]) Wie dies bei der vom Verf. im Jahre 1867 in der Monatsschr. für F.-
u. J.-W. S. 138 gegebenen ersten Beschreibung empfohlen wurde.

[2]) Zeitschr. f. F.- und J.-W. I. S. 454. (Dasselbe ist bei Gebr. Dittmar
in Heilbronn um 2,50 Mark zu beziehen.

gutem Erfolg nöthig. — Da übrigens in der Regel nur die kleinen
Nadelholzsamen mit dem Säehorn ausgesäet werden, so erscheinen die
großen Ausflußöffnungen meist als entbehrlich und genügt eine einzige
kleinere solche Oeffnung, wodurch die Herstellung des Säehorns viel ein=
facher und billiger wird.

Eine praktische, rasch fördernde Säevorrichtung, bei welcher das
Säehorn Anwendung findet, ist die Saatkrippe (Fig. 30)[1]. Die zwei
Theile a und b sind durch je
3 Schrauben mit dem mitt=
leren keilförmigen Stück c in
der Weise fest verbunden, daß
zwischen denselben hinreichen=
der Raum zum leichten Durch=
fallen des Samens verbleibt;
die Höhe des Keils c beträgt
2 cm, die untere Seite des=
selben stimmt genau mit der
Entfernung der Doppelrillen
des bayrischen Saatbretts,
welches zum Eindrücken der
Rillen benutzt wird, so daß,
wenn der bezüglich seiner Länge

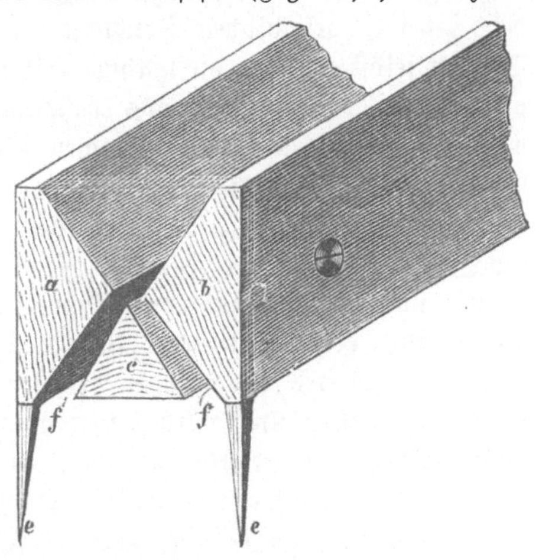

Figur 30.

mit der Beetbreite korrespondirende Apparat mittelst seiner 4 eisernen
Füße e e[2] genau auf die Rillen gesetzt wird, die Oeffnungen f f über
die beiden Doppelrillen kommen. Mit dem bez. der Oeffnung ent=
sprechend regulirten Säehorn fährt nun der (vorher auf einem unter
den Apparat gelegten Tuch gehörig geschulte und dann zur Ansaat
aller Saatbeete im ganzen Revierbezirk benutzte, von einem zweiten
Arbeiter im genauen Aufsetzen der Vorrichtung auf die Rillen unter=
stützte) Arbeiter längs der obern Kante des Keils c, in der zwischen
den Seitentheilen a und b verbliebenen Lücke hin, und der Samen
rollt, gleichmäßig durch den Keil halbirt, durch die Lücken f f in die
Rillen, die also beide gleichzeitig eingesäet werden. — Die Arbeit
fördert sehr rasch, wird bei einiger Uebung des Arbeiters gleich=
mäßig und nur beim Ansetzen des Säehorns, wie beim Absetzen, ist

---

[1] Auf dem bayr. Revier Obernburg zuerst angewendet.

[2] Der ganze Apparat erhält an beiden Enden ein eisernes Beschläg, welches
die drei Theile ebenfalls verbindet und die Füße trägt. Auf der Zeichnung läßt
sich dasselbe nicht wohl darstellen, da es die Konstruktion verdecken würde.

8*

Gewandtheit nöthig, damit hier der Same nicht zu dick zu liegen kommt.

Eine etwas komplizirte Säemaschine hat Oberförster Praxa konstruirt[1]). Das Princip derselben besteht darin, daß sechs durch eine Welle verbundene, je 17 cm von einander entfernte Scheiben bei der Bewegung des Apparates über das Saatbeet (nach dessen Längsrichtung) ebenso viele Rillen eindrücken, in welche sofort aus hinter den Scheiben befindlichen Trichtern der Samen eingestreut wird. Die Trichter selbst erhalten die nöthige Füllung aus einem über den Rädern befindlichen Samenkasten, aus welchem eine Schöpfradwelle bei Bewegung des Apparates den Samen schöpft und in die Trichter entleert; hinter letzteren befinden sich angeschraubt die Samendecker, welche herabgelassen zu beiden Seiten der Rillen den Boden streifend den Samen mit Erde bedecken. — Die Maschine, welche sinnreich erdacht und zur Aussaat von Föhren=, Fichten= und Lärchensamen bestimmt ist, ermöglicht nach Praxas Angabe die Ansaat eines 1 ha großen Saatbeetes durch zwei Arbeiter in sechs Stunden, kostet aber 80 Gulden östr. und wird daher nur für große Saatkampanlagen bezw. größere Forstbezirke angeschafft werden können.

Wie dicht zu säen sei, das hängt von den mancherlei Erwägungen ab, die wir in § 54 berührt haben. Im Allgemeinen kann man wohl behaupten, daß zu dichte Saaten öfter vorkommen, als zu dünne, und es ist dies auch gerade kein Fehler, wenn man zu rechter Zeit durch entsprechendes Durchrupfen hilft; eine zu dünn ausgefallene Saat aber läßt sich nicht mehr korrigiren! — Je größer der Samen, um so leichter läßt sich eine gleichmäßige und bezüglich der Dichte entsprechende Saat vornehmen — so insbesondere bei Eicheln und Kastanien, deren jede einzeln in die Rille eingelegt wird; auch bei Ahorn=, Eschen=, Buchen=Samen hat die Vornahme der Saat in den eben berührten beiden Richtungen keine Schwierigkeit.

Auch bei der Saat ist man nicht selten genöthigt, der Witterung etwas Rechnung zu tragen: bei trocknem Wetter drücken sich auf sandigem Boden die seichten Rillen oft schlecht ein, und man muß sich eventuell durch leichtes Ueberbrausen der Beete helfen. Bei nasser Witterung läßt sich auf stark lehmigem Boden nicht arbeiten, die Erde hängt sich an die Saatbretter und Latten, und einiges Abtrocknen des Bodens muß abgewartet werden.

Wird ausnahmsweise für ein Saatbeet die Vollsaat gewählt, so

---

[1]) Oestr. Forstzeitg. 1883. Nr. 20.

sind diese letztern Rücksichten auf die Witterung allerdings nicht noth=
wendig. Auf das gut geebnete Beet wird der Samen aus der Hand
möglichst gleichmäßig oben auf gesät, wobei man jedenfalls gut thut,
das Samenquantum pro Beet vorher durch Abwägen oder Messen zu
bestimmen und die Ansaat dann etwa in der Weise, wie sie bei der
Vollsaat im Freien von vorsichtigen Forstwirthen vorgenommen wird,
auf z w e i m a l mit je dem halben Samenquantum auszuführen.
Man hat dann die gleichmäßige Vertheilung mehr in der Hand, wäh=
rend sonst die Saat nicht selten Anfangs zu dicht und gegen Ende zu
dünn ausfällt.

§ 56.
Bedeckung des Samens.

Wie oben (§ 51) schon angeführt, ist der Samen durch eine ent=
sprechende Bedeckung gegen Austrocknen, Verschwemmen, Vögel u. s. w.
zu schützen. Wie s t a r k diese Bedeckung sein soll, haben wir dortselbst
im Zusammenhang mit der Frage nach der Tiefe, welche den Rillen
zu geben ist, besprochen und werden uns daher hier auf das „w o =
mit" und „wie" des Deckens zu beschränken haben.

Zum Decken soll nun unter allen Umständen l o c k e r e r Boden ge=
nommen werden, um die bei Anwendung eines bindenderen Deckmittels
nach Regen so leicht eintretende Krustenbildung zu verhindern, eine
Bildung, die den kleineren Samenarten oft geradezu verderblich werden
kann[1]), zumal wenn etwa der Samen ungleichzeitig keimt, nicht mit
vereinter Kraft die Decke zu heben und zu sprengen vermag. Ebenso
begünstigt lockeres Deckmaterial den zur Keimung nöthigen Luftzutritt,
und eine etwas stärkere Deckung wird minder nachtheilig sein als bei
schwererem Deckmittel. — Dammerde, mit Humus gemischter Sand,
gute Rasenasche sind die besten Stoffe zum Decken, zumal durch sie
dem keimenden Samen sofort auch eine reiche Nahrungsquelle zur Ver=
fügung gestellt wird. Auch die hygroskopischen Eigenschaften humosen
Bodens wirken jedenfalls vortheilhaft bei der Keimung mit. — Zu er=
wähnen wäre, daß auch Sägespäne schon mit Erfolg als Deckungs=
mittel verwendet wurden[2]).

Wo man also mit Dammerde und Rasenasche düngt, wird man
sich stets eine entsprechende Quantität dieses Materials zum Decken
reserviren, außerdem entsprechendes Deckmaterial anderweit herbeischaffen.

---

[1]) Krit. Blätter. LI. 2. S. 208.
[2]) Monatsschr. f. d. F.= u. J.=W. 1875. S. 417.

Das Decken selbst erfolgt bei der breitwürfigen Ansaat durch mög=
lichst gleichmäßiges Uebersieben, bei stärker zu deckenden Samen
durch Ueberwerfen mit klarer, lockerer Erde, bei Rillensaaten aber
mit der Hand durch Einstreuen des Deckmaterials in die Rillen;
dabei trägt man dasselbe so stark auf, daß die gedeckten Rillen etwas
erhaben erscheinen, und drückt dann, am einfachsten mit dem umge=
drehten Saatbrett, die Erde etwas an. Dieses Andrücken des Deck=
materiales an den Samen erweist sich als entschieden vortheilhaft, der
letztere kommt mit jenem in innige Berührung, wird dadurch rascher
Feuchtigkeit anziehen und keimen, während dem Verschwemmen des
Deckmaterials durch das Andrücken ebenfalls vorgebeugt wird.

Die tieferen, mit Haue oder Rillenzieher gezogenen Rillen für
Eicheln u. dgl. werden nicht selten durch einfaches Beiziehen der
nach der Seite gezogenen, ausgehobenen Erde mittelst des Rechens ge=
deckt, was bei gutem und lockerem Boden wohl zulässig erscheint; bei
schwererem, leicht verkrustendem Boden wird man auch hier gute, hu=
mose Walderde oder stark mit Rasenasche gemengten Boden zweckmäßig
zur Ausfüllung der Rillen anwenden.

Vor zu tiefen Saatrillen und damit zusammenhängender zu
starker Deckung haben wir schon oben gewarnt — besser schwach, als
zu stark gedeckt; je lockerer das Deckmaterial, um so stärker darf aber
erklärlicher Weise die Decke sein.

Herbstsaaten empfiehlt E. Heyer etwas stärker zu decken[1]), da durch
die vielen Niederschläge im Winter und Frühjahr ein Abspülen von
Deckmaterial doch stets erfolgen werde.

Das weitere Decken der Saatbeete mit Laub, Reisig u. dgl. ge=
hört in das Gebiet des Schutzes der Saatbeete gegen Trockniß, Ab=
schwemmen u. s. f. und wird dem entsprechend im nächsten Kapitel
besprochen werden.

------

2. Kapitel.

Schutz und Pflege der Saatbeete.

§ 57.

Allgemeine Erörterungen.

Von dem Augenblicke an, wo wir den Samen in die Erde legen,
bis zu seinem nach kürzerer oder längerer Zeit erfolgenden Aufgehen

------

[1]) Allg. F.= u. J.=Z. 1866. S. 210.

drohen demselben mancherlei Gefahren, so das Aufzehren durch Mäuse und Vögel, das Vertrocknen nach vorher erfolgtem Quellen, das Verschwemmen durch Regengüsse. Neue Gefahren beginnen mit dem Erscheinen des jungen Pflänzchens: Spätfröste tödten die Keimlinge, beschädigen die ältern Pflanzen, Trockniß läßt sie zu Grunde gehen, Insekten verzehren Wurzeln und Blätter, Vögel gefährden die noch in der Samenhülle steckenden Kotyledonen der Nadelhölzer, größere Thiere verbeißen die Pflanzen. Der Baarfrost hebt uns jüngere und ältere Pflanzen aus dem Boden, das wuchernde Unkraut beeinträchtigt deren freudiges Gedeihen — und möglichster Schutz gegen alle diese Gefährdungen ist daher eine weitere Aufgabe des Pflanzenzüchters.

Aber nicht bloß Schutz bedürfen unsere Pflanzen — sie wollen zu raschem und freudigem Gedeihen auch eine sachgemäße Pflege, bald in höherem, bald in geringerem Grad je nach Holzart und Standort. Schon die rechtzeitige Entfernung des Unkrautes gehört einigermaßen mit in das Kapitel der Pflege, wie denn Schutz und Pflege nicht selten in einander greifen, so z. B. auch bei dem Anhäufeln, dem Begießen oder Bewässern; es gehören ferner zur Pflege die Lockerung des Bodens zwischen den Pflanzenreihen, das Durchrupfen zu dichter Wüchse, die Nachdüngung jener Beete, die durch ihren kümmernden Wuchs Nahrungsmangel verrathen, das Beschneiden der Aeste.

In den folgenden Abschnitten werden wir nun besprechen, in welcher Weise der nöthige Schutz, die wünschenswerthe Pflege den Saatbeeten am zweckmäßigsten gegeben werden. Vieles davon gilt erklärlicher Weise auch für die mit verschulten Pflanzen besetzten Pflanzbeete; — wir werden uns dort um so kürzer fassen, uns vielfach auf das hier Gesagte beziehen können.

§ 58.

Schutz des Samens gegen Trockniß.

Starkes Austrocknen des Bodens als Folge anhaltender Luftwärme und austrocknender Ostwinde in Verbindung mit längere Zeit ausbleibenden atmosphärischen Niederschlägen wird unsern Saaten gefährlich von dem Moment an, in welchem der Samen durch Wasseraufnahme zu laufen, anzuschwellen beginnt, bei künstlich gequelltem Samen daher vom Moment der Aussaat an, außerdem nach mehrtägigem Liegen des Samens im feuchten und durch die höhere Luftwärme des Frühjahrs gleichfalls erwärmten Boden. Bodenfeuchtigkeit und Bodenwärme bedingen das raschere oder langsamere Laufen des

Samens. Ist dieses aber einmal erfolgt, so kann anhaltende Trockniß das völlige Verderben des Samens nach sich ziehen, indem derselbe das zur Fortsetzung des Keimprozesses nöthige Wasser sich von dem ausgetrockneten Boden nicht mehr zu verschaffen vermag; die etwa schon durchgebrochene Keimspitze, das zuerst erscheinende Würzelchen vertrocknen.

Nicht alle Samen sind der Gefahr, durch Trockniß zu Grunde zu gehen, in gleichem Maße ausgesetzt; je kleiner der Samen, je schwächer sonach die Bedeckung, je geringer die natürliche, dem Samen inne-wohnende Feuchtigkeit, um so größer ist die Gefährdung. Die tief-liegende saftige Eichel hat unter der Trockniß nahezu gar nicht zu lei-den, der kleine Same der Ulme, Erle, Birke dagegen in hohem Grad.

Zunächst beugen wir nun solcher Gefahr vor durch nicht zu späte Saat (siehe § 47); Ende April, Anfang Mai pflegt der Boden noch reichlich Winterfeuchtigkeit auch in seinen obern Schichten zu haben, atmosphärische Niederschläge treten häufig ein, während in der zweiten Hälfte des Mai anhaltend schönes, trocknes Wetter nicht selten ist. Gequellten Samen säen wir nur bei feuchtem Wetter, in feuchten Boden, eine Vorsicht, die bei ungequelltem Samen nicht nöthig ist.

In Weiterem suchen wir insbesondere bei kleinem und also schwach gedecktem Samen dem Boden seine Feuchtigkeit durch eine Deckung zu erhalten — eine Deckung, die häufig zugleich als Schutz gegen anderweite Gefährdungen, wie Vögel, Regengüsse 2c. dient. Als solche Deckungsmittel, die sofort nach beendigter Saat aufgelegt, nach er-folgter Keimung aber meist theilweise oder ganz entfernt werden, dienen Moos, Nadelholzäste, Besenpfriemen und Heide, Gras, Stroh, endlich Schutzgitter verschiedener Konstruktion.

Was nun den Werth dieser Schutzmittel anbelangt, so hätten wir zunächst gegen das insbesondere auch von E. Heyer empfohlene[1] Moos mancherlei Bedenken, obwohl dasselbe den Zweck der Feuchterhaltung des Bodens gut zu erfüllen vermag. Das Decken ist nicht gerade billig, schwächere Niederschläge gelangen durch dasselbe gar nicht an den Boden, beim Trockenwerden wird das Moos oft stark verweht, muß durch aufgelegte Stangen oder Aeste festgehalten werden, und endlich ist der richtige Zeitpunkt des Wegnehmens bei dem doch meist etwas ungleich laufenden Samen schwer zu errathen: nimmt man dasselbe zu bald weg, so gehen die oben auf liegenden, eben keimenden Samen bei trocknem Wetter zu Grunde, entfernt man das Moos zu spät, so

---

[1] Allg. F.- u. J.-Z. 1866. S. 211.

wachsen die Keimlinge spindelig in dasselbe hinein und insbesondere die Köpfchen der Nadelholzsamen werden abgerissen. Schaal[1]) konstatirte auch, daß sich Laufkäfer in großer Menge unter dem Moos gesammelt und (insbesondere Harpalus tardus) die Samen verzehrt haben.

Der eben genannte, als erfahrener Forstwirth bekannte Fachgenosse empfiehlt als vorzügliches Deckungsmittel Stroh[1]), von welchem er etwa vier Bund pro Ar verwendet, und das, zum Schutz gegen Wind mit leichten Stangen beschwert, nach der Keimung fast unversehrt abgenommen wird, also auch ein billiges Deckungsmaterial ist. Ihm reiht er Tannen= und Föhrenreisig, dann · die Forstunkräuter an und bezeichnet als die schlechteste Deckung mit vollem Recht jene mit Fichten= ästen, welche schon nach wenig warmen Tagen die Nadeln fallen lassen, keinen Schutz mehr gewähren, später aber durch starke Erhitzung dieser abgefallenen rothen Nadeln geradezu nachtheilig werden (Brennen). Besenpfrieme und Heide werden wohl stets mehr aushülfsweise zur Verwendung kommen, Tannen= und Föhrenreisig daher das gebräuchlichste Material sein, und da die Tanne an vielen Orten, die Föhre aber bekanntlich fast nirgends ganz fehlt, so kann man das allerdings etwas sperrige und daher minder gut deckende, aber die Nadeln lange haltende und zum nachherigen Bestecken der Beete gut verwendbare Föhrenreisig wohl als das gebräuchlichste Material bezeichnen.

Ueber die Verwendung abgesichelten grünen Grases, welches E. Heyer empfiehlt[2]), stehen uns keine Erfahrungen zur Seite; zur Saatzeit im April und Anfang Mai dürfte dasselbe in genügender Menge oft schwer aufzutreiben sein.

Bei allen diesen, in mäßig dicker Lage anzuwendenden Deckungs= mitteln, deren Auflegen sich sofort an die Saat anzuschließen pflegt, hat man den richtigen Zeitpunkt für das Wegnehmen derselben im Auge zu behalten. Bei zu langem Liegenlassen wachsen die Keimlinge lang und spindelig in die Decke hinein, leiden bei deren Abnehmen Schaden oder fallen bei trockenem Wetter um; man nehme die Deck= mittel daher rechtzeitig ab und schütze die zarten Keimpflänzchen durch Aufstecken des Reisigs (s. § 59) oder durch auf Stangen übergelegte Aeste.

---

[1]) Allg. F.= u. J.=Z. 1865. S. 210.
[2]) Allg. F.= u. J.=Z. 1866. S. 211.

An Stelle der oben genannten Deckungsmittel sind in neuerer Zeit vielfach Schutzgitter, Saatgitter einfachster oder soliderer Art getreten.

Solche Schutzgitter werden nun am billigsten in der Weise angefertigt[1]), daß man zwei genügend starke, gleichlange Lattenstücke oder Stängchen durch Querhölzer (als welche einfache Bohnenstecken genügen), deren Länge gleich der Beetbreite ist und also in der Regel 1,2 m beträgt, mittelst Nägeln genügend fest verbindet. Diese Querhölzer sind etwa 30 cm von einander entfernt, ihre Zahl richtet sich nach der Länge des Schutzgitters und diese wieder nach der Länge der Beete einerseits und der nöthigen leichten Transportfähigkeit der Gitter anderseits; im hiesigen Forstgarten beträgt deren Länge 5 m, für längere Beete nimmt man Gitter von halber Beetlänge. Dieses Gitter wird nun mit Material verschiedener Art, als Kiefernreisig, Besenpfriemen, Saalweiden- oder Birkenreisig u. dgl. hinreichend dicht durchzogen; Alers gibt die Herstellungskosten eines solchen Gitters von 1,80 Quadratmeter Deckfläche auf 75 Pfennige an.

Die zuerst von dem fürstlich fürstenbergischen Revierförster Ganter[2]) angewendeten, neuerdings von Schmitt[3]) empfohlenen Saatgitter (Fig. 31) bestehen aus einem 15 cm hohen und 1,25 m langen Rahmen

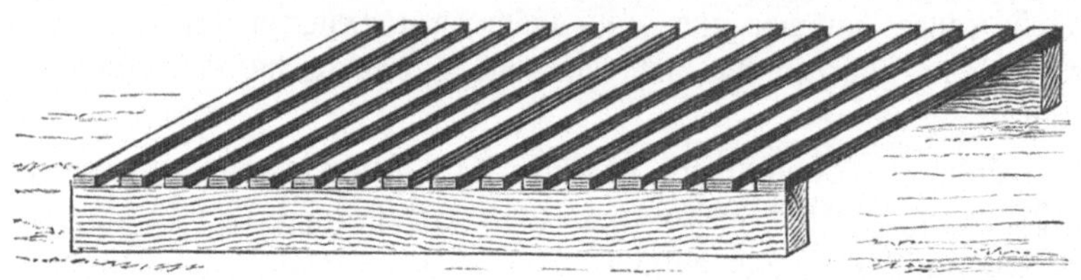

Figur 31.

aus hinreichend starken, ordinären Brettern, über welchen querüber 1—1,2 m (je nach der Beetbreite) lange und 2 cm starke Lättchen in Zwischenräumen von je 2 cm aufgenagelt werden. Nur jene Gitter, welche an die Enden der Beete kommen, haben auch auf einer Breitseite ein Rahmenbrett. Die Kosten eines solchen Gitters gibt Schmitt für Material und Arbeitslohn auf 3 Mark an, jene im hiesigen Forstgarten kamen auf 70 Pfennige pro Quadratmeter, wovon 52 Pfennige auf das Material und 18 Pfennige auf den Arbeitslohn treffen[4]).

---

[1]) Centralbl. 1880. S. 159.

[2]) Monatsschr. 1872. S. 321.

[3]) Fichtenpflanzschulen. S. 57.

[4]) Die Holzwaarenfabrik von Hesse u. Comp. zu Walsrode (bei Bremen) stellt Schutzgitter in jeder erwünschten Größe zum Preis von 95 Pfennigen pro Quadratmeter her.

Diese Schutzgitter werden nun ersteres auf kurzen Gabeln in geringer Höhe über die Beete gelegt, letzteres mit seinem Rahmen auf dieselben gestellt, und beide haben unleugbare Vorzüge gegenüber den erstgenannten Deckungsmitteln, indem sie den Schutz gegen Hitze, wie alle sonstigen Gefährdungen des keimenden Samens in vollständiger Weise geben, ohne die oben berührten Gefahren des zu frühen oder zu späten Wegnehmens befürchten zu lassen, und zugleich, wie wir in den nächsten Paragraphen hören werden, zum Schutz der jungen und älteren Pflanzen gegen mancherlei schädliche Einwirkungen benutzt werden können. — Schaal hat allerdings bei einem Versuch mit Schmitt'schen Saatgittern sehr schlechte Erfolge erzielt[1]), der Samen zeigte sich breiig erweicht und theilweise verschimmelt, doch dürften hier ganz besondere, mißliche Umstände obgewaltet haben, da die Erfolge Schmitt's bei langjähriger Anwendung stets günstig waren. Auch wir wenden die beiden Arten von Schutzgittern seit Jahren mit bestem Erfolge an.

Die erstmaligen Anschaffungskosten der Schmitt'schen Saatgitter sind allerdings nicht gering, da ein zur Deckung einer Fläche von 1,25 Quadratmeter ausreichendes Gitter 3 Mark, sonach die für 1 Ar Saatbeetfläche nöthigen Gitter (wenn wir bei meterbreiten Beeten ein Viertheil der Fläche für Wege in Abzug bringen) auf 180 Mark zu stehen kommen, so daß für größere Saatbeete sehr bedeutende Kosten erwachsen würden; doch erscheint der Preis, den Schmitt für seine Gitter angibt, auch als ein verhältnißmäßig sehr hoher (vergl. umstehende Note 4!). Ebenso werden dieselben auch nur bei größeren ständigen Pflanzgärten, woselbst die nöthige Vorsorge für ihre Aufbewahrung während des Winters getroffen werden kann, Anwendung finden, für kleinere Saatkämpe aber wird das Decken mit Reisig oder den ersterwähnten billigeren Schutzgittern wohl noch länger in Anwendung bleiben.

Schwerere und in Folge dessen stärker mit Erde gedeckte Samen (Eicheln, Kastanien) bedürfen einer weiteren schützenden Decke gegen Trockniß nicht. —

In dem Decken der Beete, in der Abhaltung der Sonne und des austrocknenden Windes liegt ein Mittel zur Erhaltung der Feuchtigkeit, in dem Begießen haben wir ein solches zur Beschaffung derselben.

Das Begießen nun ist unbedingt nöthig, wenn nach bereits begonnenem Keimprozeß, nach der Aussaat gequellten Samens

---

[1]) Allg. F.- u. J.-Z. 1880. S. 437.

dieser letztere bei eintretender längerer Trockniß nicht zu Grunde gehen soll. Außerdem vermeidet man die immerhin kostspielige Maßregel des Gießens so lange wie möglich[1]), hat man aber einmal damit begonnen, so muß es auch fortgesetzt werden bis zu eintretendem Regenwetter. Unter allen Umständen aber setzt das Begießen das Vorhandensein des nöthigen Wassers im Pflanzgarten oder doch in dessen nächster Nähe voraus, da sonst die Kosten zu bedeutend sind.

Aehnlich dem Verfahren der Gärtner gießt man am liebsten Abends, um die alsbaldige Verdunstung des Wassers durch Sonnenschein zu vermeiden, und verwendet gerne gestandenes und dadurch erwärmtes Wasser. Vonhausen's in beiden Richtungen angestellte Versuche[2]) haben ein abschließendes Resultat noch nicht ergeben, scheinen aber auffallender Weise den bisherigen eben erwähnten Annahmen zu wider=sprechen.

Das Gießen erfolgt mit der Gießkanne und führt man, um das Festschlagen und Abschwemmen des Bodens zu vermeiden, die Brause dicht über dem Boden hin. Die Bildung einer lästigen Kruste auf letzterem ist bei thonigem Boden in solchem Falle nicht wohl zu ver=meiden, um so nöthiger daher auf derartigem Boden Vorsicht bei Wahl des zum Decken des Samens benutzten Materials.

Die Möglichkeit, zum Zweck des Gießens die schützenden Saat=gitter leicht wegnehmen und wieder auflegen zu können, ist jedenfalls auch ein Vorzug derselben gegenüber den andern Deckungsmitteln; auf letzteren bleibt beim Gießen ein Theil des Wassers hängen und ver=dunstet nutzlos, sie aber jedesmal wegzunehmen und wieder aufzulegen, ist nicht wohl möglich.

§ 59.

Schutz der Pflanzen gegen Trockniß.

Nicht bloß der keimende Samen, sondern auch die frisch aufgegan=genen, noch krautartigen Pflänzchen können durch trocknes, heißes Wetter getödtet[3]), stärkere wenigstens in kümmernden Zustand gebracht werden. Die trockne, heiße Erde entzieht den Keimlingen und Pflänzchen nach Möller[4]) die Feuchtigkeit sogar direkt, bietet ihnen unter allen Umständen keinen Ersatz für das durch Verdunstung ver=

---

[1]) Monatsschrift f. d. F.= u. J.=W. 1863. S. 452.
[2]) Centralbl. 1877. S. 21.
[3]) Zeitschr. f. F.= u. J.=W. I. S. 69.
[4]) Allg. F.= u. J.=Ztg. 1878. S. 416.

lorene Wasser, — so müssen sie kümmern und schließlich vertrocknen, je zarter und flachwurzelnder, desto rascher. Wir haben die frisch aufgegangenen Fichten in Masse absterben sehen, wo die Föhren und Schwarzkiefern nebenan freudig fortwuchsen! Auch auf die schwachen Pflanzen, namentlich in ihrem ersten Lebensjahr, werden sich unsere Schutzvorrichtungen daher vielfach zu erstrecken haben.

Zunächst schützen wir nun die frisch aufgegangenen Pflänzchen wieder durch eine Sonne und Wind abhaltende Vorrichtung, in vielen Fällen dadurch, daß wir das bisher zur Deckung benutzte Reisig nach erfolgtem Aufkeimen des Samens nun zu beiden Seiten des Beetes mit nach der Mitte geneigter Spitze, eventuell hier gehalten durch eine über die Beetmitte auf Gabeln gelegte Stange, fest in den Boden stecken. Reisig, welches die Nadeln möglichst lange behält, also auch hier wieder das Föhrenreisig, ist deshalb als Deckmaterial zu empfehlen. Dieses Schutzreisig, anfänglich dichter gesteckt, wird allmählich und nach hinreichender Erstarkung der Pflänzchen am besten bei Regenwetter oder doch bei gedecktem Himmel ganz abgenommen.

Statt des oft etwas mißlichen Einsteckens der Aeste benutzt man auch leichte Stangengerüste auf Gabeln, über welche man dann die Aeste legt und dieselben etwa durch eine aufgelegte Stange gegen das Herunterwehen schützt.

An Stelle dieser beiden Arten der Deckung wendet man auch für die jungen Pflanzen Schutzgitter an, und zwar entweder die oben beschriebenen einfachen Gitter, aus einem mit Reisig durchflochtenen Stangengerüst bestehend, oder eigens konstruirte Pflanzgitter.

Jene einfachen, bisher nur 15—20 cm über dem Saatbeet liegenden Schutzgitter werden mit Hülfe längerer Gabeln ganz allmählich höher gestellt, bei eintretendem nicht zu starkem Regen wohl auch ganz abgenommen, um den Pflanzen denselben möglichst zukommen zu lassen, bei Sonnenschein aber wieder aufgebracht. Hat man das Saatbeet unmittelbar am Hause (bei Försterswohnungen), so deckt man überhaupt Abends gerne auf, um atmosphärische Niederschläge jeder Art, Thau oder leichten Regen, den Pflanzen thunlichst zuzuführen. — Zu tiefes Hängen dieser Schutzgitter wird durch zu starke Entziehung von Licht (vielleicht auch von Luft?) nachtheilig, und man erhöht den Zwischenraum zwischen Boden und Decke allmählich auf 60—70 cm, bis schließlich die Deckung von den hinreichend erstarkten Pflänzchen ganz abgenommen wird.

Die von Oberförster Schmitt empfohlenen Pflanzgitter[1] be-

---

[1] Fichtenpflanzschulen. S. 57.

stehen aus zwei Latten oder Stangen, an welchen schwache Lättchen oder Bohnenstecken von 1—1,2 cm Länge (Beetbreite) in etwa 3 cm breiten Zwischenräumen querüber aufgenagelt sind. Diese Gitter werden an mit Haken versehenen Pfosten über dem Saatbeet in entsprechender, allmählich sich steigernder Höhe eingehängt. Die Anfertigungskosten eines solchen 1,25 m langen Gitters werden zu 1 Mark pro Stück angegeben.

Zur Abhaltung der Sonne und mehr noch der austrocknenden Winde hat Forstmeister Bando Schutzschirme in Anwendung gebracht[1]), die sich im Choriner Forstgarten sehr gut bewährt haben. Er unterscheidet dabei Frontschirme, von Ost nach West laufend und daher gegen die Mittagssonne schützend, und Seitenschirme, von Süd nach Nord gerichtet und daher als Schutz gegen die austrocknenden Ostwinde dienend. — Die Frontschirme, in parallelen, etwa 3—4 m entfernten Reihen verlaufend, werden dadurch hergestellt, daß reichlich 2 m lange, entsprechend starke Baumpfähle in Entfernungen von je 2 m etwa 50 cm tief in den Boden gesetzt, deren Köpfe durch Stangen (Hopfenstangen) verbunden und dann auf beiden Seiten in Entfernungen von je 30 cm mit Bohnenstecken benagelt werden, so daß zwischen letztere, die also um die Stärke der senkrechten Säulen aus einander stehen, das Schutzreisig — Wachholder, Besenpfriemen, Nadelholzreisig — eingeschoben werden kann. Hinter jedem solchen Schirm befinden sich, parallel mit demselben verlaufend, zwei Saatbeete, wobei man eventuell empfindlichere Holzarten in das dem Schirm zunächst liegende geschützte Beet bringt.

In ähnlicher Weise angefertigte, jedoch 25—30 m von einander entfernte Seitenschirme, rechtwinklig zu den Frontschirmen stehend und mit diesen durch übergenagelte Stangen behufs größerer Festigkeit verbunden, sollen den entsprechenden Schutz gegen austrocknende Winde bieten.

Diese immerhin etwas umständliche und kostspielige Einrichtung (die Kosten für die etwa fünf Jahre aushaltenden Zäune werden für einen 15 Ar großen Saatkamp auf 100 Mark angegeben) dürfte sich da als nothwendig und zweckentsprechend erweisen, wo man es mit leichtem, zum Austrocknen und selbst Verwehen geneigten Sandboden zu thun hat, — bei geschützt liegenden Pflanzgärten aber selbst da entbehrlich sein.

____

[1]) Zeitschr. f. F.- u. J.-W. I. S. 69.

Zum Schutz gegen das Austrocknen dient ferner das Belegen der Räume zwischen den Saatrillen mit Moos, auch mit gespaltenem schlechtem Prügelholz[1]) oder geringwerthigen Lattenstücken, selbst mit Steinen, wodurch nicht nur dem Austrocknen, sondern auch der Wirkung heftiger Regen und einigermaßen dem Unkrautwuchs entgegengewirkt wird. Bei Anwendung von Moos macht sich nur der Umstand in lästiger Weise geltend, daß dasselbe vor dem Lockern und Jäten stets in zeitraubender Weise entfernt und nachher wieder eingelegt werden muß, während dies bei Verwendung von Latten oder Prügeln sehr rasch geschehen kann, weshalb letztere vorzuziehen sein dürften[2]). Auch das Anhäufeln der Pflanzenreihen, wobei zwischen denselben ein seichtes Gräbchen entsteht, wirkt günstig, indem das in letzterem sich sammelnde Regenwasser leichter und tiefer in den Boden dringt, in den angehäufelten Pflanzenreihen aber die Erde langsamer austrocknet. Bez. des günstigen Einflusses, den das Lockern des Bodens zur Verhütung des Austrocknens ausübt, s. § 70.

Das Begießen wird nach erfolgtem Aufgehen der Pflänzchen wohl noch seltener angewendet, als während der Keimungsperiode; dagegen empfehlen Karl Heyer[3]) und Vonhausen[4]) in hohem Grad die Bewässerung der Pflanzgärten mit Hülfe in der Nähe befindlichen fließenden Wassers oder selbst eines kleinen Sammelteiches.

K. Heyer will die zwischen den Beeten befindlichen Pfade als Hülfsmittel benutzen; in diese horizontal gelegten Pfade soll das Wasser eingeleitet und soweit aufgestaut werden, daß es die Beete nicht überfluthet, sondern nur von unten und von der Seite her eindringt, auf welche Weise eine Krustenbildung auf der Oberfläche verhindert wird. Auch schädliche Thiere, wie Mäuse, Maulwürfe und Werren, wird man gleichzeitig vertreiben.

Vonhausen empfiehlt eine Modifikation dieses Verfahrens, indem er nicht die Beetpfade, sondern ein eigentliches Grabensystem, bestehend aus Zuleitungsgräben und Staugräben, angewendet wissen will. Die Tiefe dieser horizontal gelegenen Staugräben und deren Entfernung stehen in Verhältniß, — je größer die Tiefe, um so größer kann auch die Entfernung sein; auch die Bindigkeit des Bodens ist von Einfluß und lockerer Boden gestattet größeren Abstand der Gräben.

---

1) Forstl. Mitth. XI. S. 128.
2) Monatsschr. f. d. F.- u. J.-W. 1874. S. 87.
3) Waldbau. 1. Aufl. S. 155.
4) Centralbl. 1877. S. 17.

Auch er will die Gräben nur bis auf etwa 3 cm unter ihren Rand angestaut und jedes Ueberfluthen der Beete vermieden haben. Vonhausen hebt als Vortheil neben den schon erwähnten Vortheilen der Bewässerung noch den dadurch vermehrten Luft= und Temperatur=wechsel innerhalb des Wurzelbodenraums hervor als einen ebenfalls beachtenswerthen Faktor für das Gedeihen der Pflanzen. Uebrigens erklärt Vonhausen auch die einfache Ueberrieselung der Pflanzenbeete durch zugeleitetes Wasser für zulässig und vortheilhaft, und wird diese letztere mit Hülfe hölzerner Rinnen und einer Pumpe bisweilen angewendet.

Obwohl die Vortheile einer zweckmäßigen Bewässerung einleuchtend sind, findet man dieselbe doch selten angewendet. Der Grund mag vor Allem darin liegen, daß Forstgärten seltener fließendes Wasser in so unmittelbarer Nähe haben, daß dasselbe zur Bewässerung zu be=nutzen ist; — man vermeidet Mulden, Einbeugungen, Thalsohlen, Niederungen um der Frostgefahr, des mit dem dort feuchteren Boden zusammenhängenden Graswuchses willen, und damit verzichtet man eben meist auch auf die Möglichkeit einer Bewässerung. Auch der Kostenpunkt (Sammelteiche!) mag eine Rolle spielen[1]).

Das Hauptmittel gegen Trockniß liegt aber jedenfalls in der günstig gewählten Lage des Pflanzgartens an nördlichem oder nordöstlichem Gehänge, in dem Schutz durch die Umgebung: ältere, Schatten spendende Bestände an der Süd= und Westseite, jüngere Be=stände als Schutz gegen austrocknende Winde an der Ost= und Nord=ostseite. Rings von Wald, von älteren Beständen umgebene Pflanz=gärten werden stets weniger durch Trockniß zu leiden haben als solche, denen dieser natürliche Schutz fehlt, und die Saatkämpe eines und desselben Reviers zeigen in trocknen Sommern je nach ihrer Lage oft die wesentlichsten Verschiedenheiten im Aufgehen der Samen, in Ent=wicklung der Pflanze.

§ 60.

Schutz der Saatbeete gegen Frost im Allgemeinen.

Mancherlei Beschädigungen sind es, die der Frost in verschiedenster Gestalt unsern Saatbeeten zugefügt: als gefährlicher Spätfrost tödtet er im Frühjahr die Keimlinge empfindlicher Holzarten und selbst schon

---

[1]) Gustav Heyer (Waldbau. 3. Aufl. S. 193) macht übrigens selbst auf diese Schwierigkeiten, die der Bewässerung entgegen stehen, aufmerksam und wirft die Frage auf, ob dieselbe allen Holzarten zuträglich sei.

jährige Pflanzen, versengt die jungen Triebe und bringt die Pflanzen dadurch im Wachsthum, in der normalen Entwicklung zurück, so daß sie zur gewünschten Zeit noch nicht verwendungsfähig sind; wiederholte Spätfrostbeschädigung hat selbst vollständige Verkrüppelung und Un= brauchbarkeit der Pflanzen zur Folge. Minder häufig und minder ge= fährlich überhaupt sind die im Herbste auftretenden Frühfröste, durch welche meist nur die noch unverholzten Triebspitzen getödtet werden; die Schütte der Föhre schreibt man bekanntlich auch von manchen Seiten auf deren Konto. — Am wenigsten ist für unsere einheimischen Holzarten der Winterfrost zu fürchten, durch welchen nur bei intensiverem Auftreten die sogenannten Johannistriebe mancher Holzarten getödtet werden, während die meisten Pflanzen unversehrt bleiben[1]). In dem abnorm strengen Winter 1879/80 erfroren aller= dings, abgesehen von fremden Holzarten, namentlich die bei uns als heimisch zu betrachtenden Akazien und Edelkastanien sehr vielfach, ja selbst Fichten und Tannen litten, namentlich in Folge des raschen Temperaturwechsels in den sehr kalten Nächten und durch Sonnenschein warmen Tagen, in manchen Oertlichkeiten[2]).

Sehr nachtheilig endlich tritt vielerorts, in Freisaaten wie in unsern Forstgärten, der sogenannte Barfrost, das Auffrieren des Bodens auf, jene Wirkung des Frostes, durch welche im Winter und Frühjahr das im Boden reichlich vorhandene Wasser gefriert, bei der Eisbildung den Boden und mit ihm die schwachen Pflanzen hebt; bei eintretendem Aufthauen des Bodens und Zurücksinken desselben bleiben dann die Pflanzen mit entblößten Wurzeln obenauf liegen.

Die folgenden Paragraphen sollen uns nun jene Mittel kennen lernen, welche uns gegen die schädlichen Einwirkungen dieser ver= schiedenen Arten von Frost zu Gebot stehen.

§ 61.

Schutz gegen Spät=, Früh= und Winterfrost.

Die gefährlichsten Feinde unserer Saatbeete sind die Spätfröste, um so gefährlicher, je später sie eintreten, je weiter also die Vegetation schon entwickelt ist; Spätfröste, welche in der zweiten Hälfte Mai ein= treten, was leider nicht selten, richten wie allenthalben in der Vegetation,

---

[1]) Monatsschr. f. d. F.= u. J.=W. 1880. S. 476.

[2]) Der von Borggreve (Allg. F.= u. J.=Z. 1870. S. 409) mitgetheilte Fall der Wurzelbeschädigung junger (2j.) Eichen durch strengen Winterfrost dürfte zu den Ausnahmen gehören.

so auch unter unsern Holzpflanzen große Verheerungen an, und Schutz
gegen diesen oft eintretenden Feind ist daher wenigstens für empfind=
lichere Holzarten nicht zu entbehren, während die wenig empfindlichen
solchen missen können oder nur für die empfindlicheren Keimpflanzen
bedürfen.   Während Eiche, Buche, Tanne, Edelkastanie, Akazie, Esche,
auch Fichte, gegen Spätfröste sehr empfindlich sind, ist dies bei andern
Holzarten nur in geringerem Maß der Fall, so bei Ahorn, Ulme,
Linde, und wieder andere — Föhre, Schwarz= und Weymouthskiefer,
Hainbuche, Erle, Birke — leiden gar nicht oder doch nur in unbe=
deutender Weise durch dieselben.   Auch die Zeit des Ausschlagens spielt
bezüglich der Größe der Gefahr eine nicht unwesentliche Rolle: während
die so empfindliche Eiche und Akazie durch ihren spätern Laubausbruch
manchem Spätfrost entgehen, wird die sonst minder empfindliche Lärche
in Folge ihres sehr frühen Ergrünens nicht selten von demselben be=
schädigt.   Dabei wirkt nach Nördlingers Angabe[1]) nicht jede Erniedri=
gung der Temperatur unter den Gefrierpunkt sofort schädlich, vielmehr
ertragen viele sonst empfindliche Holzarten eine Temperatur von 2 bis
3 Grad trocknen Frostes ohne Nachtheil, während die gleiche Tempe=
ratur in Verbindung mit Reif und insbesondere auch unter alsbaldiger
Einwirkung der Sonne schädlich wird.

Als Schutz gegen Spätfrost wird nun angewendet: spätere
Saat, um das zu frühe Erscheinen der Keimlinge zu verhindern, Wahl
der Frühjahrssaat an Stelle der erfahrungsgemäß stets früher auf=
gehenden Herbstsaat; dichtes Bedecken der im Herbst angesäeten
Beete (Eicheln, Bucheln, Tannen) mit Reisig oder Laub nach einge=
tretenem starken Winterfrost, um durch diese Decke das Ein=
bringen der die Keimung bedingenden Frühjahrswärme möglichst lange
zurück zu halten.   Dieses Decken der Beete wird auch für die ein= und
zweijährigen Pflanzen als Schutz gegen Spätfrost und zum Zurückhalten
der Vegetation empfohlen und sollen die verwendeten Nadelholzäste,
Besenpfriemen u. dgl. zugleich Schutz gegen das Abäsen für uneinge=
friedigte Kämpe bieten[2]).   Nach den von Bühler angestellten desfallsigen
Versuchen mit Fichten hält eine Deckung der Pflanzen deren Entwick=
lung jedoch nur in geringem Maß zurück.   (S. § 8.)

Auch das Ueberhalten von Schutzbäumen auf der Saatbeet=
fläche selbst hat man namentlich für Buchen und Tannen in Anwendung
gebracht, doch haben wir uns schon oben (§ 12) hiegegen ausgesprochen. —

---

[1]) Lehrbuch des Forstschutzes.   S. 340.
[2]) Forstl. Mitth. XI. S. 129.

Ebenso ist das stärkere Bedecken des Samens, um dadurch das Aufgehen desselben zu verzögern, ein etwas bedenkliches Mittel — man kann leicht des Guten zu viel thun[1])!

Zweckmäßiger aber als die bisher genannten Mittel sind direkte Schutzvorrichtungen[2]), die Beschützung der jungen Pflänzchen durch Schutzgitter, durch Bestecken der Beete mit Reisig, kurz alle jene Vorrichtungen, die wir oben als Schuß gegen Trockniß kennen gelernt haben. Dicht eingeflochtene Schutzgitter einfacher Art oder die Schmitt'schen Saat= und Pflanzgitter werden sich noch von besserer Wirkung erweisen, die Fröste noch vollständiger abhalten, als das Bestecken mit Reisig. Häufig wird man diese Gitter, die etwa Tags über abgenommen oder mit Hülfe von Gabeln nach einer Seite (der Sonnenseite) aufgestellt waren, erst Abends bei hellem Himmel und drohender Frostgefahr wieder über die Beete decken.

Selbst die Bildung einer Rauchdecke, in neuerer Zeit bekanntlich vielfach zum Schutz der Weinberge angewendet, hat in Forstgärten schon Anwendung gefunden[3]), indem um dieselben angehäuftes Reisig in der Nacht bei eingetretenem Sinken des Thermometers unter den Gefrierpunkt angezündet wurde. Für andere Gärten wurde diese Bildung künstlicher Wolken in der Weise bewerkstelligt, daß man blecherne Schüsseln mit schwerem Theeröl gefüllt aufstellte und im gegebenen Augenblick mit Hülfe einer Hand voll Stroh oder Hobelspäne entzündete[4]). Immerhin wird diese Art des Schutzes gegen Spätfrost nur ausnahmsweise in unsern Forstgärten durchführbar sein.

Ist aber Spätfrost mit Reifbildung eingetreten, so erweist sich bisweilen das Begießen der bereiften Pflanzen vor Sonnenaufgang mit kaltem Wasser als ein Rettungsmittel, indem hierdurch der Aufthauungsprozeß — mit welchem erst die schädliche Wirkung des Frostes eintritt — wesentlich verlangsamt und mehr oder weniger unschädlich gemacht wird[5]).

Wie gegen Trockniß, so ist aber auch gegen Spätfröste die zweckmäßig gewählte Lage des Saatbeets eines der wichtigsten Sicherungsmittel: die Vermeidung von Frostlagen, die Wahl nördlich statt südlich oder westlich geneigten Terrains um des späteren Erwachens

---

[1]) Burkhardt, Säen u. Pflz. S. 163.
[2]) Krit. Blätter. XLIII. 1. S. 165.
[3]) Fichtenpflanzschulen. S. 89.
[4]) Allg. F.= u. J.=Z. 1874. S. 211.
[5]) Heß, Forstschutz. S. 514, 524.

der Vegetation willen, endlich Seitenschutz gegen rauhe Nord= und Ostwinde.

Viel seltener und weniger schädlich als Spätfröste treten die herbstlichen Frühfröste auf; am ersten bringen sie wohl dann Schaden, wenn durch günstige feuchtwarme Witterung im September und Oktober die Vegetation zu längerer Fortsetzung ihrer Thätigkeit angeregt wird. Durch Frühfrost werden stets nur die jüngsten, noch nicht ausgereiften Theile der Jahrestriebe getödtet. Decken mit Schutz= gittern wird auch diesem Schaden vorbeugen, doch selten angewendet werden. Für seltene und werthvolle Laubholzgewächse nennt Nörd= linger[1]) das Abstreifen des Laubes zeitig im Herbste, wodurch die Vegetation zur Ruhe kommt, als ein Schutzmittel. — Welchen Einfluß die Frühfröste auf die sogenannte Schütte der Föhren haben, ist noch nicht endgültig festgestellt (siehe § 116).

Gegen den Winterfrost endlich, der, wie oben erwähnt, nur ausnahmsweise nachtheilig wird, pflegen wir keine Schutzmittel anzu= wenden; das beste Schutzmittel in jeder Richtung ist für die Pflanzen eine Schneedecke, die selbst gegen den strengsten Frost schützt.

§ 62.

Schutz der Pflanzen gegen das Ausfrieren (Barfrost).

Das Auswintern, Ausfrieren der Pflanzen durch den sogenannten Barfrost ist eine Erscheinung, die in Forstgärten wie bei Kulturen im Freien auf unbedecktem — einer Decke baren — Boden nicht selten auftritt, insbesondere auf dem gelockerten Boden unserer Saat= beete oft sehr lästig und schädlich wird. Nicht alle Holzarten leiden in gleichem Maße unter dieser Erscheinung, und die Wurzelbildung ist hiebei von größtem Einfluß: die schon als einjährige Pflanze so tief wurzelnde Eiche, Föhre, Schwarzkiefer leiden nahezu gar nicht, die flach wurzelnde Fichte, die schwache Tanne aber sehr bedeutend, und letztere beiden werden bei wiederholtem Auffrieren des Bodens mit nachfolgendem Aufthauen oft nahezu vollständig aus dem Boden ge= hoben und gehen bei eintretender Trockniß zu Grunde; andere, minder seicht wurzelnde Holzarten leiden ebenfalls, wenn auch in minderem Maße.

Auch Boden und Lage sind von Einfluß auf das Auftreten des Barfrostes. Wasserhaltige und humose Böden, wie Moor= und Humus= boden, aber auch gelockerter Kalk= und Thonboden sind dem Auffrieren

---

[1]) Krit. Blätter. XLIII. 1. S. 174.

am meisten ausgesetzt, doch friert bei der überschüssigen Feuchtigkeit im Frühjahr auch der leichtere Lehm- und Sandboden gerne und dann wohl in erhöhtem Maße auf. Ebenso sind Süd- und Westlagen durch das abwechselnde Thauen am Tag und Gefrieren bei Nacht dem Auffrieren sehr ausgesetzt, während Nordseiten weniger leiden[1]), ein weiterer Grund, erstere bei Anlage eines Saatbeetes zu meiden.

Dem Barfrost beugen wir nun vor, indem wir im Herbst, etwa vom August an, die Lockerung des Bodens zwischen den Pflanzenreihen in unsern Forstgärten unterlassen, auch das noch erscheinende Unkraut belassen oder nur oberflächlich abschneiden, nicht ausziehen, um dadurch dem Boden möglichst Halt zu geben. — Etwas breitere und dichter angesäte Rillen sind dem Auffrieren weniger ausgesetzt, weil die gleichsam in einander verflochtene Bewurzelung sich gegenseitig festhält; in solchen dichter angesäten Rillen läge also ein Mittel gegen das Auffrieren, wenn nicht zu dichter Pflanzenstand wieder einen andern Nachtheil — zu schwache Pflanzen, zu viel Ausschuß — mit sich brächte. Verschulte schwache Pflanzen — (Fichten) leiden oft in ziemlich bedeutendem Maß durch Auffrieren, als Folge ihres Einzelstandes.

Vertiefte Steige zwischen den Beeten dienen gleichsam als kleine Entwässerungsgräben für die obere, dem Auffrieren ausgesetzte Bodenschichte, wirken demselben also einigermaßen entgegen.

Von entschiedenem Nutzen ist ferner das rechtzeitige Belegen der Zwischenräume zwischen den Pflanzenreihen mit Moos, Laub, Sägmehl, Kohlenstübbe, fein gehacktem Reisig[2]), bei breiten Zwischenräumen und auf feuchtem Boden wohl auch Deckung mit Plaggen[3]); durch solche Deckungsmittel wird dem Gefrieren des Bodens bei jedem auch nur leichten Frost und, wenn bei stark gefrorenem Boden aufgebracht, dem raschen Aufthauen entgegen gewirkt. Auch das Anhäufeln der Pflanzen im Herbst durch Anziehen der Erde an die Pflanzen von beiden Seiten her erweist sich als nützlich gegen das Auffrieren[4]), ebenso nach unsern Versuchen ein Uebersieben der Beete im Herbst mit klarer Erde, so daß die Pflänzchen halb mit Erde gedeckt sind.

---

[1]) Vergl. über Barfrost: Zeitschr. f. F.- u. J.-W. 1881. S. 604. — Heß, Forstschutz. S. 533. — Krit. Blätter. XLIII. 1. S. 151. L. 1. S. 146.

[2]) Vgl. auch die Mittheilungen des Kammerrathes Horn im Hils-Solling-Verein. 1882. (Verhandl. S. 55.)

[3]) Burkhardt, Säen u. Pflz. S. 359.

[4]) Schmitt, Fichtenpflanzschulen. S. 86.

Ist aber gleichwohl die Erscheinung des Ausfrierens der Pflanzen eingetreten, so müssen dieselben alsbald und ehe die bloßliegenden Wurzeln austrocknen, wieder entsprechend angedrückt, eventuell die letzteren mit klarer Erde überdeckt werden, damit die Pflanzen wieder so tief stehen als vorher. Mit geringen Kosten lassen sich hiedurch oft größere Pflanzenmengen retten[1]).

§ 63.

Schutz der Saatbeete gegen Regengüsse.

Auch heftige Regengüsse, Platzregen, werden unsern Saatbeeten nicht selten nachtheilig, waschen von den frisch angesäten Beeten die leichte und lockere Decke, die wir unserm Samen gegeben haben, weg, schwemmen die kleinen Samen heraus und partienweise zusammen und richten namentlich in Forstgärten, welche auf geneigtem Terrain gelegen sind, durch Abschwemmen und Zerreißen der Beete und Wege nicht unbedeutenden Schaden an.

Gegen erstere Nachtheile — das Verschwemmen der Saatbeete, schützen wir dieselben durch Bedecken mit Reisig oder ähnlichem Material (§ 58), besser noch durch die mehrerwähnten Schutzgitter, welche diesen Schutz jedenfalls am vollständigsten geben, insbesondere besser schützen, als das nach erfolgter Keimung aufgesteckte Reisig.

Dem Abschwemmen des Bodens aber und Zerreißen der Beete und Wege in geneigtem Terrain wirken wir entgegen durch das Terrassiren der Fläche (§ 20), durch mögliche Vermeidung von Wegen in der Richtung der Wasserlinie oder, wo dies nicht zu vermeiden ist, durch links und rechts vom Wege angebrachte kleine Versitzgruben in Verbindung mit Querriegeln, welche ersteren das Wasser zuweisen. Größere zusammenhängende Länder, welche bei der Anlage von Saat= beeten überhaupt nur ausnahmsweise und bei einzelnen Holzarten an= gewendet werden (s. § 52), sind hier nicht zulässig, da sie viel mehr unter dem Abschwemmen leiden als die horizontal gelegten Beete, deren Zwischenwege zugleich als kleine Wasserauffanggräben dienen. — In stark geneigtem Terrain, wie es wohl da und dort im Gebirg gewählt werden muß, wirken zwischenliegende unbearbeitete Horizontalstreifen, mit Gras und Unkräutern bewachsen, wie schon erwähnt (s. § 20), dem Abschwemmen ebenfalls entgegen.

---

[1]) Oberförster Räß hat voll angesäte Beete mit einjährigen Lärchen, welche stark ausgefroren waren, mit klarer Erde überstreuen und anwalzen lassen; der Erfolg zeigte sich sehr günstig. (Allg. F.= u. J.=Ztg. 1886. S. 328.)

Heftige Platzregen hüllen auf gelockertem, lehmigen Boden die Nadelpflänzchen, insbesondere die Fichten, oft weit hinauf durch die aufspringenden und an den nassen Pflänzchen, zwischen den Nadeln hängen bleibenden Erdtheilchen in einen dichten Ueberzug, die sogen. Erdhöschen ein[1]). Es ist erklärlich, daß diese Einhüllung der Nadeln nachtheilig wirken muß. Belegen der Zwischenräume mit irgend welchem Material, wie es zum Schutz der Saatbeete gegen Trockniß geschieht, wirkt gleichzeitig auch diesem Uebelstand entgegen. — Wo diese Erdhöschen vorhanden, lassen sie sich übrigens nach einigen trocknen Tagen leicht beseitigen, indem beim Ueberfahren der Pflänzchen mit einem Stock oder Rechen die Erde staubartig wegfällt, so daß in rascher und fast kostenloser Weise geholfen werden kann.

§ 64.
Schutz der Saatbeete gegen Engerlinge.

Bekanntlich hat der Schaden, welcher durch Maikäfer und resp. durch deren Larven, die sogen. Engerlinge, den Waldungen zugeht, sich in den letzten Jahrzehnten an vielen Orten außerordentlich gesteigert und selbst zu Aenderungen im Wirthschaftsbetrieb — zum Verlassen der Kahlschlagwirthschaft in Kiefernwaldungen und zur Anwendung der natürlichen Verjüngung — Veranlassung gegeben. Erklärlicher Weise ging mit diesen Beschädigungen der Jungwüchse eine solche der Saat- und Pflanzbeete Hand in Hand. Der gelockerte Boden derselben bietet dem Käfer eine ebenso günstige Oertlichkeit zur Ablage seiner Eier, wie die zarten Pflanzenwurzeln den Engerlingen eine willkommene Nahrung, und so liegen denn an vielen Orten die Forstleute in hartem Kampf mit diesen Verderbern ihrer Kulturen, ihren Forstgärten, und zahlreiche, leider meist weniger wirksame Mittel finden sich in der forstlichen Literatur als Waffen in diesem Kampf mitgetheilt.

Als Vorbeugungsmittel gegen das Auftreten von Engerlingen räth uns E. Heyer[2]) die Anlage von Saatbeeten ferne von Eichenbeständen, insbesondere Eichenstockschlägen, die der Käfer besonders liebt und in deren Nähe er seine Brut absetzt. Auch Anlegung der Saatbeete in etwas größerer Meereshöhe — wo die Terrainverhältnisse des Reviers dies ermöglichen, — erweist sich günstig, da sich der Käfer mehr in den tieferen Lagen aufhält. Ob dagegen die gleichfalls angerathene Wahl sehr bindenden, lettigen Bodens, der den Enger-

---

1) Monatsschr. f. d. J.- u. J.-W. 1863. 151.
2) Allg. F.- u. J.-Z. 1865. S. 126.

lingen das im Winter nöthige tiefere Eindringen in den Boden er=
schwert und selbst unmöglich macht und daher gemieden wird, nicht
anderweite größere Nachtheile in einem Forstgarten nach sich zieht,
erscheint uns doch kaum zweifelhaft.

Mit gutem Erfolg wurde ferner an verschiedenen Orten[1]) die
Anbringung zahlreicher einfacher Staarenkästen an Bäumen rings
um den Garten angewendet; die Staare führten einen wahren Ver=
nichtungskrieg gegen die schwärmenden Maikäfer, so daß nur relativ
wenige derselben zur Eierablage kamen.

Baur findet in dem Decken der Beete mit Schutzgittern ein
Schutzmittel gegen die Eierablage, da der Käfer hiezu stets offene
Flächen sucht[2]), und auch Theod. Hartig empfiehlt Bedeckung der an=
zusäenden Saatbeete mit dichtem Reisig bis nach der Flugzeit des
Käfers, wobei jedoch die Saat nicht zu frühzeitig vorgenommen werden
darf, damit die Keimlinge nicht zu bald erscheinen und das Entfernen
des Reisigs nöthig machen!

Man suchte ferner dem Käfer möglichst zusagende Plätze zur Eier=
ablage zu bieten, um dann die Brut vernichten zu können; Plätze
von 1 Quadratmeter Größe wurden etwa 15 cm hoch mit Kuhmist
und dieser 6 cm hoch mit lockerer Erde bedeckt[3]) und sämmtliche Hau=
fen wimmelten im Juli von kleinen Larven, — die aber, nach Altums
Ansicht[4]), nicht Mai=, sondern Mistkäfer=Larven gewesen sein sollen!
Letzteres dürfte aber wohl kaum der Fall bei dem aus Rasenstücken
gebildeten Komposthaufen gewesen sein, den E. Heyer[5]) dick mit Enger=
lingslarven besetzt fand, und die auf einer Kultur gemachte Wahr=
nehmung, daß die Engerlinge sich in großer Zahl zwischen den um=
gekehrten Plaggen und der Bodendecke fanden[6]), dürfte doch auf die
Ansetzung solcher Plaggenhaufen oder das Legen umgekehrter Plag=
gen zwischen die Pflanzreihen als ein Hülfsmittel gegen die Enger=
linge hinweisen.

Zu den Vorbeugungsmitteln gegen Engerlingschaden sind ferner
die von Bando geschilderten, im Eberswalder Forstgarten angewendeten

---

[1]) Allg. F.= u. J.=Z. 1865. S. 74, 102, 126.

[2]) Monatsschr. f. d. F.= u. J.=W. 1883. S. 246.

[3]) Zeitschr. f. F.= u. J.=W. I. S. 261. Aehnlich das im Centralbl. 1882.
S. 223 empfohlene Mittel.

[4]) Altum, Forstzoologie. III. S. 108.

[5]) Allg. F.= u. J.=Z. 1865. S. 126.

[6]) Monatsschr. f. d. F.= u. J.=W. 1873. S. 281.

Keimkästen[1]) zu rechnen, welche nach erfolgtem Ausheben der Erde auf der zu der Saat bestimmten Fläche aus Bruchsteinen in Gestalt eines etwa 30 cm tiefen Steinkastens hergestellt werden, der Boden ohne Mörtelverbindung, um überschüssigem Regen= und Schnee= wasser den Abzug zu gestatten. Der so gebildete Steinkasten, der er= klärlicherweise jedem Engerling das Eindringen von der Seite her verwehrt und erfahrungsgemäß auch zur Eierablage seitens der Käfer nicht gewählt werde (warum?), wird mit gesiebter Erde gefüllt und nun als Saatbeet benutzt. Ein solcher Keimkasten von etwa 25 Quadrat= meter Größe kostete 45 Mark, wobei die Steine unmittelbar zur Hand waren. Größere Verbreitung wird dies kostspielige und umständliche Mittel, zu welchem nur große Gefährdung durch Engerlinge Veran= lassung geben konnte, kaum finden.

Zum Schutz der Pflanzen gegen vorhandene Engerlinge hat man die Ansaat oder Pflanzung von Gartensalat zwischen den Pflanzreihen da und dort angewendet[2]) und will guten Erfolg gehabt haben, indem die Engerlinge die milchige Wurzel des Salats den Pflanzenwurzeln vorzogen; auch Möhren hat man zu gleichem Zwecke angesät. Diese Zwischenpflanzung von Salatpflanzen wird auch noch zu anderem Zweck — zum Aufsuchen und Vernichten der Käfer — empfohlen[3]). Bei dem Befressen der Wurzeln durch die Engerlinge welken die Salatpflanzen sehr rasch und man findet bei sofortigem Nachgraben die Thäter noch an den Wurzeln, während dieselben bei den langsamer welkenden Holzpflanzen meist schon weiter gewandert sind.

Eine ganze Reihe von Mitteln zweifelhaften Werthes findet sich noch in Heß' Forstschutz zusammengestellt[4]), so das Verbreiten getheer= ter Blätter auf den Beeten, das Einlegen kurz geschnittner Fichten= und Wachholderzweige in die Saatrillen (unter die Erde), deren spitze Nadeln die Engerlinge abhalten sollen, Begießen der Beete mit einer Abkochung des Laubes von Juglans regia, ja selbst das Aussetzen lebendig eingefangener Maulwürfe — Mittel, die wohl alle nur da und dort versuchsweise angewendet wurden.

Schwierig ist nun erklärlicher Weise auch die Vertilgung vor= handener Engerlinge auf den bestockten Saatbeeten, und läßt sich das Sammeln derselben, dem beim Umgraben der Beete natürlich alle

---

¹) Zeitschr. f. d. F.= u. J.=W. I. S. 76.
²) Forstl. Blätter. 1872. S. 23.
³) Verhandlungen des Hils=Solling=Vereines. 1878. S. 50.
⁴) S. 225.

Sorgfalt zuzuwenden ist, hier nicht ohne Beschädigung der noch un=
verletzten Pflanzen ausführen. Doch scheue man diese letztere nicht,
sondern wo man die frische Thätigkeit der Engerlinge etwa an den
etwas in den Boden gezogenen (einjährigen) noch nicht welken
Pflänzchen wahrnimmt, da fahre man mit der Hand oder einer schmalen
Schippe unter die Pflanzenreihe und hebe den Uebelthäter heraus; die
noch guten, unbefressenen Pflanzen drücke man wieder entsprechend an
und wird dergestalt wenigstens einen Theil derselben retten. Sind die
Pflanzen schon welk, so findet man den Engerling in der Regel nicht
mehr an den Wurzeln (s. o.).

Schwieriger ist natürlich an stärkeren Pflanzen die Thätigkeit von
Engerlingen zu konstatiren, da hier nicht sofortiges Absterben, sondern
allmähliches Kümmern eintritt und Hülfe durch Aufsuchen des Enger=
lings zu spät kommt. Bei werthvollen Pflanzen unternimmt man
wohl, wenn man im Garten überhaupt ein massenhafteres Auftreten von
Engerlingen wahrnimmt, eine vorsichtige Revision der Wurzeln und
deren Umgebung und sammelt die Feinde.

Das von Oberförster Witte konstruirte Engerlingseisen[1]),
dazu bestimmt, die oberflächlich an den Pflanzenwurzeln fressenden
Engerlinge durch Erstechen zu tödten, muß als äußerstes Mittel im
Kampf gegen diese Feinde in den Saatbeeten betrachtet werden, da die
Anwendung desselben eine umständliche und kostspielige, der Erfolg
aber doch nur ein unvollständiger ist, da schwächere oder momentan
tiefer liegende Larven vielfach unverletzt bleiben werden. Dasselbe be=
steht aus einer 25 cm langen schmalen Eisenplatte, die an der einen
Seite etwa 16 je 7 cm lange gußeiserne Spitzen, an der andern einen
starken Holzstiel trägt, und wird, quer über die Saatreihen gesetzt
(deren Pflanzen man bei Seite biegen kann), ruckweise in den Boden
gestoßen; eine besondere Vorrichtung ermöglicht das Herausziehen der
Spitzen, ohne etwa anhängende Wurzeln, Steine, Erde 2c. mit heraus=
zureißen. Das Eisen wird neben den durch die Spitzen eingedrückten
Löchern aufs Neue eingestoßen und so über das ganze Beet fort=
gefahren; die verletzten Engerlinge gehen zu Grunde.

Im Allgemeinen müssen wir daher leider sagen: ein voll=
ständiges Schutzmittel gegen die Engerlinge giebt es zur Zeit
noch nicht.

---

[1]) Altum, Forstzoolcgie. III. S. 112.

§ 65.

Schutz gegen sonstige Feinde aus der Klasse der Insekten.

Erfahrungsgemäß nimmt die Zahl der schädlichen Insekten, die sich in dem Boden einer neu gerodeten Fläche nur in geringer Menge zu finden pflegen, in dem wiederholt gelockerten und gedüngten Boden der ständigen Kämpe und Pflanzgärten fortwährend zu[1]), und es wird dies (in Verbindung mit der ebenfalls zunehmenden Verunkrautung) vielfach und nicht ganz mit Unrecht gegen jene und zu Gunsten der Wanderkämpe ins Feld geführt. Nicht nur die eben schon besprochenen Engerlinge, sondern auch eine Anzahl anderer Erdinsekten stellt sich ein, Wurzeln und Pflänzchen zerstörend und oft eine große Zahl der letztern vernichtend, ohne daß in allen Fällen der Feind erkannt wird, und vielfach auch ohne die Möglichkeit erfolgreichen Einschreitens gegen den erkannten Feind.

Von diesen Feinden wäre zunächst zu nennen die allbekannte Werre, welche zwar nicht die Pflanzenwurzeln verzehrt, dieselben jedoch bei dem Graben ihrer fingerstarken Gänge abbeißt, wo sie ihr hinderlich sind, außerdem auch durch das Heben der jungen Pflanzen in Saat= beeten sehr lästig werden kann, wenn sie, wie manchen Orts der Fall, in größerer Zahl auftritt.

Man vernichtet sie namentlich zur Paarzeit im Juni, indem man die durch einen schrillenden Ton sich lockenden, nahe unter der Erdober= fläche sitzenden Thiere durch einen Hackenschlag herauszuwerfen sucht. Mit gutem Erfolg soll auch das Eingraben von Blumentöpfen (zur Zeit der Paarung) in die Beetoberfläche — etwa 2 m von einander entfernt und mit dem Rand 3 cm unter der Erdoberfläche liegend — sich be= währt haben; von Topf zu Topf wird dann eine 4—5 cm hohe Latte fest auf den Boden aufgelegt, und die derselben entlang laufenden Werren stürzen in die Töpfe[2]). Ebenso kann man mit Erfolg Töpfe in die schmalen Beetwege eingraben, und in den zur Abwehr gegen Mäuse gezogenen, gleichfalls mit Töpfen versehenen Gräben fangen sich nicht selten auch Werren. — Auch die Nester, die ca. 10 cm tief liegen und mit Hülfe der kreisförmigen Gänge zu denselben, welche nach Regen= wetter oft etwas erhaben hervortreten, gefunden werden können, sucht man auf und zerstört sie. Durch Eingießen von Oel oder Petroleum

---

[1]) Vgl. Theodor Hartig „Das Insektenleben im Boden der Saat= und Pflanz= kämpe". (Krit. Bl. XLIII. 1. S. 142.)

[2]) Centralblatt. 1875. S. 95.

in die Gänge und Nachschütten von Wasser sucht man endlich auch die Werren zum Herauskommen zu nöthigen, und empfiehlt neuerdings Ney auf Grund eigener Erfahrung dies Verfahren als sehr zweckmäßig[1]). Das Verfolgen des anfänglich flach verlaufenden und dann plötzlich in die Tiefe führenden Ganges, an dessen Ende die Werre sitzt, läßt sich mit sehr gutem Erfolg außerhalb der Saatbeete in deren nächsten Umgebung, nicht wohl aber ohne zu große Beschädigung in diesen selbst durchführen.

Auch Erdflöhe werden den Laubholzpflänzlingen bisweilen schädlich. Durch Bestreuen der Beete mit Asche oder Kalk, wie durch Begießen mit einer Wermuthabkochung[2]), durch Begießen mit sehr verdünnter Karbolsäure (1 Theil auf 100 Theile Wasser)[3]) sucht man die kleinen Feinde zu vertreiben; mittelst Brettchen, welche mit Tischlerleim grundirt und dann mit Brumataleim überzogen sind, und welche in die Beete gestellt werden, sie zu fangen.

Die sonst nützliche Ameise kann in Saatbeeten durch Verzehren von Nadelholzsamen schädlich werden, wie dies im hiesigen Forstgarten beobachtet wurde, woselbst 2 Beete, mit Kiefern angesäet, durch Ameisen völlig zerstört wurden; es ging auch nicht ein Korn auf, und alle Samenkörner lagen aufgebissen und ausgefressen in den Rillen. Die anstoßenden Beete waren völlig intakt geblieben. Ein Mittel gegen diese allerdings seltnere Beschädigung dürfte kaum gegeben sein.

Als ein im Ganzen wenig bekannter Feind treten die Elateriden- oder Springkäferlarven (auch Drahtwürmer genannt) auf, welche die Nadelholzsamen verzehren[4]), Eicheln und Bucheln benagen, die zarten Pflanzenwurzeln abfressen, so daß bisweilen ganze Saatrillen vernichtet werden[5]), ohne daß dem Pflanzenzüchter die Ursache dieser Beschädigungen erklärlich ist. Mittel gegen diese Feinde stehen uns nicht zu Gebote, und auch die Vertilgung der in Kulturen wie in Saatbeeten an ein- und zweijährigen Kiefern schädlich auftretenden Saateule (Agrotis valligera) und ihrer sehr ähnlichen Gattungsgenossen durch Aufsuchen der theils oberirdisch, theils unterirdisch fressenden Raupen ist jedenfalls eine schwierige Arbeit[6]).

Auch die in der Erde lebenden Larven einiger Fliegen, den

---

1) Allg. F.- u. J.-Z. 1887. S. 69.
2) Heß, Forstschutz. S. 420.
3) Centralblatt. 1879. S. 158.
4) Tharander Jahrb. 1879. S. 312.
5) Altum, Forstzoologie. 2. Aufl. III. 1. S. 142.
6) Zeitschr. f. F.- u. J.-W. VII. S. 114. IX. S. 19.

Gattungen Tipula und Anthomyia angehörig, beschädigen durch ihren Fraß die zarten Wurzeln der Keimlinge und einjährigen Nadelhölzer dergestalt, daß dieselben in großer Zahl zu Grunde gehen; leider stehen uns auch gegen diese Feinde, deren oft nicht erkannte schädliche Wirksamkeit zuerst Th. Hartig konstatirt hat[1]), keine Mittel zur Verfügung.

Als der niederen Thierwelt angehörig, mögen hier endlich noch die Regenwürmer erwähnt sein, welche die Keimlinge der Erlen und Nadelhölzer nach Baur's Beobachtungen[2]) massenhaft in ihre Löcher ziehen, auch durch Anlagen der letztern dicht an den Wurzeln der zarten Pflanzen das Vertrocknen derselben bewirken können.

<h2 align="center">§ 66.</h2>

<h2 align="center">Schutz gegen Mäuse.</h2>

In nicht geringem Grade werden bisweilen unsere Saaten und Saatbeete durch Mäuse gefährdet, und mannigfach sind die Zerstörungen, welche diese kleinen Nager anrichten. Zunächst sind die Samen durch sie bedroht, obenan Eicheln, Bucheln, Kastanien, doch sind auch Zerstörungen von Fichten= und Föhrensaaten schon wiederholt beobachtet worden[3]). Ebenso sind nach unseren eigenen Erfahrungen die Sämereien jener Holzarten, welche ein Jahr im Boden liegen — Linden, Weißbuchen, Eschen — während des Winters durch Mäuse stark gefährdet, doppelt gefährdet, wenn die zum Schutz gegen Verunkrautung aufgebrachte Laub= oder Strohdecke nicht entfernt wurde (s. § 47). Auch ein Benagen der Holzpflanzen — Buchen, Hainbuchen, Eschen, Eichen, Lärchen — kommt nicht selten vor, doch seltener als in unsern Schlägen; im Saatbeet fehlt eben jene dichte Grasschwarte oder Laubdecke, die den Mäusen zur erwünschten Deckung dient, und ihre Arbeit ist hier stets eine mehr unterirdische. So ist denn auch schon vielfach ein unterirdisches Abschneiden der Pflanzen in den Saatbeeten beobachtet worden, und mag der Grund zu dieser außerhalb der Forstgärten selten wahrgenommenen Erscheinung darin liegen, daß die Mäuse sich eben als Schutz flach im Boden hinstreichende Gänge anlegen, in diesen ihre Nahrung suchend. Auch das Abbeißen junger Pflanzen unmittelbar über dem Boden kommt vor, und dem Verfasser wurden einmal binnen wenig Tagen etwa 50,000 einjährige Fichten in einem zum Schutz

---

[1]) Krit. Bl. XLIII. 1.; s. auch Altum, Forstzoologie III. 1. S. 292 u. 319.
[2]) Monatsschr. 1883. S. 246.
[3]) Vergl. „Altum, Die Mäuse", welcher Broschüre wir überhaupt manches nachstehend Erwähnte entnehmen.

gegen das Auffrieren mit Tannenästen dicht gedeckten Saatbeet abge=
bissen, wobei die Mäuse nur einen kleinen Theil des zarten Stengels
verzehrten; die Schutzdecke hatte offenbar die Mäuse angezogen, ihnen
erwünschte Deckung während ihrer Arbeit geboten. Ebenso ist uns der
Fall bekannt, daß dreijährige verschulte Fichten, zum Schutz gegen
Auergeflüg während des Winters mit Gittern gedeckt, in großer Zahl
abgebissen wurden.

Endlich können die Mäuse noch schädlich werden durch Unter=
wühlen des Bodens, wodurch die hohl gestellten Pflanzen eingehen.

Als Vorbeugungsmittel gegen Mäuseschaden in unsern Saat=
beeten sind nun zu betrachten[1]): Die Vermeidung der Nähe des Feldes
bei Anlegung eines Saatbeetes, um dem Einwandern der Mäuse ent=
gegen zu wirken; das Betreiben der umgebenden Bestände mit Schweinen,
soweit dies möglich, um Alte wie Brut thunlichst zu vernichten; Um=
ziehen des Saatbeetes mit einem Graben, dessen Wände möglichst scharf
und senkrecht abgestochen sind und in dessen Sohle in entsprechenden
Entfernungen Töpfe oder Drainröhren eingegraben sind, in welche die
Mäuse stürzen[2]). — Vor Allem wird man aber jede Herbstsaat mit
Eicheln oder Bucheln unterlassen, wenn man das Vorhandensein von
Mäusen in irgend nennenswerther Zahl wahrnimmt, und die oben ge=
nannten überliegenden Holzarten bis zur Aussaat an gesichertem Ort
eingeschlagen aufbewahren und erst im zweiten Frühjahre aussäen. —
Das als Vorbeugungsmittel gegen Mäuse empfohlene Decken der an=
gesäeten Beete mit gehacktem Reisig oder Fichtenästen[3]) müssen wir
nach dem oben mitgetheilten Erlebniß als geradezu bedenklich bezeichnen.
Auch E. Heyer[4]) empfiehlt ausdrücklich das Entfernen des Laubes von
den Saatbeeten, da solches als Schutzmittel die Mäuse anziehe; da=
gegen wird das Bedecken der Eichensaatbeete mit einer dünnen Schichte
Gerberlohe als Schutzmittel empfohlen[5]).

Als Vertilgungsmittel aber wird ausschließlich das Ver=
giften zu empfehlen sein, da das Fangen in Fallen in größerem Maß=
stabe nicht wohl durchführbar ist. Als Vergiftungsmittel dienen Weizen,
mit Strychnin oder Arsenik präparirt, oder sogenannte Phosphorpillen,
die käuflich zu haben sind und pro Kilogr. nur wenig über eine Mark

---

1) Allg. F.= u. J.=Ztg. 1865. S. 126.
2) Centralblatt. 1883. S. 662.
3) Heß, Forstschutz. S. 124.
4) Allg. F.= u. J.=Z. 1873. S. 34.
5) Allg. F.= u. J.=Z. 1882. S. 106.

kosten; mit Rücksicht auf ihre Gefährlichkeit für andere Thiere, wie auf Abhaltung von Feuchtigkeit, welch letztere den Phosphorpillen in wenig Tagen jede Schädlichkeit raubt[1]), werden diese Giftmittel vorzugsweise nur in Drainröhren ausgelegt, deren Weite gerade das Einkriechen einer Maus gestattet. E. Heyer hat Köder aus Mehl und Weizenkörnern, mit Phosphor und Arsenik vermischt, angewendet und rühmt den Erfolg[2]). Auch Strohhalme, in Phosphorbrei getaucht und in die Maus-löcher gesteckt, wurden angewendet.

Die angegebenen Mittel zeigen sich nun zwar sehr wirksam, haben aber auch ihre Schattenseite, indem die mit Phosphor oder Arsenik vergifteten Mäuse, nach Luft und Wasser strebend, meist außerhalb ihrer Löcher verenden und dadurch Veranlassung zur Vergiftung nützlicher Thiere, wie Eulen, Wiesel 2c., werden können. Es wurde nun neuer-dings als ein diesem Uebelstand vorbeugendes Mittel die Anwendung von kohlensaurem Baryum empfohlen[3]), welches sofortige Lähmung der hintern Gliedmaßen bei den hiemit vergifteten Mäusen und also Absterben in den Gängen bewirkt. Aus einem derben Teig, durch Zu-sammenkneten von 1 Pfund Mehl mit $^1/_4$ Pfund ausgefälltem Baryum mit entsprechendem Wasserzusatz hergestellt, werden bohnen-große Stücke in noch weichem Zustande in die Mauslöcher geworfen.

Auch in der Weise hat man die Vergiftung bewerkstelligt, daß man eine Anzahl locker angesetzter, also willkommene Schlupfwinkel bietender Steinhaufen in den Pflanzgärten angebracht und die Gift-mittel inmitten der Steinhaufen und dadurch geschützt gegen das Auf-nehmen durch andere Thiere gelegt hat[4]). Auf ähnlichem Prinzip be-ruhen die sogenannten Mausehütten, kleine meterhohe Reisighaufen, dicht mit Rasen belegt und am Boden mit ausgestreutem Strychnin-weizen für die das Versteck aufsuchenden Mäuse versehen[5]).

Fleißige Revision der Forstgärten während des Winters, um bei Einwanderung von Mäusen sofort eingreifen zu können, wird stets, namentlich aber bei Herbstsaaten mit bedrohten Sämereien zu empfehlen sein. —

Auch des Maulwurfs sei hier gedacht, der uns zwar durch Verzehren von Engerlingen und Würmern im Saatbeet nützlich, durch

---

[1]) Schaal auf der Wiesbadener Forstversammlung, s. Bericht S. 164.
[2]) Allgem. F.- u. J.-Z. 1874. S. 70.
[3]) Allgem. F.- u. J.-Z. 1879. S. 411.
[4]) Monatsschr. f. d. F.- u. J.-W. 1858. S. 43.
[5]) Zeitschr. f. F.- u. J.-W. XIII. S. 62.

Aufwerfen seiner Haufen aber, mit denen er Samen und schwache Pflanzen herauswirft, bisweilen so lästig wird, daß wir ihn trotz seines Nutzens mit Hülfe von Fallen oder durch Auflauern beim Aufwerfen zu vertilgen trachten. Auch Lappen, mit Petroleum getränkt und in seine Gänge gesteckt, dienen zu seiner Vertreibung.

§ 67.

Schutz gegen Vögel.

Aus der Vogelwelt sind es besonders die Häher, Finken und bisweilen auch Wildtauben, welche unsern Saaten vor oder unmittelbar nach dem Aufgehen schädlich werden, während das Auerwild durch Abäsen der Nadelholzknospen nachtheilig werden kann.

Der Häher macht sich in Saatbeeten, die mit Eicheln, Bucheln, Edelkastanien angesäet wurden, in oft sehr lästiger Weise bemerkbar, zumal bei Herbstsaaten, bei welchen er bei offenem Boden seine Räubereien während des ganzen Winters fortsetzen kann; mit großer Sicherheit[1]) findet er selbst die gut mit Erde gedeckten Eicheln und sämmtliche Häher aus größerer Umgebung ziehen sich am Saatbeet zusammen. — Auflegen einer dichten Schichte Dornreisig ist wohl das beste Mittel zur Abhaltung dieses Feindes; eine andere dichte Decke, von Laub oder Reisig, hat leicht Gefahr durch Mäuse, sowie ein Vermodern[2]) des Samens im Winterlager zur Folge. Das vollständige Ebenrechen der Beete[3]), damit der Häher die Saatrillen nicht finde, kann angesichts der Sicherheit, mit welcher derselbe bekanntlich die im Walde eingestuften, durch den herbstlichen Laubfall nochmals gedeckten Eicheln findet, unmöglich von Wirkung sein! Bessern Erfolg dürfte das Ueberspannen der Beete mit Garnfäden haben[4]), ebenso die Erbauung einer einfachen Schießhütte von Fichtenreisig, von der aus man die einfallenden Häher theilweise erlegt, die andern aber gleichzeitig so scheu macht, daß sie nicht mehr beizugehen trauen.

Die Finken (Buch- und Bergfinken), Hänflinge, Zeisige werden uns durch das Aufzehren der Samen von Fichte, Föhre, Lärche vor der Keimung, wie durch das Abbeißen der noch von der Samenhülle umschlossenen Kotyledonen dieser Holzarten nach dem

---

1) Allgem. F.- u. J.-Z. 1882. S. 105.
2) Allgem. F.- u. J.-Z. 1865. S. 126.
3) Monatsschr. f. F.- u. J.-W. 1860. S. 59.
4) Monatsschr. f. F.- u. J.-W. 1860. S. 99.

Aufgehen oft in hohem Grad lästig und schädlich. Bucheln und deren Kotyledonen sind, wenn auch in minderem Maß, ebenfalls gefährdet. Wo Finken in größerer Menge einfallen, sind Schutzmaßregeln für Nadelholzsaatbeete unbedingt nöthig.

Das Bewachen der Saatbeete nach der Aussaat und bis zum Abstreifen der Samenhüllen ist eine kostspielige und nur etwa für größere Saatbeete anwendbare Maßregel und man sucht sich deshalb auf andere Weise zu helfen: durch Vogelscheuchen, Saatgitter, Netze, endlich Einweichen des Samens in den Vögeln schädliche oder widerliche Substanzen.

Als Vogelscheuchen werden ausgestopfte Raubvögel empfohlen[1], die jedoch nach anderweiter Mittheilung ihre Wirkung bald verlieren, so daß sich die Finken zuletzt auf den Scheuchen selbst niedersetzen[2]! Eine leicht herzustellende Vogelscheuche[3] besteht aus einer Flasche ohne Boden, die mittelst einer Schnur an einer längern, elastischen, fest in den Boden gestoßenen Stange befestigt ist; durch den Hals hängt an einer Schnur ein als Klöpfel dienender Nagel ins Innere der Flasche herab, am untersten Ende der Schnur aber ein schimmernder Streifen von Zink- oder Eisenblech, der, vom Wind bewegt, den Klöpfel zum Anschlagen bringt und durch sein Schimmern ebenfalls verscheuchend wirkt.

Das schon oben (beim Häher) erwähnte Ueberspannen der Beete mit Fäden oder mit Schnüren, in welche weiße Fäden eingeknüpft sind, wird mit gutem Erfolg angewendet, nach Heß' Versuchen[4] mit entschieden besserem Erfolg als das Bestecken der Beete mit Reisig, zwischen welches die Vögel hineinschlüpfen. Die Fäden selbst wurden 15—20 cm hoch kreuzweise über die Beete gespannt. Auch alte Netze wurden als Schutzmittel mit gutem Erfolg verwendet[5].

Man wandte ferner das Anfeuchten des anzusäenden Samens mit stinkendem schwarzen Steinöl an[6], ein Mittel, das helfen mag, die Aussaat aber jedenfalls zu einem auch für Menschen unangenehmen Geschäft macht. Gleiches gilt wohl von dem Einweichen des Samens in eine aus stinkendem französischen Oel, Wermuth und

---

[1] Allg. F.- u. J.-Z. 1862. S. 240.
[2] Allg. F.- u. J.-Z. 1862. S. 405.
[3] Centralblatt. 1879. S. 45.
[4] Centralblatt. 1875. S. 534.
[5] Zeitschr. f. F.- u. J.-W. V. S. 70.
[6] Forstl. Blätter. 1873. S. 252.

Salzsäure oder Kochsalz unter Wasserzusatz bereitete Flüssigkeit, welche Vögel und Insekten abhalten und zugleich die Keimkraft anregen soll[1]).

In neuerer Zeit hat nun Pflanzschulbesitzer Booth in Flottbeck als sicheres Mittel zum Schutz der Nadelholzsämereien das Behandeln derselben mit rothem Mennig empfohlen[2]) und neuerdings, nachdem die Wirksamkeit des Mittels von einigen Seiten auf Grund angestellter Versuche bezweifelt worden[3]), das von ihm eingehaltene und mit bestem Erfolg angewendete Verfahren genau mitgetheilt[4]). — Der Samen wird zunächst ordentlich angefeuchtet, so daß jedes Korn feucht ist, doch darf kein Wasser auf dem Boden des betreffenden Gefäßes, in welchem das Anfeuchten geschieht, stehen. (Man hüte sich vor zu starkem Befeuchten — der Same nimmt den Mennigüberzug dann viel weniger an, als wenn er nur mäßig feucht ist!) Hierauf wird der Samen mit rothem Blei= (nicht Eisen!) Mennig bestreut und so lange umgerührt, bis jedes Samenkorn leicht mit demselben überzogen ist, was sich schnell vollzieht; alsdann wird der durch das trockene Mennig= pulver schon ziemlich getrocknete Samen in der Sonne oder durch künstliche Wärme wieder vollständig getrocknet und verliert nun die krebsrothe Färbung nicht mehr. — Die Kosten sind nach Grütters Mittheilung[5]) nicht bedeutend, indem zu 24 Pfund Samen etwa 6 Pfund Mennig à 1 Mark verwendet wurden, ein Quantum, das sich als hinreichend erwies. Der Erfolg ist nach unsern eigenen mehrfachen Versuchen ein günstiger; man findet wohl einzelne abgebissene Köpfchen der Keimlinge, nie aber größere Beschädigungen, so daß es scheint, als überzeugten sich die Vögel rasch von der Unzuträglichkeit jener Nahrung für sie. An Vergiftung eingegangene Vögel haben wir nie gefunden[6]).

Einen ganz vollständigen Schutz gewähren die § 58 beschriebenen

---

[1]) Allg. F.= u. J.=Z. 1860. S. 63.

[2]) Zeitschr. f. F.= u. J.=W. IX. S. 548.

3) Zeitschr. f. F.= u. J.=W. XII. S. 455, 576.

[4]) Zeitschr. f. F.= u. J.=W. XIII. S. 60.

[5]) Zeitschr. f. F.= u. J.=W. XII. S. 636.

[6]) Dr. Cieslar hat im Laboratorium der forstl. Versuchsleitung in Wien Versuche über den Einfluß angestellt, den das Behandeln des Samens mit Mennig, Carbolsäure und Petroleum zum Schutz gegen Vögel und Mäuse auf die Keimung geübt. Diese Versuche haben ergeben:

1) daß Mennig die Keimung etwa um einen Tag verzögert, also wohl das Eindringen der Feuchtigkeit etwas verlangsamt, nebenbei den Samen gegen Schimmelpilze sichert;

2) daß Carbolsäure in sehr verdünnter Lösung den Keimverlauf verzögert, in

Schmitt'schen Saatgitter, da hier bei dem nur 2 cm betragenden Abstand der Lättchen ein Hineinschlüpfen der Vögel von oben her eben so wenig möglich ist, als von der Seite her, woselbst der Rahmen dies verhindert. Minderen Schutz gewähren die an gleicher Stelle genannten einfacheren Gitter, unter welche die Vögel von der Seite her schlüpfen können; doch läßt sich wahrnehmen, daß sie dies nur mit Mißtrauen thun, wohl den Entzug der Möglichkeit sofortigen Auffliegens scheuen, so daß solche Gitter, ziemlich niedrig gehängt, immerhin ziemlichen Schutz gewähren.

Wildtauben werden in Saatbeeten nur ausnahmsweise lästig und durch die gleichen Mittel (event. ein paar Schüsse) abzuhalten sein.

Auch gegen das (leider so selten gewordene) Auergeflüg werden wir nur ausnahmsweise unsere Saatschulen zu schützen haben. Haben allerdings einige Stücke sich einen Forstgarten als Aesungsplatz erkoren, so kann der Schaden, den sie nach und nach durch das Abäsen der Knospen von Tannen, Fichten, Föhren verursachen, ein recht bedeutender werden; bei Tannen beschränken sie sich häufig nicht auf die Knospen, sondern äsen auch die Nadeln ab. Die Beschädigung wird namentlich zur Winterszeit, bei Schnee, der die Aufnahme anderer Nahrung am Boden hindert, die Spitzen der Holzpflänzchen aber noch herausschauen läßt, bemerklich werden[1]). In Thüringen wandte man bei einigen besonders heimgesuchten Forstgärten das Ueberspannen der ganzen Gärten mit Draht in etwa 2 m Höhe und 70—80 cm Abstand der Drähte mit mäßigen Kosten und vollkommenem Erfolg an[2]). — Auch Reisigeinlage zwischen die Beete und Pflanzenreihen zeigte sich als Hinderungsmittel für das Umherlaufen der Hühner von Erfolg; im Spessart verwendet man die oben beschriebenen Schutzgitter mit gutem Erfolg auch zur Abhaltung des Auergeflügs.

§ 68.
Schutz gegen Haarwild jeder Art.

Der gegen das Wild nöthige Schutz wird sehr verschieden sein je nach der Holzart, respektive den Holzarten, die sich in einem Saatbeet

---

stärkerer Lösung das Keimprozent beeinträchtigt, in 10prozentiger Lösung den Samen tödtet;

3) daß Petroleum die Keimkraft sehr benachtheiligte, den Samen fast völlig vernichtete.

(Centralblatt. 1885. S. 510.)

[1]) Heß, Forstschutz. S. 104.

[2]) Monatsschr. f. F.- u. J.-W. 1876. S. 133.

oder Forstgarten vorfinden, wie nach dem Wildstand einer Gegend, den vorkommenden Wildarten.

Größere Forstgärten pflegen jederzeit so eingefriedigt zu sein, daß sie gegen Wild jeder Art — Hochwild, Rehwild, Sauen, Hasen — geschützt sind; die Art und Weise der Einfriedigung wird mit Rücksicht auf die Wildart gewählt werden; sie muß entsprechend hoch sein, wenn Hochwild, hinreichend fest, wenn Schwarzwild, genügend dicht, wenn Hasen oder die so schädlichen Kaninchen abzuhalten sind (vergleiche § 30 ff.). Letztere können, wenn auch in noch so geringer Zahl vorhanden, bei der Anzucht gefährdeter Holzarten zu sehr dichten Einfriedigungen nöthigen; über die Gefährdung der einzelnen Holzarten haben wir schon in § 30 das Nöthige erwähnt.

Bei kleineren Pflanzschulen, Wanderkämpen, sucht man dagegen wo immer möglich die kostspielige Einfriedigung zu vermeiden, was da, wo weder Hochwild noch Sauen vorhanden, insbesondere bei Nadelholzkämpen wohl zulässig ist. Fichten und Föhren zumal sind von Hasen fast gar nicht, von Rehen wenig bedroht, und von Laubhölzern sind es namentlich Erlen und Eichen, die von letzteren Wildarten wenig zu leiden haben. Erscheint eine Einfriedigung aber auch für solche kleine oder wandernde Kämpe geboten, so wendet man hier gerne die transportablen Einfriedigungen (siehe § 36) an.

Um aber ganz uneingefriedigten Saatschulen überhaupt oder den in denselben befindlichen Beeten mit gefährdeten Holzarten einigen Schutz gegen Rehe und Hasen zu geben, wendet man mancherlei Mittel: das Umziehen derselben mit Federlappen, leichte Stangengerüste (gegen Rehe)[1], Verwittern der Saatbeetfläche mit stark riechenden Substanzen, Ueberspannen derselben mit getheerten Schnüren — während der Wintermonate, in welchen allein eine Gefahr für die Pflanzen durch das Wild besteht, an. Bei Eichensaatbeeten bedarf der etwa schon im Herbst gesäete Samen gleichfalls Schutz gegen das ihn begierig aufsuchende Roth-, Reh- und Schwarzwild.

Gegen Hasen sollen die Pflanzen auch mit gutem Erfolg durch das Umziehen der Beete mit Bast, etwa 15 cm hoch über dem Boden,

---

[1] Solche empfiehlt insbesondere Pöpel (Thar. Jahrb. 31 S. 118) in der Weise, daß eine größere Zahl von Stangen — er hat auf 4 ar 30 Stück 8—10 m lange Stangen verwendet — auf etwa ½ m hohen Pflöcken aufgenagelt schräg über die Saatbeete gelegt werden. Er bemerkt, daß dadurch auch einiger (nach unsern Erfahrungen geringer!) Schutz gegen Auerhühner gegeben sei und daß solche Stangengerüste durch querüber gelegte Stängchen aus Reisig auch als Schutzmittel gegen Frost und Hitze Verwendung finden könnten.

geschützt werden können, indem die Hasen solche Schutzwehr nicht über=
springen[1]); doch würde stärkerer Schneefall dies Mittel sofort unwirk=
sam machen.

Auch die Eichhörnchen mögen hier noch Erwähnung finden, die
den Eichel=, Buchel= und Kastaniensaatbeeten sehr gefährlich werden
können, den gut gedeckten Samen mit großer Sicherheit zu finden
wissen und sich nicht leicht vertreiben lassen. Sie haben uns Buchen=
saatbeete wiederholt vollständig zerstört und sich selbst durch Schutz=
gitter nicht abhalten lassen, so daß der allerdings nicht schwierige
Abschuß derselben in der Nähe der Saatbeete als letztes Hülfsmittel
erschien.

<h2 style="text-align:center">§ 69.</h2>

Schutz und Pflege der Saatbeete gegenüber dem Unkraut.

In fast noch höherem Grad als durch die bisher besprochenen
schädlichen Einflüsse der unorganischen Natur und durch die Feinde
aus der Thierwelt sind unsere Saatbeete durch einen nie fehlen=
den, bald mehr, bald weniger lästigen Feind bedroht, dessen Be=
kämpfung jedoch eine sichere, wenn auch oft kostspielige ist: — durch
das Unkraut. Die Beantwortung der Frage, wie diesem lästigen
Feinde vorzubeugen, wie er am besten und billigsten zu vertilgen sei,
wird Gegenstand dieses Abschnittes sein.

Das in den Saatbeeten auftretende Unkraut, nach Art und Zahl
außerordentlich verschieden je nach der mineralischen Zusammensetzung des
Bodens, seiner natürlichen Feuchtigkeit, seiner bisherigen Benutzung, ent=
zieht unsern Pflanzen einen Theil der für sie bestimmten Nährstoffe des
Bodens, der feineren atmosphärischen Niederschläge, insbesondere den
Thau; es überwächst rasch die sich langsam entwickelnden Holzpflanzen,
verdämmt und überlagert sie, beengt deren Wurzelraum, hindert den
Luftwechsel im Boden; in einem nur einigermaßen gepflegten Saat=
beet darf daher Unkraut nie überhand nehmen[2]).

Wie bei so manchem andern Feind unserer Waldungen und
Pflanzenwelt werden wir auch bei dem Unkraut von der Verhütung,
Vorbeugung gegen dessen rasches und massenhaftes Auftreten, und
von der Vertilgung des trotzdem vorhandenen zu sprechen haben.

Dem übermäßig auftretenden Unkraut beugen wir nun vor

---

[1]) Krit. Blätter. L. 1. S. 154.

[2]) Vergl. die in Seckendorffs Mittheilungen aus dem östr. Versuchswesen
Band II. S. 102 angegebenen Resultate der über die Einwirkung der Verunkrautung
angestellten Versuche.

durch zweckmäßige Auswahl des Platzes für unser Saatbeet, so zunächst durch Vermeiden zu frischen oder gar feuchten, zu Gras- und Unkrautwuchs besonders geneigten Bodens. In bisherigen Feldern, die allerdings den Vortheil sehr billiger erstmaliger Bodenbearbeitung haben, hat man namentlich in den ersten Jahren einen sehr energischen Kampf mit dem Unkraut zu führen, während frisch gerodete Waldböden meist in den ersten Jahren wenig Unkrautwuchs zeigen, weniger als schon länger unbestockt liegende Blößen. — Die Umgebung von jungen Schlägen mit starkem Unkrautwuchs macht sich im Saatbeet ebenfalls bemerklich, indem die leichten Samen vieler Unkräuter im Saatbeet anfliegen.

In Weiterem werden wir der Vermeidung rascher Verunkrautung durch Vertilgung etwa vorhandener Unkräuter bei der wiederholten Bearbeitung des Bodens alle Aufmerksamkeit zuwenden, deren ausschlagsfähige Wurzeln (Quecken!) sorgfältig entfernen, den Rasen, welcher zum Zweck des Verfaulens und Düngens untergebracht werden soll, tief mit Erde überdecken, um dessen Durchwachsen nach oben zu hindern, da gerade solche durchwachsende Rasenplaggen beim Ausjäten die größten Schwierigkeiten bereiten.

Vonhausen empfiehlt, wie schon oben (§ 48) erwähnt, möglichst frühzeitiges Bearbeiten im Frühjahre vor der Saat, um die obenauf liegenden Unkrautsämereien nach erfolgter Keimung durch Unterarbeiten mit eisernen Rechen zu zerstören und andere solche Samen obenauf in günstige Keimlage zu bringen, die in gleicher Weise vor erfolgender Ansaat vernichtet werden sollen.

Entsprechende Vorsicht ist ferner nöthig bei Anwendung von Kompost, wenn zu letzterem das im Saatbeet ausgejätete Unkraut mit verwendet wurde, damit mit demselben nicht eine Menge keimfähigen Unkrautsamens ins Saatbeet gebracht wird, ein Nachtheil, der solchen Kompost vielfach in entschiedenen Mißkredit gebracht hat. Fischbach warnt[1]) geradezu vor ihm, als dem theuersten Dünger. — Zwischenlagen ungelöschten Kalkes, welche eine rasche Zersetzung der organischen Substanzen zur Folge haben, sind bei Herstellung solchen Unkrautkompostes jedenfalls auch aus diesem Grunde empfehlenswerth. Eben so wenig darf man auf den Komposthaufen das Unkraut wuchern und zur Samenreife gelangen lassen, wie wohl da und dort zu sehen, sondern muß dasselbe durch wiederholtes Umarbeiten der Haufen zerstören, wobei auch alle im Innern des Haufens befindlichen Sämereien

---

[1]) Allg. F.- u. J.-Z. 1860. S. 217.

allmählich an die Oberfläche und dadurch zur Keimung kommen und ver=
nichtet werden können. Auch durch Straßenabraum soll leicht Unkraut=
samen in die Saatbeete gebracht werden[1]).

Als Mittel gegen Ueberhandnahme des Unkrautes hat man mit
Erfolg auch das Belegen der Zwischenräume zwischen den Saatstreifen
mit Moos, dann mit geringwerthigen Latten oder (billiger) mit ge=
spaltenen Stangen[2]), schlechterem Prügelholz, angewendet, durch welche
Mittel das Wachsthum des Unkrauts mechanisch zurückgehalten wird.
Beete mit stärkern, verschulten Pflanzen, insbesondere Heistern, haben
wir mit sehr gutem Erfolg zur Zurückhaltung des Unkrauts mit
Buchenlaub einige Centimeter hoch überschütten lassen. Selbst Steine
(Platten) hat man, wo solche in unmittelbarer Nähe vorhanden, schon
dazu verwendet, und alle diese Deckungsmittel erweisen sich zugleich
als günstig für Erhaltung der Feuchtigkeit, als Schutz gegen Ver=
dunstung (s. § 58). Latten und Prügel lassen sich zum Zweck des
Lockerns leicht abnehmen, was für ihre Anwendung gegenüber dem
Moos spricht.

Trotz all dieser Vorsichtsmaßregeln werden wir in jedem Saat=
beet bald mehr, bald weniger Unkraut erscheinen und vielfach dessen
Menge mit der längern Benutzung zunehmen sehen, es also mit dessen
Vertilgung zu thun haben. Hier gilt nun als Regel: Zeitiges
Beginnen mit dem Ausjäten im Frühjahre, um das Unkraut nie zu
sehr erstarken zu lassen, da sonst mit dem in den Saatreihen selbst
stehenden Unkraut nur zu leicht die schwachen Pflänzchen herausgerissen
werden; Jäten, wo möglich bei feuchtem Boden, damit die Wurzeln
des Unkrauts mit herausgezogen werden, letzteres nicht bloß oberflächlich
abgerissen werde, was sofortiges Wiederausschlagen vieler Wurzeln zur
Folge zu haben pflegt, oder vorheriges Lockern des Bodens durch
Behacken, wenn bei trockner Witterung das Unkraut entfernt werden
muß; Wiederholung des Jätens, so oft sich das Unkraut in nennens=
werther Weise zeigt; letztmaliges Jäten etwa Anfang September,
um eine nochmalige Lockerung des Bodens im Hinblick auf die Gefahr
des Auffrierens zu vermeiden. Erscheint nach diesem letztmaligen Jäten
nochmals stärkeres Unkraut, so reißt oder schneidet man dasselbe nur
oberflächlich ab, und ebenso muß man bisweilen verfahren, wenn
bei anhaltender, das Jäten hindernder Trockniß einzelnes Unkraut in
den Pflanzreihen so stark geworden, daß durch dessen Ausziehen
Pflänzchen mit herausgerissen werden könnten.

---

1) Krit. Blätter. L. 1. S. 133.
2) Forstl. Mitth. XI. S. 128.

Das Jäten selbst, eine Arbeit, zu der stets nur die billigere Arbeitskraft von Weibern oder Kindern verwendet wird, geschieht meist einfach mit der Hand, unter Zuhülfenahme eines alten starken Messers, mit welchem tiefergehende Wurzeln herausgehoben oder schlimmsten Falles tief im Boden abgestochen werden, oder einer eigens hiezu konstruirten starken eisernen Gabel. Vorheriges Lockern des Bodens mit dem Jätehäckchen erleichtert die Arbeit wesentlich, namentlich bei lehmigerem Boden, und muß, wie schon oben erwähnt, auf letzterem bei trockner Witterung dem Ausgrasen unbedingt vorangehen, wenn diese Arbeit mit gutem Erfolg geschehen soll.

Die nicht unbedeutenden Kosten, welche das Ausjäten verursacht, haben zur Anwendung von mancherlei Instrumenten zur thunlichsten Erleichterung dieser Arbeit geführt; wir geben nachstehend die Beschrei-

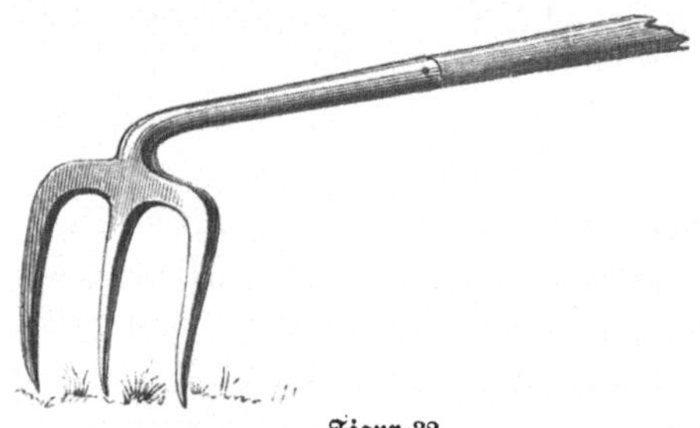

Figur 32.

bung einiger derselben und bemerken, daß dieselben alle gleichzeitig eine Lockerung des Bodens bewirken und resp. zum Zweck haben.

Der Jätkarst von Geyer (Fig. 32) [1] ist ein dreizackiger eiserner Rechen, dessen 14 cm lange Zinken je 5 cm von einander abstehen; der Zwischenraum zwischen den einzelnen Saatrillen wird also bei Anwendung dieses Instrumentes mindestens 15 cm betragen müssen, damit die Pflanzenwurzeln nicht beschädigt werden.

Der Dreizack von Schoch (Fig. 33) [2], zur Reinigung der nur 12 cm breiten Zwischenräume in Nadelholzsaatbeeten bestimmt, bewirkt gleichzeitig die nöthige Lockerung des Bodens, und wird demselben eine ebenso rasche als gute Arbeitsleistung mit Recht nachgerühmt. Die ganze Länge des Instrumentchens beträgt etwa 14 cm, jene des mittleren Zinkens 5 cm, während die beiden äußern etwas gekrümmten Seitenzinken nur 4 cm lang sind; die Entfernung der Spitzen

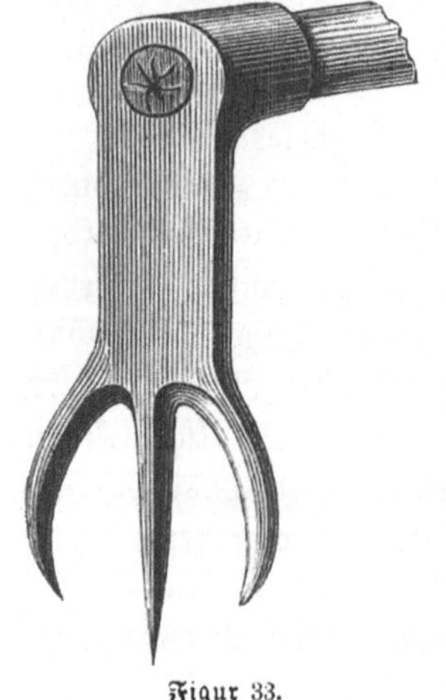

Figur 33.

---

[1] Geyer, Die Erziehung der Eiche. S. 36.
[2] Monatsschr. f. d. F.- u. J.-W. 1864. S. 54.

dieser Seitenzinken von der Mittelzinke beträgt nur je 4 cm. Durch Hin- und Herschieben des Dreizacks wird der Boden zwischen den Pflanzreihen gelockert, das Unkraut ausgezogen und gleichzeitig ein Anhäufeln der Pflanzen bewirkt; bei trockenem Wetter kann man wohl das Unkraut liegen und vertrocknen lassen. — Für breitere Zwischenräume zwischen den Pflanzreihen, wie sie für Eichensaaten (und Verschulungen) in Anwendung kommen, hat Schoch einen stärkern Dreizack und einen Fünfzack konstruirt, dessen Spannweite etwa 12 cm beträgt.

Bei diesen Instrumenten, wie bei dem die Aufgabe der Reinigung nur unvollkommen erfüllenden Jätepflug ist übrigens eine Nachhülfe mit der Hand zur Entfernung des unmittelbar an oder zwischen den Pflanzen, in den Saatrillen stehenden und besonders lästigen Unkrauts nicht wohl zu entbehren.

Das Reinigen der Saatbeete geschieht meist im Tagelohn und die Ueberwachung der Arbeiter bei dieser monotonen Arbeit gehört zu den lästigsten Aufgaben des Schutzpersonales; ohne solche Ueberwachung wird aber meist nachlässig und mit geringem Eifer gearbeitet, das Unkraut oberflächlich abgerissen statt ausgezogen — die betreffenden Personen sind ja schließlich froh, wenn es bald wieder einen Verdienst durch Ausgrasen gibt. Verfasser hat daher dies Reinigen der Saat- und Pflanzkämpe auf seinem seinerzeitigen Revier meist in Accord gegeben, wobei die bei der früheren Taglohnsarbeit erwachsenen Kosten den nöthigen Anhalt gaben, und ist gut dabei gefahren. Die (weiblichen) Accordanten ließen das Unkraut nie überhand nehmen, benutzten im eigenen Interesse jeden Regen zu sofortigem Jäten und fanden bei entsprechendem Fleiß befriedigenden Verdienst. Für große Forstgärten wird sich allerdings eine solche Veraccordirung schwerer durchführen und resp. die Ausgabe schwerer veranschlagen lassen, als für kleinere Kämpe.

Die Kosten der Reinigung pro Flächeneinheit sind erklärlicher Weise nach den örtlichen Verhältnissen außerordentlich wechselnd, so daß den Angaben über solche wenig Werth beizulegen ist (s. übrigens § 99).

§ 70.

Pflege der Saatbeete durch Bodenbearbeitung: Lockern und Anhäufeln.

Jede Lockerung des Bodens ist gleichsam eine Düngung, ebenso aber auch von großer Bedeutung für die Erhaltung der Bodenfeuchtigkeit. Durch dieselbe befördern wir die Verwitterung des Bodens, das Löslichwerden der Mineralstoffe, ferner den für die Vegetation so günstigen Luftwechsel im Boden, die Absorption von Kohlensäure und Ammoniak; ermöglichen ferner das leichtere und tiefere Eindringen des Regenwassers, vermeiden das bei festem Boden leicht erfolgende seitliche Abfließen desselben, wirken also schon hiedurch dem Austrocknen des Bodens entgegen. In noch höherem Grad geschieht dies aber durch die Absorption von Wasserdampf aus der Luft, welche durch gelockerten Boden in viel reicherem Maß erfolgt als durch festen; und endlich verlangsamen wir durch Lockerung des Bodens das kapillare Aufsteigen des Wassers aus den tieferen Bodenschichten nach den oberen, welches in lockerem, größere Zwischenräume enthaltendem Boden in minderem Maße erfolgt, als in dichtem, ungelockerten[1]). Es ist eine insbesondere bei landwirthschaftlichen Gewächsen leicht zu beobachtende und bekannte Thatsache, daß sich eine Lockerung des Bodens zur Zeit der Trockne für die durch Wassermangel leidenden Gewächse besonders günstig erweist[2]).

Direkte Versuche, wie sie Heß[3]) angestellt hat, ferner die vielfach so günstigen Resultate des Waldfeldbaues in Hessen, welche durch die forstlichen Zeitschriften ja allenthalben bekannt und vorwiegend auf die Lockerung und Bearbeitung des Waldbodens zurückzuführen sind, endlich die eigenen Erfahrungen, welche jeder schon einige Zeit wirthschaftende und aufmerksame Forstmann gemacht haben wird, stellen diese Vortheile der Bodenlockerung so außer Zweifel, daß in derselben eines der wichtigsten Mittel zur Beförderung des Wachsthums unserer Holzpflanzen, zur Pflege unserer Saatbeete und Pflanzschulen gefunden werden muß.

---

[1]) Professor Wollny in München hat den Einfluß der krümeligen und der dichten oder staubförmigen Bodenbeschaffenheit auf die Feuchtigkeit des Bodens durch vergleichende Untersuchungen festgestellt. Bei dichtem Boden nun findet ein ununterbrochenes kapillares Aufsteigen der Feuchtigkeit statt, welch' letztere an der Oberfläche verdunstet, der Boden trocknet in Folge dessen tiefer und rascher aus, dagegen bleibt die Oberfläche feuchter, so lange dies Aufsteigen der Feuchtigkeit dauert. Im krümeligen Boden dagegen finden sich größere Zwischenräume, die das kapillare Aufsteigen hindern bezw. verlangsamen; an der Oberfläche bildet sich bald eine trockne Schichte, die der weitern Verdunstung hemmend entgegensteht, und der Boden erhält sich sonach im Innern länger feucht.

(Aus dem Gesagten geht auch hervor, weshalb das Walzen der Saatbeete nach der Ansaat, das Andrücken des Bodens mit dem Saatbrett vortheilhaft wirkt: es handelt sich bei der Saat zunächst um Feuchterhalten der obern Schichte, in der das Samenkorn liegt.)

(Vergl. auch Centralblatt. 1882. S. 222.)

[2]) Vergl. H. Fischbach, Die Lockerung des Waldbodens. S. 9.

[3]) Centralblatt. 1875. S. 142.

Fragen wir nun, wann, wie oft und wie eine Lockerung des Bodens in unsern Saatbeeten statt zu finden habe, so lassen sich die beiden ersten Fragen erklärlicher Weise nur allgemein beantworten.

Die erstmalige Lockerung der im Frühjahr frisch angesäten Beete, deren Boden also erst gründlich bearbeitet wurde, erfolgt, sobald der Forstwirth wahrnimmt, daß der Boden sich stark zusammengesetzt hat oder gar oberflächlich verkrustet ist, wie dies durch längerem Regenwetter folgende Hitze leicht geschieht; bei den älteren Saatbeeten aber, deren Boden sich durch die Winterfeuchtigkeit stets stark zusammengesetzt haben wird, nehmen wir diese erste Lockerung im Jahre sobald vor, als die Rücksicht auf die Gefahr des Auffrierens es gestattet, etwa Anfang Mai. In der Regel schließt sich die Lockerung und Reinigung der ältern Saat- uud Pflanzbeete als letzte Arbeit an die Ansaat und Verschulung an, und wird während des Jahres nach Bedarf bald nur einmal, bald öfter wiederholt.

Das „Wie oft" der Bodenlockerung ist aber zunächst durch die Bodenverhältnisse bedingt. Thoniger und überhaupt etwas bindenderer Boden wird das Lockern öfter nöthig machen als leichter Boden, und für lockern Sandboden kann sogar eine einmalige Lockerung genügend sein. Von wesentlichem Einfluß ist ferner die Neigung des Bodens zu Gras- und Unkrautwuchs, da — wie schon im vorigen Paragraph erwähnt — das Reinigen der Saatbeete vielfach mit der Bodenlockerung Hand in Hand geht, mit denselben Instrumenten (Jätkarst, Dreizack) ausgeführt wird; namentlich bei bindigen Böden und längerer Trockniß ist eine der Reinigung vorausgehende oder gleichzeitige Lockerung fast unumgänglich nöthig, wenn man mit nachhaltigerem Erfolg ausgrasen, die Unkrautwurzeln mit ausziehen will, und da bindige Böden stärkeren Gras- und Unkrautwuchs zu haben pflegen als sandige, so ergibt sich schon hiedurch die Nothwendigkeit einer öfteren Lockerung der erstern von selbst. — Auch die Kostenfrage spielt wohl bei der Wiederholung der Bodenlockerung eine, wenn auch bescheidene Rolle.

Während man ein bloßes Jäten der Saatbeete — mit welchem durch das Ausziehen der Wurzeln des Unkrautes übrigens stets einige Bodenlockerung verbunden ist, — möglichst bei feuchtem Wetter, nach leichtem Regen vornimmt, wird man das Lockern des Bodens vorwiegend bei trockner Witterung vornehmen, da der trockene Boden besser zerfällt, die Wirkung eine größere ist[1]). Aus dem gelockerten Boden läßt sich das Unkraut auch bei trockenem Wetter herausnehmen

---

[1]) Forstl. Mitth. XI. S. 129.

und nur das zwischen den Pflanzen, in den Saatrillen selbst stehende bereitet Schwierigkeiten, muß entweder oberflächlich abgerissen oder nach eingetretenem Regen nachgejätet werden.

Die letztmalige Bodenlockerung im Herbst soll gleichfalls — wie das Jäten — nicht zu spät stattfinden, damit der Boden sich wieder genügend setzt, der Gefahr des Auffrierens nicht zu sehr ausgesetzt ist. Mit dem Monat August schließt man das Lockern des Bodens ab und kann dies um so mehr thun, als zu dieser Zeit die Vegetation bereits der Hauptsache nach ihren Abschluß gefunden hat, eine Einwirkung des Lockerns auf dieselbe daher nicht mehr besteht.

Was die Frage betrifft, wie tief man lockern soll, so wird dieselbe dahin zu beantworten sein, daß ein etwa 10 bis 12 cm tiefes Lockern des Bodens vollständig zur Erreichung der Eingangs angeführten günstigen Einwirkungen genügt, ein tieferes Lockern aber bei geringer Entfernung der Saatstreifen auch nur schwer möglich ist.

Mit dem Lockern der Saatbeete wird nicht selten zugleich ein Anhäufeln der Pflanzenreihen von beiden Seiten her verbunden, und zeigt sich solches, im Herbst bei dem letztmaligen Lockern angewendet, von guter Wirkung gegen das Auffrieren der Pflanzen (siehe § 62). Auch als Mittel zur Erhaltung der Feuchtigkeit wird dies Anhäufeln empfohlen, indem einerseits die Feuchtigkeit sich in dem durch das beiderseitige Anhäufeln zwischen den Pflanzenreihen entstehenden Gräbchen sammelt und tiefer in den Boden bringt, andererseits die stärkere Erddecke an den Pflanzen dem Austrocknen mechanisch entgegenwirkt.

Die Instrumente nun, mit denen die Lockerung des Bodens ausgeführt wird, sind:

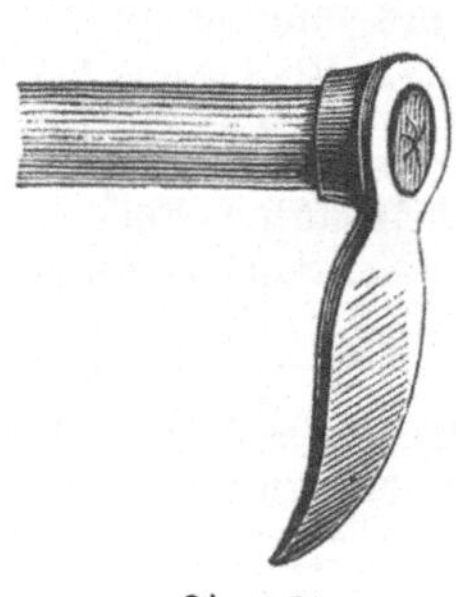

Figur 34.

Das gewöhnliche Gartenhäckchen, Jätehäckchen, dessen Blatt bezüglich seiner Breite einigermaßen im Verhältniß zu der Breite der Zwischenräume zwischen den Saatrillen stehen muß, für die geringen Zwischenräume von Nadelholzsaatrillen sehr schmal sein muß. Wir haben, um alle Wurzelbeschädigungen zu vermeiden, dasselbe mit nach unten schmäler werdendem Blatt anfertigen lassen (Fig. 34) und diese Modifikation zweckmäßig gefunden.

Der im vorigen Paragraphen schon beschriebene Dreizack, resp. Fünfzack, zur Lockerung und Reinigung gleichzeitig dienend, ebenso wie der Geyer'sche Jätkarst.

Der s. g. bayrische Handpflug (Fig. 35)[1]), der neben einer allerdings nicht sehr tiefgehenden Bodenbearbeitung zugleich die Pflanzen

Figur 35.

anhäufelt, durch seine geringe Größe (Länge der Schar 8,5 cm, Breite 6 cm, Höhe 4 cm) leicht transportabel ist und in der Weidtasche bequem mitgeführt werden kann, was bei Wanderkämpen, resp. einer im Revier vorhandenen größeren Anzahl kleinerer Saatbeete von Bedeutung ist. Mittelst einer Schraube kann er rasch an dem bei jedem Saatbeet versteckten Stiel befestigt werden.

Nördlingers Reihenkultivator[2]), ein Pflug mit getrennten Scharen, welcher in der einen Stellung der letztern als Häufelpflug wirkt, beim Versetzen der Scharen aber die Erde in der Mitte zusammenschlägt; er hat unseres Wissens nur geringe Verbreitung gefunden, das Schicksal aller etwas komplizirteren Kultur-Instrumente getheilt.

Bei dem Lockern des Bodens mit der Hacke oder dem Dreizack, bei Anwendung des Handpfluges zeigt es sich, wie zweckmäßig es ist, die Rillen nicht nach der Längsrichtung des Beetes, sondern senkrecht zu dieser anzulegen. Die Arbeit erfolgt von den schmalen Zwischenwegen aus leicht und sicher, Beschädigungen der Pflanzen werden leicht vermieden und ebenso jedes Betreten der Beete. Wo aber letzteres, wie bei den häufig auf größern Ländern, ohne Beeteintheilung angesäeten Eichen (oder bei verschulten Pflanzen auf solchen Ländern), nicht zu vermeiden ist, da trage man Sorge, daß die Arbeiter bei dem Lockern sich entweder rückwärts bewegen, wie bei Anwendung des Drei- und

---

1) Forstl. Mitth. XI. S. 128.
2) Krit. Blätter. L. 1. S. 258.

Fünfzacks gut thunlich, oder daß das mit Vorwärtsbewegen verbundene Hacken von der noch nicht bearbeiteten Nachbarreihe aus geschehe, damit nicht der eben gelockerte Boden sofort wieder zusammen getreten werde. — Daß bei solch größeren Ländern die Zwischenräume zwischen den Saat=rillen groß genug sein müssen, um ein Betreten derselben durch die Arbeiter zu gestatten, wurde bereits früher (§ 41) erwähnt.

Für voll angesäete Beete ist jede Pflege durch Bodenlockerung unmöglich — jedenfalls eine der bedeutendsten Schattenseiten dieses Verfahrens.

<h2 style="text-align:center">§ 71.</h2>

<h3 style="text-align:center">Pflege zu dichter Saaten durch Ausschneiden oder Durchrupfen.</h3>

Trotz aller Vorsicht, die wir auf Grund stattgehabter Keimproben bei Bemessung der Samenmenge anwenden, fallen doch nicht selten unsere Saaten zu dicht aus, sei es nun, daß besonders günstige Witterungsverhältnisse den ausgestreuten Samen zu möglichst voll=ständiger Keimung bringen, daß der gefürchtete und bei Bestimmung der Samenquantität in Betracht gezogene Abgang durch Trockniß, Vögel u. s. f. nicht stattgefunden, sei es, daß unsere Arbeiter ungleich=mäßig und also stellenweise zu dicht gesät haben. Jede zu dichte Saat hat aber die nachtheilige Folge, daß neben dem Zurückbleiben und Verkümmern zahlreicher Pflänzchen auch die dominirenden sich nicht so kräftig entwickeln, wie dies bei geringerer Pflanzenzahl der Fall sein würde; kümmerlicher Wuchs, schwache Endknospen, gelbliche Farbe sind die Folge dieser namentlich in Nadelholzsaatbeeten nicht seltenen Erscheinung, während bei größeren Samen eine gleichmäßige und nicht zu dichte Ansaat leichter auszuführen ist — so bei Eicheln, Bucheln, Ahorn.

Die eben berührten Nachtheile des dichten Standes machen sich aber am meisten dann geltend, wenn die Pflänzchen länger als ein Jahr im Saatbeet stehen, während bei nur einjährigem Verbleiben in demselben jene Folgen minder hervortreten, eine Verdünnung nur bei sehr dichtem Stand nöthig erscheint.

Die nothwendige Hülfe aber geben wir durch rechtzeitige Ver=dünnung der Saat mittelst Ausziehen oder Ausschneiden des Uebermaßes an Pflanzen. — Bei einer im ersten Lebensjahr stehenden Saat ist eine Ausscheidung zwischen den kräftigern und den zurück=bleibenden Pflänzchen in der Art, daß wir beim Ausziehen nur die letzteren entfernen, noch nicht eingetreten, wir müssen hier ziemlich summarisch verfahren und eben einfach eine Anzahl von Pflanzen aus=

reißen, am zweckmäßigsten in der Mitte der Rille, woselbst sich auch das Kümmern der Pflanzen am ersten und stärksten geltend macht, während die Randpflanzen wenigstens nach einer Seite hin freieren Wurzelraum haben, sich dadurch kräftiger entwickeln.

Zur Erleichterung und raschen Ausführung des Verdünnens zu dichter 1= und 2jähriger Fichtensaaten wandte man auch ein Lineal an[1]), das durch die in einer Rille stehenden Pflanzen in der Weise geschoben wird, daß jene Pflanzen, welche stehen bleiben sollen, auf einer, die zu entfernenden Pflanzen auf der andern Seite des Lineals sich befinden. Die ersteren werden durch Andrücken des Lineals nach der Seite gebogen, die letztern, aufrecht stehenden aber ausgerupft, was dann, ohne weitere Auswahl erfolgend, sehr rasch geht.

Wir können uns für dieß Verfahren aber nicht aussprechen; für zweijährige Pflanzen, bei welchen sich der Unterschied zwischen stärkeren und zurückbleibenden Pflanzen schon deutlich markirt, halten wir das= selbe für zu summarisch, bei einjährigen aber rupfen wir, wie oben erwähnt, die zu entfernenden Pflanzen möglichst aus der Mitte der Rille.

Dem bei dichtem Stand oft schon im Sommer des ersten Lebensjahres stattgehabten Durchrupfen, das man — wenn es zu dieser Zeit unterblieb — zweckmäßig im Frühjahr des zweiten Jahres mit der erstmaligen Reinigung des Beets und der Pflanzreihen von Unkraut verbindet (etwa im Mai), folgt bei Pflanzen, welche drei Jahre im Saatbeet stehen sollen, um dann unverschult verwendet zu werden, nicht selten ein nochmaliges Durchrupfen im Sommer des zweiten oder Frühjahr des dritten Jahres, und es kann sich diese Hülfe auch in Saatbeeten nöthig zeigen, die anfänglich nicht zu dicht stehend, durch kräftige Entwicklung der Pflanzen im ersten und zweiten Lebensjahre in gedrängten Stand gekommen sind, ein Nachlassen im Wuchs für das dritte Lebensjahr befürchten lassen. Hier werden wir nun natürlich beim Durchrupfen minder summarisch verfahren; ein Unterschied zwischen stärkeren und geringeren Pflanzen wird sich schon sehr bemerkbar machen, und letztere sind es, die dann durch Ausziehen entfernt werden.

Statt des Ausziehens hat man auch wohl das Ausschneiden der überflüssigen Pflanzen mit der Scheere gewählt, um jede etwaige Lockerung der verbleibenden Pflanzen in ihren Wurzeln, jede Beschädi= gung der letztern zu vermeiden. Diese Besorgniß dürfte aber, wenn das Ausziehen bei feuchtem Wetter und mit entsprechender Vorsicht ge=

---

[1]) Allg. F.= u. J.=Z. 1860. S. 413.

schieht, unbegründet sein und das rascher fördernde Ausrupfen dem umständlicheren Ausschneiden vorzuziehen sein.

Wir könnnen das Durchrupfen zu dichter Saaten, insbesondere bei der Fichte, welche oft 2= und 3jährig im Saatbeet erzogen und als unverschulte kräftige Pflanze ins Freie versetzt wird, unsern Fach= genossen nicht genug empfehlen. Der Erfolg ist nach vergleichenden Versuchen, die wir in unserem akademischen Forstgarten angestellt haben, ein ganz auffallend günstiger, und man wird mit der Verdünnung nicht leicht zu weit gehen[1]).

Die als entbehrlich ausgerupften Pflänzchen wirft man am besten wohl einfach weg; ein vorsichtigeres Ausheben des Uebermaßes und Einschulen desselben[2]) wird sich wohl nur ausnahmsweise empfehlen und nur bei im Frühjahr erfolgendem Durchrupfen überhaupt aus= führbar sein.

§ 72.

Pflege der Saatbeete durch Zwischendüngung.

Wenn Saatbeete einer wiederholten Benutzung ohne gründliche und rationelle Düngung unterstellt werden, so macht sich der Mangel an Nährstoffen durch kümmerliches Wachsthum, kleine Blätter, gelbe Färbung der Nadeln bemerklich. Bei Pflanzen, die einjährig zur Be= nutzung kommen sollen, läßt sich dem Uebelstand nicht mehr abhelfen, bei Pflanzen dagegen, welche zwei oder drei Jahre im Saatbeet stehen sollen, können wir durch eine sogenannte Zwischendüngung den Nahrungsmangel heben, den Pflanzen zu gedeihlichem Wachsthum ver= helfen. Eine solche kann sich aber auch auf ursprünglich gut gedüng= tem Boden bei etwas dichtem Pflanzenstand und längerem — drei= jährigem — Verbleib im Saatbeet als nöthig oder doch vortheilhaft erweisen.

Ueber die Ausführung einer solchen Zwischendüngung haben wir bereits im § 28 das Nöthige gesagt und weisen nur nochmals darauf hin, daß bei derselben stets rasch wirkende, also leicht lösliche Düngemittel — chemische Präparate, Asche, Jauche u. dgl. —, nicht aber Kompost, Rasenerde und ähnliche langsamer sich zersetzende Mate= rialien zu verwenden sind, und daß die Düngung möglichst zeitig im Jahre zu erfolgen hat, wenn sie sich im selben Jahre noch von ent= sprechendem Erfolg zeigen soll.

---

[1]) Zu weit gehend dürfte das Scheeren der Nadelholzrillen in der Weise sein, daß die Pflanzen genau einzählig in der Reihe stehen. Allgem. F.= u. J.=Z. 1866. S. 210.

[2]) Forstl. Mitth. XI. S. 129.

IV. Abschnitt.
Die Pflanzenerziehung im Pflanzbeet.

1. Kapitel.
Die Verschulung der Pflanzen.

§ 73.
Allgemeine Erörterungen.

Wenn eine im Saatbeet erzogene Pflanze nicht kräftig und groß genug erscheint, um sofort zur Kultur ins Freie benutzt werden zu können — sei es, daß sie durch überwachsendes Gras und Unkraut, durch Frost und Hitze, durch Wild oder Weidevieh gefährdet würde, sei es, daß bei Nachbesserungen im Hoch- oder Niederwald die schon herangewachsene oder (als Stockausschlag) rasch heranwachsende Umgebung stärkeres Pflanzmaterial nöthig macht — so wird dieselbe aus dem stets mehr oder weniger dichten Stand des Saatbeets, der eine kräftige Entwicklung der Seitenwurzeln wie der Beastung für größere Pflanzen unmöglich macht, in eine nach allen Seiten freiere Stellung auf dem Pflanzbeet gebracht, um hier zu erstarken, Bewurzelung und Beastung allseitig auszubilden: sie wird verschult (umgeschult, umgelegt, verstopft).

Dieses Verschulen schwacher Pflanzen behufs Erziehung starker, kräftiger Pflänzlinge ist jedenfalls ein der Gärtnerei und Obstbaumzucht entlehntes Verfahren und wurde zunächst nur bei Laubhölzern — vor Allem wohl der Eiche — angewendet, um das zur Bepflanzung von Hutflächen, Alleen u. dgl. nöthige Material zu erziehen. Jedenfalls aber war die Anwendung der Verschulung bis vor wenig Jahrzehnten eine sehr beschränkte; sagt doch Hundeshagen noch 1828[1]), „daß er von dem öftern Umlegen der Stämmchen noch nirgends guten Erfolg gesehen", und Gwinner erzählt 1841[2]), daß bei Nadelhölzern ein Versetzen in der Regel nicht stattfinde. Vergleichen wir mit diesen Aussprüchen die ausgedehnten Beete voll verschulter Pflanzen, Laub- wie Nadelhölzer, in unsern jetzigen Pflanzgärten, so werden wir einen ganz außerordentlichen Umschwung und Fortschritt auch auf diesem Gebiete der Forstwirthschaft und respektive Pflanzenerziehung zu konstatiren haben.

---

[1]) Encyklopädie 1828. S. 354.
[2]) Waldbau. 1841. S. 296.

Einen Fortschritt[1]): denn die Vorzüge der verschulten Pflanzen
gegenüber den unverschulten sind so in die Auge fallend, daß selbst
das Auge des Laien sie erkennt. Die allseitige, gleichmäßige Bewurzelung und Beastung, der stufige Wuchs unterscheiden sie aufs
Vortheilhafteste von der unverschulten Pflanze, welche im dichten Stand
des Saatbeets genöthigt war, ihre Wurzeln fast ausschließlich nach der
Tiefe oder (als Randpflanze) nach einer Seite zu senden, welche ihren
Höhentrieb auf Kosten der Seitenbeastung wie der Stärke des Stämmchens unverhältnißmäßig strecken mußte, oder in Folge zu dichten
Standes in der Entwicklung überhaupt zurückblieb. — Das Gedeihen
unserer Kulturen hat durch die Anwendung verschulter Pflanzen außerordentlich an Sicherheit gewonnen, denn die stufig gewachsene, reichlich
und allseitig bewurzelte Schulpflanze vermag allen Gefährdungen und
namentlich dem größten Feind der Kulturen, der Trockniß, viel sicherer
zu widerstehen, als die minder vollkommene Saatbeetpflanze. Die
Verschulung hat uns die Mittel an die Hand gegeben, den für die
Verpflanzung in höherem Alter ungünstigen Wurzelbau mancher Holzarten, obenan der Eiche, durch Kürzung der Pfahlwurzel und Hervor-
rufung reicher Seitenbewurzelung in günstiger Weise umzugestalten;
sie hat die kostspielige und für die das Pflanzmaterial liefernden
Schläge oft verderblich gewordene Ballenpflanzung sehr in den Hintergrund gedrängt und den Anbau empfindlicher Holzarten — so vor
Allem der Tanne — im Freien und ohne Schutzbestand erst recht ermöglicht, indem wir diese Holzarten im Schutz des Saat- und Pflanzbeets hinreichend erstarken lassen können. Die Mehrzahl unserer
Laubholzpflanzen, welche zur Verwendung gelangen, Eichen und
Ahorn, Eschen und Ulmen, werden umgeschult; von den Nadelhölzern
sind es Tanne und Fichte[2]), deren Verschulung gegenwärtig in ausgedehntem Maße stattfindet, weniger die Lärche, fast gar nicht die
Föhre, deren Verschulung jedoch in neuester Zeit auch für manche Ver-

---

[1]) Forstrath Wagener sagt (Der Waldbau und seine Fortbildung S. 407)
wörtlich: „ich halte die Verschulung der Pflanzen als regelmäßiges Verfahren der
Pflanzenzucht für eine ebenso kostspielige, als völlig zwecklose und entbehrliche
Kulturkünstelei" und erklärt dieselbe lediglich zur Erziehung von Heisterpflanzen, die
man etwa bei Bepflanzung von Viehweiden 2c. nöthig habe, für gerechtfertigt. —
Wir möchten dieser weitgehenden Behauptung gegenüber unsere obigen Ausführun-
gen über den Vortheil, den die Anwendung verschulter Pflanzen in zahlreichen
Fällen bietet, vollkommen aufrecht erhalten.

[2]) Auch Weymouthskiefer und Schwarzkiefer werden meist als verschulte Pflanzen
verwendet, ebenso jene Coniferen, mit denen Anbauversuche in neuerer Zeit angestellt werden, wie Abies Douglasii, Pinus rigida u. dgl.

hältnisse empfohlen wird; die Besprechung der einzelnen Holzarten wird
uns auf dies Thema zurückführen.

Die Frage, wann beim Kulturbetrieb verschulte Pflanzen nöthig,
wann unverschulte genügend seien, hat die Lehre vom Waldbau, haben
die lokalen Verhältnisse zu beantworten; unser Handbuch soll nach ge=
troffener Entscheidung hierüber nur lehren, wie die nöthigen, stärkeren
oder schwächeren Pflanzen zu erziehen seien. Nur im Allgemeinen
möchten wir noch beifügen, daß trotz der oben erwähnten Vorzüge
verschulter Pflanzen die Anwendung der billigern, rascher erzogenen,
unverschulten Pflanzen in möglichst geringem Alter da angezeigt er=
scheinen wird, wo die im Eingang dieses Paragraphen angeführten
Gründe für Verwendung stärkerer Pflanzen nicht bestehen, und daß mit
der immerhin nicht unwesentliche Kosten verursachenden Verschulung,
insbesondere der Fichte, vielfach wohl weiter gegangen wird, als unbe=
dingt nöthig[1]). Auch hier bewährt es sich, daß ein zu weit gehendes
Generalisiren im Waldbau nichts tauge!

§ 74.

Saat= und Pflanzschule — Zusammenhang beider.

In sehr vielen Fällen finden wir die Pflanzschule mit der Saat=
schule, welche das zur Verschulung nöthige Material liefert, vereinigt,
Saat= und Pflanzbeete unmittelbar neben einander gelegen, und es
hat diese Vereinigung beider ihre ganz entschiedenen Vorzüge; Ver=
packung und Transport der jungen Pflänzchen wird erspart, die aus=
gehobenen Saatpflänzchen kommen oft schon nach wenig Minuten
wieder in den Boden, die Arbeit greift rasch und sicher in einander.
— Dagegen sind wohl auch die Fälle nicht allzu selten, in welchen
die gegen Frost und Hitze, gegen Beschädigungen und Gefährdungen
mancher Art zu schützenden Saatpflänzchen in einem einzigen, günstig
gelegenen, gut eingefriedigten, ständig überwachten Forstgarten (etwa
bei einer Försterwohnung gelegen) erzogen werden, während die Pflanz=
schulen in dem vielleicht parzellirten Revier zerstreut, eventuell in der
Nähe der Kulturorte sich befinden; so insbesondere in Fichtenrevieren,
in denen die Pflanzkämpe meist einer Einfriedigung nicht mehr be=
dürfen, oder wo in denselben etwa Ballenpflanzen erzogen werden sollen,
was nur in einmal zu benutzenden Wanderkämpen geschehen kann.

―――――

[1]) Vergl. die Mittheilungen des Oberförsters Pollak. Allg. F.= u. J.=Z.
1880. S. 339.

S. auch das im II. Theil unseres Buches über die Verwendung unverschulter
Fichten Gesagte.

Im Allgemeinen gilt für Auswahl einer Oertlichkeit zu einer ausschließlichen Pflanzschule dasselbe, was wir über die Wahl des Platzes für einen Forstgarten überhaupt gesagt, doch ist hier ein weniger milder, bindenderer Boden eher zulässig, als für die Saat, da die schon erstarkten einzuschulenden Pflanzen manche Hindernisse leichter überwinden, als die keimenden Samen, die aufgehenden Pflänzchen.

Die Größe der zur Verschulung zu bestimmenden Fläche wird durch die mannigfachsten Verhältnisse beeinflußt: die Menge der zur Ausführung der Kulturen alljährlich nöthigen verschulten Pflanzen, die Stärke, welche dieselben erreichen sollen, und hiedurch bedingt die Dauer ihres Verbleibens im Pflanzbeet, die Entfernung, in welcher je nach Holzart und Oertlichkeit die Pflanzen im Pflanzbeet zu setzen sind, endlich der erfahrungsgemäße (nicht unbedeutende) Abgang an eingehenden und untauglichen Pflanzen werden dem Wirthschafter hierbei maßgebend sein.

In engem Zusammenhang mit der Größe der Pflanzbeete, der Menge der alljährlich zu verschulenden Pflanzen steht die Größe der Saatbeete, auf welchen diese Pflanzen erzogen werden sollen. Im Allgemeinen bemißt man dieselbe nicht zu gering, trägt etwaigen Gefährdungen und Kalamitäten Rechnung und hat lieber ein paar Tausend Pflanzen übrig, als ein Tausend zu wenig, zumal ein etwaiger Ueberschuß doch meist anderweit verwerthbar, verkäuflich zu sein pflegt. Relativ am kleinsten wird die Fläche der Saatbeete sein, wenn die Pflanzen einjährig verschult werden, während deren Verschulung in zweijährigem Alter reichlich die doppelte, in dreijährigem (wie dies als Ausnahme bei Fichten in Hochlagen vorkommt) die etwa vierfache Saatschulfläche nöthig macht (da natürlich 2= und 3jährige Pflanzen nicht so dicht stehen dürfen, wie einjährige); im Weiteren aber ist das Größenverhältniß von Saat= und zugehöriger Pflanzschule bedingt durch die Zeit, welche die Pflanzen in dem Pflanzbeet zu stehen haben — je länger dieselbe, um so geringer natürlich die nöthige Saatbeetfläche, wie denn z. B. die Erziehung von Heistern, welche 5—8 Jahre im Pflanzbeet stehen, erklärlicher Weise die verhältnißmäßig kleinste Fläche für Saatbeete nöthig macht.

Auch der weitere Umstand ist für die Größe einer ständigen Pflanzschule von Bedeutung, ob die zu den Frühjahrskulturen abgeräumten Pflanzbeete nach sofortiger Umarbeitung und Düngung noch im gleichen Frühjahre wieder zur Verschulung benutzt werden, oder ob sie ein Jahr lang brach liegen bleiben; in letzterem Falle erhöht sich z. B. bei zweijährigem Verbleiben der Pflanzen im Pflanzbeet die Größe der Pflanz=

schule um die Hälfte. — Auf das Verhältniß der Saatbeet= zur Pflanzbeetfläche wird die Brache selbst dann nicht immer ohne Einfluß sein, wenn auch bei den Saatbeeten je eine Jahresfläche brach liegt; für die Erziehung einjähriger Pflanzen z. B. würde in diesem Fall die doppelte Fläche im Pflanzgarten zu bestimmen sein, für die Pflanzbeete im eben angeführten Fall nur um die Hälfte der sonst nöthigen Fläche mehr. Werden dagegen die Pflanzen zweijährig verschult und stehen zwei Jahre im Pflanzbeet, so ist die Brache auf das Größenverhältniß von Saat= und Pflanzschule ohne Einfluß.

Bestimmte Zahlen über dies letztere lassen sich also erklärlicher Weise nicht geben, die lokalen Verhältnisse und die Erfahrungen lassen den Wirthschafter wohl das Richtige finden. Im Allgemeinen geben Schmitt[1] und Gayer[2] an, daß zur Erziehung 3—4jähriger verschulter Pflanzen etwa der zehnte, 5= und 6jähriger Pflanzen der zwanzigste Theil der Pflanzschulfläche zu Saatbeeten zu verwenden sei.

§ 75.

Alter und Stärke der zu verschulenden Pflanzen.

Bezüglich des Alters und der Größe der zu verschulenden Pflanzen läßt sich der allgemeine Grundsatz aufstellen, daß es zweckmäßig sei, die Pflanzen in thunlichst geringem Alter, in der Regel also einjährig, zu verschulen, indem einerseits mit solch kleinen Pflanzen die Verschulung am leichtesten und billigsten auszuführen ist, anderseits die Pflanze durch diese frühzeitige Gewährung eines größern Stand= raumes zu rascher Entwicklung gebracht und die Absicht, kräftige Pflanzen zu erziehen, hiedurch in kürzester Zeit erreicht wird. Ins= besondere gilt diese Verschulung einjähriger Pflanzen als Regel für jene Holzarten, welche schon im ersten Jahre eine bedeutendere Entwick= lung, insbesondere auch der Pfahlwurzel, zeigen.

Man geht mit dem Alter der einzuschulenden Pflanzen sogar noch weiter herunter und verschult die eben erst aufgegangenen Keimlinge (in manchen Gegenden dann als „Krautpflanzen" bezeichnet) mit gutem Erfolg — so von Eschen, Weißbuchen.

Dagegen werden auch zwei= und selbst dreijährige Pflanzen[3]

---

[1] Fichtenpflanzschulen. S. 64.

[2] Waldbau. S. 428.

[3] Wir haben einen Versuch gemacht, schon ältere (5jährige) Ahorn= und Ulmenpflanzen, erstere aus einer Saat unter zu starker Beschattung, letztere aus einem alten Saatbeet neben dichter Fichtenhecke und mit seitlicher Ueberschattung, noch zu verschulen. Der Versuch zeigte eine überraschende Entwicklungsfähigkeit der alten

zur Verschulung verwendet, wenn in Folge ungünstiger Verhältnisse die Pflanzen im ersten Jahre sich nur sehr schwach entwickelt haben, wie dies z. B. bei der Fichte nicht selten, in rauhem Klima selbst regel= mäßig der Fall ist, oder wenn die Entwicklung der betreffenden Holzart in den ersten Lebensjahren an sich eine sehr langsame ist, wie z. B. bei der Tanne.

Das Verschulen zu kleiner, zu schwach entwickelter Pflanzen ist an sich ein mißliches Geschäft und eine natürliche Ausscheidung der Pflanzen in kräftigere und geringere Exemplare hat dann noch nicht in solchem Maße stattgefunden, daß sie auch beim Verschulen ent= sprechend berücksichtigt werden könnte, wie dies doch wünschenswerth ist.

Eben so, wie das Verschulen zu kleiner, ist auch das Verschulen schon zu großer, im mehrjährigen dichten Saatbeetstand spindelig herangewachsener Pflanzen zu vermeiden — man wird aus solchem Material keine schönen, stufigen Pflanzen mehr erziehen und viel Ab= gang haben, und zudem ist die Einschulung solch größerer Pflanzen stets kostspieliger, als jene kleiner Pflänzchen.

Für das Alter, in welchem zum Zweck der Erziehung von Heistern eine zweitmalige Verschulung statt zu finden hat, wird die Holzart und die mehr oder minder günstige Entwicklung der erstmals ver= schulten Pflanzen maßgebend sein und dieselbe demgemäß nach zwei= bis höchstens vierjährigem Stehen im Pflanzbeet einzutreten haben. —

Neben dem Alter ist es, wie oben erwähnt, die Stärke der Pflanzen im Saatbeet, welche für deren alsbaldige oder noch um ein Jahr zu verschiebende Verschulung bestimmend ist, und der durchschnittliche Entwicklungsgrad der Pflanzen eines Beetes wird hiebei den Aus= schlag geben.

Unter den Pflanzen eines Saatbeets werden sich jederzeit eine kleinere oder größere Zahl von zurückgebliebenen Pflänzchen finden, je dichter der Stand war, um so mehr. Solche Schwächlinge, die sich durch geringere Größe und schwache Knospen leicht kenntlich machen, werfe man rücksichtslos bei Seite — das Einschulen derselben muß als ein entschiedener Fehler bezeichnet werden, der nur bei seltneren und werthvolleren Holzarten, oder durch Mangel an Verschulungsmaterial etwas entschuldigt werden kann. Solche Schwächlinge werden jederzeit ein Jahr länger im Pflanzbeet stehen müssen, als kräftige Pflanzen, um

---

verkümmerten Pflanzen! Dieselben, durchschnittlich 20—30 cm hoch, entwickelten sofort, im ersten Jahre nach der Verschulung, kräftige Höhentriebe bis zu 50 cm Höhe, und zeigten insbesondere die Ulmen sich sofort wuchskräftig.

geeignetes Pflanzmaterial für die Kultur zu liefern, und doch in der Regel an Qualität hinter den um ein Jahr später verschulten kräftigen Pflänzchen zurückbleiben. Noch mißlicher aber ist es, wenn solche schwache Pflanzen auf die gleichen Beete mit den kräftigern verschult werden: hier kann man dann mit der Benutzung der Beete in große Verlegenheit kommen, indem sich auf demselben Beet seinerzeit verwendbares und noch zu geringes Material gleichzeitig vorfindet, das erstere oft dem letztern zu lieb ein Jahr zu lange im Pflanzbeet stehen muß.

Aber auch bei dem brauchbaren Pflanzmaterial bestehen auf ein und demselben Saatbeet oft sehr bedeutende Unterschiede in der Entwicklung, in höherem Grade bei den schon im ersten Lebensjahre sich stärker entwickelnden Laubhölzern — so bei Ahorn, Ulme, Eiche — als bei den Nadelhölzern. Hier ist dann vor der Einschulung ein entsprechendes Sortiren sehr zu empfehlen[1]), so daß auf ein und dasselbe Pflanzbeet möglichst gleich starke Pflanzen eingeschult werden; die Beete mit den stärkeren Pflanzen werden stets ein, selbst zwei Jahre vor den andern zu nützen sein, ein nicht zu unterschätzender Vortheil neben dem Vermeiden des Nachtheils, daß man einen Theil der Pflanzen, die kräftigen, zu stark werden lassen muß, oder einen andern, die schwächern, in noch nicht genügend erstarktem Zustand mit zu verwenden genöthigt ist.

§ 76.

Dauer des Verbleibens der Pflanzen in der Pflanzschule.

Wie das Alter, in welchem die Verschulung vorgenommen wird, so ist auch die Dauer des Verbleibens der verschulten Pflanzen in den Pflanzbeeten eine verschiedene, bedingt durch Holzart, Entwicklung der Pflanzen, Verwendungszweck.

Als Minimum dieser Zeitdauer darf man wohl für die meisten Holzarten zwei Jahre betrachten, da ein nur einjähriges Stehen im Pflanzbeet meist verhältnißmäßig geringen Erfolg zeigen, nicht jenen Unterschied in der Stärke, Bewurzelung und Beastung hervorrufen würde, der das immerhin kostspielige Verschulen rechtfertigt. Erst im zweiten Jahre pflegt die verschulte Pflanze sich besonders kräftig und stusig zu entwickeln, nachdem sie sich im ersten Jahre dem neuen Standort accommodirt, den ihr gebotenen Wurzelraum benutzt, unter dem allseitigen Einfluß des Lichtes die entsprechenden Seitenknospen ausgebildet hat. — Wir können sogar die Wahrnehmung machen, daß bisweilen die Stamm-

---

[1]) Forstl. Blätter. 1879. S. 174. — Fischbach, Forstwissensch. S. 119.

entwicklung der unverſchult gebliebenen Pflanzen bei nicht allzu dichtem Stande eine kräftigere iſt, als jene ihrer verſchulten Alters= genoſſen im erſten Jahre, zumal wenn eine Kürzung der Wurzel (Eiche!) mit dem Verſchulen verbunden war, oder der Verſchulung un= mittelbar anhaltende Trockniß folgte, welche den verſetzten Pflanzen das Anwachſen erſchwerte. Im zweiten Jahre allerdings pflegen die ver= ſchulten Pflanzen dann das Verſäumte reichlich einzuholen.

Eine Ausnahme bezüglich des oben angegebenen Minimums machen nur einige beſonders ſchnellwüchſige Holzarten — Erlen, Akazien —, bei denen unter günſtigen Umſtänden ſchon einjähriges Stehen im Pflanzbeet zu genügender Erſtarkung der Pflanzen ausreicht; auch ver= ſchulte Föhren pflegt man nur ein Jahr im Pflanzbeet zu belaſſen.

Nicht ſelten aber werden die verſchulten Pflanzen auch drei und ſelbſt vier Jahre im Pflanzbeet zu ſtehen haben, ſei es, daß in Folge lokaler Verhältniſſe, rauhen Klimas die Entwicklung überhaupt eine langſamere iſt (Fichte), ſei es, daß die betreffende Holzart an ſich ein in der Jugend ſehr langſames Wachsthum hat, wie die Tanne, ſei es endlich, daß Pflanzen von beſonderer Stärke zu Nachbeſſerungen in älteren Schlägen, wegen Ungunſt der Kulturorte und ähnlicher Gründe gewünſcht werden. Auch Beſchädigungen, etwa durch ſtarken Spätfroſt, können die Pflanzen in der Entwicklung derartig zurückwerfen, daß die= ſelben länger, als ſonſt nöthig, im Pflanzbeet ſtehen müſſen.

In dem eben erwähnten Falle jedoch, daß Pflanzen von beſonderer Stärke gewünſcht werden, tritt bei Laubhölzern zur Erziehung der ſogenannten Halbheiſter oder Heiſter in der Regel eine zweite Ver= ſchulung ein, welche dann Gelegenheit gibt, eine nochmalige Sortirung und reſp. Ausſcheidung minder tauglicher Exemplare, Korrektur der Wurzeln und Gewährung entſprechenden Standraumes vorzunehmen. Die Dauer des Verbleibens dieſer zum zweiten Mal verſchulten Pflanzen in der Heiſterſchule ſchwankt, je nach Holzart und gewünſchter Stärke, etwa zwiſchen zwei und vier Jahren. — Für Nadelhölzer findet eine zweimalige Verſchulung im Forſtbetrieb nur ganz ausnahmsweiſe ſtatt: bei der Lärche (ſ. § 117), wenn es ſich um Erziehung von Lärchenheiſtern (für Wildparke etwa) handelt, und noch ſeltener wohl bei der Weißtanne (ſ. § 114) bei Bedarf beſonders erſtarkter Pflanzen.

<h2 style="text-align:center">§ 77.</h2>

Zweckmäßigſte Zeit zur Vornahme der Verſchulung.

Die richtigſte Zeit zur Vornahme der Verſchulung iſt jedenfalls im Frühjahre vor dem Aufbrechen der Knoſpen. Gegen ein Verſchulen im Herbſt ſpricht zunächſt die Gefahr des Ausfrierens, welcher die noch nicht angewurzelten Pflanzen in dem frisch gelockerten Boden ausgesetzt wären; Herbstkulturen pflegen aber auch um der kürzeren Tage willen verhältnißmäßig theuer zu sein, und endlich werden nicht selten die zur Verschulung zu benutzenden Beete erst durch die Frühjahrskulturen leer. Im Sommer läßt sich zwar auch verschulen[1]), und namentlich Fichten können im Juni mit schon ziemlich entwickelten Trieben noch mit gutem Erfolg verschult werden, während der letztere bei Laubholz sehr zweifelhaft sein wird; aber auch bei den weniger empfindlichen Nadelhölzern ist man jedenfalls sehr von der Witterung abhängig, muß beim Verschulen selbst, wie bei eintretender Trockne gießen und wird gleichwohl bei anhaltender Hitze starken Abgang haben.

Beide Gefahren bestehen im Frühjahre nicht; man beginnt gerne zeitig mit dem Verschulen, um die Bodenfeuchtigkeit und die im April häufigen Niederschläge den Pflanzen zu gute kommen zu lassen, und der April pflegt allenthalben der Hauptmonat für die Verschulungsarbeit zu sein; in rauheren Lagen verschiebt sich wohl die letztere in den Anfang bis selbst Mitte Mai. Fast überall läßt man zweckmäßiger Weise die Verschulung der minder bringenden Arbeit des Ansäens vorausgehen.

Wenn die Pflanzen schon etwas angetrieben haben, so schadet das bei Tanne und Fichte nichts; bei Laubhölzern und Lärchen aber sucht man die Verschulung nach bereits erfolgtem Laubausbruch zu vermeiden, da eintretende Trockniß stets sehr nachtheilig einwirkt. Wird die Verschulung dadurch, daß zuerst zahlreiche Kulturen auszuführen und zu denselben die Beete erst abzuleeren sind, etwas lange hinausgeschoben, so hebt man wohl zweckmäßig die zu verschulenden Pflänzchen aus und schlägt sie an kühlem, schattigem Ort ein, wodurch das Treiben derselben zurückgehalten wird[2]); es ist dies für empfindliche Holzarten zugleich ein Schutz gegen Spätfrostgefahr. —

Zu berücksichtigen sind bei Vornahme der Verschulung der Feuchtigkeitsgrad des Bodens und die Witterung, und beide können eine Verschiebung oder Unterbrechung der Arbeit nöthig machen. Bei bindendem Boden tritt große Bodenfeuchtigkeit, Regenwetter, der Arbeit hinderlich in den Weg, der Boden ist schmierig und klumpig, die zarten Wurzeln können nicht entsprechend untergebracht werden, und die Arbeiter treten beim Arbeiten auf den größeren Ländern den erst gelockerten Boden stark zusammen. Bei lockerem Boden, Sandboden,

---

[1]) Allg. F.- u. J.-Z. 1866. S. 213. (Heyer.)
[2]) Vergl. die Note bei § 8.

ist dagegen entsprechende Feuchtigkeit willkommen, da bei zu trockenem Boden die zum Verschulen gezogenen Gräbchen oder eingestochenen Löcher nicht recht halten wollen, indem der trockene Boden stets nachrollt. — Etwas bewölkter oder gedeckter Himmel ist beim Verschulen stets willkommen, bei Sonnenschein und namentlich bei austrocknendem Ostwind aber besondere Vorsicht nöthig, um das rasch erfolgende Austrocknen der Wurzeln wie des Bodens (in den gezogenen Gräbchen oder Furchen) zu verhindern.

§ 78.

Zurichtung des Bodens und der Beete für die Verschulung.

Die Vorbereitung des Bodens für die Pflanzbeete erfolgt bei einer Neuanlage ganz in gleicher Weise, wie für die Saatbeete, also durch hinreichend tiefes Umhacken oder Umgraben im Herbst, damit der Boden während des Winters tüchtig ausfriere und die Winterfeuchtigkeit reichlich aufnehme, und durch gartenmäßiges Umgraben mit dem Spaten im Frühjahre vor der Benutzung. Waren die Beete bisher schon benutzt und wurden etwa erst im Frühjahre abgeleert, so findet natürlich letztere Bearbeitung allein statt. In Verbindung mit dieser Bearbeitung im Frühjahre erfolgt auch die etwa nöthige Düngung und sei hier wiederholt (vergl. § 25), daß es bei Düngung der Verschulungsbeete mehr auf nachhaltige, als auf rasche Wirkung der Düngemittel ankommt, in um so höherem Grade, je länger die Pflanzen in den Pflanzbeeten verbleiben sollen. Rasen-Asche und -Erde, Humus, Kompost lassen sich also hier mit gutem Erfolg verwenden.

Bei der Zurichtung des Bodens im Frühjahre wird man sich auch zu entscheiden haben, ob man zur Verschulung Beete oder größere s. g. Länder (Quartiere, Gewannen) verwenden will. Wir haben über das, was zu Gunsten der einen wie der andern spricht, uns schon früher (§ 41) geäußert und uns aus mancherlei Erwägungen für die Beete, als die in vielen Fällen und insbesondere für langsamer sich entwickelnde Holzarten (Fichten) und bindenden Boden vorzuziehende Eintheilung ausgesprochen. Die Entfernung, welche man den Pflanzreihen geben will und kann, spielt bei Lösung dieser Frage gleichfalls eine sehr bedeutende, oft entscheidende Rolle, indem größere Länder eine sonst etwa zulässige engere Verschulung ausschließen — die Arbeiter müssen sich zum Zweck der Lockerung, Reinigung rc. zwischen den Reihen leicht bewegen können. Heister dagegen, welche in ziemlich bedeutender Entfernung verschult werden müssen, wie rasch sich entwickelnde Laubhölzer überhaupt, werden zweckmäßig auf größere Länder verschult.

Eine nicht unwichtige Frage ist es, ob die im Frühjahre abgeleerten Beete thunlichst sofort wieder benutzt werden, oder bis zum nächsten Frühjahre brach liegen sollen. Daß Letzteres manche Vortheile gewährt, läßt sich nicht in Abrede stellen, und namentlich auf schwererem Boden, der etwa im Frühjahre beim Ausheben der Pflanzen stark zusammengetreten wurde, klumpig und grobschollig erscheint, wird ein Liegenlassen über Winter nach vorherigem Umarbeiten im Spätsommer unter gleichzeitigem tüchtigen Unterarbeiten des während des Jahres gewachsenen Unkrautes (das man aber nicht zur Samenreife gelangen lassen darf!), oder besser noch unter gleichzeitiger Gründüngung mittelst Lupinenanbaues (s. § 24 b) sich als zweckmäßig erweisen, zugleich die Vortheile der landwirthschaftlichen Brache bieten.

Dagegen lassen die nicht geringen Kosten, welche die erstmalige Bodenbearbeitung wenigstens an vielen Orten, dann die Einfriedigung unserer Forstgärten verursachen, nicht selten eine möglichst intensive Ausnutzung dieser letzteren als wünschenswerth erscheinen, und in solchem Falle sucht man also das Brachliegen größerer Flächen zu vermeiden[1]). Dies kann nun, wo die oben geschilderte Beschaffenheit des Bodens ein Ausfrieren über Winter besonders wünschenswerth macht, dadurch geschehen, daß man die im Frühjahre zu verwendenden Pflanzen schon im Herbst aushebt, gut einschlägt und die abgeleerten Felder rauh umarbeitet. Auf minder bindendem Boden dagegen oder in schon länger benutzten Forstgärten, in welchen der Boden durch die öftere Bearbeitung und Düngung mit humosen Substanzen bereits mürbe geworden, unterliegt es auch keinem Anstand, die erst im Frühjahre geleerten Beete sofort unter gleichzeitiger Düngung umzugraben und, nachdem der Boden sich etwas gesetzt hat, zur alsbaldigen Verschulung zu benutzen.

§ 79.

Ausheben der zu verschulenden Pflanzen.

Bei Besprechung des Aushebens der Pflanzen zum Zweck der Verschulung werden wir unterscheiden müssen, ob wir es mit voll oder rillenweise angesäeten Saatbeeten, mit einzuschulenden Wildlingen, mit kleinen oder mit stärkeren, zum zweiten Mal zu verschulenden Pflanzen zu thun haben.

Voll angesäete Saatbeete kommen, wie schon erwähnt, verhältnißmäßig selten mehr vor; zum Ausheben der Pflanzen aus den-

---

[1]) Allg. F.- u. J.-Z. 1866. S. 214.

selben benutzt man am besten eine starke eiserne Gabel (Mistgabel), um Wurzelbeschädigungen zu vermeiden, sticht, am Rande beginnend, größere Ballen heraus und zertheilt dieselben vorsichtig mit der Hand, die einzelnen Pflänzchen herauslösend.

Wesentlich erleichtert und mit der größten Schonung der Wurzeln, namentlich der feinen Saugwurzeln[1] und Wurzelenden, ermöglicht ist das Ausheben der rillenweise erzogenen Pflanzen. Dasselbe erfolgt, indem man, am Ende eines Beetes beginnend, durch Wegräumen der Erde längs einer Pflanzenreihe, jedoch zur Verhütung von Wurzelbeschädigungen in genügender Entfernung von derselben, einen kleinen Graben zieht, dessen Tiefe durch die mehr oder minder tiefe Bewurzelung der betreffenden Pflanzen bedingt ist; auf der andern Seite der Pflanzenreihe wird sodann ein Spaten hinreichend tief senkrecht eingestoßen und mit Hülfe desselben die ganze Reihe nach und nach in jenen Graben gedrückt. Hiedurch entsteht nun gleich der nöthige Graben für die nächste Pflanzenreihe, bei der ebenso verfahren wird; den Spaten sticht man stets genau in der Mitte zwischen den Pflanzenreihen ein. Die losgelösten Pflanzenballen werden mit der Hand in kleinere Partien zertheilt und aus diesen durch vorsichtiges Abschütteln der Erde und Entwirren der oft vielfach verschlungenen Wurzeln die einzelnen Pflänzchen gewonnen; diese letztern sortirt man am besten sogleich, indem man die Schwächlinge bei Seite wirft, eventuell auch die benutzbaren Pflanzen nochmals in stärkere und schwächere scheidet (vergl. § 75). Die brauchbaren Pflanzen bringt man in kleinen Partien sofort mit den Wurzeln in feuchtes Moos oder feuchte Erde und vermeidet namentlich bei trockener Witterung jedes auch nur kurze Bloßliegen der Wurzeln[2]. Werden die Pflanzen nicht auf demselben

---

[1] Von Prof. Bühler mit Fichten angestellte Versuche (Prakt. Forstwirth f. die Schweiz. 1885) haben das mit allen bisherigen Ansichten im Widerspruch stehende interessante Resultat ergeben, daß es nicht die feinen Wurzelfasern sind, mit denen versetzte Pflanzen an- und weiterwachsen, sondern daß diese absterben und dagegen an den stärkeren Wurzeln neue, durch ihre helle Farbe leicht erkennbare Neubildungen entstehen, welche die Ernährung vermitteln. Es wird von Interesse sein, diese für die Kulturpraxis wichtige Beobachtung weiter zu verfolgen.

[2] Ueber die Folgen des kürzern oder längern Bloßliegens der Wurzeln, der Art der Feuchterhaltung u. s. w. vergl. die Versuche von Möller u. Reuß. (Seckendorff, Forstl. Versuchsw. Bd. II. S. 197.)

Auch Bühler hat derartige Versuche angestellt, welche die große Bedeutung des Feuchterhaltens der Wurzeln in prägnanter Weise dokumentiren.

(Schweiz. Zeitschr. f. d. F.-W. 1884. S. 86.)

Orte, wo sie erzogen wurden, eingeschult, so ist natürlich die sorgfältige Verpackung der Wurzeln in feuchtes Moos zur Verhinderung jedes Austrocknens während des Transportes doppelt nothwendig. Ueber das zu gleichem Zweck stattfindende Anschlämmen vergl. § 80. — Besondere Vorsicht erfordern selbstverständlich die gegen jede Beschädigung durch Druck, jedes Austrocknen besonders empfindlichen Keimlinge, wo solche verschult werden sollen.

Zum Ausheben kleiner Wildlinge — Keimlinge, wie ein- und zweijähriger Pflanzen, — wie solches nach geringen Samenjahren, bei welchen der nöthige Samen nicht gesammelt werden konnte und auch in manch andern Fällen [2]) sich als zweckmäßig, wenn auch meistens etwas theurer erweist, benutzt man am besten ein kleines, kurzstieliges Stecheisen (Fig. 36), mittelst dessen die Pflänzchen vorsichtig ausgehoben werden und ohne Ballen, aber mit möglichst viel anhängender Muttererde in Körbe mit feuchtem Moos gelegt, zur alsbaldigen Einschulung gelangen. Auch die kleinen Heyer'schen Hohlbohrer mit nur 4—5 cm Weite lassen sich zu diesem Zweck benutzen und werden die Pflänzchen dann mit den kleinen Ballen eingeschult, wodurch die Einschulung allerdings etwas theurer wird.

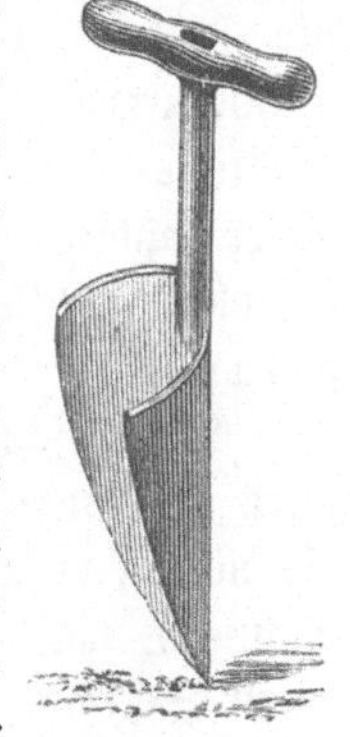

Figur 36.

Je größer die Pflanzen, um so mehr Vorsicht wird beim Ausheben derselben zur Schonung der schon tiefer gehenden, weiter verzweigten Wurzeln nöthig sein, wobei allerdings zu bemerken ist, daß nicht alle Holzarten gleiche Empfindlichkeit gegen Beschädigung der Wurzeln oder gegen einiges Austrocknen zeigen — die Nadelhölzer stehen in beiden Richtungen obenan! Bei ihnen hat man es nun allerdings auch meist mit kleineren Pflanzen zu thun, die leichter zu behandeln sind, bei den Laubhölzern dagegen oft mit schon ziemlich starken Pflanzen da, wo es sich um Heisterzucht handelt. Solche stärkere, schon einmal verschulte Pflanzen werden mit besonderer Vorsicht, Pflanze um Pflanze, herausgestochen und wird sodann zum Zweck etwaiger Wurzelkorrekturen meist die anhängende Erde abgeschüttelt; sind aber solche Korrekturen nicht nöthig und bleiben die Pflanzen im selben Forstgarten, so läßt man auch hier möglichst viele Muttererde an den Wurzeln hängen, um hiedurch jedes Austrocknen zu verhüten, das Wiederanwurzeln zu befördern [2]).

----

[1]) Vergl. § 114: Die Weißtanne.

[2]) Geyer verschult seine Heister mit Ballen (s. Die Erziehung d. Eiche zum Hochstamm).

§ 80.

Behandlung der Pflanzen nach dem Ausheben:
Beschneiden, Anschlämmen, Einschlagen.

Das Beschneiden der Wurzeln zu verschulender Pflanzen kann verschiedene Zwecke haben: entweder lediglich Entfernung beschädigter, gequetschter oder abgeschundener Wurzeltheile, Herstellung einer glatten Schnittfläche an Stelle einer durch Zerreißung entstandenen Wunde, Kürzung zu langer, die Verschulung erschwerender Wurzelstränge — oder Veränderung der Wurzelbildung überhaupt in einer die spätere Auspflanzung erleichternden Weise durch Kürzung der Pfahlwurzel und zu langer Seitenwurzeln und dadurch bewirkte reichliche Entwicklung von Saug- und Faserwurzeln. Insbesondere dieser letztere Grund ist es, der das Kürzen der Wurzeln beim Verschulen rechtfertigt, ja nothwendig macht, während man beim Verpflanzen die Wurzeln stets möglichst unverkürzt zu erhalten suchen wird[1]).

Ein Beschneiden der Wurzeln bei der erstmaligen Verschulung wird sich nur bei Pflanzen mit besonders starker Pfahlwurzelbildung als nöthig erweisen, so vor Allem bei der Eiche[2]), auch wohl bei der Tanne[3]), während die meisten übrigen Holzarten, auf gutem, in der obern Schichte hinreichend gedüngtem Boden erzogen und in geringem Alter verschult, ein Beschneiden der Wurzeln nur ausnahmsweise und nur dann bedürfen, wenn ohne Kürzung der Wurzeln ein Umbiegen derselben beim Einschulen zu fürchten ist. So empfiehlt Schmitt[4]) in diesem Fall selbst das Kürzen der Wurzeln zu verschulender Fichten, wenn dieselben eine Länge von etwa 10 cm überschreiten sollten. Das Beschneiden, welches am besten mit einer (Dittmar'schen) Baumscheere oder einem krummen Messer erfolgt, da die werthvollere Scheere sich an den erdigen Wurzeln rasch abnutzt, beschränkt sich sonach auf ein mäßiges Einstutzen der Pfahlwurzel, wobei man im ersterwähnten Falle (bei der Eiche) wohl im Auge zu behalten hat, daß einerseits der Pflanze die zum Anwachsen nöthigen Saugwurzeln verbleiben, und daß anderseits der an der Abschnittsfläche selbst sich bildende Kranz kräftiger Saugwurzeln bei der seinerzeitigen Verpflanzung gut benutzt werden, also nicht zu tief sitzen soll[5]).

---

1) Vergl. hierüber Forstl. Blätter 1878. S. 308. (Borggreve.)
2) Vergl. hierüber § 103, Die Eiche.
3) Burkhard, A. d. Walde. IV. S. 67.
4) Fichtenpflanzschulen. S. 70.
5) Fischbach, Lehrb. d. Forstw. S. 119.

Größere Bedeutung hat für alle Laubhölzer das Beschneiden der Wurzeln bei der zweiten, zur Erziehung von Heistern stattfindenden Verschulung; hier hat sich die Wurzelkorrektur auf Beseitigung aller zu tief gehenden, zu weit ausstreichenden und dadurch der künftigen Verpflanzung hinderlichen Wurzeln zu erstrecken — es soll ein an Saug- und Faserwurzeln reiches, möglichst konzentrirtes Wurzelsystem ausgebildet werden, welches die seinerzeitige Verpflanzung des Heisters ins Freie mit thunlichst geringem Wurzelverlust gestattet.

Ein Beschneiden der Aeste, des Gipfels wird bei erstmaligen Verschulungen fast stets entbehrlich sein und sich nur etwa auf Entfernung einer Gabelbildung des Stämmchens, eines schlaffen oder erfrornen Johannistriebes beschränken, bei Nadelhölzern überhaupt nur ausnahmsweise vorkommen. Auch bei der zweitmaligen Verschulung zum Zweck der Heisterzucht sucht man jedes stärkere Beschneiden der Aeste gleichzeitig mit der Verschulung zu vermeiden — die desfallsige Pflege der Stammbildung soll in den Pflanzbeeten entweder der Verschulung vorausgehen, oder in der Heisterschule nach erfolgtem Anwachsen des Stämmchens geschehen und erfolgt hier auch leichter, als an den ausgehobenen Pflanzen. Ein späterer Abschnitt, die Pflege der verschulten Pflanzen, wird uns auf das Beschneiden der Aeste zurückführen (siehe § 90).

Soll man die ausgehobenen Pflanzen anschlämmen oder nicht? Auch diese Frage findet eine verschiedene Beantwortung.

Wenn die Pflänzchen aus frischem oder feuchtem Boden ausgehoben, sorgfältig gegen das Austrocknen durch Bedecken der Wurzeln mit feuchtem Moos, feuchter Erde bewahrt und, wie dies in den meisten Fällen zu geschehen pflegt, sofort eingeschult werden, so ist jedes Anschlämmen der Wurzeln entbehrlich; die Pflanzenwurzeln bleiben in naturgemäßer Lage, kleben nicht in unnatürlicher Weise an einander, wie dies leicht Folge des Anschlämmens, namentlich in etwas dickerem Lehmbrei, ist. Unter minder günstigen Umständen aber, namentlich bei Sonnenschein, austrocknendem Ostwinde, empfiehlt es sich allerdings, die Pflanzenwurzeln noch in besonderer Weise gegen das verderbliche Austrocknen der empfindlichen Saugwurzeln zu schützen, und dies geschieht vielfach durch das sogenannte Anschlämmen.

Dieses Anschlämmen erfolgt nun in der Weise. daß man in einem Gefäß oder einem Wasserloch einen dünnflüssigen Lehmbrei anrührt, in welchem dann die in kleinere Partien so zusammengelegten Pflanzen, daß deren Wurzelstöcke alle in gleicher Ebene sich befinden, eingetaucht und hin und her bewegt werden, bis möglichst alle Wurzeln angefeuchtet, mit einer dünnen Lehmbreischicht überzogen sind; häufig

werden dann die Wurzeln noch mit etwas trockener guter Erde oder
Rasenasche beworfen[1]). Buttlar verwandte sogar zu diesem Ein=
schlämmen einen dicken Lehmbrei, damit die etwas beschwerten Wur=
zeln einer Pflanze sich an einander legen, alle senkrecht herabhängen,
wodurch deren Einsetzen in eingestochene verhältnißmäßig enge Pflanz=
löcher erleichtert wird.

Gegen das Anschlämmen der Pflanzenwurzeln, namentlich mit
dickerem Lehmbrei, sprechen sich aber verschiedene Stimmen, so
auch Burkhardt[2]) aus, und gutes Zudecken der Pflanzen, eventuell auch
tüchtiges Einnetzen derselben durch Ueberbrausen mit der Gießkanne
wird hinreichenden Schutz gegen das Austrocknen gewähren. Zur Ar=
beit des Einschulens selbst aber kann man die Pflanzen, insbesondere
die kleinen Nadelholzpflänzchen, in kleine Gefäße — Kübel, Häfen —
voll Wasser stellen, aus denen die diese Gefäße mit sich führenden Ar=
beiterinnen Pflänzchen um Pflänzchen herausziehen, und wird man hie=
durch sein Ziel in sicherster und bester Weise erreichen.

Ein längeres Einschlagen der Pflanzen findet nicht leicht statt
— man sucht Ausheben und Einschulen derselben stets rasch in ein=
ander greifen zu lassen. Zeigt sich dasselbe gleichwohl für etwas
längere Zeit nothwendig, so wählt man hiezu einen schattigen Ort
und legt die Pflanzen in dünnen Lagen — nicht in dicken Büscheln,
wie man auch auf Kulturplätzen wohl sehen kann! — auf die wunde
feuchte Erde, jede Lage gut mit einer Erdschichte deckend. Bei trocknem
Boden netzt man Erde und Wurzeln entsprechend an.

<h2 style="text-align:center">§ 81.</h2>

<h3 style="text-align:center">Entfernung der Pflanzen und Pflanzreihen beim Einschulen.</h3>

In ähnlicher Weise und aus ähnlichen Gründen, aus welchen wir
bei dem Kulturbetrieb fast stets die Pflanzung in Reihen, mit engerem
Pflanzenabstand in den Reihen und größerer Entfernung dieser letz=
teren von einander ausführen, wählen wir auch bei der Verschulung
fast ausnahmslos diese Stellung der Pflanzen; dieselbe gibt uns ins=
besondere die Möglichkeit, durch engern Stand in der Reihe eine
größere Anzahl von Pflanzen auf derselben Fläche zu erziehen, während
die breiteren Zwischenräume das Lockern des Bodens, eventuell das
Betreten der Länder ohne Beschädigung der Pflanzen gestatten. —
Nur bei der Erziehung von Heistern, bei welcher wir eine möglichst
allseitig gleichmäßige Entwicklung des Pflänzlings anstreben, und bei

---

[1]) Allg. F.= u. J.=Z. 1866. S. 213.
[2]) Säen u. Pflanzen. S. 295.

der (immerhin selteneren) Erziehung von Ballenpflanzen im Pflanzbeet geben wir dem Quadrat=Verband den Vorzug. — Wir werden sonach in den meisten Fällen zu bestimmen haben die Entfernung der Pflanzreihen von einander und die Entfernung der Pflanzen in den Reihen.

Beide Größen sind nun abhängig von mancherlei Faktoren. In erster Linie wird die Größe und Stärke, welche die zu verschulenden Pflanzen im Pflanzbeet erreichen sollen, für diese Entfernungen maß=gebend sein, und je kleiner die Pflanzen zur Verwendung im Kultur=betrieb gelangen können, um so geringer werden wir bis zu gewisser Grenze deren Abstand im Pflanzbeet nehmen dürfen. Erklärlicher Weise spielt neben den lokalen Verhältnissen der Kulturorte hiebei die Holzart eine sehr wesentliche Rolle, und im Allgemeinen wird man sagen können, daß die verschulten Laubhölzer als höhere, stärkere Pflanzen zur Verwendung kommen, als die Nadelhölzer, daher in größerem Abstand zu verschulen sind. Von den Nadelhölzern wird wieder die sich anfänglich stark in die Aeste breitende Tanne größere Abstände erfordern als die Fichte, wenn den Pflanzen ein genügender Entwicklungsraum gewährt werden soll; ebenso wird man der Lärche, wenn man sie überhaupt verschult, größeren Wachsraum gestatten müssen, da es sich dann bei ihr um Erziehung starker Pflanzen (zu Nachbesserungen, in Mittelwaldschläge) handelt.

Als allgemeine Grundsätze für die richtige Entfernung der Pflanzen und Pflanzreihen werden nun aufzustellen sein: das Ver=meiden zu enger Verschulung, durch welche eine entsprechende Ent=wicklung der Pflanzen, insbesondere der wünschenswerthen Seiten=beastung gehindert, der Zweck der Verschulung also theilweise vereitelt würde, welche ferner der entsprechenden Lockerung des Bodens zwischen den Pflanzen hindernd in den Weg träte; insbesondere möchten wir nach unsern Erfahrungen die zu enge Verschulung von zur Heisterzucht bestimmten Pflanzen als einen Fehler erachten, der sich durch schlaffen Wuchs der Heister rächt! Ebenso aber das Vermeiden einer zu weiten Verschulung; eine solche ist als eine Verschwendung zu be=trachten, welche Angesichts der bedeutenden Kosten für Anlage und Unterhaltung der Forstgärten nicht zu rechtfertigen ist. Wenn man einen Reihen= oder Pflanzenabstand von 20 cm dort wählt, wo ein solcher von 15 cm zum gleichen Resultat geführt hätte, so erzieht man auf derselben Fläche um den vierten Theil Pflanzen weniger, und nahezu in gleichem Verhältniß erhöhen sich daher die Kosten für Beschaffung des nöthigen Pflanzenquantums; — die Ausgaben für

Bodenbearbeitung, Düngung, Einfriedigung, Pflege sind ja in beiden Fällen ganz gleich und nur jene für Verschulung in letzterem Falle etwas höher. In noch viel höherem Grade mehren sich natürlich die Kosten, wenn man in beiden Richtungen, bei der Entfernung der Pflanzen und Pflanzreihen, des Guten zu viel thut — und doch sieht man gerade in dieser Richtung so manche Sünde!

Als Minimum des Abstandes der Pflanzreihen von einander wird man, wenn die Verschulung auf Beete stattfindet, etwa 15 cm zu betrachten haben, eine Entfernung, welche noch gut hinreicht, um das Lockern des Bodens zwischen den Reihen mit dem Häckchen ohne Beschädigung der Pflanzen auszuführen; bei der Verschulung auf größere Länder muß dieser Reihenabstand wenigstens 20—25 cm betragen, um das Betreten der Beete den die Lockerung und Reinigung derselben besorgenden Arbeitern noch zu ermöglichen. Die geringste Entfernung von 15 cm wendet man meist nur bei der (allerdings in größter Menge zur Verschulung kommenden) Fichte, die in der Regel nur zwei Jahre im Pflanzbeet stehen soll, an; schon für Tannen, Weymouthskiefern wählt man meist 20 cm, für die rascher sich entwickelnden Laubhölzer 25 und 30 cm Reihenabstand, und bei wiederholt verschulten Laubholzpflanzen, im Heisterkamp, steigt dieser Abstand bis auf 70, ja selbst 90 cm.

Als Minimum des Abstandes der Pflanzen in den Reihen betrachtet man meist 10 cm, Schmitt[1]) geht für Fichten bis auf 8 cm herunter, und wir können nach einigen Versuchen (vergl. im II. Theil „Die Fichte") noch eine sehr befriedigende Entwicklung der Pflanzen bei solch' geringen Abständen konstatiren. Im Uebrigen sind dieselben Gründe, welche für größern Pflanzenabstand sprechen: rasche Entwicklung, längeres Verbleiben in der Pflanzschule — auch maßgebend für die Wahl des Pflanzenabstandes in den Reihen, während natürlich die Wahl von Beeten oder Ländern hier ohne Einfluß ist. Vergleichende Versuche, die ja leicht anzustellen sind, und praktische Erwägungen werden den Wirthschafter das richtige Minimum, und um dieses handelt es sich ja vor Allem, finden lassen; bei Besprechung der einzelnen Holzarten werden wir der für dieselben üblichen Verschulungsweite speziell Erwähnung thun.

§ 82.

Die Ausführung der Verschulung selbst.

In der richtigen Erkenntniß, daß es Aufgabe des Forstwirthes sei, auf die Minderung der Kulturkosten in jedmöglicher Weise hinzuwirken,

---

[1]) Fichtenpflanzschulen. S. 78.

hat ſich die Praxis ſeit Jahren bemüht, die immerhin koſtſpieligere Methode der Erziehung verſchulter Pflanzen durch ein möglichſt einfaches, raſch förderndes Verfahren, durch Anwendung mannigfacher Hülfsmittel ſo billig als möglich zu geſtalten. Verſchiedene Methoden der Verſchulung, neuerdings auch mancherlei komplizirtere Verſchulungs-Apparate, die wir nachſtehend beſprechen wollen, verdanken wir dieſem Beſtreben; gutes Ineinandergreifen der Arbeit, geübte Arbeiter, Verwendung billiger Arbeitskräfte, endlich gute, ſtändige Aufſicht ſpielen ſowohl bezüglich des Reſultates, wie der Koſten all' dieſer Methoden erklärlicher Weiſe eine ſehr bedeutende Rolle.

Faſſen wir zunächſt die Verſchulung k l e i n e r Pflanzen ins Auge, ſo geſchah dieſelbe zuerſt, und geſchieht wohl vielfach noch[1]), in einfachſter Weiſe dadurch, daß nach der Schnur ein hinreichend tiefes Gräbchen in der Längsrichtung des Pflanzbeetes gezogen, in dasſelbe die Pflanzen in der gewählten Entfernung nach dem Augenmaß oder nach an der Schnur angebrachten Zeichen eingelegt und nun durch Beiziehen der Erde mit der Hand eingepflanzt wurden.

Zur Herſtellung des Gräbchens wurde die Haue (Breithaue), der Spaten oder auch ein ſ. g. R i l l e n z i e h e r benutzt; letzterer, unſeres Wiſſens zuerſt von Biermans empfohlen, iſt ein löffelartiges Inſtrument von Eiſen, etwa 12 cm lang und in der Mitte 6—8 cm breit, an einem hinreichend langen hölzernen Stiel befeſtigt[2]). An Stelle der genannten Werkzeuge trat mehrfach als zur raſchen und gleichmäßigen Herſtellung des Gräbchens geeigneter ein kleiner Handpflug von verſchiedener Konſtruktion. Der von einem Kulturaufſeher Schmidt gefertigte[3]) unterſcheidet

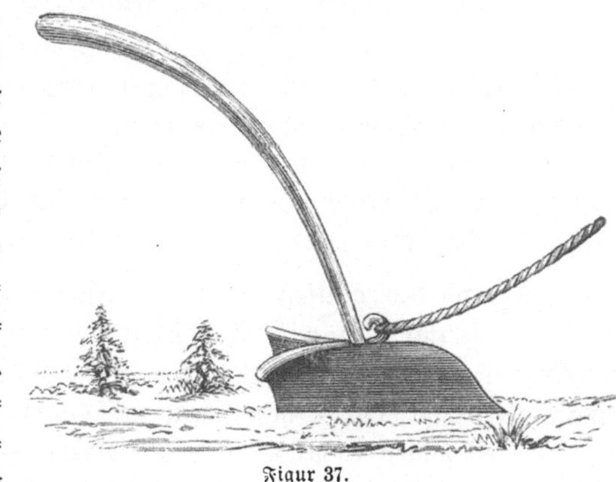

Figur 37.

ſich von jenem, welchen Oberförſter Schmitt empfiehlt[4]) (Fig. 37), im

---

[1]) Burkhardt, Säen u. Pflz. S. 360.
[2]) Forſtl. Mitth. I. S. 19. Siehe Figur 16 dieſes Werkchens.
[3]) Allg. F.- u. J.-Z. 1866. S. 321.
[4]) Fichtenpflanzſchulen. S. 56.

Wesentlichen dadurch, daß er, auf der einen Seite ganz eben, mit dieser Seite eine senkrechte Erdwand herstellt und die Erde nur nach der andern Seite auswirft, während letzterer (40 cm lang, 10 cm hoch mit 15 cm Spannweite zum Rillenauswurf) nach beiden Seiten auswirft.

Um aber mit dem Pflug eine gerade Furche über das Pflanzbeet zu ziehen, ist ein Anlegen desselben an ein durch seine Kante die Stelle der zu ziehenden Furche bezeichnendes Brett nöthig, und ein solches wird denn auch von beiden Erfindern benutzt; die Länge desselben ist gleich der Beetlänge oder Beetbreite, je nachdem man die Pflanz= reihen in der einen oder andern Richtung laufen lassen will. Das Ziehen der Furche erfolgt, wie aus Figur 30 hervorgeht, durch zwei Arbeiter, deren einer den Pflug an dem Stiel leitet, bezw. dessen Ab= weichen von der Brettkante verhindert, denselben zugleich in den Boden drückt, während der andere mittelst des angebrachten Strickes denselben vorwärts zieht.

Das hiebei benutzte Brett wird aber auch noch weiter benutzt, als sogenanntes **Pflanzbrett** (Fig. 38). Während nämlich dessen eine,

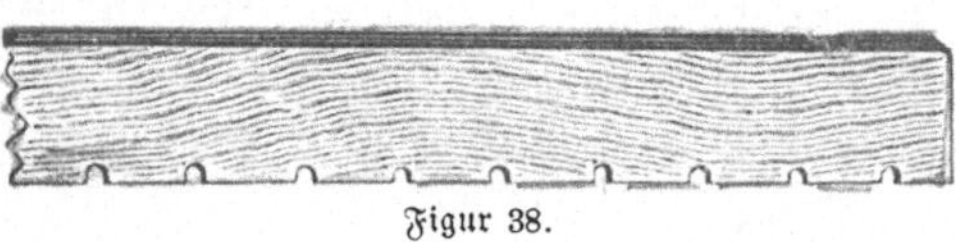

Figur 38.

glatte Kante gleichsam als Lineal für den Pflug dient, hat die andere in jenen Ent= fernungen, in welchen die Pflänzchen in den Reihen verschult werden sollen, also von 10, 15, 20 cm, kleine, etwa 1—2 cm breite und tiefe Einschnitte; bei wechseln= den Entfernungen sind also mehrere solcher Bretter nöthig. Die Breite des etwa 2 cm starken Brettes entspricht der Entfernung der Pflanz= reihen, erspart also jedes weitere Abmessen.

Ist nach der glatten Kante die Furche gezogen (oder mit dem Spaten gefertigt), so wird das Brett umgedreht, die Kante mit den Einschnitten an letztere angelegt, in jeden Einschnitt ein Pflänzchen so eingehängt, daß dasselbe hinreichend tief — um des erfolgenden Setzens des Bodens willen etwas tiefer als bisher — in den Boden kommt, und nun die ausgeworfene Erde beigezogen und angedrückt. Die richtige Größe der Einschnitte, je nach Holzart und Stärke der Pflänzchen, ist hiebei von Bedeutung; sind die Einschnitte zu groß, so rutschen die Pflänzchen leicht zu tief hinunter, sind sie zu eng, so zieht man bei dem Wegnehmen des Pflanzbrettes, das durch vorsichtiges Seitwärts= schieben des Brettes erfolgt, leicht einzelne Pflänzchen wieder etwas heraus. — Das Wegnehmen des Brettes erfolgt erst, wenn man längs der glatten Kante sofort wieder die neue Furche gezogen hat, so daß die Arbeit also rasch in einander greift.

In ganz ähnlicher Weise erfolgt das Verschulen mit dem von Danckelmann[1]) geschilderten sogenannten Harzer Pflanzbrett, neben welchem man aber ein zweites Brett mit glatter Kante, das Trittbrett, benutzt. Längs dieser Kante wird zuerst ein Gräbchen von entsprechender Tiefe gezogen oder gestochen, dann das Pflanzbrett, dessen Kante die entsprechenden Einschnitte enthält, angelegt und die Verschulung, wie oben geschildert, vorgenommen. Nach erfolgtem Einpflanzen aber wird das Trittbrett hart an das Pflanzbrett gelegt und durch mehrmaliges kräftiges Auftreten die Erde in dem Pflanzgraben fest angedrückt.

In ähnlicher Weise sucht die von Fischbach[2]) empfohlene, von Mutscheller konstruirte Pflanzlatte (Fig. 39) den Zweck rascher und

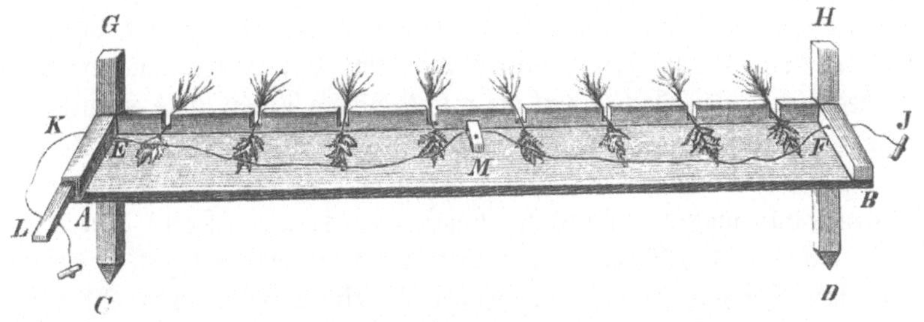

Figur 39.

billiger Verschulung zu erreichen, und zwar vorwiegend für kleine Nadelholz=(Fichten=)Pflanzen.

Die Länge derselben richtet sich nach der Breite der zum Verschulen bestimmten Länder, je länger, um so arbeitsfördernder, und wurden solche Latten bis zu 8 m Länge angewendet. Die Breite A E richtet sich nach der Größe der Pflänzchen, beträgt 10—12 cm; längs der Seite E F ist eine 3—4 cm breite, 1,5 cm starke Leiste aufgeleimt, in welche in jenen Entfernungen, in welchen die Pflanzen in den Reihen stehen sollen, 5—7 mm weite und 10—12 mm tiefe Einschnitte gemacht sind.

Durch Einstecken der bei C und D zugespitzten Querhölzer G C und D H in den Boden wird die Latte horizontal gestellt und werden

<hr>

[1]) Zeitschr. f. d. F.= u J.=W. V. S. 72.
[2]) Allg. F.= u. J.=Z. 1884. S. 7.

nun die Pflänzchen so in die Einschnitte der Leiste gelegt, daß das Stämmchen auf der Latte aufliegt, die Wurzeln aber genau so weit, als sie in den Boden kommen sollen, über der Leiste hinausragen. Mit Hülfe der Schnur J K, welche nun über die Stämmchen längs der Kante E F gelegt, angespannt und bei L befestigt wird, werden nun die Pflänzchen bis zu erfolgtem Einpflanzen festgehalten; bei längeren Latten dient hiezu auch noch der drehbare Bolzen M in der Mitte der Latte. Schon vor dem Einhängen der Pflänzchen wurde längs der Kante A B der mit den Enden C und D in den Boden eingesteckten, gleichsam als Lineal dienenden Pflanzlatte die Pflanzrille als ein Gräbchen von entsprechender Tiefe und Weite hergestellt; nach erfolgtem Einhängen der Pflänzchen wird nun die Latte auf die Querhölzer C G und H D so über die Mitte der Rille gelegt, daß alle Würzelchen frei in dieselbe hineinhängen und nun durch Beiziehen der Erde mit der Hand von beiden Seiten her leicht ein- und festgepflanzt werden können. Sodann löst man die Schnur und zieht die Latte nach rückwärts von den Pflanzen weg und das Einschulen der Reihe ist beendigt. Fischbach rühmt die rasche, sichere Arbeit, das entsprechend tiefe Einpflanzen, den ganz regelmäßigen Verband.

In anderer, ebenfalls rasch fördernder Weise verschult man namentlich auf nur mäßig bindendem Boden, in eingestoßene oder eingedrückte Pflanzlöcher. Jeder Arbeiter ist in ersterem Fall mit einem einfachen Setzholz von entsprechender Stärke versehen und sticht mit demselben an jener Stelle, welche durch die mit eingebundenen Zeichen versehene Pflanzschnur vorgezeichnet ist, ein nicht zu enges und hinreichend tiefes Pflanzloch, senkt ein Pflänzchen in dasselbe und drückt es durch seitliches Einstechen des Setzholzes fest. Die Pflanzreihen laufen hiebei stets nach der Länge der Beete; an jeder Schnur arbeiten, je nach deren Länge, mehrere Personen in gleichen Abständen und die beiden Flügelmänner stecken, so oft eine Reihe fertig ist, mit Hülfe eines Maßes die Schnur weiter. Will man die Pflanzreihen nach der Breite der Beete laufen lassen, so benutzt man zur Markirung der Pflanzstellen ein Brett von entsprechender Länge (1—1,2 m) und einer Breite gleich der Entfernung der Pflanzreihen, an dessen Rand die Pflanzenabstände durch kleine Kerben markirt sind; an einem solchen Brett arbeiten je zwei in den schmalen Zwischenwegen sich gegenüber stehende Personen.

An Stelle derartiger Bretter wendet man im Interesse der Arbeitsförderung auch wohl Markirapparate an, deren zwei in neuerer Zeit beschrieben wurden.

Der eine (Fig. 40), von Waldbereiter Hornich in Nachod konstruirt[1]), besteht aus einer Walze, deren Länge sich nach der Breite der Pflanz=

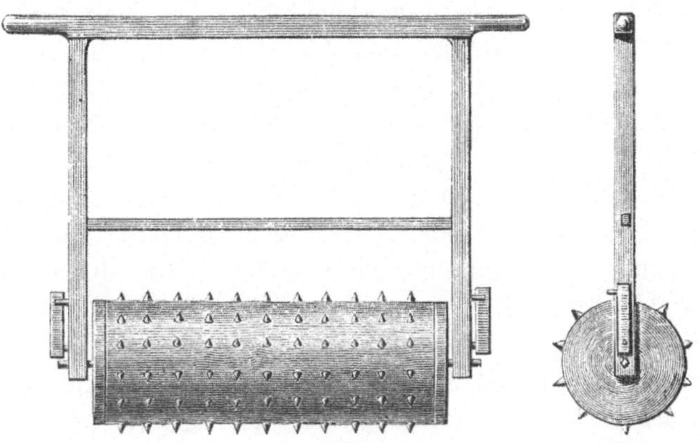

Figur 40.

schulbeete richtet und in welche kleine Zapfen, Holznägel, in einer dem gewählten Pflanzenabstand entsprechenden Entfernung eingeschlagen sind; der Durchmesser der Walze beträgt 33, die Länge der Nägel 3—5 cm, deren Stärke 3,5 cm, und erscheint eine größere Länge der Nägel nicht rathsam, da sonst der Boden des Beets stark aufgerissen und die Mar= kirung ungenau wird. Die eiserne Achse der Walze liegt in den Achsen= lagern, an welchen zwei durch eine Querleiste verbundene Arme, die zum Ziehen der Walze dienen, angebracht sind; an diesen Armen sind zwei kleine bewegliche Füßchen befestigt, die, wenn das Geräthe nicht benutzt wird, heruntergeschlagen werden und die Walze tragen, damit letztere nicht auf den schwachen Nägeln ruht. Bei der Benutzung wird die Walze einfach über das Beet nach dessen Längsrichtung hinweg= gezogen.

Einen zweiten solchen Apparat hat Krepler konstruirt[2]) und rühmt, als Vortheil desselben die Möglichkeit, die Entfernung der Pflanzreihen

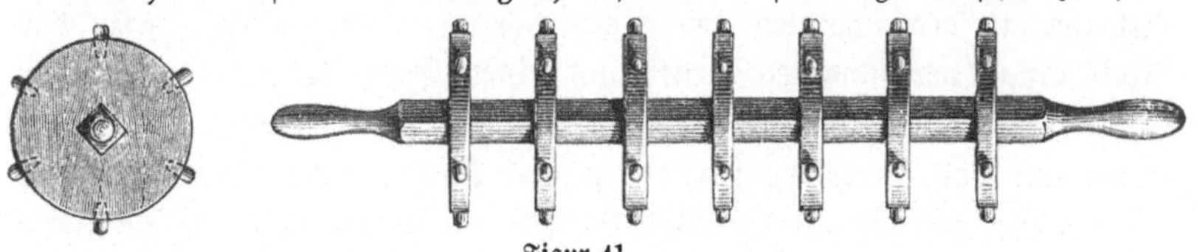

Figur 41.

wie des Pflanzenabstandes in den Reihen beliebig ändern zu können. Der Apparat (Fig. 41) besteht aus einer 6—7 cm im Geviert

<hr>

1) Oestr. Fz. 1884. S. 265.
2) Oestr. Fz. 1883. S. 279.

starken gehobelten Achse von hartem Holz, deren Länge gleich der üblichen Beetbreite, in welcher auf jeder Seite eine sich um einen Eisenstab drehende Handhabe angebracht ist. Auf diese Achse werden 60 cm im Umfang haltende, etwa 2,5 cm starke, aus hartem Holz ge= drehte Scheiben, welche im Centrum in der Stärke der Achse viereckig ausgeschnitten sind, aufgeschoben und in der gewählten Entfernung mit Holzkeilchen befestigt; auf dem Umfang tragen dieselben in den ent= sprechenden Entfernungen vorgebohrte Löcher, in welche 2 cm lange und mit eben so dicken Köpfen versehene Holznägel fest eingesteckt werden können. Die Bohrung dieser Löcher an der 60 cm messenden Peripherie ist dergestalt ausgeführt, daß eine Markirung auf 10, 15 und 20 cm erfolgen kann.

Bei der Anwendung des Apparates wird auf der einen Seite des Pflanzbeetes eine 10 cm breite, gerade Führungslatte angebracht, an welche beim Ueberwalzen die erste Scheibe des Apparates stets anliegen muß, um gerade Linien zu erzielen; die Knöpfe der Scheiben markiren während der Umdrehung die Pflanzlöcher.

Rascher noch geht die Arbeit vor sich bei Anwendung eines Zapfenbrettes (Fig. 42), das namentlich für kleine Nadelholz=

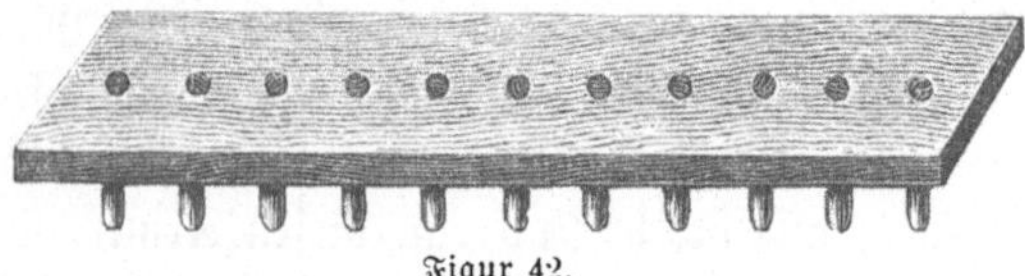

Figur 42.

pflanzen, ein= und zweijährige Fichten, empfehlenswerth ist. Die Länge dieses ent= sprechend starken Brettes ist gleich der Beetbreite, seine Breite gleich der Entfernung der Pflanzreihen, die Entfernung der genau längs der Brettmitte stehenden Zapfen gleich dem Pflanzenabstand in den Reihen. Stärke und Länge der stumpf konischen Zapfen ist durch die Größe der Pflanzen und resp. deren Wurzelbildung bedingt; für ein= und zweijährige Fichten wird eine Länge von 10—12 cm, ein oberer Durchmesser derselben von 3 cm genügen. Zwei Arbeiter, in den schmalen Beetwegen sich gegenüber stehend, legen das Brett längs der schmalen Kante am einen Ende des Beetes an und drücken bei leichterem Boden mit der Hand, bei schwererem durch Auf= treten auf das Brett die Zapfen in den Boden, dadurch eben so viele Pflanzlöcher auf einmal anfertigend. Ist der Boden locker, so empfiehlt es sich, das Zapfenbrett beim Abheben etwas seitlich hin und her zu bewegen und dadurch die Löcher zu festigen, deren Zufallen zu ver= hindern; zu nasser oder zu trockner Boden ist aus naheliegenden Grün= den der Arbeit hinderlich. Die auf dem frisch gelockerten und geebneten Beet sich scharf abdrückende Kante des Bretts gibt an, wo dasselbe

aufs Neue anzulegen ist, besser noch arbeitet man mit zwei Zapfen=
brettern, die ebenso wie die Saatbretter abwechselnd neben einander
angelegt werden, und erspart also jegliches Abmessen.   Die Pflanze=
rinnen, welche namentlich bei trockner Witterung den erstern Arbeitern
sofort folgen, besorgen das Einpflanzen bei kleinen Pflänzchen lediglich
mit den Fingern, bei etwas langwurzeligeren, auch auf bindenderem
Boden mit dem Setzholz.   Auch Doppelzapfenbretter, mit
2 Reihen im Dreiecksverband nahe bei einander stehender Zapfen,
werden für Verschulung einjähriger Fichten angewendet (s. II. Theil
„Die Fichte“).

Den Zapfenbrettern nahe verwandt ist das Pflanzenverschu=
lungsgestell von Eck[1]), dessen Konstruktion Fig. 43 ersichtlich

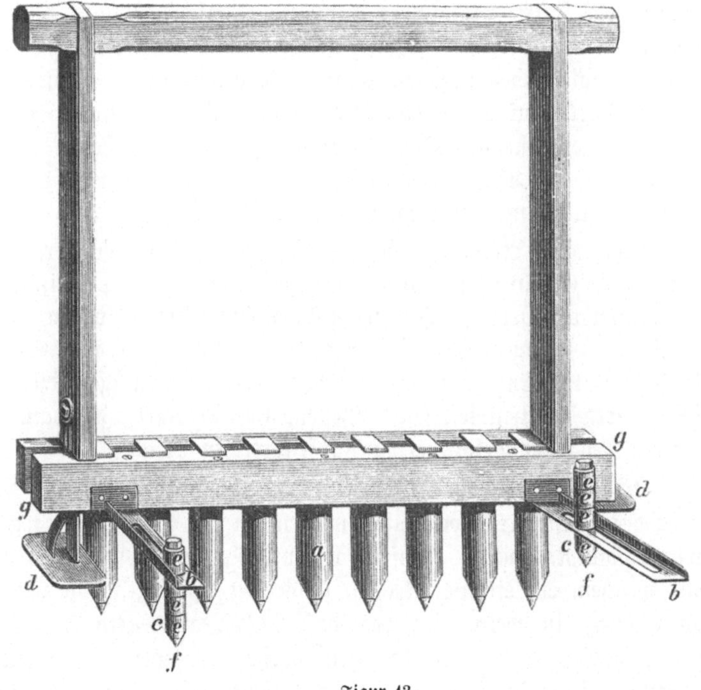

Figur 43.

macht.   Die Breite des Gestells g g ist gleich der Beetbreite; die Pflanz=
stöcke a werden in die Entfernung gebracht, welche die Pflanzen in den
Reihen erhalten sollen und durch Anziehen der Schraubenmuttern fest=

------

[1]) Allg. F.= u. J.=Z. 1885. S. 197.

gestellt.   Mittelst der an den beiden äußern Pflanzstöcken befindlichen geschlitzten Platten b wird der Reihenabstand markirt, zu welchem Zweck man den Markirstock c im Schlitz an die entsprechende Stelle schiebt und feststellt.   Die Tiefe der Pflanzlöcher wird durch die Fuß=platten d geregelt, welche an dem Querbalken g g anliegen, jedoch nach abwärts geschoben werden können, wenn die eingedrückten Pflanzlöcher nicht die volle Tiefe der Pflanzstöcke erreichen sollen; auch den Markir=stock c stellt man durch Versetzen der Scheiben e (auf oder unter die Platte b) in der Weise ein, daß dessen Spitze etwas tiefer steht als die Fußplatte d.

Ist der Apparat entsprechend gestellt, so nehmen zum Arbeiten zwei Leute den Apparat auf, setzen ihn längs der schmalen Kante des Pflanzbeets an und treten a tempo, der eine mit dem rechten, der andere mit dem linken Fuß scharf auf den Querbalken gg, heben ihn gleichmäßig wieder aus und setzen, in den schmalen Beetwegen vor=wärts gehend, die beiden äußeren Pflanzstöcke genau in die Marke ein, welche der Markirstock c in das Beet eingedrückt hat, hiedurch den Reihenabstand bezeichnend.   Den Lochtretern folgen zwei Leute, welche die Pflanzen in die Löcher einstellen, und weitere Arbeiter besorgen das sofortige Einpflanzen mit Hand oder Setzholz.

Wir haben den Apparat, der um 27 Mark von dem Erfinder, Revierverwalter Eck in Gera, zu beziehen ist, erprobt und praktisch be=funden; demselben werden zweierlei Pflanzstöcke, für schwächere und stärkere Pflanzen, beigegeben.   Wo Pflanzen gleicher Art und Stärke in stets bestimmten Entfernungen verschult werden, genügen die von demselben Herrn konstruirten festen Gestelle (à 12 Mark), die dann in ihrem Effekt den oben geschilderten Zapfenbrettern gleichen.

Ein etwas komplizirter Apparat, bez. dessen wir auf die Be=schreibung des Verfassers[1]) verweisen müssen, ist die Verschulungs=maschine von R. Hacker. Dieselbe besteht in einem vierrädrigen Ge=stell, mit welchem ein eiserner Rechen, sowie ein Linealgestell beweglich verbunden sind, in welch' letzteres das Satzlineal — ein mit Ein=schnitten zum Einhängen der Pflanzen versehenes Holz — eingelegt werden kann.   Das Prinzip der Arbeit besteht nun darin, daß mit Hülfe des eisernen Rechens von der quer über das Beet (die Räder in den Beetsteigen) gestellten Maschine aus durch einige Bewegungen des erstern eine Furche geöffnet, an die vertikale Wand ein mit Pflanzen

---

[1]) Centralblatt f. d. F.=W. 1883. S. 433.

behängtes Lineal angelegt und mit Hülfe des Rechens das Einpflanzen der Pflänzchen und gleichzeitig das Oeffnen einer neuen Furche bewerkstelligt wird. Die Handarbeit beschränkt sich sonach hier lediglich auf das Einhängen der Pflänzchen in die Setzlineale.

Der Erfinder (Forstadjunkt zu Rothhof bei Tabor in Böhmen, von dem die Maschine um 50 Gulden östr. bezogen werden kann), welcher die Maschine bei der Versammlung des böhmischen Forstvereins zu Klattau im Jahre 1882 ausstellte und dort mit derselben arbeitete, rühmt ihr rasche, exakte und billige Arbeitsleistung nach[1]); bei enger Verschulung kleiner Fichtenpflanzen, für welche der Apparat in erster Linie berechnet ist, wurden bei 5 cm Abstand der Pflanzen in der Reihe ca. 400, bei 2½ cm 6—700 Pflanzen pro Person und Arbeitsstunde verschult, während eine versuchsweise Verschulung mit dem Setzholze nur 200 Stück pro Stunde ergab. — Für Verhältnisse, bei denen die Verschulung einer großen Pflanzenmenge alljährlich nothwendig wurde, mag die Maschine trotz des höhern Anschaffungspreises sich als zweckmäßig erweisen.

Im Allgemeinen möchten wir bezüglich der Ausführung der Verschulung selbst noch folgende praktische Regeln hervorheben:

Die Verschulung in Gräbchen hat gegenüber der Anwendung des Verschulens in eingestoßene oder eingedrückte Löcher den Vorzug, daß die Wurzeln in möglichst naturgemäße Lage kommen, während bei letzterer Methode, namentlich bei etwas engen Löchern oder langwurzeligen Pflanzen, Verkrümmungen, Umstülpungen u. dgl. nur schwer ganz zu vermeiden sind. Am besten beugt man letzteren noch dadurch vor, daß man einerseits keine zu schwachen Setzhölzer oder Zapfen zur Anfertigung der Pflanzlöcher benützt, andererseits die Arbeiter anweist, die Pflanzen zuerst etwas tiefer, als sie eingepflanzt werden sollen, in das Pflanzenloch zu senken und sodann wieder, so weit nöthig, zu heben.

Zu allen leichteren Arbeiten, insbesondere zum Einschulen selbst, wähle man weibliche Arbeitskräfte, Frauen und Mädchen, durch welche die Arbeit nicht nur billiger, sondern meist auch besser ausgeführt wird, indem denselben das Bücken oder Niederkauern minder schwer fällt, als Männern. Stete Aufsicht durch Forstbedienstete oder tüchtige Vorarbeiter muß die Regel bilden, und Aufgabe des betreffenden Aufsehers ist es vor Allem, für das gute Ineinandergreifen der verschiedenen Arbeiten: Ausheben und Sortiren der Pflanzen, Fertigen der Furchen und Löcher und Einsetzen der Pflanzen — zu sorgen.

---

[1]) Oestr. Fz. 1886. S. 189.

Das Zusammentreten des vorher sorglich gelockerten Bodens ist möglichst zu vermeiden, insbesondere bei an sich bindenderem Boden. Es ist eine entschiedene Schattenseite der größeren Länder, daß bei denselben dies Betreten absolut nicht zu vermeiden ist, und nur etwa durch Benutzung von Brettern, welche längs der Pflanzreihen über das Beet gelegt werden, s. g. Laufbretter, möglichst unschädlich gemacht werden kann. Ein wiederholtes Lockern läßt sich hier häufig nicht umgehen und hat den Nachtheil, daß man nun in ganz frisch gelockerten, sich mehr oder weniger stark setzenden Boden verschulen muß. Bei 1,2 m breiten Beeten — schmälere sind Raumverschwendung in Folge der zahlreicheren Zwischenwege, breitere unpraktisch — kann dagegen jedes Betreten vermieden werden, die Arbeit von den Zwischenwegen aus geschehen. Verschult man in der Längsrichtung des Beetes nach der Schnur, so beginnt man mit der Mittelreihe und setzt die Arbeit nach beiden Seiten hin fort; es ist dann nur etwa nöthig, vor Einschulen der letzten Pflanzreihe den vielleicht etwas zusammengedrückten Beetrand, von welchem letztere übrigens mindestens 5 cm, besser etwas mehr, entfernt bleiben soll, wieder in Ordnung zu bringen.

Eben so leicht ist jedes Zusammen=Drücken oder Treten der Beete bei Anwendung des Zapfenbrettes oder Verschulungsgestelles zu vermeiden, wobei die Pflanzreihen quer über das Beet laufen; diese Richtung der Pflanzenreihen, senkrecht zu den Zwischenwegen gewährt den weitern Vortheil, daß das Lockern des Bodens zwischen den Reihen mittelst des Häckchens, auch das Anhäufeln mittelst des kleinen Handpfluges, von jenen Wegen aus leichter erfolgt, als bei Reihen, welche nach der Länge des Beetes verlaufen.

Legt man Werth auf besondere Accuratesse auch in der äußern Erscheinung des Forstgartens, so beginne man bei Anwendung letzterer Verschulungsmethoden in der Mitte des Beetes (von einer schmalen Kante zur andern gerechnet), die man sich eventuell gleich über eine ganze Reihe neben einander liegender Beete hin mit Hülfe der Schnur bezeichnet hat, und verschult von hier aus nach beiden Seiten hin. Die Abweichungen von der zur Kante des Beetes senkrechten Richtung, durch nicht ganz accurates Aneinanderstoßen oder Ansetzen der Zapfenbretter, werden sich dann nie so summiren, nie so groß werden, als wenn mit der Arbeit an einem Ende des Beetes begonnen wird. — Das Gleiche gilt auch für Anwendung der Saatbretter zum Eindrücken von Rillen, und zwar in beiden Fällen in um so höherem Grade, je länger die Beete sind.

§ 83.

Wiederholte Verschulung — Heisterzucht.

Zu manchen Zwecken, so zur Bepflanzung von Hutungen, zur Rekrutirung des Oberholzes im Mittelwald, in Auwaldungen, zur Anlage von Alleen und Verpflanzung der Schneußenränder in mehr parkartig behandelten Waldungen, namentlich aber auch zu manchen Kulturen im eigentlichen Wildpark bedarf die Forstwirthschaft auch besonders großer und starker, 2 bis selbst 4 m hoher Pflanzen, s. g. Heister. Sie verschafft sich dieselben durch nochmalige Verschulung der im Pflanzbeet erzogenen, etwa meterhohen Pflänzlinge, unter Umständen sogar und wenn es sich um Erziehung besonders starker Heister handelt, durch zweimalige Verschulung derselben, und verwendet nur ganz ausnahmsweise solch starke Pflanzen aus natürlichen Anflügen, da deren Gedeihen um der minder günstigen Wurzel- und Stammbildung willen stets ein zweifelhaftes zu sein pflegt. Sie wendet aber die Pflanzung von Heistern nur da an, wo sie eben durch die Verhältnisse absolut geboten erscheint, denn daß Heister in Folge der wiederholten Verschulung, der langjährigen Pflege, der großen Pflanzgartenfläche, welche die Heisterzucht beansprucht, ein sehr kostspieliges Pflanzmaterial sind, ist erklärlich.

Ein guter Pflanzheister soll ein entsprechend konzentrirtes, an Faserwurzeln reiches Wurzelsystem, ein stufig gewachsenes Stämmchen, das sich allein zu tragen im Stande ist, und eine möglichst gleichmäßige, nicht zu starke Krone haben. Je nach Höhe und Stärke unterscheidet man wohl den Halbheister, bis 2 m hoch, und den eigentlichen Heister (Vollheister) mit 3 und selbst 4 m Höhe[1]).

Die Holzarten, welche bei der Heisterzucht überhaupt in Frage kommen, sind: als Hauptholzarten die Eiche, dann Ahorn, Esche, Ulme, Linde und Pappel, letztere beide fast nur für Alleen und Anlagen und daher selten im eigentlichen Forstgarten zu finden; endlich die Rothbuche, im Hannöver'schen vielfach als Heister erzogen und benutzt in Folge besonderer Verhältnisse (namentlich bei Aufforstung s. g. Hudewälder), sonst aber als Heister wohl eine seltene Erscheinung in unsern Pflanzschulen. Von den Nadelhölzern ist es nur die Lärche, welche ausnahmsweise als Heister erzogen und verwendet

---

[1]) Vergl. über Heisterzucht insbes. Burkhardts treffliche Abhandlung in „Aus dem Walde" V. S. 110, dann v. Varendorffs Anleitung zur Eichen-Heisterzucht im Jahrbuch des schles. F.-V. 1880. S. 179.

wird. Die Besprechung der einzelnen Holzarten wird uns auf deren Erziehung als Heister vielfach zurückführen; hier seien die allgemei= nen Grundsätze und Regeln der Heisterzucht einer nähern Besprechung unterzogen.

Die je nach ihrer Entwicklung ein= oder zweijährig verschulten und hiebei im Falle starker Pfahl= oder Seitenwurzelbildung durch zweckmäßiges Kürzen derselben vorbereiteten Pflanzen werden, sollen sie zu Heistern erzogen werden, nach zwei= bis dreijährigem Stehen im Pflanzbeet, in welchem sie namentlich auch durch entsprechendes Be= schneiden der Aeste die nöthige Pflege genossen, als etwa meterhohe kräftige Lohden abermals verschult. Der Zweck dieser nochmaligen Verschulung ist: Gewährung eines größern Wurzel= und Kronenraumes behufs kräftiger und stufiger Entwicklung, zugleich aber Vornahme jener Wurzelkorrektur, durch welche die Bildung einer die seinerzeitige Auspflanzung möglichst sichernden und erleichternden Bewurzelung erreicht wird.

Man könnte etwa versucht sein, den ersten Zweck, die Gewährung eines größern Standraumes, billiger dadurch zu erreichen, daß man von den in etwa 30 cm Entfernung stehenden Pflanzreihen der erst= maligen Verschulung je eine um die andere herausnimmt, hiedurch die Entfernung der Pflanzreihen auf etwa 60 cm bringt, und ebenso in den Reihen je die zweite Pflanze heraushebt, und bisweilen, ins= besondere bei Holzarten ohne Pfahlwurzelbildung (Ahorn, Esche), wird dies Verfahren wohl auch angewendet. Allein einerseits sind hiebei, zumal wenn die Pflanzen etwas eng verschult waren, Wurzelverletzungen schwer zu vermeiden, anderseits aber begibt man sich der Möglichkeit, die oben erwähnte Wurzelkorrektur vornehmen zu können, vor Allem aber der Möglichkeit, für die Heisterzucht nur die besten und gutwüchsigsten Pflanzen aussuchen zu können, was wir als oberste Regel einer richtigen Heisterzucht betrachten, während alle minderwerthigen sofortige anderweite Verwendung finden. — Der gleichen Vortheile würde man sich begeben, wenn man etwa gleich die erstmalige Verschulung in weitern Abständen vornehmen wollte; der zu weite Stand der schwachen Pflanzen würde auch minder günstigen Wuchs — zu starke Astentwicklung auf Kosten des Höhenwuchses — vielfach zur Folge haben.

Die Vorbereitung des Bodens zur Verschulung geschieht in gleicher Weise wie für Pflanzschulen, doch wird man einer genügend tiefen Lockerung besondere Aufmerksamkeit zuzuwenden haben, und ebenso einer zweckmäßigen, ausreichenden und nachhaltigen Dün=

gung. Heister auf schlecht gedüngtem Boden werden weit ausstreichende und für die spätere Verpflanzung mißliche Seitenwurzeln entwickeln, während guter Boden eine konzentrirtere Wurzelbildung zur Folge hat.

Zur Erziehung von Heistern theilt man die hiezu bestimmte Fläche nicht in Beete, sondern in größere Quartiere; die für Beeteintheilung geltend gemachten Gründe fallen hier mehr oder weniger weg, ein Betreten zwischen den weit von einander abstehenden Pflanzreihen ist leicht möglich, und die größere Entfernung, in welcher die Pflanzen zu setzen sind, macht die Anwendung von schmalen Beeten nicht wohl thunlich.

Das Ausheben der einzuschulenden Pflanzen erfolgt mit Rücksicht auf deren bedeutendere Größe in vorsichtiger Weise, am besten durch Eindrücken in einen neben der Pflanzenreihe gezogenen, genügend tiefen Graben (§ 79), und jede einzelne Pflanze hat nun durch die Hand eines geübten und mit der Sache vollkommen vertrauten Arbeiters zu gehen, der die untauglichen bei Seite legt, die tauglichen durch Kürzung allzulanger Pfahl- oder Seitenwurzeln mit Messer oder Scheere zur Einschulung vorbereitet und hiebei zweckmäßig sogleich unter den für tauglich befundenen Pflanzen eine Sortirung nach der Stärke — etwa in zwei Klassen — aus den schon oben empfohlenen Gründen (siehe § 75) vornimmt. Ein Beschneiden oder Wegnehmen von Aesten soll hiebei nicht stattfinden, sondern theilweise und, so weit nöthig, bereits im vorhergehenden Jahre in dem Pflanzbeet stattgefunden haben, im Uebrigen erst im folgenden Jahre nach bereits erfolgtem Anwurzeln und Anwachsen des Pflänzlings Platz greifen, so daß der letztere nicht im Moment der Verschulung noch mit zahlreichen Wunden bedeckt wird. Auch wird das Beschneiden des stehenden Pflänzlings leichter und richtiger erfolgen, als jenes des ausgehobenen.

Durch Decken mit Erde oder feuchtem Moos schützt man die Wurzeln gegen Austrocknen; braucht man bei stärkeren Laubholzpflanzen auch nicht mit jener Aengstlichkeit zu verfahren, wie dies bei kleinen Nadelholzpflanzen nöthig ist, so wird doch entsprechende Sorgfalt sich auch hier lohnen, rascheres Anwachsen und besseres Gedeihen der Pflanzen zur Folge haben.

Die Entfernung, in welcher die Pflänzlinge wieder einzuschulen sind, wird je nach der Höhe und Stärke, welche sie bereits haben, wie insbesondere nach jener, welche sie in der Heisterschule erreichen sollen, zu bemessen sein, und zwischen 45 und 90 cm, als dem Minimum und

Maximum schwanken[1]). Halbheister — respektive Pflanzen, welche zu solchen erzogen werden sollen, verschult man in einem Abstand von 45—60 cm, gewöhnliche Heister in einem solchen von 75 cm, und nur für sehr starke Heister, insbesondere bei einer dritten Verschulung, wählt man etwa den Abstand von 90 cm. Eine zu geringe Entfernung[2]) hat ruthenartiges, zu wenig stufiges Wachsthum zur Folge, und die Herausnahme eines Theils der Pflanzen bei zu enger Verschulung in der Absicht, hiedurch den Wachsraum der übrigen zu befördern, ist, wie oben erwähnt, meist mißlich; ein eben so wenig befriedigendes Resultat pflegt aber allzuweiter Stand kleiner Pflanzen zu geben.

Im Interesse allseitig gleichmäßiger Entwicklung der Heister stellt man die Pflanzen in Quadrat= oder Dreiecks=Verband, weicht also hier von der sonst üblichen reihenweisen Verschulung ab.

Um die zur Heisterzucht verwendete Fläche möglichst auszunutzen, kann man dieselbe gleichzeitig zur Erziehung kleiner, schutzbedürftiger und schattenertragender Pflanzen benutzen. So empfiehlt Forstmeister Meier[3]), unter die Eichen einjährige Tannen einzuschulen, und zwar zwischen je zwei Eichen eine Tanne und zwischen je zwei Heisterreihen nochmals eine Tannenreihe, um hiedurch in 3—4 Jahren mit geringen Kosten sehr schöne Tannenpflänzlinge zu ziehen[4]); Geyer erzieht in ähnlicher Weise Fichten[5]).

Zur Vornahme der Einschulung selbst wird entweder nach der Schnur ein hinreichend tiefer Graben ausgehoben, was in dem gut gelockerten Boden rasch geht, und Pflanze um Pflanze in entsprechender Entfernung — bei minder gutem und bindenderem Boden wohl auch unter Anwendung guter Füllerde eingepflanzt —, oder es erfolgt bei größerem Abstand das Einsetzen in ein eigens für jede Pflanze ausgehobenes Pflanzloch, und wird der Zweck hiedurch billiger erreicht.

Steht Wasser in genügender Menge und Nähe zur Verfügung, so empfiehlt sich bei Verschulung zu trockner Zeit ein kräftiges Angießen, wodurch sich die Erde auch sofort dicht an die Wurzeln legt,

---

[1]) Burkhardt, Säen u. Pflz. S. 77.

[2]) Wir warnen vor solcher auf Grund angestellter vergleichender Versuche eindringlich!

[3]) Krit. Blätter L. 1. S. 152.

[4]) Im Frankfurter Stadtwald haben wir dies Verfahren ebenfalls in Anwendung gefunden, und eigene Versuche haben namentlich unter der lichten Beschirmung von Ahorn= und Eschenheistern befriedigende Resultate ergeben.

[5]) Geyer, Die Erziehung der Eiche. S. 32.

deren Anwachsen beschleunigt. Man nimmt dieses Angießen etwa vor, ehe man Pflanzloch oder Graben vollständig ausfüllt, wodurch der Zweck mit geringerem Wasserquantum erreicht wird.

Die Pflege des Heisterkampes geschieht durch Reinhalten von Unkraut, Lockerung des Bodens und kräftiges Behacken in ähnlicher Weise, wie bezüglich der Pflanzbeete überhaupt im nächsten Kapitel angegeben ist. Die Pflege der einzelnen Pflanzen aber erfolgt durch das Beschneiden der Krone und Seitenäste, eine Arbeit, die viel Umsicht und Verständniß erfordert und welcher wir weiter unten einen eigenen Abschnitt (siehe § 90) widmen.

---

2. Kapitel.

Schutz und Pflege der Pflanzbeete.

§ 84.

Allgemeine Gesichtspunkte.

Gleich den Saatbeetpflanzen bedürfen auch unsere im Saatbeet stehenden verschulten Pflanzen des Schutzes gegen die gar mancherlei Gefahren, welche den Pflanzen überhaupt drohen und welche wir im vorigen Abschnitt bezüglich der Saatbeetpflanzen bereits besprochen haben; allerdings bedürfen sie diesen Schutz theilweise in minderem Maße als die zarten Keimlinge, die schwachen Saatpflänzchen. So wird Trockniß die mit ihren Wurzeln doch schon tiefer in den Boden reichenden verschulten Pflanzen weniger gefährden, der Spätfrost dieselben zwar mehr oder weniger beschädigen, nicht leicht aber gleich dem empfindlichen Keimling mancher Holzarten tödten, und während der Engerling die einjährige Pflanze durch Befressen der Wurzel stets zum Absterben bringt, wird die kräftige Schulpflanze, der starke Heister eine mäßige Wurzelverletzung nicht selten ohne schwereren Nachtheil überstehen. Je größer und stärker die Pflanze wird, um so weniger bedarf sie mehr des Schutzes, so also z. B. in der Heisterschule.

Eine entsprechende Pflege aber durch Entfernung des Unkrautes, Lockerung des Bodens, Düngung bei sichtbarem Nahrungsmangel bedarf unsere verschulte Pflanze von der einjährigen Fichte bis hinauf zum starken Heister, wenn sie sich in jener Weise entwickeln soll, wie es das Ziel des Pflanzenzüchters ist: rasch und kräftig und entsprechend gestaltet. Als ein besonderer und wichtiger Theil der Pflege tritt hier für Laubholz das Beschneiden der Stämmchen, die Kürzung und

Entfernung überflüssiger, tief angesetzter Aeste, Wegnahme von Doppel=
wipfeln u. dgl. zu jenen Arbeiten, welche wir als zur Pflege der
Saatbeete kennen gelernt haben, hinzu, und zwar steigt die Bedeutung
derartiger Pflege mit der Größe, welche die Pflanzen im Forst=
garten erreichen sollen.

In Vielem werden wir uns in den nachstehenden Abschnitten auf
das in dem Kapitel für Schutz und Pflege der Saatbeete Gesagte
beziehen können, und hier nur das zu erörtern haben, was für die Be=
handlung der Pflanzbeete eigenthümlich ist.

§ 85.

Schutz der Pflanzbeete gegen Trockniß.

In viel minderem Maße, als die Saatbeete, als die keimenden
Samen oder zarten Pflänzchen, sind unsere verschulten Pflanzen durch
Trockniß gefährdet; die schon tiefere Bodenschichten erreichenden Wur=
zeln finden selbst bei länger ausbleibendem Regen, länger anhaltender
Hitze dort noch die nöthige Feuchtigkeit. Doch gehen, je nach Boden=
und Holzart, in diesem Falle immerhin eine kleinere und größere An=
zahl der Pflanzen zu Grunde, während andere wenigstens eine schlechte
Entwicklung zeigen, und ein nach Lage des Pflanzbeetes, natürlicher
Frische des Bodens, Art und Stärke der verschulten Pflanzen bald
mehr, bald minder intensiver Schutz gegen Trockniß, gegen die direkte
Einwirkung der Sonne wird auch für die Pflanzbeete vielfach nöthig sein.

Am meisten leiden wohl die verschulten Pflanzen durch Verschulung
bei trocknem Wetter und Boden, und durch unmittelbar
dieser Arbeit folgende anhaltende Wärme; zu dieser Zeit bedürfen sie
daher auch am ersten besonderer Hülfe oder eines künstlichen Schutzes,
um so mehr, je kleiner und flachwurzelnder sie sind. — Will und kann
man bei trockner Witterung und mangelnder Bodenfeuchtigkeit die Ver=
schulung nicht temporär aussetzen, weil etwa die Jahreszeit schon etwas
weit vorgeschritten, so hält man einerseits die Pflanzenwurzeln durch
Einstellen in Wasser oder dünnen Lehmbrei reichlich naß und wendet
anderseits, wenn möglich, auch ein tüchtiges Angießen der frisch
verschulten Pflanzen an, wobei man bei Anwendung von Furchen und
Gräbchen am besten in diese vor vollständiger Ausfüllung derselben
mit Erde gießt, hiedurch das Gießen wirksamer macht und Krusten=
bildung vermeidet [1].

---

[1] Schmitt, Fichtenpflanzschulen. S. 81.

Als Schutz der frisch verschulten Pflanzen gegen die Einwirkung der Sonne dienen die in § 58 geschilderten Schutzgitter — Pflanzgitter — welche in gleicher Weise wie über die Saatbeete, und nur etwa entsprechend höher, über die Pflanzbeete gehängt werden. Unentbehrlich werden dieselben sein, wenn Keimlinge verschult werden, da dieselben gegen direkte Sonneneinwirkung sehr empfindlich sind, ihre Verschulung auch stets in eine etwas spätere Zeit fällt, die Gefährdung durch Hitze also in höherem Grade besteht. Pflanzen dagegen, welche schon ein Jahr im Pflanzbeet stehen, pflegen eines solchen Schutzes nicht mehr zu bedürfen, wenngleich er sich ihnen bei anhaltender Hitze wohlthätig erweist. Die im nächsten Paragraphen besprochene sogenannte Hochdeckung gewährt solchen Schutz sämmtlichen Pflanzen eines Forstgartens.

Ein wiederholtes Begießen verschulter Pflanzen findet wohl nirgends statt, da die Kosten hiefür zu bedeutend sein würden; ein Bewässern derselben würde sich allerdings in trocknen Sommern für deren freudiges Gedeihen vortheilhaft erweisen, wird aber unseres Wissens nur selten angewendet (s. § 59).

Die beste Sicherung aber gegen nachtheiliges Austrocknen des Bodens liegt, wie für Saatbeete, so auch hier in der zweckmäßigen und günstigen Lage des Pflanzbeetes, dem Schutz durch vorliegende Bestände gegen die Sonne, wie gegen austrocknende Ostwinde, dann in der natürlichen Frische des Bodens. Nicht zu seichte Bearbeitung des letzteren bei der Anlage und häufige Lockerung desselben zwischen den Pflanzreihen wirken gleichfalls günstig gegen Trockniß.

§ 86.

Schutz gegen Frostbeschädigungen jeder Art.

Wie in den Saatschulen, so sind es auch in den Pflanzschulen Spätfrost, Frühfrost und Barfrost, ausnahmsweise der Winterfrost, welche, je nach der Holzart, bald mehr bald minder schädlich auftreten.

Die beiden erstgenannten Frostarten, namentlich aber der Spätfrost, ziehen durch Tödten des Gipfeltriebes die Bildung von Doppelwipfeln nach sich, eine Erscheinung, die wir namentlich bei Holzarten mit gegenständigen Knospen, also Ahorn und Esche, wahrnehmen, durch Tödten der Seitentriebe aber struppigen, unschönen Wuchs; erzeugen bei wiederholtem Auftreten viel Ausschußmaterial, verzögern die Verwendbarkeit der Pflanzen und haben dadurch oft schwere Störungen im Kulturbetrieb zur Folge. Der Frühfrost, seltener und minder verderblich auftretend, tödtet die noch unverholzten Triebe, namentlich die sogenannten Johannistriebe mancher Holzarten.

Gegen den **Spätfrost** wenden wir ähnliche Mittel an, wie wir sie in § 61 bereits kennen gelernt: statt der späteren Saat **spätere Verschulung** der frühzeitig ausgehobenen und eine Zeit lang eingeschlagenen Pflanzen (§ 77) als Schutzmittel im ersten Jahre, und außerdem die schon vielfach erwähnten **Pflanzgitter** zur Zeit der Spätfrostgefahr im Monat Mai. Als einen intensiven Schutz der Pflanzen gegen **Frost** und **Hitze** empfiehlt Schmitt[1]) eine sogenannte **Hochdeckung**, welche namentlich den weitern Vortheil biete, daß ein Abdecken und Wiederauflegen der Gitter zum Zweck der Lockerung und Reinigung nicht nöthig sei.

Zum Zweck derselben werden entsprechend starke Pfosten von 2 m Höhe über der Erde in 4—5 m Entfernung im Boden befestigt und darüber ein Stangengerüst so angebracht, daß Astreisig auf dieselben gelegt werden kann, ohne durchzufallen, so daß hiedurch über der **ganzen Pflanzschule** gleichsam ein Schutzdach gebildet wird. Als Deckmaterial verwendet man das die Nadeln lange haltende Föhrenreisig, das durch leichte Stangen gegen das Abwehen geschützt und im Herbst herunter genommen wird.

Die etwas kostspielige und — wenn auch wohlthätige, aber doch nicht absolut nöthige Einrichtung wird wohl nur ausnahmsweise Platz greifen[2]).

In der richtig gewählten Lage des Pflanzgartens und entsprechendem Seitenschutz wird wie gegen Hitze, so auch gegen Spätfröste ein wenigstens theilweise wirksames Sicherungsmittel zu suchen sein.

Gegen die seltener auftretenden und minder schädlichen **Frühfröste** pflegen Mittel nicht zur Anwendung zu kommen.

Durch den **Barfrost** leiden insbesondere die **schwachen** und **seichtbewurzelten** verschulten Pflanzen, so ein- und zweijährige Fichten, und zwar oft noch in höherem Grade als die in den Rillen dichter beisammen stehenden Saatpflanzen, während tieferwurzelnde Holzarten — Schwarzkiefern, Eichen — dessen Wirkungen gar nicht ausgesetzt sind. Die für die Saatbeete in § 62 angegebenen Schutzmittel,

---

[1]) Fichtenpflanzschulen. S. 88.

[2]) Nach Schmitts Angabe sind solche Hochdeckungen in den Fichtenpflanzschulen der Stadt Villingen im Schwarzwald mit sehr gutem Erfolg zur Anwendung gekommen. Auch Baur (Monatsschr. 1883 S. 247) hat in Hohenheim einen befriedigenden Versuch mit Hochdeckung angestellt und die Kosten bei billigem Materialbezug nicht zu hoch gefunden.

dann Hülfsmittel nach eingetretener Beschädigung, werden auch in den Pflanzbeeten Platz zu greifen haben, und hat namentlich das sofortige Wiederandrücken der gehobenen Pflanzen oft in ziemlicher Ausdehnung zur Rettung derselben stattzufinden. — Die Wirkung, welche die nicht zu seichten Beetwege auf den Abzug des Wassers aus der obersten Bodenschichte und dadurch auf Verminderung des Auffrierens haben, kann in durch Barfrost gefährdeten Oertlichkeiten ein triftiger Grund für Wahl von Beeten an Stelle der größeren Länder bei der Verschulung sein.

<h2 style="text-align:center">§ 87.</h2>

<h2 style="text-align:center">Schutz gegen Regengüsse.</h2>

Auch durch Regengüsse werden Pflanzbeete in viel minderem Grade gefährdet sein, als Saatbeete, zumal wenn in etwas stärker geneigtem Terrain die Anwendung größerer Felder zum Verschulen vermieden und beetweise Eintheilung unter entsprechender Terrassirung mit möglichst genauer Horizontallegung der Zwischenwege gewählt wird.

Die in § 63 erwähnten s. g. Erdhöschen finden sich insbesondere an verschulten Fichten, die kleinen, einzeln stehenden Pflänzchen nach heftigem Platzregen fast bis zum Gipfel einhüllend, auf gelockertem lehmigen Boden; dieselben werden in bereits angegebener Weise leicht beseitigt.

<h2 style="text-align:center">§ 88.</h2>

<h2 style="text-align:center">Schutz gegen Thiere jeder Art.</h2>

Von kleineren Thieren sind es insbesondere Engerlinge, Maulwurfsgrillen, Mäuse, welche unsere Pflanzbeete in ähnlicher Weise gefährden, wie dies oben bezüglich der Saatbeete näher besprochen wurde (vergl. §§ 64—66), und werden die Schutzmittel die gleichen sein. — Die Gefährdung durch Maulwurfsgrillen pflegt allerdings mit der zunehmenden Größe der Pflanzen abzunehmen und auch die vorwiegend manchem Samen gefährlichen Mäuse werden in Pflanzschulen weniger lästig — sehr lästig dagegen nicht selten die Engerlinge, denen man in den zwei und drei Jahre lang mit Pflanzen besetzten Pflanzbeeten nicht so gut beikommen kann, wie in den in vielen Fällen alljährlich umzugrabenden und hiebei von diesen Feinden zu säubernden Saatbeeten. Gehen stärkere Pflanzen auch durch Engerlingsfraß seltener ganz zu Grunde, indem doch einige Wurzeln verschont bleiben, so kümmern sie doch an den Folgen stärkerer Wurzelbeschädigung Jahre lang, verkrüppeln auch wohl derart, daß sie zur Auspflanzung nicht mehr brauchbar sind.

Aus der Vogelwelt wird nur in seltenen Fällen eine Gefährdung unserer Pflanzbeete zu befürchten sein — durch das Auerwild, dessen wir in § 67 gedacht, auf welchen Abschnitt wir uns daher beziehen.

Gegen das Verbeißen durch Wild jeder Art, wo solches nach Wildstand und Holzart zu befürchten steht, muß durch Einfriedigungen oder die sonstigen in § 68 angegebenen Hülfsmittel Sorge getragen werden.

§ 89.

Pflege der Pflanzbeete durch Entfernung des Unkrautes, durch Lockerung und Düngung.

Vom Gras- und Unkrautwuchs sind die Pflanzbeete insbesondere noch im ersten Jahre nach der Verschulung heimgesucht, während bei nicht zu weitläufiger Verschulung und kräftiger Entwicklung der Pflanzen die letztern durch ihre Beschirmung das Unkraut im zweiten und eventuell dritten Jahre schon mehr oder weniger zurückhalten und dann einer Pflege durch Reinigung der Beete nur in geringerem Maße bedürfen. Zwischen verschulten Tannen, die mit ihren horizontal streichenden Aesten den Boden rasch decken, vermag nach zweijährigem Stehen im Pflanzbeet oft kein Grashalm mehr aufzukommen.

Durch Einlegen von Moos, gespaltenen Prügeln u. dgl. den Unkrautwuchs zurückhalten zu wollen, wie dies bei den Saatbeeten nicht selten geschieht, ist für die Pflanzbeete mit ihren größeren Pflanzenabständen weniger anwendbar und verhältnißmäßig kostspielig, zumal dadurch das Lockern des Bodens erschwert, die vorherige Entfernung dieser Deckungsmittel nöthig wird. Am ersten läßt sich das Decken mit Laub ausführen, und wir haben dasselbe insbesondere in Heisterbeeten zur Zurückhaltung des Unkrautwuchses (und gleichzeitig zur Erhaltung der Feuchtigkeit) mit gutem Erfolg in Anwendung gebracht. Burkhardt macht allerdings darauf aufmerksam, daß man hiedurch auch den Fraß der kleinen Nager, die in der Laubdecke willkommenen Unterschlupf finden, begünstigen kann[1]), doch haben wir derartige Nachtheile bis jetzt nicht beachten können.

Die Reinigung der Pflanzbeete geschieht theils durch Jäten mit der Hand, meist aber in Verbindung mit der auch für verschulte Pflanzen so vortheilhaften öfteren Lockerung des Bodens, welch' letztere, je nach der Reihenentfernung, mit dem kleinen Jätehäckchen, dem Schoch'schen Dreizack (s. § 69), oder mit dem stärkeren Fünfzack oder Jätekarst stattfindet. In Heisterkämpen wird man zu noch stärkeren

---

[1]) Aus dem Walde. V. S. 110.

(aber schmalen) Hauen greifen und verhältnißmäßig tief lockern. Bei trockner Witterung wird es oft genügen, das Unkraut beim Behacken und Lockern einfach aus dem Boden auszureißen und liegen zu lassen, dessen Vernichtung durch Dürrwerden der Sonne zu überlassen; schon aus diesem Grunde ist die Lockerung bei trockner Witterung zu empfehlen.

Wie oft das Lockern vorzunehmen sei, wird von den Boden= verhältnissen, der Witterung (anhaltender Regen schlägt den Boden fest!), der Nothwendigkeit, das Unkraut zu entfernen, abhängig sein. Lieber lockere man zu oft, statt zu selten — allerdings ist der Kosten= punkt hiebei auch etwas zu berücksichtigen!

Unter allen Umständen möchten wir auf bindendem Boden ein zweimaliges Behacken der Pflanzbeete alljährlich empfehlen; kräftige Entwicklung der Pflanzen im zweiten oder dritten Jahre, in Folge deren sich die Reihen nahezu schließen, kann demselben allerdings hin= dernd in den Weg treten.

Beim Lockern und Reinigen der zu Verschulungen kleiner Pflanzen nicht selten, zur Heisterzucht stets angewendeten größeren Länder (Quartiere) lasse man die in § 70 empfohlene Vorsicht bezüglich des Betretens der frisch gelockerten Streifen nicht außer Acht! Auch die übrigen in jenem Paragraphen berührten Maßregeln bezüglich der letzten Lockerung im Herbst, des Anhäufelns als Schutz gegen Auffrieren u. s. f. haben für schwächere verschulte Pflanzen ihre volle Geltung.

Eine Zwischendüngung kann sich bei längerem Stand der Pflanzen im Pflanzbeet — für zwei Jahre sollte die vor der Ver= schulung dem Boden gegebene Düngung stets ausreichen! — wohl als nöthig erweisen und wird dann in ähnlicher Weise wie für Saatbeete (s. § 71) gegeben. Wo sich das Bedürfniß der Düngung im Habitus der Pflanzen geltend macht, wird ein rasch wirkender, leicht löslicher Dünger (Jauche, Mineraldünger) auch hier zweckmäßiger in Anwendung gebracht, als langsam wirkende Düngemittel, wie Humus, Rasenerde u. dgl., die wir für die Düngung vor der Verschulung empfohlen haben.

§ 90.

Pflege der Pflanzen durch Beschneiden der Aeste.

Ein für Laubholzpflanzen nicht unwichtiger, ja für stärkere Pflanzen, bei der Heisterzucht, geradezu unentbehrlicher Theil der Pflege im Pflanzbeet ist das Beschneiden von Aesten und eventuell Gipfeln. Ein Beschneiden von Nadelholzpflanzen im Pflanzbeet findet wohl nur ganz ausnahmsweise statt und wird sich für starke Fichten=

und Tannenpflanzen etwa auf Wegnahme eines Doppelwipfels be=
schränken [1]), während die dem Laubholz ohnehin in mancher Beziehung
sich nähernde Lärche bei der Erziehung zum Heister etwa an den Aesten
pyramidal zugeschnitten wird.

Der Zweck des Beschneidens ist die Erziehung einer möglichst nor=
mal gewachsenen Pflanze mit kräftigem Gipfeltrieb und hinreichend
zahlreichen, nicht zu starken und nicht zu tief angesetzten Seitenzweigen.
Durch sachgemäßes Abnehmen oder Kürzen der Aeste soll die Pflanze
eine für ihre spätere Auspflanzung möglichst günstige und mit der
gleichfalls durch Schnitt gelegentlich der jedesmaligen Verschulung kor=
rigirten Bewurzelung in richtigem Verhältniß stehende Beastung und
Bekronung erhalten.

Im Allgemeinen wird man jedes Beschneiden der Pflanzen als
ein Uebel erklären müssen [2]); die Nothwendigkeit, eine Pflege
durch Beschneiden eintreten zu lassen, ergibt sich aber einerseits Ange=
sichts der mannigfachen Mißbildungen, die wir unsere Pflanzen im
Pflanzbeet entwickeln sehen — Gabelbildungen, Krümmungen, tief an=
gesetzte Aeste u. dgl. —, anderseits durch unsere Aufgabe, so viel als
thunlich jede einmal mit Kosten erzogene und verschulte Pflanze für
ihren Zweck tauglich zu machen, allen Ausschuß bei der seinerzeitigen
Auspflanzung ins Freie möglichst zu vermeiden. — In unseren natür=
lichen Auflügen, unseren Saat= oder dichten Pflanzkulturen mit
ihrer Pflanzenfülle bedürfen wir eines Beschneidens der Pflanzen nicht;
manche Art der Mißbildung, die wir in unseren Pflanzbeeten wahr=
nehmen, tritt dort an sich seltener auf — so verhindert der dichtere
Stand eine zu starke, zu tief angesetzte Beastung, der Gipfel drängt
an sich zum Licht empor; jede nicht normale, mißgebildete Pflanze
aber geht in Bälde durch das Ueberwachsen seitens ihrer normalen
Nachbarn zu Grunde, ohne Nachtheil, ja zum Besten für das Ganze.
Anders im Pflanzbeet, wo der fehlende Schluß durch die Pflege er=
setzt werden muß, wo jeder verschulte Pflänzling auch als tauglich
erhalten bleiben soll.

Die Nothwendigkeit dieser Pflege und deren Maß ist aber eine
sehr verschiedene nach der Holzart, wie nach Alter und Stärke,
welche der Pflänzling im Pflanzbeet erreichen soll. Nach der Holz=
art: die eine ist mehr zu starker Astbildung geneigt, während die

---

[1]) Für die Tanne wird von einigen Seiten auch ein Stutzen der Seitenäste
empfohlen — f. § 114.

[2]) Hartig, R., Lehrbuch der Pflanzenkrankheiten.   S. 160.

andere selbst im geringeren Schluß schlank und ohne Seitenäste empor=
wächst. Zu den ersteren gehört vor Allem die Eiche, in schon min=
derem Maße die Ulme und Linde, während als Beispiel für letztere
vor Allem Ahorn und Esche zu nennen sind. — Nach Alter und
Stärke: je länger eine Pflanze im Pflanzbeet stehen, je stärker sie
bis zu ihrer Verwendung werden soll, in um so höherem Grade wird
sie auch der Pflege durch Beschneiden bedürfen, und während z. B.
einjährig verschulte und dreijährig ausgepflanzte Eichen des Beschneidens
nur in geringstem Grade benöthigen, ist eine rationelle Eichenheisterzucht
ohne wiederholtes und zweckgemäßes Beschneiden nicht denkbar.

Man hat die Nothwendigkeit eines Beschneidens der Aeste beim
Versetzen einer stärkeren Pflanze mit Recht auch damit begründet,
daß — nachdem Wurzeln und Krone bezüglich ihrer Entwicklung
jedenfalls in einem bestimmten Verhältniß stehen — jede Kürzung
eines Theiles auch eine entsprechende Reduzirung des andern noth=
wendig mache, die meist nicht zu umgehende Kürzung der Wurzeln
also ein Einstutzen der Aeste erfordere, damit Wasseraufnahme durch
die Wurzeln und Verdunstung durch die Blätter ins Gleichgewicht ge=
bracht werden. (Revierförster Kropp bestreitet[1]) dies zwar, behauptet,
daß die Pflanze durch Bildung kleinerer Blätter dies Gleichgewicht
schon selbst herzustellen wisse, und tritt jedem stärkeren Beschneiden
entgegen.) Wir haben nun hier nur von jenem Beschneiden der Aeste
zu reden, welches zum Zweck normaler Stammbildung in der
Pflanzschule, nicht nach deren Verlassen stattfindet, und unsere
Aufgabe in der Pflanzschule ist es jedenfalls, bei dem Verschulen
auf eine Wurzelbildung, durch entsprechendes Beschneiden während
des Stehens in der Pflanzschule auf eine Stamm= und
Kronenbildung hinzuwirken, die bei dem Auspflanzen ins Freie
eine möglichste Schonung beider Organe, der Wurzeln wie
der Krone, gestattet.

Was die Zeit betrifft, zu welcher das Beschneiden vorzunehmen
ist, so ist als günstigste Jahreszeit jedenfalls die Zeit der Vege=
tationsruhe zu betrachten; auch R. Hartig spricht sich[2]) in diesem
Sinne aus und hält das Beschneiden zur Sommerszeit auch um deß=
willen für ungünstig, weil dadurch Organe, welche Reservestoffe fürs
kommende Jahr produzirt und im Stamm abgelagert hätten, der
Pflanze genommen werden. Man kann wohl auch zu anderer Zeit

---

[1]) Krit. Blätter. XLIII. 2. S. 132.
[2]) Lehrbuch der Pflanzenkrankheiten.

schneiden, soll aber wenigstens aussetzen, so lange die Rinde sich leicht löst[1]), um Beschädigungen derselben zu vermeiden. Der entlaubte Pflänzling erscheint auch dem Auge am übersichtlichsten, erleichtert das Beschneiden wesentlich, und mit eintretendem Saft wird die Ueberwallung der am Stämmchen befindlichen Schnittwunden sofort beginnen. — Manteuffel gibt dagegen an[2]), daß Johanni die zweckmäßigste Zeit zum Schneiden sei, und das Gleiche findet sich auch noch andern Orts behauptet[3]), und zwar weil die Pflanzen sich verbluten würden, wollte man vor der Zeit des Saftsteigens schneiden, während im Sommer eine dicke, gummiartige Ausscheidung alsbald die Wunde decke (?). Bezüglich der Jahre, in welchen man die Ast- und Gipfel-Korrekturen vornimmt, ist zu beachten, daß man im Jahre der stattgehabten Verschulung nicht gerne schneidet, um den Pflänzling erst fest und gut einwurzeln zu lassen, daß man aber auch namentlich den stärkeren Heister rechtzeitig vor seiner Auspflanzung beschneidet, so daß bis zu dieser letzteren die Schnittflächen wieder überwallt sind, nicht aber denselben im Moment der Auspflanzung noch „mit Wunden überladet", wie Burkhardt sich ausdrückt[4]).

Als allgemeine Grundsätze und Regeln für Ausführung des Beschneidens dürften folgende gelten[5]).

Das Beschneiden ist stets auf das absolut Nothwendige zu beschränken, jedes Uebermaß zu vermeiden. — An Laubholzpflanzen, die nur einmal verschult und als etwa meterhohe Lohden ausgepflanzt werden, ist in der Regel und mit Ausnahme der zur Astbildung besonders geneigten Eiche wenig zu schneiden, die Arbeit beschränkt sich auf das Wegnehmen einzelner tief angesetzter und stärkerer Aeste, auf das Zurückschneiden zu langer, eventuell den Gipfeltrieb beeinträchtigender Seitenäste, auf die Entfernung von Doppelwipfeln und Gabelbildungen, wie letztere insbesondere bei Holzarten mit gegenständigen Knospen (Ahorn, Esche) im Falle des Verkümmerns oder Erfrierens des Haupttriebes häufig entstehen. Ein Zurückschneiden des Wipfeltriebes wird nur bei unverhältnißmäßig langem, ruthenförmigem Wuchs desselben oder bei schlecht verholztem Johannistriebe nöthig sein, und erfolgt dann in einiger Höhe über einer kräftigen

---

1) Burkhardt, Säen u. Pflz. S. 78.
2) Die Eiche. S. 86.
3) Krit. Blätter. XXIX. 1. S. 65.
4) Burkhardt, Säen u. Pflz. S. 78.
5) Vergl. Burkhardt, S. 78 ff. Erlaß des preuß. Fin.-Minist. (Allgem. F.- u. J.-Z. 1866. S. 269.) Krit. Blätter XLVII. 2. S. 132 u. XLIX. 1. S. 60.

Seitenknospe, die dadurch zur Gipfelknospe wird. Schneidet man unmittelbar über der betreffenden Knospe, von welcher man den Wipfeltrieb erzielen möchte, so erfolgt nicht selten ein Eintrocknen derselben von der nahen Schnittfläche aus, während dies bei einiger Entfernung der letzteren von der Knospe vermieden wird[1]). — Ein ruthenförmiges Aufschneiden ist jedenfalls verwerflich; tief angesetzte Aeste nehme man allerdings ganz weg, und zwar glatt am Stamm, um die Ueberwallung zu befördern, weiter oben stehende Aeste dagegen stutzt man nur ein, um den stufigen Wuchs der Pflanze nicht zu beeinträchtigen, und nimmt dieses Einstutzen ebenfalls nicht zu kurz über einer Knospe vor. Nie dagegen belasse man kurze, knospenlose und darum bald absterbende Zweigstummel am Stämmchen.

In viel ausgedehnterem Maße bedarf der zu erziehende kräftige Heister der Pflege mit Messer und Astscheere; mit deren Hülfe soll ein stufiger Stamm mit möglichst gleichmäßig nach allen Seiten entwickelter, nicht zu hoch angesetzter Krone erzogen werden. Einseitige und hoch angesetzte Krone bringt namentlich die Nachtheile mit sich, daß der Stamm durch die Belastung mit Schnee und Eis leicht zur Seite gebogen wird, daß der Wind das Stämmchen stärker angreift und in den Wurzeln lockert. Eine der Pyramidengestalt sich nähernde Form der Krone wird als die zweckmäßigste betrachtet, auf sie soll durch den Schnitt hingewirkt werden; dabei ist der Schutz der Rinde durch die Aeste, welcher bei solcher Art des Astschnitts erhalten wird, insbesondere für die gegen direkte Einwirkung der Sonne empfindliche Rinde mancher Holzarten, obenan der Buche, von Werth.

Auch in der Heisterschule ist übrigens das Maß der nöthigen Pflege durch Beschneiden ein nach der Holzart wesentlich verschiedenes, und Ahorn und Esche, beide vielfach als Heister erzogen, bedürfen auch hier derselben am wenigsten, die Eiche dagegen wohl am meisten.

Der Astschnitt nun hat tief angesetzte Aeste ganz zu entfernen, ebenso ein Uebermaß dicht beisammen stehender Aeste zu reduziren, im Uebrigen zu lange Aeste entsprechend zu kürzen, die oberen stärker als die unteren, um eben jene (annähernde) Pyramidengestalt der Krone zu erreichen. Besonderes Augenmerk ist beim Astschnitt den Krümmungen des Schaftes zuzuwenden und auf deren Korrektur hinzuwirken; wo Aeste sitzen, da findet ein stärkerer Nahrungszufluß, eine stärkere

---

[1]) Zeitschr. f. F.- u. J.-W. XI. S. 112.

Holzbildung statt. So wird man (f. Fig. 44) durch Wegnahme der auf der äußeren Seite einer Krümmung sitzenden Aeste und Belassung der etwa auf der Innenseite stehenden die Krümmungen allmählich zu mindern und auszugleichen im Stande sein[1]).

Der Gipfelschnitt wird sich hauptsächlich auf Beseitigung gabeliger (Ahorn, Esche) oder gar quirlförmiger Triebe (Eiche) zu beschränken haben, wobei man den am besten verholzten, die kräftigsten Knospen tragenden Trieb stehen läßt. Ist der Endtrieb zu ruthenförmig, so schneidet man ihn, in oben schon erwähnter Weise, entsprechend zurück. Haben

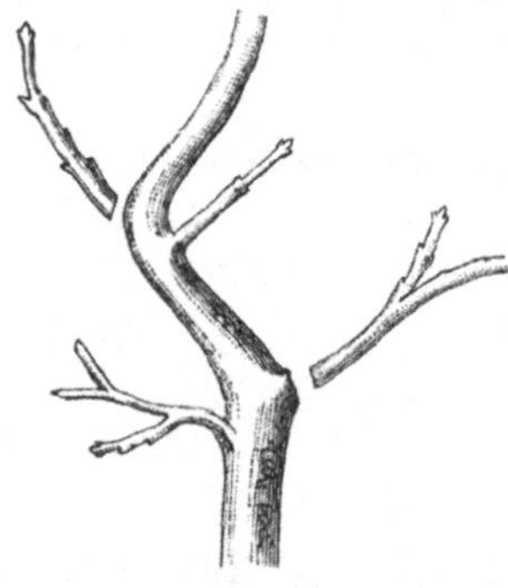

Figur 44.

sich bei versäumtem rechtzeitigen Schnitt schirmförmige Kronen gebildet, so kann man den Schirm mittelst einer Wiede so zusammen binden, daß alle Zweige in die Höhe stehen und in dieser Richtung fortwachsen; nach Jahresfrist löst man den Verband, sucht den passendsten Zweig aus und schneidet die übrigen mehr oder minder weg. Falls ein tiefsitzender, kräftiger Ast vorhanden ist, kann es sogar angezeigt sein, den abnormen Gipfel ganz zu entfernen, den Seitenast mittelst einer Wiede in die Höhe zu biegen und so einen neuen Gipfel zu schaffen (Fig. 45)[2]). Durch sorgfältige Auswahl der in die Heisterschule zu bringenden Pflanzen, Ausscheiden aller minder schönen Exemplare und stets rechtzeitiges Beschneiden werden derartige umständlichere Manipulationen aber großentheils zu vermeiden sein.

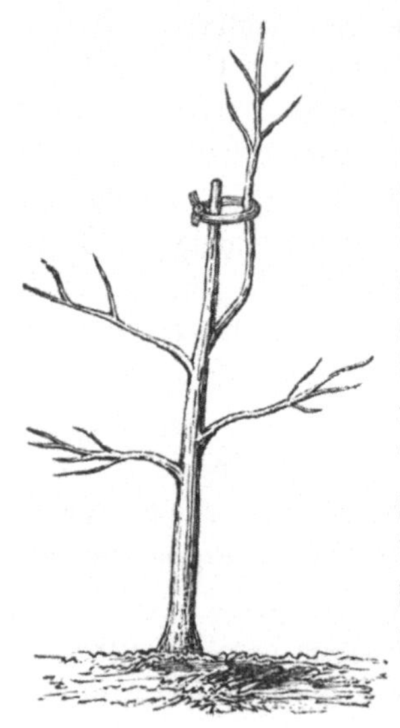

Figur 45.

Noch radikaler erscheint die Kur mißgebildeter Pflanzen, wenn man dieselben im Frühjahre kurz über dem Boden vollständig abschneidet, von den erscheinenden Stockausschlägen den kräftigsten, unter Entfernung der

---

1) Vergl. Allgem. F.- u. J.-Z. 1866. S. 269, welcher auch obige Abbildung entnommen ist.

2) Burkhardt, Säen u. Pflz. S. 79.

übrigen, beibehält und aus ihm eine gutwüchsige starke Lohde oder selbst einen Heister erzieht. Dies Verfahren ist unseres Wissens n u r f ü r d i e E i c h e[1]), und zwar nicht nur für schlechte Pflanzen, sondern für ganze Pflanzbeete, zur Anwendung gebracht worden, und werden wir bei der Besprechung dieser Holzart auf dasselbe zurückkommen.

Als I n s t r u m e n t bei dem Beschneiden der Pflanzen diente ur= sprünglich ein gekrümmtes Messer (Gartenmesser), in neuerer Zeit wird aber dazu fast ausschließlich die A s t s c h e e r e verwendet. Der Vorzug dieses Instru= mentes gegenüber dem Messer besteht in der leich= ten, sichern Handhabung, dann in der Vermeidung jeder Rindenbeschädigung, wie jeder Lockerung der Pflanze, welch' letztere bei

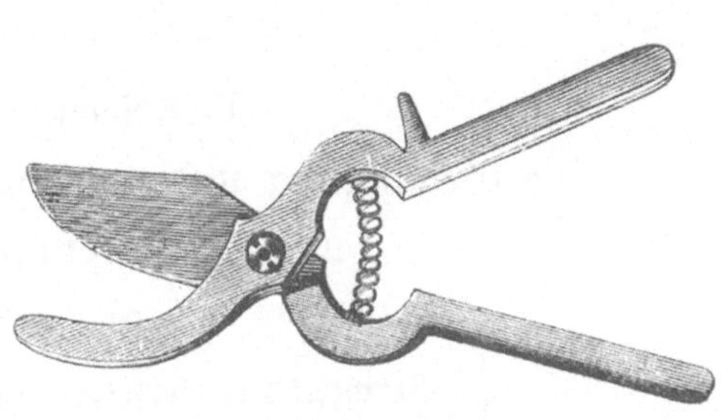

Figur 46.

schwächeren Pflanzen und größerer Stärke der wegzunehmenden Aeste mit Anwendung des Messers leicht verbunden ist. Die verbreitetste Astscheere ist wohl die Fig. 46 abgebildete (Nr. 96 a des Preisverzeich= nisses der Gebrüder D i t t m a r zu Heilbronn, à 6 Mark); dieselbe wird auch durch die oben erwähnte preußische Finanz=Ministerial=Verfügung empfohlen. Mit derselben werden auch schon stärkere Aeste leicht ent= fernt, und wird bei solchen der Schnitt s c h r ä g , nicht senkrecht zur Achse geführt. — Varendorf[2]) gibt dagegen einem krummen Baum= messer mit rundem, festem Heft den Vorzug, da mit demselben einerseits die Arbeit schneller gehe, anderseits das bei der Scheere zu befürchtende Stehenbleiben kleiner Stummel am Stämmchen, sowie das leicht mög= liche Quetschen der Rinde vermieden werde.

Eine besondere Art der Pflege, in ihrer Wirkung dem Schneiden ähnlich, ist das A u s b r e c h e n ü b e r f l ü s s i g e r K n o s p e n , indem von den am Ende des Triebes dicht gehäuften Knospen (der Eiche) alle bis auf die kräftigste entfernt oder auch die Seitenknospen überhaupt zu Gunsten der kräftigeren Entwicklung der Endknospe theilweise aus=

---

[1]) Baur (Monatsschr. 1883. S. 247) hat das Verfahren versuchsweise und mit sehr gutem Erfolg für Ahorn, Esche und Akazie angewendet. Nachdem aber schlecht gewachsene Pflanzen bei diesen Holzarten an sich selten vorkommen, die Ent= wicklung der letztern überhaupt eine raschere ist, wird das Verfahren auch bei ihnen keine weitere Verbreitung finden.

[2]) Jahrb. der schles. F.=V. 1880. S. 191.

gebrochen werden. Auch dieses — immerhin etwas umständliche und zeitraubende — Geschäft, das wohl nur in die Hände sehr geschulter Arbeiter gelegt werden darf, wird nur für die Eiche empfohlen[1] und soll bei dieser Holzart noch nähere Erwähnung finden. — Ist man bei Holzarten mit gegenständigen Knospen (Ahorn, Esche) genöthigt, den Gipfel zu entfernen, so bricht man zweckmäßig auch eine der beiden Endknospen aus, hiedurch der Gabelbildung vorbeugend[2].

V. Abschnitt.
Die Gewinnung und Erziehung von Ballen- und Büschelpflanzen.

§ 91.
Verwendung derselben überhaupt.

Bereits in § 4 ist die Verwendung der Ballenpflanzen im Forsthaushalt besprochen und sind dort die Gründe angegeben worden, weßhalb die erstere gegenwärtig eine wesentlich geringere ist, als in früheren Zeiten. Immerhin sehen wir auch heute noch die Ballenpflanze bei Fichte, Föhre, seltener bei andern Holzarten, mit Vortheil und gutem Erfolg in Anwendung gebracht: so bei Nachbesserungen in Schlägen, welche — durch natürliche Verjüngung oder Saat entstanden — das nöthige Pflanzmaterial gleich neben der kulturbedürftigen Stelle in einfachster und billigster Weise bieten; bei Aufforstung besonders mißlicher, bereits erstarktes Pflanzmaterial fordernder Kulturflächen, so insbesondere bei der Gefahr des Ausfrierens oder leichten Vertrocknens ballenloser Pflanzen. Will man Lücken in Schlägen mit stärkeren Föhrenpflanzen ausfüllen, so muß man ebenfalls zur Ballenpflanzung greifen.

Die Büschelpflanze ist eine Ballenpflanze, bei der mehrere Pflanzen auf einem gemeinsamen Ballen stehen. Dieselbe kam und kommt nur bei Fichten in Verwendung, und zwar war es der Harz mit seinen rauhen Hochlagen, seinen durch Wild und Weidevieh gefährdeten Schlägen, woselbst Fichtenbüschel, aus dichten Saaten oder Pflanzungen gestochen, zuerst Anwendung fanden. Auch im Thüringer Walde haben sie nach Heß' Mittheilung[3] eine, wenn auch beschränkte

---

[1] Allg. F.- u. J.-Z. 1866. S. 269.
[2] Fischbach, Lehrb. der Forstw. S. 119.
[3] Allg. F.- u. J.-Z. 1862. S. 287.

Anwendung gefunden. Allein die mancherlei Nachtheile, welche ins=
besondere die sehr dicht bestockten Pflanzbüschel — es standen nicht
selten 10—15 Pflanzen auf einem Ballen beisammen — mit sich
führten: lange Wuchsstockungen, Stammverwachsungen, Schneedruck=
schäden — ließen in Verbindung mit den Erfahrungen, die man mit
Erziehung und Verwendung der kräftigen, verschulten Einzelpflanze
machte, mehr und mehr der letzteren den Vorzug geben, und so kommt
die Fichten=Büschelpflanzung auch in ihrer früheren Heimath nur in
beschränktem Maße noch zur Anwendung.

§ 92.

Gewinnung aus natürlichen Anflügen und aus Saaten.

Die Mehrzahl der Ballenpflanzen liefern uns nun natürliche
Verjüngungen, gut bestockte Saatkulturen, dann Anflüge in lichten,
älteren Beständen, auf kleineren Lücken und Blößen. In letzteren Fällen
kann das Stechen der Ballen ohne jeden Schaden für den Bestand
geschehen, bei der Gewinnung von Ballenpflanzen aus Schlägen
aber, mögen sie durch natürliche Verjüngung oder durch Saat ent=
standen sein, hat man jedoch wohl im Auge zu behalten, daß man
nicht nach und nach zu viele Pflanzen heraussticht und dadurch die
Wurzeln der bleibenden Pflanzen bezw. den ganzen Schlag schwer
schädigt.

Ballenpflanzen aus noch geschlossenen Fichten= oder Tannenbestän=
den verwende man nur etwa zu Unterpflanzungen, nicht ins Freie —
der plötzliche Uebergang vom Schatten zu vollem Licht wird denselben
fast stets verderblich! — Gegen die Verwendung älterer, schon etwas
kümmernder Föhrenvorwüchse aus lichten Altbeständen hat man bisher
vielfach Bedenken getragen; Versuche im Großen haben jedoch ergeben,
daß sich solche Ballenpflanzen, von besserem Boden stammend, rasch
erholen und kräftig heranwachsen[1]).

Nicht selten erzieht man sich jedoch auch Ballenpflanzen auf eigens
hiezu ausgewählten Flächen durch Vollsaat. Man achte darauf, daß
der Boden der betr. Fläche möglichst frei von den dem seinerzeitigen
Stechen der Ballen hinderlichen Wurzeln und Steinen, sowie hin=
reichend bindend sei; die Bodendecke wird mit dem Rechen oder durch
flaches Abschälen, je nach ihrer Beschaffenheit, entfernt, der Boden
oberflächlich zur Beschaffung eines entsprechenden Keimbettes um=

---

[1]) Zeitschr. f. F.= u. J.=W. IX. 551.

gehäckelt und nur bei bindenderem, sich bald wieder hinreichend fest zusammensetzendem Boden etwas tiefer gelockert. Die Fläche wird so= dann mit Fichten oder Föhren (auch Erlensaatflächen solcher Art haben wir schon gesehen) voll und unter Anwendung eines gegenüber der gewöhnlichen Vollsaat bedeutend verstärkten Samenquantums — nach Burkhardt [1]) geht man bei Fichten bis zu 0,4 kg pro Ar — angesäet und der Samen tüchtig eingekratzt. Auch das Uebertreiben solcher Flächen mit Schafheerden, wo solche zur Verfügung stehen, hat sich als Mittel zu gutem Unterbringen des Samens bewährt. Schutz und Pflege solcher Vollsaatbeete pflegen sich auf Einlandern der Fläche zum Schutz gegen Weidevieh, Fuhrwerk, Grasfrevel, dann auf Abschnei= den — nicht Ausjäten — des Unkrautes, insoweit solches lästig wird, zu beschränken, letzteres, um jedes das seinerzeitige Halten der Ballen beeinträchtigende Lockern des Bodens zu hindern.

Die Ausnutzung der Fläche, bei Föhren etwa im 4., bei Fichten im 5. Jahre beginnend, pflegt eine allmähliche zu sein; alljährlich sticht man die stärksten Pflanzen heraus.

Das Stechen erfolgt entweder mittelst des einfachen geraden Spatens, häufiger mit dem Hohlspaten Fig. 47, für kleinere Pflanzen

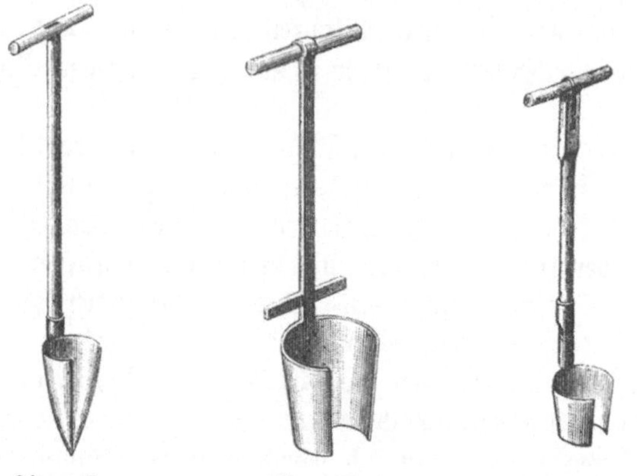

Figur 47.   Figur 48 a.   Figur 48 b.

auch mit dem Heyer'schen Hohlbohrer [2]) Fig. 48 a u. b, dessen Ober= weite nach Heyers Angabe für kleine Pflanzen nur 5—8, für stärkere etwas mehr beträgt, während die untere Weite um $^1/_2$—1 cm geringer ist und die Höhe je nach der Weite wechselt. Die Größe der Ballen wird stets mit Stärke und Wurzelbildung der Pflanzen im Verhältniß

---

[1]) Säen u. Pflz. S. 340.
[2]) Heyer's Waldbau. S. 219.

stehen müssen; zu große Ballen vertheuern die Kultur unnöthiger Weise, bei zu kleinen werden den Pflanzen zu viele Seitenwurzeln abgestochen und deren Gedeihen beeinträchtigt. Bei Föhren wird man um der Pfahlwurzel willen stets tiefere, bei der flachwurzelnden Fichte dagegen breitere Ballen stechen müssen.

Aus dichten Saaten ergeben sich beim Stechen von selbst Büschelpflanzen, d. h. es werden fast auf jedem größeren Ballen mehrere Pflanzen stehen. Bei der Föhre beseitigt man die schwächeren unbedingt, bei der Fichte läßt man da, wo man wegen Wild, Weide= vieh und ähnlichen Gefährdungen auch heute noch etwa der Büschel= pflanze den Vorzug gibt (wie da und dort im Harz), wenigstens nicht mehr wie drei bis fünf Pflanzen auf einem Ballen stehen, die entbehr= lichen unter Schonung des Ballens wegschneidend. — Aber auch im Saatbeet erzieht man Büschelpflanzen, oder richtiger Pflanzenbüschel[1]) durch nicht zu dichte Rillensaat, die man event. bei zu dichtem Stand mittelst Durchrupfens gelegentlich des Ausjätens verdünnt; man be= nutzt die Pflanzen mit drei, im Gebirge mit Rücksicht auf deren lang= same Entwicklung wohl auch erst mit 4—5 Jahren. Das Ausheben erfolgt mit dem Spaten in der Weise, daß je eine Rille in größeren Stücken oder Ballen abgestochen und auf der Kulturfläche dann mit der Hand in Ballen von entsprechender Größe vertheilt wird; auch hier soll ein Büschel nicht mehr wie drei bis fünf Pflanzen enthalten.

§ 93.

Erziehung durch Verschulung.

Auch durch Verschulung wurden und werden (wenn auch in be= schränkter Zahl) Ballen= und Büschelpflanzen erzogen, und in den sech= ziger Jahren haben wir im Thüringer Walde zahlreiche „Stopfgärten" mit durch Verschulung erzogenen Fichtenballenpflanzen gesehen[2]). In neuerer Zeit ist auch die Verschulung einjähriger Föhren zur Er= ziehung von zwei= und dreijährigen Ballenpflanzen von verschiedenen Seiten empfohlen worden[3]).

Die als Stopfgärten benutzten Pflanzgärten waren aus doppeltem Grunde wandernde: man legte sie zur Erleichterung des Trans= portes der Ballenpflanzen stets möglichst auf den Kulturflächen oder

---

[1]) Burkhardt, Säen u. Pflz. S. 343.

[2]) Vergl. Heß Mitth. in der Allg.=F. u. J.=Z. 1862. S. 285.

[3]) Zeitschr. f. F.= u. J.=W. 1878. S. 555. Jahrb. des schles. Forstver. 1879. S. 340.

in deren unmittelbarſter Nähe an, bei dem dort üblichen Wirthſchafts=
betrieb: kahle Abſäumung der Fichtenbeſtände mit entſprechendem (meiſt
dreijährigem) Hiebswechſel, — ſo zeitig auf der letzten Hiebsfläche,
daß der wiederkehrende Hieb die zur Auspflanzung der neuen Schlag=
fläche nöthigen Pflanzen nebenan vorfand. — Es wird aber auch
durch das Ausſtechen der Ballen dem Kamp alle beſſere Erde entzogen,
und ſchon dadurch erweiſt ſich das Wandern der Pflanzkämpe als
nothwendig.

Zur Verſchulung benutzt man, je nach der Entwicklung, ein= bis
zweijährige Pflanzen, die zwei bis höchſtens vier Jahre im Pflanzbeet
bleiben, letzteres jedoch nur in Ausnahmefällen: bei ſehr langſamer
Entwicklung in rauhen Gebirgslagen oder Bedarf an beſonders ſtarken
Pflanzen. Die Verſchulung erfolgt nach normaler Bearbeitung des
Bodens am beſten auf größere Länder, nicht in Beete, und zwar
reihenweiſe mit einem Abſtand der Pflanzenreihen, ſowie der Pflanzen
in dieſen, welche der Größe der ſeinerzeit zu ſtechenden Ballen ent=
ſpricht; ſollen die Pflanzen drei oder vier Jahre im Pflanzbeet ver=
bleiben, ſo wird dieſer Abſtand weſentlich größer ſein müſſen, als
wenn nur zweijähriges Belaſſen derſelben beabſichtigt iſt. Sollen die
Ballen quadratiſch geſtochen werden, was wohl das Richtigſte iſt, ſo
iſt Reihen= und Pflanzenabſtand gleich. Zu große Ballen ſind um
der dadurch ſofort bedeutend ſteigenden Koſten willen — ſteigend durch
Erziehung, Stechen, Transport und Einpflanzen — zu vermeiden, und
Entfernung der Pflanzen zu 12—15 cm im Quadrat wird wohl
meiſt genügen.

Die Pflege der Pflanzbeete beſchränkt ſich auf Abſchneiden des
erſcheinenden ſtärkern Unkrautes, während jede Lockerung des Bodens,
und deshalb auch das Ausjäten, zu unterbleiben hat, da ſonſt die
Ballen ſeiner Zeit nicht genügend halten. Um dieſes Ballenhaltens
willen laſſen ſich ſolche Verſchulungsbeete überhaupt nur auf bindendem
Boden anlegen.

Das Stechen der Ballenpflanzen erfolgt mit geradem Spaten;
durch Spatenſtiche längs der Mitte zweier Pflanzreihen werden zuerſt
dieſe getrennt, und ſodann abermals durch einen, zwiſchen je zwei
Pflanzen geführten Stich Ballen für Ballen abgeſtochen. Man hütet
ſich dabei, die Ballen tiefer zu ſtechen, als nach der Wurzelbildung der
Pflanzen nöthig iſt, und gibt die Unterſuchung einiger Pflanzen raſch
den nothwendigen Aufſchluß.

In ähnlicher Weiſe werden nach von Kujawa's Mittheilung[1]

---

[1] Jahrb. des ſchleſ. Forſtver. 1879. S. 340.

schon seit zwanzig Jahren in Ostpreußen Föhrenballenpflanzen zur
Aufforstung von Oertlichkeiten, in denen stärkeres Pflanzmaterial nöthig
erscheint, durch Verschulung erzogen, ebenso im Reggs.-Bezirk Merse-
burg, und der Erfolg wird nach jeder Richtung hin — sowohl bez.
des Gedeihens der Kulturen, wie bez. des Kostenpunktes — gerühmt.
Die Verschulung erfolgt mit einjährigen Föhren, deren Wurzeln nicht
länger als 20—25 cm lang sein sollen, in gut vorbereitetem, hinläng-
lich bindendem Boden, im Verband von 15 cm im Quadrat, die
Pflanzen bleiben zwei Jahre im Pflanzbeet und werden dann mit
geradem Spaten in Ballen, welche genau die Größe des oben angegebenen Verbandes und ca. 25 cm Höhe haben, ganz regelmäßig (in
torfstichartiger Weise) ausgestochen.   Die Kämpe sind natürlich Wanderkämpe, welche unter Berücksichtigung der nöthigen Bodeneigenschaften
möglichst nahe den künftigen Kulturflächen angelegt werden, da
jeder weitere Transport der Ballenpflanzen die Kulturkosten wesentlich
erhöht.   Letztere betragen mit Rücksicht auf den gegenüber der Pflanzung mit einjährigen Föhren zulässigen weitern Pflanzverband nur
wenig mehr, als bei erstgenannter Kulturweise, wogegen das sichere
Gedeihen solcher Ballenpflanzungen und der zweijährige Zuwachs-
gewinn als nicht zu unterschätzende Vortheile erscheinen.

Auch Oberförster Brecher[1]) empfiehlt das Verschulen der einjährigen Föhre warm, rühmt die Wuchskraft und Widerstandsfähigkeit
gegen die Schütte, welche solche Ballenpflanzen gegenüber den Saat-
kiefern zeigen.

Wo der zu solchen Pflanzkämpen zur Verfügung stehende Boden
nicht genügend bindend erscheint, da hat man wohl auch dessen Lockerung gänzlich unterlassen, und die Verschulung in lediglich abgeplaggten
Boden ausgeführt — nach Danckelmanns Mittheilung[2]) ebenfalls mit
befriedigendem Erfolg. —

Auch Büschelpflanzen hat man sich, jedoch ausschließlich von
Fichten, durch Verschulung erzogen[3]), indem in den entsprechend zu-
bereiteten Pflanzbeeten je drei Pflanzen näher zusammen gesetzt werden,
wodurch ein dreistämmiger Büschel (Tripelpflanze) entsteht, der nach
etwa dreijährigem Verbleiben der verschulten Pflanzen im Pflanzbeet
mit dem Ballen ausgestochen wird. — Es wird auch im Harz, der
Heimath der Büschelpflanze, diese etwas kostspielige Methode der
Pflanzenerziehung wohl nur ausnahmsweise mehr Platz greifen.

---

[1]) Zeitschr. f. F.- u. J.-W. IX. S. 555.
[2]) Zeitschr. f. F.- u. J.-W. IX. S. 556.
[3]) Burkhardt, Säen u. Pflz. S. 340. 346.

VI. Abschnitt.

Die Kosten der Pflanzenerziehung.

§ 94.

Die Faktoren derselben.

Die Frage nach den Kosten der Pflanzenerziehung hat von jeher das lebhafte Interesse der Forstwirthe erregt, wie dies die zahlreichen desfallsigen Mittheilungen in der Literatur beweisen[1]). Wir müssen uns insbesondere auch über diese Kosten klar sein, wenn wir die durch verschiedene Kulturmethoden (Saat, Pflanzung mit unverschulten oder verschulten Pflanzen) uns erwachsenden Ausgaben vergleichen, diese Kosten etwa in unsere Ertragsberechnungen einführen wollen; ebenso, wenn wir Pflanzen zum Verkauf an Privatwaldbesitzer erziehen (wie dies in manchen Staaten, so in Bayern, Sachsen, direkte Vorschrift für die Staatsforstbeamten ist) und nicht etwa nur den Ueberschuß über den eigenen Bedarf um jeden Preis losschlagen wollen. Es ist daher jedenfalls angezeigt, auch hier dieser Frage näher zu treten.

Diese Kosten nun setzen sich aus einer ganzen Reihe von Faktoren zusammen, als deren wichtigste wir nennen: Bearbeitung des Bodens, Einfriedigung, Düngung, Samenbeschaffung, Ansaat und Verschulung, Schutz und Pflege jeder Art — bei scharfer Rechnung, wie man sie heutzutage gern führt, selbst die Zinsen des Bodenkapitals. Von diesen Faktoren können wir einige als ständige, bei jeder Pflanzschule auf= tretende bezeichnen, so die Kosten für Bodenbearbeitung, Ansaat, Ver= schulung, Reinigung, während andere, so vor Allem die Kosten für Ein= friedigung, auch jene für Düngung, von lokalen Verhältnissen abhängen, bei Wanderkämpen häufig wegfallen.

Aber auch diese als ständig bezeichneten Ausgaben erwachsen, je nach den örtlichen Verhältnissen, in sehr verschiedener Höhe, und dürfen wir nur an die so außerordentlich wechselnden Kosten der erstmaligen Bodenbearbeitung erinnern. Ein bei den Kosten der Pflanzenerziehung, der Ausführung der oben aufgezählten Arbeiten vor Allem in Betracht kommender Faktor aber ist die Höhe des ortsüblichen Tage= lohns, der für die Höhe jener Kosten ausschlaggebend zu sein pflegt,

---

[1]) Vergl. hierüber auch

　　Thar. Jahrb. 32. S. 123.

　　Jahrb. des schles. Forstver. 1880. S. 106.

　　Jäger, Die Kosten der künstl. Bestandsgründung, Allg. F.= u. J.=Z. 1887. S. 188 u. 221.

dem gegenüber die übrigen Kosten, für Ankauf von Dünger, Samen 2c., nahezu verschwinden können. Wenn wir unsern Dünger durch Brennen von Rasenasche, Ansetzen von Komposthaufen, Sammeln von Damm= erde selbst bereiten, unsern Samen selbst sammeln lassen, wie dies bei Laubholzsämereien, auch Tannensamen nicht selten geschieht; wenn wir endlich das Material zur Einfriedigung unseres Saatbeets nicht kaufen (Drahteinfriedigungen!), sondern es unseren Beständen entnehmen, Ma= terial, welches vielleicht in der betreffenden Gegend kaum verwerthbar gewesen wäre, dessen Preis wir also außer Ansatz lassen können, — dann sind unsere Pflanzenerziehungskosten reine Arbeitslöhne und direkt abhängig von deren ortsüblicher Höhe, welch' letztere bekanntlich außerordentlich schwankt. So finden wir in den von Gayer mitge= theilten Kulturkostentarifen die Taglöhne in der schlesischen Oberförsterei Kottwitz auf 1 Mark für Männer, 65 Pfennige für Frauen angegeben[1]), während man andern Orts das Doppelte zahlt, und hienach können unter sonst gleichen Boden= 2c. Verhältnissen die Kosten der Pflanzen= erziehung zweier Reviere um 100 Prozent schwanken. Aber selbst wenn wir diese ortsüblichen Löhne kennen, spielt noch die weitere Frage eine Rolle, ob wir im Stande sind, stets die relativ billigsten Arbeitskräfte wählen zu können, ob wir zu Arbeiten, die am zweckmäßigsten durch Frauen oder Kinder ausgeführt werden, nicht in Folge besonderer lokaler Verhältnisse Männer gegen viel höheren Lohn verwenden müssen.

Ein weiterer Faktor für die Höhe der Pflanzenerziehungs=Kosten, unsicherster Art zwar, aber doch nirgends ganz fehlend, oft schwer in die Wagschale fallend, sind die Unfälle, die Beschädigungen mannig= facher Art, von denen unsere Saatbeete und Forstgärten heimgesucht werden. Wie viele Millionen von Föhrenpflanzen sind wohl schon durch die Schütte zu Grunde gegangen, wie manche hoffnuhgsvoll keimende Saat ist anhaltender Trockniß erlegen, wie viele Eichel= und Buchel= saatbeete werden durch Mäuse, wie viele Nadelholzsaatbeete durch Vögel zerstört oder doch stark dezimirt! Auch der Engerling, dieser so schwer zu bekämpfende Feind unserer Saatbeete, der Spätfrost, durch den so manche hoffnungsvolle Pflanze verkrüppelt, seien nicht vergessen — alle diese bald seltener, bald öfter wiederkehrenden Beschädigungen aber dürfen wir nicht außer Acht lassen, wenn wir nach den Kosten der Pflanzenerziehung, nach durchschnittlichen Kostensätzen fragen, und müssen damit freilich einen höchst unsichern Faktor in unsere Rech= nung einführen.

---

[1]) Waldbau. S. 688.

§ 95.

Beeinflussung der Kosten durch den Wirthschafter.

Alle Kostenangaben und Kostenvergleichungen, die wir in unserer Literatur finden, haben als letzten Endzweck doch wohl die Absicht, Anhaltspunkte für eine möglichst billige Pflanzenproduktion zu geben; nicht hohe, sondern möglichst geringe Kostenbeträge pflegen mitgetheilt zu werden, der Mittheilende sucht die Zweckmäßigkeit der von ihm angewendeten Methode der Pflanzenerziehung durch diese Angaben zu beweisen. Der Forstwirth aber soll sich Angesichts solcher Mittheilungen fragen: Wie stellen sich deine Ausgaben für Pflanzenzucht diesen Angaben gegenüber, warum sind erstere höher, in wie weit und mit welchen Mitteln kannst du sie reduziren?

Die Ausgaben für Pflanzenerziehung sind nun theilweise durch die örtlichen Verhältnisse bedingt und ihre Aenderung liegt bis zu gewissem Grade außerhalb der Macht des Pflanzenzüchters. Die Kosten der Bodenbearbeitung sind abhängig von den lokalen Bodenverhältnissen, jene der Reinigung von der Neigung des Bodens zum Gras- und Unkrautwuchs; die Kosten der Einfriedigung lassen sich bei geringem Wildstand oft gänzlich ersparen, ein einziges Rudel Sauen im Revier kann zu sehr solider Einfriedigung jedes kleinen Kampes nöthigen, die Holzpreise, der mehr oder weniger weite Transport des zur Einfriedigung nöthigen Materials beeinflussen die Kosten der letzteren sehr bedeutend und sind doch vielfach gegebene und nicht zu ändernde Größen. Endlich ist die so einflußreiche Höhe des ortsüblichen Tagelohns eine gegebene feste Größe, an der wir wenig oder nichts ändern können, und das Kapitel der Unfälle gehört wenigstens zum größern Theil auch hieher.

Dagegen liegt es bei einer ganzen Reihe von Faktoren, ja bis zu gewissem Grade selbst bei den anscheinend festen, durch die örtlichen Verhältnisse bedingten, in der Hand des aufmerksamen und sachverständigen Wirthschafters, die Kosten der Pflanzenerziehung wesentlich zu vermindern. Schon die richtige Auswahl des Platzes ist hiebei von großer Bedeutung, denn durch sie sind die Kosten für die Zurichtung des Bodens, für Schutz gegen Frost und Hitze, für Reinigung von Unkraut in nicht geringem Grade bedingt. Sorgfalt bei Auswahl des Saatgutes, Anwendung der zweckmäßigsten Methoden und Hülfsmittel zur Saat und Verschulung, zum Schutz der Pflanzen gegen Gefährdungen; zweckgemäße, weder zu kleine, noch zu große Entfernungen der Saatrillen und Pflanzreihen; gute Eintheilung der Arbeit und Arbeitskräfte, endlich stete genügende Aufsicht: das sind die Bedingungen einer nach Maßgabe der Verhältnisse billigen Pflanzenzucht, und es springt in die Augen, daß dem Forstmann bezüglich der Einwirkung auf die= selben ein nicht geringer Spielraum gegeben ist. Jede zu tiefe Bearbeitung des Bodens, ein Rajolen desselben auf 60 und 70 cm Tiefe da, wo ein 30—40 cm tiefes Umgraben genügt hätte; jeder überflüssige oder zu breite Weg innerhalb des umgearbeiteten und eingefriedigten Forstgartens; jede Verwendung eines kräftigen Mannes zu einer Arbeit, die eine Frau, ein Kind eben so gut ausgeführt haben würde, ist eine Ver= schwendung, welche die Kosten für Erziehung der einzelnen Pflanze in die Höhe drückt. Auch Sparsamkeit am unrechten Ort — an Kosten für Schutz und Pflege der Saatbeete — kann gerade den entgegen= gesetzten Erfolg haben statt des beabsichtigten!

Die Frage, welche Arbeiten bei der Pflanzenerziehung mit Vortheil in Accord gegeben werden können, wird hier auch zu erwägen und zu beantworten sein.

Jeder Accord soll beiden Parteien, dem Arbeitgeber wie dem Arbeitnehmer, gewisse Vortheile bieten: Dem ersteren soll die ständige Beaufsichtigung der Tagelohnarbeiten erspart und trotzdem die Arbeit, wo möglich, billiger geliefert werden, letzterer will sich durch erhöhte Anspannung seiner Kräfte, Verwendung der ihm gelegensten Zeit einen den gewöhnlichen Tagelohn übersteigenden Verdienst sichern. Letzteres geschieht aber nur zu leicht auf Kosten der Güte der Arbeit, und es gilt daher bezüglich der Accordarbeiten wohl überall die Regel: Nur solche Arbeiten zu veraccordiren, bezüglich deren sich die richtige und accordgemäße Ausführung nach Vollzug der Arbeit genügend kontro= liren läßt.

Bei Aufrechterhaltung dieses Grundsatzes wird es aber eine nur beschränkte Zahl von Arbeitern bei der Pflanzenzucht sein, die sich zur Veraccordirung eignen. Am allgemeinsten greift letztere wohl Platz bei dem erstmaligen Umbruch des Bodens für einen neu anzulegenden Saatkamp oder Forstgarten; vielfach ist sie anwendbar und empfehlens= werth beim Jäten, worüber wir uns bereits in § 69 ausgesprochen haben. Das Ausheben, Zählen und Verpacken namentlich jener Pflanzen, welche verkauft werden, kann ebenfalls pro Hundert in Accord gegeben werden, und ebenso wird die Veraccordirung am Platz sein für Beifuhr von Material zur Einfriedigung, Düngemitteln (Straßenabraum, Hu= mus), Herstellung von Umfassungsgräben. Wenn dagegen Forstrath Brecht empfiehlt[1]), sogar das Beschneiden der Pflanzen im Pflanzbeet,

---

[1]) Monatsschr. f. d. F.= u. J.=W. 1868. S. 19.

das Einschulen (für Kulturen auch das Einpflanzen) zu veraccordiren, so können wir dem nicht zustimmen, da in ersterem Fall das Maß der Arbeitsleistung nur schwer bestimmbar, in letzterem die exakte Arbeitsleistung schwierig kontrolirbar sein dürfte[1]).

Jeder Accord aber soll sich stützen auf vorherige genau kontrolirte Tagelohnsarbeit, wobei die Kulturlohnsrechnungen früherer Jahre häufig brauchbare Anhaltspunkte und Durchschnittszahlen geben werden; ohne solche Grundlage wird der Accord unsicher, der eine oder andere Konkurrent übervortheilt, und zwar in der Mehrzahl der Fälle der Arbeitgeber von dem vorsichtigen Arbeiter, der einen ihm unsicher dünkenden Accord nicht eingeht! — Solche Vorsicht ist namentlich nöthig, wenn wir den Accord gleichsam im Vertragswege mit unsern Waldarbeitern abschließen; öffentliche Konkurrenz und entsprechende Betheiligung an solcher stellen die entsprechenden Preise sicherer her.

§ 96.
Feststellung der Pflanzenerziehungskosten. Vergleichbarkeit derselben.

Die auch nur einigermaßen genaue Angabe der Kosten, welche die Erziehung von einem Hundert Pflanzen der einen oder andern Holzart, des einen oder andern Alters verursacht, ist oft eine schwierige Aufgabe[2]).

In sehr vielen Fällen werden in demselben Saatbeet oder Forstgarten gleichzeitig Pflanzen der verschiedensten Art und Stärke erzogen — einjährige Föhren, zweijährige Lärchen, verschulte Fichten und Tannen u. s. f.; die Trennung der Arbeiten für jede Holzart, jedes Sortiment, die Repartirung der Kosten, die hienach jeder Pflanzengattung zur Last fallen, läßt sich aber in den meisten Fällen kaum durchführen, so namentlich bei jenen Kosten, welche durch Schutz und Pflege erwachsen. Welcher Kostenantheil wird z. B. bezüglich des erstmaligen Umbruchs, der Einfriedigung, der Hütte u. s. f. der einjährigen Föhrenpflanze, welcher der fünfjährigen Tanne oder dem achtjährigen Heister zuzurechnen sein? Solche, nur einmal in größeren Zwischenräumen

---

[1]) In Gayers Waldbau, S. 699, ist bei dem Kulturkostentarif des Reviers Alteglashütte in der Rheinpfalz hervorgehoben, daß alle Pflanzschularbeiten mit Ausnahme der ersten Bodenbearbeitung im Tagelohn erfolgen.

[2]) Guse (Jahrb. des schles. Forstver. 1880. S. 106) sagt, daß in manchen Bezirken s. g. Kampbücher geführt werden, in denen Kosten und Erträge vom Augenblick der Anlage eines Kamps bis zur Verwendung der letzten Pflanze nachgewiesen werden, daß aber auch daraus nicht immer alles Erforderliche entnommen werden könne.

erwachsende Ausgaben repartiren sich auf eine oft sehr große Pflanzen=
menge und können dadurch für die Einheit von sehr geringer Bedeu=
tung werden, bei einem Durchschnitt aus kürzerer Zeitperiode aber
ziemlich bedeutend in die Wagschale fallen; außer Acht lassen darf man
sie wohl in keinem Fall! — Es sind ferner nur Durchschnitts=
zahlen aus mehrjährigem Betrieb, welche Werth haben, denn
nur dadurch kommt der oben erwähnte Faktor der Unfälle und Be=
schädigungen ebenfalls zur Geltung; es wird aber auch durch dieses
Verlangen die Ermittlung solcher Kosten für jede einzelne Holzart
nicht unwesentlich erschwert. Angesichts dieser Schwierigkeiten finden
wir denn auch Angaben (siehe unten § 97), bei welchen die Kosten
für auf demselben Saatkamp erzogene einjährige Föhren, zwei= und
dreijährige Lärchen und Fichten zusammengeworfen wurden und ein
gemeinsamer Durchschnitt pro Hundert der erzogenen Pflanzen be=
rechnet wird.

Mit viel größerer Sicherheit dagegen lassen sich Angaben über
den Kostenaufwand pro Hundert Pflanzen dort machen, wo auf einer
bestimmten, nicht zu kleinen Fläche nur eine Holzart von bestimmtem
Alter erzogen wird — so einjährige Föhren, unverschulte oder ver=
schulte Fichten, ein= oder zweijährige Eichen. Je näher Anlage eines
Saatbeets und dessen Verlassen nach erfolgter Ausnutzung einander
liegen, so daß alle Kosten mit Sicherheit in die auch hier nöthige
Berechnung aus mehrjährigem Durchschnitt einbezogen werden können,
mit um so größerer Sicherheit werden auch die gewünschten Kosten=
angaben zu ermitteln sein.

Was die Vergleichbarkeit der so ermittelten Kosten mit jenen
anderer Oertlichkeiten und damit den praktischen Werth der Kosten=
angaben betrifft, so ist letzterer nur ein beschränkter, die Vergleichung
nur mit Vorsicht zulässig. Was wir oben über die so zahlreichen und
je nach den verschiedenen Oertlichkeiten und Verhältnissen im ver=
schiedensten Maße einwirkenden Faktoren dieser Gesammtkosten gesagt
haben, genügt vielleicht schon einigermaßen zur Begründung der eben
ausgesprochenen Ansicht, und namentlich wird man uns zugeben, daß
jede Angabe über Pflanzenerziehungskosten ohne gleichzeitige Mitthei=
lung der ortsüblichen Tagelöhne fast ohne Werth ist. — Außer
den Schwierigkeiten aber, welche wir bezüglich korrekter Angaben wenig=
stens für viele Verhältnisse oben nachgewiesen zu haben glauben, ist
bei der Vergleichung der Kosten noch ein wichtiger und doch sehr
schwer zu präcisirender Faktor ins Auge zu fassen — die Qualität
der erzogenen Pflanzen! Zwischen zweijährigen Fichten, in schmaler

Doppelrille kräftig und stufig erwachsen, und solchen, die in breiten, dicht besäeten Rillen auf gleich großer Fläche in doppelter und drei= facher Anzahl mit nahezu ganz gleichen Kosten — der einzige Unter= schied ist vielleicht das höhere Samenquantum in letzterem Fall — er= zogen wurden, ist eben ein himmelweiter Unterschied, eine Vergleichung beider bezüglich des Kostenaufwandes gewiß nicht zulässig! In § 54 haben wir mitgetheilt, wie auf gleich großen Flächen mit ver= schiedenem Samenquantum 15 306 und 25 479 taugliche einjäh= rige Föhrenpflanzen erzogen wurden — aber erstere wogen 1733 Gramm, letztere nur 1300 Gramm pro Tausend; die Erziehungskosten aber verhalten sich natürlich nahezu wie 5:3 pro Tausend.

Endlich möchten wir noch darauf hinweisen, daß es einerseits meist ältere, erfahrene Pflanzenzüchter sind, welche, nachdem sie in früheren Jahren ihr Lehrgeld bezahlt, die Resultate ihrer Arbeit mittheilen, und daß anderseits nur günstige Resultate zur Veröffent= lichung zu gelangen pflegen; wer mit oder ohne Verschulden minder günstige Resultate erzielt hat, pflegt solche nicht zu publiziren.

Damit soll jedoch insbesondere jenen Mittheilungen, welche Durch= schnitte aus großen Zahlen, aus langjährigem Betrieb bieten, in keiner Weise zu nahe getreten werden; dieselben können, unter Beachtung der lokalen Verhältnisse mit den eigenen Erfahrungen verglichen, dem Pflanzen= züchter manche Anregung geben. Wir fügen nachstehend einige solche Mittheilungen aus der Literatur an und bemerken, daß die Kosten der Einfriedigung und Düngung im unmittelbaren Anschluß an die be= treffenden Abschnitte in den §§ 29 und 39 besprochen wurden, da sie sich uns dort am zweckmäßigsten anzuschließen schienen.

<h2 style="text-align:center">§ 97.</h2>

<h3 style="text-align:center">Kosten der Bodenbearbeitung.</h3>

Nichts schwankt wohl mehr als die Höhe der Kosten für die erst= malige Bearbeitung des Bodens bei Anlage eines neuen Saatbeetes. Neben dem überall einflußreichen Faktor der Tagelohns=Höhe, die hier besonders ins Gewicht fällt, da nur kräftige, die relativ höchsten Tage= löhne beziehende Männer zu dieser Arbeit Verwendung zu finden pflegen, ist es die natürliche Beschaffenheit des Bodens einerseits, die verlangte Tiefe und Gründlichkeit der Bodenbearbeitung anderseits, welche ausschlaggebend für die Kosten sind. In ersterer Beziehung finden wir alle Uebergänge vom eben gelegenen, stein= und wurzelfreien Sandboden zu dem schweren, steinigen, wurzeldurchzogenen Granit=

boden im Gebirge, dessen Lage an einem Gehänge vielleicht noch
Terrassirung erheischt; in letzterer solche von der metertiefen Boden=
Rajolung E. Heyers zu der nur 10 bis höchstens 30 cm tiefen Locke=
rung, mit welcher sich Fischbach begnügt (vergl. § 17); so kann es
uns auch nicht wundern, wenn die Angaben über die Kosten bezüglich
der Bodenbearbeitung außerordentlich schwanken — nach unserer An=
sicht haben solche Angaben nur lokalen Werth.

Als Beleg für das Gesagte mögen einige solche Angaben dienen:
Schmitt[1]) gibt als Kosten erstmaliger Bodenbearbeitung an: unter
günstigen Verhältnissen 7 Mark, unter ungünstigen 12—15 Mark pro
Ar bei 30—40 cm tiefem Umgraben, sowie einschließlich des Abräumens
und Verbrennens des Bodenüberzuges; Tagelohn 2,50 Mark für den
Mann. Pöpel[2]) gibt bei einem Tagelohn von 1,60 Mark die Kosten
pro Ar auf 7—8 Mark an, den gleichen Betrag bezeichnet Crelinger[3])
als Resultat seiner mehrjährigen Erfahrung (ohne jedoch die Höhe des
ortsüblichen Tagelohns anzugeben).

Nach Heß[4]) stellen sich die Kosten für 24—36 cm tiefes Rajolen
bei einem Tagelohn von nur 90 Pfennigen bis 1 Mark auf

1,26 Mark pro Ar unter günstigsten und

3,78 „   „   „ unter ungünstigsten Verhältnissen.

Nach Duetsch[5]) betrugen dieselben bei etwa 40 cm tiefer Boden=
bearbeitung (die Höhe des ortsüblichen Tagelohns ist nicht angegeben)
pro Ar durchschnittlich 2,60 Mark, und in der schlesischen Oberförsterei
Kottwitz[6]) sinkt dieser Kostenbetrag bei 25 cm tiefer Bodenbearbeitung
und einem Mannstagelohn von 1 Mark auf 1,17 Mark pro Ar!

<h2 style="text-align:center">§ 98.</h2>

<h2 style="text-align:center">Kosten der Ansaat und Verschulung.</h2>

Auch den Mittheilungen über Kosten der Ansaat ist meist nur
beschränkter Werth beizulegen. Neben der Holzart ist die Entfer=
nung der Rillen von einander, wodurch die Zahl der Rillen pro Ar
bedingt ist, die Anwendung einfacher breiter oder schmaler Doppelrillen
von sehr wesentlichem Einfluß auf die Höhe der Saatkosten, und die
Angabe dieser Faktoren ist daher unbedingt nöthig, wenn es sich um die

---

1) Fichtenpflanzschulen. S. 37.
2) Thar. forstl. Jahrb. 32. S. 123.
3) Jahrb. des schles. Forstver. 1880. S. 107.
4) Allg. F.= u. J.=Z. 1862. S. 285.
5) Monatsschr. f. F.= u. J.=W. 1867. S. 323.
6) Gayer, Waldbau. S. 687.

Vergleichung mit den andern Orts erwachsenen desfallsigen Ausgaben und um die Entscheidung handelt, welchen Einfluß die angewendeten Vorrichtungen zum Eindrücken der Rillen, zur raschen und gleichmäßigen Ansaat auf die Höhe dieser Kosten ausüben. Durch praktische Apparate — Saatbretter und Säeapparate — können diese Kosten jedenfalls wesentlich ermäßigt werden, was namentlich bei Holzarten, welche — wie die Föhre — in größter Menge fast nur im Saatbeet erzogen zu werden pflegen, wohl ins Gewicht fällt.

Nach dem oben schon erwähnten Kulturkostentarif der Oberförsterei Kottwitz kostet die Fichtenkampsaat in 15 cm entfernten Rillen pro Ar 1,40 Mark, im Revier Liepe[1]) bei gleicher Rillenentfernung unter Anwendung des Säehorns, aber exkl. Eindrücken der Rillen (Tagelohn 1,20 und 0,60 Mark) nur 20—25 Pfennige. Nach Danckelmanns Mittheilungen[2]) sind zur Ansaat von 1 Ar — Eindrücken der Rillen, Saat, Uebersieben und Anwalzen — 1,2 Männertagelöhne nöthig, wobei die Rillen 15 cm (von Mitte zu Mitte gerechnet) von einander entfernt und mittelst des Saatbretts eingedrückte Doppelrillen sind. Pöpel[3]) gibt die Kosten für das nochmalige Klarrechen der Beete im Frühjahre, Unterbringen von Humus oder Asche, Eintheilen in Beete, Ansäen und Decken mit Reisig bei einem Frauen-Tagelohn von 90 Pfennigen auf 4,15 Mark pro Ar an.

Bezüglich der Verschulung haben die ziemlich zahlreichen Kostenangaben, die wir in unserer Literatur finden, stets die Beantwortung der Frage im Auge: Wieviel Pflanzen kann eine fleißige Arbeiterin in einem Tage verschulen? Die desfallsige Angabe bietet den großen Vorzug, daß sie unabhängig ist von dem schwankenden Faktor des ortsüblichen Tagelohns, den dann Jeder, der sich für die Sache interessirt, erst selbst in die Rechnung einführt, und es wäre wünschenswerth, daß auch bei anderweiten Kostenmittheilungen die Angabe möglichst in dieser Weise erfolgte (wie in dem oben berührten Fall auch durch Danckelmann bereits geschehen).

Die Zahl der von einer Person an einem Tage zu verschulenden Pflanzen ist in erster Linie durch Holzart und Stärke der Pflanzen bedingt: je kleiner die Pflanze, je schwächer und kürzer deren Wurzeln, um so rascher geht das Einschulen. Aber auch unter Berücksichtigung dieser Verhältnisse finden wir doch sehr differirende Angaben,

---

[1]) Gayer, Waldbau. S. 690.
[2]) Zeitschr. f. F.- u. J.-W. V. S. 65.
[3]) Thar. forstl. Jahrb. 32. S. 123.

und es ist dies erklärlich einerseits durch die angewendeten, mehr oder minder arbeitsfördernden Manipulationen, anderseits durch die lokalen Verhältnisse (leichter oder schwerer Boden), endlich auch dadurch, daß in einem Falle alle Hülfsarbeiten — Ausheben und Sortiren der Pflanzen, Anschlämmen u. dgl. — inbegriffen sind, im andern nicht.

Wir entnehmen der Literatur einige Angaben:

Nach Heß[1] kann eine fleißige und geübte Person in einem Tage 1000—1200 (ausnahmsweise selbst 1500!) zweijährige Fichten in einem Tage verschulen, wobei sie das Ausheben, Anschlämmen, Abmessen der Reihen und Riesenziehen selbst besorgen muß — eine jedenfalls s e h r h o h e Arbeitsleistung! Nach Schmitts Angaben[2] dagegen würde d a s M a x i m u m der in einem Tage von einer fleißigen Arbeiterin zu verschulenden solchen Pflanzen 1000 Stück betragen, bei minder geübten auf 800, selbst 600 sinken; mit diesen Zahlen stimmen unsere eignen Erfahrungen. Danckelmann[3] dagegen hat unter Anwendung des Harzer Trittbretts (siehe § 82) etwa 1200 Pflanzen als Resultat einer Tagesarbeit erhalten; nach dem Kulturkostentarif der Oberförsterei Karlsberg, Reinerz und Nesselgrund, mitgetheilt von Gayer[4], würden dagegen nur 500 Stück einjährige Fichten in einem Tage verschult werden können — eine geringe Arbeitsleistung, welche bezüglich der angewendeten Manipulation wohl zu überlegen gibt.

Wesentlich gesteigert kann die Arbeitsleistung werden durch Anwendung der in § 82 beschriebenen Verschulungs-Gestelle und -Maschinen. So gibt Forstverwalter Eck an, daß mit seinem Verschulungsgestell eine Frauensperson bis zu 5000 Stück ein- und zweijährige Pflanzen im Verband von 8 auf 15 cm pro Tag (zu zehn Arbeitsstunden) verpflanzen könne, und die Hacker'sche Maschine soll nach Angabe ihres Erfinders eine Arbeitsleistung von 400 bis 700 Pflanzen pro Arbeitsstunde — je nach deren Abstand von $2^1/_2$—5 cm — ermöglichen.

Für stärkere Pflanzen sinkt die Zahl der mit einer Tagelohnsarbeit einzuschulenden Pflanzen sofort wesentlich; der zuletzt erwähnte Kulturkostentarif gibt z. B. an, daß von ein- und zweijährigen Ahornpflanzen 250 bis 300, von vier- und fünfjährigen nur 125 bis 170 Stück in einem Tage verschult werden können.

---

[1] Allg. F.- u. J.-Z. 1862. S. 294.
[2] Fichtenpflanzschulen. S. 83.
[3] Zeitschr. f. b. F.- u. J.-W. V. S. 74.
[4] Waldbau. S. 685.

Die Verschulung gehört jedenfalls, gleich der Saat, zu jenen Kamparbeiten, bei welchen durch Anwendung zweckmäßiger Methoden, richtige Vertheilung und Verwendung der Arbeitskräfte, gute Leitung und Aufsicht ein bedeutender Einfluß auf die Höhe der Kosten in der Hand des Wirthschafters liegt!

§ 99.

Kosten der Reinigung und Lockerung.

Die Kosten für diese Arbeiten lassen sich in vielen Fällen nur schwer trennen, da Lockerung und Reinigung insbesondere bei Anwendung mancher Instrumente — Dreizack, Jätekarst — gleichzeitig ausgeführt werden. Auch hier werden sich Angesichts der außerordentlichen Verschiedenheiten, die bezüglich der Neigung des einen oder andern Bodens zum Gras- und Unkrautwuchs, bezüglich der Lockerheit und Bindigkeit der zu Forstgärten verwendeten Bodenarten und des hiedurch bedingten Bedürfnisses nach Lockerung bestehen, Durchschnittszahlen von allgemeinem Werth kaum geben lassen. Gayer theilt einige solche Durchschnittszahlen mit [1]; nach demselben betragen die Kosten für Jäten bei dem „zu Gras und Unkrautwuchs neigenden Gebirgsboden der Reviere Karlsberg, Reinerz und Nesselgrund pro Ar jährlich drei bis vier Mark (bei einem Männertagelohn von nur einer Mark), in der Oberförsterei Kottwitz jene für Reinigung und Lockerung nur 2,20 Mark (Frauentagelohn 65 Pfennige), und letzteren Betrag gibt auch Sturmfeder [2] als einen Durchschnitt auf gutem, graswüchsigem Boden an Schoch [3] hat mit Hülfe seines Drei- und Fünfzacks (siehe § 69) die Kosten für Reinigung und Lockerung seines Forstgartens auf sehr kräftigem, graswüchsigem Boden auf den geringen Betrag von 1,90 Mark herabgedrückt — einen Betrag, den man wohl als das Minimum des für diese Zwecke nöthigen Aufwandes nach unsern Erfahrungen betrachten darf.

Für ständige Forstgärten pflegen die Kosten stets relativ höher zu sein, als für Wanderkämpe, da letztere bei ihrer Anlage auf bisher bestocktem und dadurch unkrautfreiem Boden meist nur wenig Unkrautwuchs zeigen können, während derselbe in länger benutzten Forstgärten stets ein stärkerer ist. (S. § 6.)

---

[1] Waldbau. S. 685 u. 688.
[2] Monatsschr. f. d. F.- u. J.-W. 1866. S. 294.
[3] Monatsschr. f. d. F.- u. J.-W. 1864. S. 54.

§ 100.

Gesammtkosten der Pflanzenerziehung.

Die Angaben über den zur Erziehung von je hundert oder tausend Pflanzen einer gewissen Art nöthigen Gesammtkostenaufwand, welche sich in unserer Literatur finden, erstrecken sich vorwiegend auf die Nadelhölzer, vor Allem die Fichte und Föhre, seltener schon die Lärche und Tanne. Der Grund hiefür ist einerseits in dem viel massenhafteren Anbau der erst genannten beiden Holzarten und insbesondere darin zu suchen, daß dieselben vielfach allein in Saatkämpen und Forstgärten erzogen werden und dadurch die Möglichkeit und Gelegenheit zur Ermittlung richtiger Durchschnittszahlen geben, während von Laubhölzern fast nur die Eiche allein, mit Ausschluß anderer Holzarten, in Forstgärten erzogen wird; in welchem Maße aber Kostenangaben durch die Erziehung verschiedenen Pflanzmaterials im selben Forstgarten erschwert werden, haben wir oben (§ 96) berührt. Anderseits liegt er wohl darin, daß bei jenen Nadelhölzern Saat und Ernte sehr nahe beisammen liegen, letztere der Saat bei der Föhre fast stets schon nach Jahresfrist, bei der Fichte nach 2—4 Jahren folgt, wodurch die Vergleichung in hohem Grade erleichtert wird. Auch der Umstand, daß Fichte und Föhre vielfach in Wanderkämpen erzogen und dadurch alle Kosten, vom ersten Hackenschlag zur Bodenbearbeitung bis zum Ausheben der letzten Pflanze, in die Berechnung einbezogen werden können, ist eine weitere Erleichterung für vollständige Angaben.

Minder leicht lassen sich solche Angaben schon bezüglich der Eiche machen; der schwankende, unter Umständen sehr hohe Preis des Saatgutes, die Erziehung derselben in längere Zeit benutzten, eingefriedigten Eichelgärten, die längere Dauer dieser Erziehung, das im selben Garten zur Erziehung gelangende, sehr ungleichmäßige Material von der einjährigen Pflanze bis zum Heister hinauf machen verläßige Angaben schwer.

Als Kostenangaben aus großen Durchschnitten mögen hier nun folgende angeführt sein:

Für die Föhre:

Danckelmann[1]) gibt die Kosten für Erziehung einjähriger Pflanzen im Choriner Forstgarten, also auf ständig benutzter und durch alljährliche Düngung in Kraft erhaltener Fläche auf 5 Pfennige pro Hundert an, wobei ein Männertagelohn von 1,50 Mark, ein Frauentagelohn von 0,80 Mark bezahlt wurde.

---

[1]) Zeitschr. f. F.- u. J.-W. V. S. 71.

Nach Oberförster Schäffers (Buchwerder) Mittheilungen[1]) haben diese Kosten bei der Erziehung von 87 358 Hundert solcher Pflanzen in Wanderkämpen auf sandigem, also leicht zu bearbeitendem Boden nur 3,45 Pfennige pro Hundert betragen. (Die Höhe des ortsüblichen Tagelohns ist nicht angegeben.)

In der Oberförsterei Woidnig (Posen) ist die Höhe der Erziehungs=kosten für einjährige Föhren nach größerem Durchschnitt auf 10 Pfennige pro Hundert angegeben[2]); die Tagelohnsangabe fehlt auch hier. — Oberförster Pöpel[3]) hat sich mit Rücksicht auf die Anordnung der königl. sächsischen Regierung, daß die Forstkultur der Privaten und Ge=meinden durch Abgabe der nöthigen Pflanzen aus den Staatsrevieren um den Selbstkostenpreis zu befördern sei, bemüht, diesen Selbst=kostenpreis für die wichtigsten Saatbeet=Sortimente möglichst genau festzustellen, und kommt für einjährige Kiefern, unter Beachtung der Gefahren (Schütte!), des unverkäuflichen Materials u. dgl., auf Preise von 5 Pfennigen pro Hundert in minimo, von 13 Pfennigen in maximo.

Oberförster Elias berechnet (bei einem allerdings sehr niedrigen Tagelohn von 90 Pfennigen bis 1 Mark für den Mann, 55—60 Pfennige für eine Frau) die Gesammtkosten für zweijährige verschulte Kiefern auf nur 1,24 Mark, Oberförster Zimmer jene für einjährige Kiefern auf 23 Pfennige pro Tausend[4])!

Wo die Schütte die einjährigen Föhren öfters heimsucht und ganze Saatbeete ruinirt, da werden sich die Erziehungskosten aus längerem Durchschnitt viel höher stellen!

Für die Fichte:

Für dieselbe gibt Fischbach[5]) aus ebenfalls großen Durchschnitten folgende Erziehungskosten pro Hundert an:

zweijährige unverschulte Pflanzen	10—13	Pfennige
dreijährige	do.	do.	16—20	„
vierjährige	do.	do.	20—26	„
vierjährige verschulte	do.	35—42	„
fünfjährige	do.	do.	40—48	„

wobei als Tagelöhne 1,15 bis 1,40 Mark für den Mann, 70—90 Pfennige für die Frau bezahlt wurden.

Pöpel (s. o.) rechnet als Selbstkostenpreise, um welche die Pflan=

---

[1]) Zeitschr. f. F.= u. J.=W. VI. S. 255.
[2]) Gayer, Waldbau. S. 689.
[3]) Thar. forstl. Jahrb. 32. S. 123.
[4]) Jahrb. des schles. Forstver. 1880. S. 112.
[5]) Monatsschr. f. d. F.= u. J.=W. 1866. S. 401.

zen abzugeben wären, für das Hundert einjähriger Fichten 10 Pfennige, zweijähriger 15 Pfennige, dreijähriger ebenfalls 15 Pfennige (welch' letzterer Preis für kräftige dreijährige Pflanzen entschieden zu niedrig ist!).

Schmitt[1]), dessen aus großen Durchschnitten und langjähriger Praxis gezogene Zahlen entschiedene Beachtung verdienen, gibt unter Einrechnung aller Kosten — auch jener für Kulturwerkzeuge, Einfriedigung und Arbeiterhütte, Verzinsung des Anlagekapitals — für verschulte Fichten folgende Kosten an:

vierjährige pro Hundert 50 bis 90 Pfennige ⎫ letztere Beträge für
fünfjährige   „   „   80 „ 140   „   ⎬ schwierigere Verhältnisse
sechsjährige „   „   160   „   ⎭

wobei die Tagelöhne zu 1,20 bis 1,50 Mark (bei Rodung neuer Flächen zu 2,50 Mark) angegeben werden.

Oberförster Crelinger[2]) kommt bei der unserer Ansicht nach sehr weitständigen Verschulung von 15 auf 25 cm auf den Selbstkostenpreis von 5 Mark pro Tausend dreijähriger, einjährig verschulter Fichtenpflanzen.

Für die Tanne:

Grebe[3]) gibt an, daß die Kosten für Erziehung von fünfjährigen verschulten Tannenpflanzen (zwei Jahre im Saatbeet, drei Jahre im Pflanzbeet) unter Anwendung sogenannter Schutzschirme und bei einem Frauentagelohn von 80 Pfennigen sich pro Hundert auf 60—75 Pfennige stellten.

Für Ahorn und Esche:

Nach Angaben Crelingers[2]) berechnet sich das Tausend 1—2jähriger verschulter Pflanzen auf 4 Mark, 3—4jähriger verschulter Pflanzen aber auf 15—16 Mark.

Als Durchschnittszahlen aus großen, gemeinsam erzogenen Pflanzenmengen an Föhren, Fichten und Lärchen, welche ein, zwei und drei Jahre alt Verwendung fanden und für welche sich die Kosten nach Alter und Holzart nicht wohl trennen ließen, mögen noch einige Angaben, Beispiele besonders billiger Pflanzenerziehung, hier erwähnt werden.

Sturmfeder[4]) hat auf 8 Ar Saatkampfläche in 4 Jahren 192 000

---

[1]) Fichtenpflanzschulen. S. 98.
[2]) Jahrb. des schles. Forstver. 1880. S. 108.
[3]) Aus d. Walde. Bd. IV. S. 78.
[4]) Monatsschr. f. b. F.= u. J.=W. 1866. S. 294.

Föhren und Fichten, ein- und zweijährig, mit einem durchschnittlichen Aufwand von 7 Pfennigen pro Hundert erzogen.

Nach Duetsch' [1]) Mittheilungen kostete die Erziehung von 245 000 Fichten und Föhren auf 13 Ar Saatbeetfläche pro Hundert nur 3 Pfennige, wobei allerdings Kosten für Einfriedigung, Düngung, Lockerung nicht erwuchsen und die Tagelöhne nur 1 Mark für den Mann, 72 Pfennige für eine Frau betrugen.

Krobel theilt mit [2]), daß bei der Erziehung großer Pflanzenmengen von drei- bis fünfjährigen Fichten, Weißtannen und Erlen, verschult und unverschult, und bei einem allerdings sehr niedrigen Tagelohn (60—90 Pfennige) das Hundert Pflanzen im Durchschnitt nur auf 20 Pfennige zu stehen kam.

Jäger gibt neuerdings [3]) folgende möglichst genau ermittelten Selbstkostenpreise pro Tausend an:

Einjährige	Eichen	3,84 Mark,	verschult	3jährig	8,87 Mark,
„	Eschen	4,05 „	„	3 „	9,07 „
„	Ahorn	3,20 „	„	3 „	8,25 „
„	Fichten	0,40 „	„	4 „	4,50 „
„	Tannen	1,53 „	„	4 „	6,50 „
„	Föhren	0,90 „	„	3 „	3,20 „

Besondere Schwierigkeiten bietet, wie nach dem in § 93 Gesagten wohl erklärlich, die Angabe der Kosten, welche die Erziehung eines Heisters verursacht, und Mittheilungen hierüber sind denn auch spärlich zu finden. Als Beleg für die Schwierigkeit einer richtigen Berechnung ist wohl zu betrachten, wenn in den Verhandlungen des Pommerschen Forstvereins die Erziehungskosten eines 7—8jähr. Eichenheisters zu 37—41 Pfennigen angegeben werden, während Geyer die Kosten für einen nach seiner Methode (vergl. § 99) erzogenen, dreimal verschulten 10jährigen Heister auf nur 13 Pfennige berechnet; erstere Angabe muß sehr hoch, letztere sehr niedrig erscheinen!

Zum Schluß dieses Abschnittes geben wir noch auszugsweise den gegenwärtigen Preistarif eines größeren Pflanzen-Handelsgeschäftes. Bei Würdigung derartiger Preistarife wird ins Auge zu fassen sein, daß einerseits solche Handelsgärten ein viel größeres Anlagekapital für Grund und Boden, Gebäulichkeiten u. dgl. erfordern, anderseits für den Besitzer ein seiner Arbeit, seinem Risiko entsprechender Geschäftsgewinn

---

1) Monatsschr. f. d. F.- u. J.-W. 1867. S. 323.
2) Monatsschr. f. d. F.- u. J.-W. 1867. S. 401.
3) Allg. F.- u. J.-Z. 1887. S. 323.

erzielt werden muß, unter Umständen bei stockendem Absatz größere Pflanzenmengen unbrauchbar werden können — Faktoren, die den Preis der Pflanzen gegenüber den Selbstkosten erhöhen müssen. Dagegen wirken wieder andere Momente günstig, preiserniedrigend: die große Menge der erzogenen Pflanzen, die Praxis und Erfahrung der Besitzer, die Anwendung aller Hülfsmittel in möglichst vollkommener Weise u. s. f. — kurz alle jene Momente, welche E. Heyer für möglichste Konzentration der Pflanzenerziehung ins Feld führt[1]).

Preis-Verzeichniß der Baumschule von J. Heins zu Halstenbeck (Holstein)[2]).

Bezeichnung	Alter Jahre	Höhe cm	Preis pro 1000
Eiche . . .	1	7—30	2,50
	2	15—25	4,50
	3	25—60	7,00
	4*	40—65	13,00
	Heister	200—330	250,00
Esche . . .	1	10—20	3,00
	3*	65—100	18,00
	Heister	200—250	120,00
Ahorn . .	1	15—50	4,50
	2	40—70	10,00
	3*	65—100	16,00
	Heister	200—250	140,00
Rothbuche .	1	7—20	2,50
	3	20—50	5,00
	3*	25—50	10,09
	4*	40—65	16,00
Ulme . . .	1	7—20	4,50
	2	40—70	12,00
	3*	65—100	25,00
	Heister	200—300	200,00
Akazie . .	1	25—40	3,00
	1	40—80	5,00
	2*	50—100	12,00

Bezeichnung	Alter Jahre	Höhe cm	Preis pro 1000
Weißtanne .	1	—	1,50
	3	7—15	4,00
Fichte . . .	2	5—20	1,80
	3	15—50	4,—
	3*	10—25	4,50
	4*	20—45	7,00
Föhre . . .	1	—	1,00
	2	7—25	2,00
	2*	5—15	4,00
Lärche . .	1 u. 2	5—10	2,00
	2	10—30	4,00
	3*	20—50	7,00
	3*	40—60	11,00
Weymouths-kiefer . .	1	—	3,50
	2	5—12	5,50
	3*	7—20	9,00
	4*	15—30	30,00
Schwarzkiefer	1	—	1,40
	2*	5—10	3,00
	3*	15—35	6,00

Anhang.

§ 101.

Aufbewahrung, Verpackung und Transport der Pflanzen.

Je rascher die aus dem Saat- oder Pflanzbeet ausgehobene Pflanze wieder in den Boden kommt, je weniger sonach die Wurzeln der Ge-

---

[1]) Allg. F.- u. J.-Z. 1866. S. 205. (Vergl. § 6 dieses Werkchens.)
[2]) Die mit Sternchen bezeichneten Sortimente sind verschulte Pflanzen.

fahr des Austrocknens ausgesetzt sind, um so sicherer erscheint das Ge=
deihen der versetzten Pflanzen, und es ist ein nicht zu leugnender (auch
schon in § 6 hervorgehobener) Vorzug der auf den Kulturflächen selbst
befindlichen Wanderkämpe — Saat= wie Verschulungsbeete —, daß
bei denselben das Ausheben und Wiedereinpflanzen sich am raschesten
folgen, daß es möglich ist, den stärkeren verschulten Pflanzen die bei
dem Ausheben den Wurzeln anhängende Erde möglichst zu belassen,
während bei weiterem Transport, insbesondere durch Menschenkraft,
ein Abschütteln dieser Erde aus Ersparungs=Rücksichten nicht wohl zu
vermeiden ist, event. während des Transportes auf Wagen und Karren
auch ohne unser Zuthun erfolgt.

Aber selbst der eifrigste Verfechter der Wanderkämpe kann nicht
auf jeder Kulturfläche ein Saatbeet anlegen, und ein Transport der
Pflanzen zunächst innerhalb des Reviers ist nicht zu vermeiden; Kon=
zentrirung der Pflanzenerziehung in einige größere Forstgärten wird
einen solchen Pflanzentransport in erhöhtem Maße nothwendig machen,
der Bezug von Pflanzen aus andern Waldbezirken bez. die Lieferung
von Pflanzen in andere Gegenden (vergl. E. Heyers in § 6 besprochene
Vorschläge bez. der möglichsten Konzentrirung der Pflanzenzucht!) nöthi=
gen zu sorgfältiger Verpackung und oft weitem Transport. Ebenso
kann nicht jederzeit dem Ausheben der Pflanzen das Wiedereinsetzen
derselben folgen, ein längeres oder kürzeres Aufbewahren derselben er=
weist sich als nöthig, und eine kurze Besprechung[1] der zweckmäßigsten
Art und Weise der Aufbewahrung ausgehobener Pflanzen, des
Transportes derselben auf kürzere Entfernungen und endlich der
sorgfältigeren Verpackung zum Zweck weiteren Transportes dürfte
vielleicht nicht ohne Interesse und Nutzen sein — sehen wir doch, daß
in diesem Punkte in mannigfacher Weise gesündigt wird[2].

Durch die nicht selten schon im Herbst oder zeitig im Frühjahre
eintretende Nothwendigkeit, die Saat= und Pflanzbeete, deren Material
zur Frühjahrskultur bestimmt ist, behufs gründlicher Bodenbearbeitung,
Ausfrieren des Bodens über Winter, oder Vornahme einer Herbst= oder
sehr zeitigen Frühjahrssaat zu räumen, tritt die Aufgabe zweckmäßiger
Aufbewahrung der Pflanzen auf längere oder kürzere Zeit an uns
heran. Die Versuche, welche Reuß und Möller über den Einfluß, den
die Art und Weise der Aufbewahrung der Pflanzen auf deren Ge=

---

[1] Vergl. die desfallsige Anregung Baur's, Centralblatt. 1883. S. 245.
[2] In eingehender Weise findet sich dies Thema besprochen in Burkhardt a.
b. W. II. S. 137.

deihen ausübt, in mannigfaltigster Weise angestellt haben[1]), — ganz
trocken, durch öfteres Ueberbrausen feucht erhalten, die Wurzeln in
Lehmbrühe getunkt, in feuchtes Moos oder frische Erde eingeschlagen
— zeigten einestheils die nachtheiligen Folgen des Wurzelaustrocknens
in ganz hervorragender Weise, anderntheils den günstigen Erfolg sorg-
fältigen Einschlagens in Moos oder frische Erde, und diese beiden
letztern Methoden sind es denn auch, deren sich die Praxis vorwiegend
bedient, weniger jener des Eintunkens der Wurzeln in Lehmbrühe, obwohl nach jenen Versuchen auch hiedurch für mehrere Tage ein guter
Schutz gegeben ist[2]). — Insbesondere ist es das Einschlagen in
frische Erde, welches für längere Aufbewahrung ausgehobener Pflanzen empfohlen werden kann; man wählt dazu gern schattige Plätze,
vermeidet insbesondere für die belaubten Nadelhölzer die direkte Einwirkung der Sonne und deckt sie deshalb wohl auch mit dünner Laub-
oder Zweigschichte, ja kellert sie in dazu eigens ausgehobenen Gruben
ein (vergl. § 116). Kleine Pflanzen schichtet man dabei in dünnen
Lagen dachziegelförmig über einander, jede Lage von der andern durch
eine Schichte klarer Erde trennend; größere Pflanzen, Laubholz, Lohden
oder Heister, kommen in mehr aufrechte Stellung, ebenfalls nicht zu
dicht auf einander, die Wurzeln mit klarer, alle Zwischenräume möglichst ausfüllender Erde bedeckt, die Gipfel gegen die
Sonne gerichtet, wodurch das Austrocknen des Fußes thunlichst verhindert wird. Je länger die Pflanze eingeschlagen bleiben soll, um so
sorgfältiger muß diese Arbeit erklärlicher Weise geschehen, und gut
eingeschlagene Pflanzen halten sich vom Herbst bis zum Frühjahre vollkommen tauglich. Im trocknen Frühjahre kann allerdings ein Anfeuchten der stark austrocknenden, locker auf einander liegenden Erde
mit der Gießkanne unter Umständen nöthig werden.

Auch jene Pflanzen, welche nur für kurze Zeit, selbst nur für
wenige Stunden, der Verpackung oder etwa der Verwendung auf dem
Kulturplatz entgegen sehen, sind sorgfältig gegen die so schädliche Aus-
trocknung der Wurzeln zu schützen; hier ist es dann feuchtes Moos,
welches zweckmäßige Verwendung findet.

Was nun den Transport ausgehobener Pflanzen auf kürzere
Entfernungen betrifft, innerhalb des Reviers etwa oder auf Strecken,
für welche ein Transport mit Wagen noch am zweckmäßigsten und
billigsten, so ist hier eine eigentliche Verpackung der Pflanzen nicht

---

[1]) Seckendorff, Mittheil. Bd. II. S. 182 ff.
[2]) Vergl. auch Bühler's desfallsige Versuche (Schweiz. Zeitschr. 1884. S. 86).

nöthig, sondern lediglich ein entsprechendes Verwahren der Wurzeln gegen das Austrocknen.

Größere Pflanzen werden am besten in s. g. Kastenwagen trans= portirt, welche Luft und Sonne am vollständigsten abhalten, doch muß man sich bisweilen auch mit Wagen begnügen, die lediglich Vor= richtungen von Weidengeflecht haben; eigentliche Leiterwagen sind zu vermeiden. Man stellt die Pflanzen nach vorheriger Bedeckung des Bodens mit feuchtem Moos dicht neben und über einander, stopft an den Seitenwänden wie in die Zwischenräume ebenfalls feuchtes Moos ein, überbraust zuletzt die Ladung tüchtig und deckt sie mit Stroh, Nadelholzästen oder feuchtem Tuch zu. Die Entfernung, auf welche die Pflanzen zu transportiren sind, vor Allem aber auch die momen= tane Witterung, spielen erklärlicher Weise eine sehr bedeutende Rolle bez. der Sorgfalt, mit welcher die Verpackung zu geschehen hat.

Kleinere Pflanzen werden nur bei großer Masse und ent= sprechend großer Entfernung in Wagen verladen, und dann besser bundweise, immer etwa je zwei Schichten mit den Wurzeln gegen ein= ander, in den Wagen eingeschlichtet; Boden, Seitenwände und Decke wird auch hier durch feuchtes Moos gebildet. — Kleinere Transporte erfolgen auf Schiebekarren, wobei die Pflanzen auf eine Unterlage von Fichtenästen mit feuchtem Moos, die Wurzeln nach innen gelegt, verpackt und in gleicher Weise gedeckt werden; bisweilen benutzt man auch Körbe von Weidengeflecht, und empfiehlt Demontzey[1]) solche von viereckiger Gestalt, da sich dieselben auf Karren bequemer verladen lassen, als runde Körbe. Jährlinge transportirt man ebenfalls auf Schiebekarren oder selbst in Körben, wie sie in vielen Gegenden von den Weibsleuten auf dem Rücken getragen werden, und eine einzige Person vermag Tausende ohne Anstrengung zu transportiren; Ein= legen von etwas feuchtem Moos, Schlichten der Wurzeln nach Innen und Decken des Korbes mit feuchtem Moos genügen als Schutzmittel für solchen kürzern Transport.

Sollen aber Pflanzen auf weitere Entfernungen, etwa mit der Eisenbahn, versendet werden, wie dies heutzutage vielfach geschieht, so ist eine solide Verpackung unbedingt nöthig. Für kleinere Pflanzen ist hier der einfach geflochtene runde Weidenkorb am zweckmäßigsten; die Pflanzen — Laubholzjährlinge, ein= bis zweijährige Nadelholz= pflanzen — werden in kranzförmigen Schichten, mit den Wurzeln nach

---

[1]) Studien über die Arbeiten der Wiederbewaldung und Berasung der Ge= birge. S. 217.

Innen, eingeschlichtet, nachdem der Boden des Korbes vorher mit feuchtem Moos bedeckt worden. Nach erfolgtem Einschlichten, wobei man auf horizontale Lage der Pflanzen bedacht sein muß, damit sich dieselben beim Transporte nicht verschieben, was durch Einlegen von Moosschichten zwischen die Wurzeln erreicht werden kann, deckt man die Oberfläche des reichlich gefüllten Korbes wieder mit Moos und überspannt denselben mit Sackleinewand, oder deckt mit Fichtenzweigen, die durch eingezogene Wieden befestigt werden. Auch in Säcken, in Moos gut und fest verpackt, kann man kleine Nadelholzpflanzen mit gutem Erfolg versenden[1]).

Umständlicher sind größere Pflanzen zu verpacken, und bringt man dieselben in einfache oder bei geringerer Größe in s. g. Doppelbunde.

Einfache Bunde mit 20—100 Pflanzen, je nach deren Stärke, werden in der Weise hergestellt, daß auf eine Lage von Fichtenzweigen ein für den Fuß der Pflanzen bestimmtes Moosbett zugerichtet, die Pflanzen mit den Wurzeln auf dieses gelegt und sodann mit feuchtem Moos reichlich eingefüttert werden. Mit Wieden von biegsamem Material — Birken, Weiden 2c. —, die vorher entsprechend zugerichtet und gleich unter die Fichtenzweige in gehöriger Lage auf dem Boden ausgebreitet wurden, wird dann der Pflanzenbund so formirt und zusammengeschnürt, daß derselbe allseitig über dem Moos von Fichtenzweigen umgeben ist; etwaige Lücken in dem keulenförmigen Fuß füllt man mit Moos und eingesteckten Fichtenzweigen entsprechend aus und trägt Sorge, daß ein solcher Bund nicht zu schwer wird, gut transportirbar bleibt.

Leichter sind s. g. Doppelbunde herzustellen[2]), bei welchen zwei Lagen mittelgroßer Pflanzen mit den Wurzeln gegen und über einander gelegt werden; hier fällt die immerhin etwas schwierige Formirung des Fußes weg. Auch hier werden zuerst Wieden, am besten vier, in entsprechenden Entfernungen parallel auf den Boden gelegt, und über dieselben stärkere Fichtenzweige, mit ihrer Achse senkrecht die Wieden kreuzend, die dicken Enden nach Außen gerichtet und über die Wieden hinausragend. Auf ein in der Mitte zugerichtetes Moosbett werden die Pflanzen mit über einander geschlichteten Wurzeln, wie oben angegeben, gelegt, letztere dann wieder mit Moos und Fichtenzweigen gedeckt, und mit Hülfe der unterliegenden Wieden wird nun das Bund hinreichend fest zusammen geschnürt. Die nach beiden

---

[1]) Jahrbücher des schles. Forstver. 1878. S. 32.
[2]) A. d. Walde, II. 137 ff.

Seiten aus dem Bund hervorstehenden Gipfel der Pflanzen werden durch die überragenden dicken Enden der Fichtenäste gegen Beschädigungen geschützt.

Fehlen Fichten= oder Tannenäste, so wird man zum Stroh als Packmaterial greifen müssen; die sperrigen und brüchigen Föhrenäste sind nicht wohl verwendbar.

Von großen Pflanzen, starken Heistern, wird man nur 15—20, von Halbheistern bis 50, von kräftigen Lohden bis 100 Pflanzen in ein Bund verpacken können, während von 1= und 2jährigen Laubholzpflanzen 1000 Stück und selbst mehr in ein Doppelbund gebracht werden können. Ast= und Wurzelbildung der Pflanzen bedingen hiebei wesentliche Unterschiede, und während sich z. B. Ahorne und Akazien sehr gut verpacken lassen, bereiten schon die Eichen mit ihrer Beastung mehr Schwierigkeiten, in erhöhtem Maße noch verschulte Nadelhölzer, wie Tannen, Weymouthskiefern.

Spezielle Regeln
für Erziehung der einzelnen Holzarten im Saat= und Pflanzbeet.

---

§ 102.

Allgemeine Erörterungen.

Nachdem wir im ersten, allgemeinen Theil dieses Werkchens alle jene Grundsätze erörtert haben, welche für die Pflanzenzucht im All= gemeinen gelten, wird es nun Aufgabe dieses zweiten Theiles sein, die für Nachzucht der einzelnen Holzarten im Saat= und Pflanz= beet geltenden speziellen Regeln zu besprechen. Wir halten es hiebei nicht für unzweckmäßig, zunächst die Bedeutung jeder derselben für den Pflanzkulturbetrieb, den Umfang, in welchem demgemäß ihre Nachzucht im Forstgarten erfolgt, einer kurzen Erörterung zu unterziehen und sodann erst anzugeben, wie diese letztere nach dem gegenwärtigen Stand der Praxis stattfindet, welche spezielle Maßregeln bei der Saat, der Verschulung, bei Schutz und Pflege durch die Eigen= thümlichkeiten jeder Holzart bedingt werden. Es werden sich dabei einzelne Wiederholungen aus dem allgemeinen Theil nicht umgehen lassen, wenn wir für jede Holzart ein abgerundetes Bild ihrer Erzie= hung geben wollen, doch werden wir uns bemühen, diese Wiederholungen auf ein möglichst geringes Maß zu beschränken, und so viel als möglich auf das im ersten Theil Gesagte zurückverweisen.

Die Eigenthümlichkeiten jeder Holzart aber, welche bei deren An= zucht im Forstgarten ins Auge zu fassen sind, denen bald mehr, bald weniger sorgfältig Rechnung zu tragen ist, wenn befriedigende Resul= tate erzielt werden sollen, werden folgende sein: Die Ansprüche an den Boden, dessen Frische, Güte, Lockerheit, an Schutz gegen Frost und Hitze, das Verhalten gegen Licht und Schatten — Ver= hältnisse, durch welche die Auswahl des Platzes für ein Saatbeet, die

Zuweisung der passendsten Oertlichkeit im größern Forstgarten bedingt wird; die Beschaffenheit des Samens, seine leichtere oder schwierigere Konservirung, die Prüfung seiner Keimkraft, das nöthige Samenquantum pro Flächeneinheit; Zeit und Art seiner Aussaat, nöthige und resp. zulässige Stärke der Bedeckung; Schutz und Pflege der Saat, der jungen Pflanzen; zweckmäßige Zeit des Verbleibens im Saatbeet bis zur Auspflanzung ins Freie oder zur Verschulung; Vornahme dieser letztern, wiederholte Verschulung zum Zweck der Heisterzucht; Pflege der Pflanzbeete und Heisterkämpe.

Es sind sonach eine nicht geringe Zahl von Faktoren, die der Pflanzenzüchter zu beachten hat, und denen wir in der nachstehenden Besprechung der einzelnen Holzarten unser Augenmerk zuzuwenden haben. Dabei wird es sich von selbst ergeben, daß jene Holzarten, welche im ausgedehntesten Maße Gegenstand des Anbaues in unseren Forstgärten sind, auch eine ganz besonders eingehende Besprechung finden — so Eiche, Föhre, Fichte, — während die unwichtigeren, seltener erzogenen kürzer abgehandelt werden, — so Hainbuche, Birke, Linde.

I. Abschnitt.

Die Laubhölzer.

§ 103.

Die Eiche.

Die Eiche ist von allen Waldbäumen wohl der erste gewesen, dem Schutz und Pflege zu Theil geworden, für dessen Erhaltung und Nachzucht man Sorge getragen; ihre für Wild und Hausthiere so hoch geschätzten Früchte, ihr treffliches und vielseitig verwendbares Holz waren es, denen sie solche Sorge zu danken hatte.

Auf mannigfachem Wege wurde und wird ihre Nachzucht angestrebt, und Saat wie Pflanzung, letztere von der einjährigen Pflanze bis zum 3 und selbst 4 Meter hohen Heister, müssen zu derselben helfen; über keine Holzart ist in dieser Richtung wohl so viel geschrieben worden, steht uns eine so reiche Literatur zur Verfügung, als über die Eiche[1]).

---

[1]) Wir verweisen in dieser Richtung insbesondere auf die drei Spezialwerke:
von Schütz, Die Pflege der Eiche. 1870;
von Manteuffel, Die Eiche. (2. Aufl.) 1874;
Geyer, Die Erziehung der Eiche zum Hochstamm. 1870.
Auch Burkhardt (Säen u. Pflz. S. 1—98) bespricht sie sehr eingehend.

Obwohl nun die Eiche durch ihre schon im ersten Lebensjahre beginnende starke Pfahlwurzelentwicklung der Verpflanzung manche Schwierigkeiten bereitet, die Verwendung von Wildlingen sehr erschwert, ein= und selbst zweimaliges Verschulen da nöthig macht, wo man stärkere Pflanzen verwenden will und muß: so war doch die Pflanzung der Eiche von jeher ein sehr verbreitetes Kulturverfahren und s. g. Eichelgärten fand man allenthalben in großer Ausdehnung, in Oertlichkeiten, wo sie am Platz, wie in solchen, wo sie ungeeignet und überflüssig waren[1]). Man strebte die Nachzucht der Eiche nicht selten in Oertlichkeiten an, für die sie überhaupt nicht oder (bei gesunkener Bodenkraft) nicht mehr paßte — es wurde vieler Orten ein Stück Eichen=Nothzucht getrieben! Die Mißerfolge blieben denn auch nicht aus, und so manche ehemalige Eichenpflanzung liegt nun tief im Schoße einer Föhren= oder Fichtendickung begraben, in welcher nur einzelne Eichen=Fragmente von der früheren Kultur zeugen.

Mehr und mehr suchte man solche Fehler zu vermeiden, den Eichenanbau auf die besseren und unzweifelhaft geeigneten Oertlichkeiten zu beschränken; die Reinertragslehre mit ihren unerbittlichen Zahlen war der Nachzucht der Eiche mit ihren hohen Umtriebszeiten auch nicht sonderlich günstig, und so hat die Eichenkultur in den letzten Jahrzehnten nicht unwesentlich an Terrain verloren. Immerhin ist letzteres aber noch ein ziemlich ausgedehntes, und noch sehen wir manch schönen Eichen=Horst und =Bestand entstehen, durch Saat wie durch Pflanzung.

Wo die Verhältnisse es gestatten, da gibt man bei der Nachzucht der Eiche insbesondere im Hochwald der Saat (Einstufung) jetzt meist den Vorzug als dem billigeren und naturgemäßeren Verfahren[2]); das große Gebiet des Spessarts, berühmt durch seine Eichen, vermag zur Zeit auch nicht einen Eichelgarten aufzuweisen, wohl aber zahlreiche Eichenhorste jedes Alters, durch Einstufung mit bestem Erfolg begründet. Niemandem wird es heut zu Tage mehr einfallen, die Lücken in Buchenverjüngungen nach erfolgter Räumung mit Eichen auszupflanzen, wie dies früher vielfach und sehr häufig mit mangel-

---

[1]) Die bayr. Regierung sah sich im Jahre 1862 zu der Verordnung veranlaßt: es sei der kostspielige Kulturluxus, welcher in vielen Revieren mit bleibenden Eichenpflanzgärten noch immer getrieben werde, abzustellen, indem deren Zweck vielfach vollständiger und billiger durch Saat oder durch kleine Saat= und Pflanz=Kamp=Anlagen erreicht werden könne. Forstl. Mitth. XI. S. 113.

[2]) Die entgegengesetzte Ansicht spricht Manteuffel (Die Eiche, S. 48) aus!

haftem Erfolg geschah — das Nadelholz leistet uns hiezu sicherere und rentablere Dienste. Dagegen gibt es neben nicht wenig Oertlichkeiten im Hochwald, welche der Pflanzung noch ein dankbares Feld bieten, so insbesondere bei stärkerem Wildstand oder im Wildpark, noch zahl= reiche Mittel= und Niederwaldungen, vor Allem Eichenschälwaldungen, welche der Nachbesserung, der Rekrutirung des Oberholzes mittelst Pflanzung bedürfen, Hutungen, die mit Eichenheistern besetzt werden sollen, — so ist die Eiche denn noch gar häufig und von allen Laubhölzern wohl am meisten, Gegenstand des Anbaues im Forstgarten und wird es wohl auch bleiben. Ihre eingehendere Behandlung wird dadurch wohl gerechtfertigt.

Als Eigenthümlichkeiten der Eiche, welche bei deren Anzucht im Forstgarten vor Allem ins Auge zu fassen sind, erscheinen: der große, seine Keimkraft nur bei genügender Sorgfalt bis zum kommenden Frühjahre hinreichend bewahrende Samen, eine beliebte Nahrung für Mäuse, Häher, Wild; die starke Pfahlwurzelentwicklung der jungen Pflanze schon im ersten Lebensjahre, das rasche Wachsthum der letzteren überhaupt auf dem ihr zusagenden, hinreichend frischen und kräftigen Boden; ihre Empfindlichkeit gegen Spätfröste; die Möglichkeit endlich, sie mit gutem Erfolg in jedem Alter, auch als starken Heister, zu verpflanzen.

Schon bei der Auswahl des Platzes für ein Eichensaatbeet werden wir diese Eigenthümlichkeiten zu berücksichtigen haben: Dasselbe soll eine gegen Spätfröste möglichst geschützte Lage haben, Seitenbeschattung ist jedoch zu vermeiden, da sich die junge Eiche schon gegen solche empfindlich zeigt; der Boden soll frisch, kräftig, hinreichend tiefgründig sein, lockerer Sandboden, der die Pfahlwurzelbildung begünstigt und weit ausstreichende Seitenwurzeln, die bei der Verpflanzung beseitigt werden müssen, ist namentlich für jene Pflanzgärten, in welchen ver= schulte Pflanzen oder Heister erzogen werden sollen, zu vermeiden[1]). Eine auf die verschiedenste Weise beantwortete Frage ist jene nach dem noth= wendigen Maße der Tiefgründigkeit und nach der Tiefe, bis zu welcher der Boden bearbeitet werden soll, um einerseits der jungen Pflanze genügendes Gedeihen zu sichern, anderseits einer übermäßigen, die seinerzeitige Auspflanzung und Verschulung erschwerenden Pfahl= wurzelentwicklung entgegen zu wirken. Harnikell[2]) wählte für seine Eichensaatbeete Boden mit thonigem Untergrund in 30—45 cm

---

[1]) Jahrbuch des schles. Forstver. 1880. S. 179.
[2]) Allgem. F.= u. J.=Z. 1863. S. 365.

Tiefe, während Manteuffel [1]) sandigen, humosen, tiefgründigen Lehm=
boden mit durchlassendem Untergrund und 45—60 cm tiefe Be=
arbeitung empfiehlt, E. Heyer [2]) aber für Saat= und Pflanzbeete über=
haupt eine noch tiefere Bearbeitung (75—100 cm) verlangt. Uns will
weder die künstliche Beschränkung der Pfahlwurzelentwicklung durch
thonigen Untergrund, noch eine zu tiefe Bodenlockerung gefallen,
welche diese Entwicklung geradezu begünstigt, — die von Schreiber [3])
ausgesprochene Ansicht, daß mäßige, etwa 30 cm tiefe Bodenlockerung
und tüchtige Düngung dieser obern Schichte sich als die vortheilhafteste
Methode für Entwicklung eines guten Wurzelsystems — mäßige Pfahl=
wurzeln und zahlreiche Saugwurzeln — erweise, halten auch wir für
die richtigste. Tiefes Umgraben und dazu etwa wenig nahrhafter
Boden erzeugt stets unverhältnißmäßig lange, ungünstige Wurzelbildung
und man kann es dann wohl erleben, daß zweijährige Eichen eine
60—70 cm lange Pfahlwurzel haben.

Besondere Sorgfalt wendet man der Auswahl des Saatgutes
zu und verwendet gerne große, wohlausgebildete Eicheln; angestellte
Versuche [4]) mit großen und kleinen Eicheln haben, wie wohl zu er=
warten war, ergeben, daß erstere kräftigere Pflanzen lieferten. Da die
Eicheln stets mit der Hand gelesen werden und hiebei die schon durch
ihr äußeres Ansehen sich als schlecht, wurmstichig, verkümmert zeigenden
zurückgelassen werden können, so ist die Beschaffung guter Eicheln für
die Herbstsaaten nicht schwierig. Müssen dieselben aber bis zum
Frühjahre aufbewahrt werden, so ist eine Sichtung derselben nöthig,
denn ohne einigen Verlust an Keimkraft geht das Ueberwintern nicht
ab. Das Auslesen der schlechten täuscht hiebei [5]), denn nicht wenige
anscheinend gute Eicheln erweisen sich beim Durchschneiden als schlecht
und unbrauchbar; am zweckmäßigsten dürfte das Scheiden der guten
und schlechten mit Hülfe des Wassers sein: die schlechten und zu stark
ausgetrockneten schwimmen obenauf. Manteuffel [6]) bezeichnet zwar dies
Mittel als unsicher, indem auch kleinere, keimfähige Eicheln nicht selten

---

[1]) Die Eiche. S. 80.

[2]) Allgem. F.= u. J.=Z. 1866. S. 208.

[3]) Monatsschr. f. d. F.= u. J.=W. 1866. S. 435.

[4]) Monatsschr. 1880. S. 605. Krit. Blätter XLIX. 2. S. 101.

[5]) Baur's Versuche (Monatsschr. 1880. S. 605) mit sehr schönen über=
winterten Eicheln ergaben ein Keimprozent von 73—80, obwohl bei der Sortirung
derselben nach der Größe jedenfalls alle, durch ihr Aussehen sich als schlecht er=
weisende Samen beseitigt wurden.

[6]) Die Eiche. S. 51.

schwämmen; unsere eigenen Versuche zeigten sich aber der Methode günstig und auch Burkhardt[1]) erklärt die obenauf schwimmenden minde-stens für sehr verdächtig. Ein neuerdings von Grundner angestellter Versuch[2]) ergab, daß bei Anstellung der Probe mit gut abgetrock-neten Eicheln allerdings einzelne schlechte Eicheln mit untersanken (von 815 Stück 27), während eine Anzahl obenauf schwimmender (von 154 Stück 54) zwar klein, aber doch keimfähig waren, so daß die Methode nicht ganz verlässig erscheint; dagegen erwies sich dieselbe für frisch gesammelte Eicheln als sehr empfehlenswerth — unter 1235 zu Boden gesunkenen Eicheln waren nur 44 schlechte, unter 168 obenauf schwimmenden nur 13 Stück gesunder, aber sehr kleiner Eicheln.

Das sicherste Mittel für Scheidung der guten von den schlechten Eicheln ist die für Frühjahrssaaten zulässige und manchen Orts an-gewendete Ankeimung der Eicheln; man breitet dieselben auf ebenem, sonnigem Platz aus, deckt sie mit Laub oder einer alten Decke (Matte) und hält sie durch Angießen feucht. Sobald sie dann „den Keim im Munde haben", säet man sie ins Saatbeet, wobei es dann allerdings wünschenswerth ist, daß der Boden nicht allzu trocken sei.

Man hat mit dem Ankeimen auch das Abkeimen in Verbindung gebracht, um hiedurch der Pfahlwurzel=Entwicklung entgegenzuwirken, indem man die Eicheln vor dem Legen bis 3 cm lange Keime treiben ließ und diese bis auf 1 cm Länge abschnitt[3]). Unsere eigenen Ver-suche in dieser Richtung haben sich für dies Verfahren in so fern günstig erwiesen, als an Stelle einer Pfahlwurzel meist deren zwei, ja drei von etwas geringerer Länge, als jene der nebenan aus nicht abgekeimten Eicheln erzogenen Pflanzen, mit zahlreichen Saugwurzeln erschienen, also immerhin ein für die Verpflanzung günstigeres Wurzelsystem. Auch haben wir mit Eicheln, welche etwas stark angekeimt waren und ihre Keime durch Vertrocknen verloren, eine eigenthümliche Erfahrung gemacht — an Stelle des absterbenden Keimes erschienen 2—3 schwache Triebe neben einander, eine Erscheinung, die etwa bei Erziehung von Pflanzen für Schälwald ohne Nachtheil, für Pflanzen in Hochwaldschläge aber doch bedenklich ist und vor dem Abkeimen stutzig machen kann. Für den größeren Betrieb dürfte sich das Ab=keimen zudem als etwas umständlich erweisen, setzt auch Frühjahrssaat an Stelle der doch in sehr vielen Fällen vorzuziehenden Herbstsaat

---

1) Säen u. Pflz. S. 52.
2) Allg. F.= u. J.=Z. 1887. S. 175.
3) Allg. F.= u. J.=Z. 1860. S. 449.

voraus, und wird darum in größerem Betrieb kaum Anwendung finden. Das ungleichmäßig eintretende Keimen der überwinterten Eicheln — die eine zeigt oft erst die Keimspitze, während der Keim der andern schon mehrere Centimeter lang ist — erschwert die Anwendung des Abkeimens ebenfalls.

Man nimmt gerne die Aussaat der Eicheln im Herbst vor, um die Kosten und Gefahren der Ueberwinterung zu vermeiden; allein mancherlei Umstände: das Vorhandensein vieler Mäuse, nasse Herbstwitterung und früh eintretender Winter, spätes Eintreffen des etwa von auswärts bezogenen Saatgutes (es werden gegenwärtig bei ausbleibenden Mastjahren Saateicheln zur Bestellung der Saatbeete vielfach aus Ungarn und Slavonien bezogen!), endlich das etwa erst im Frühjahre erfolgende Räumen der zur Ansaat bestimmten Beete von ihrem Pflanzmaterial — nöthigen gleichwohl nicht selten zur Frühjahrssaat, ja es sind selbst Stimmen laut geworden, welche dieser letzteren unbedingt den Vorzug geben wollen[1]), indem man die aufbewahrten Eicheln leichter gegen alle Gefahren schützen könne, als die ausgesäeten, und wir möchten uns auf Grund langjähriger Erfahrungen diesen Stimmen anschließen! Dagegen halten wir dann zeitige Saat im Frühjahre für angezeigt, da sonst das Aufkeimen namentlich etwas stark ausgetrockneter Eicheln sehr spät erfolgt, die Pflanzen schwächer bleiben und minder gut verholzen. Will oder muß die Frühjahrssaat angewendet werden, so ist eine sorgfältige Ueberwinterung der Eicheln zu möglichster Erhaltung der vollen Keimkraft nöthig, eine Sichtung des überwinterten Materiales im Frühjahre nicht zu umgehen.

Zur Erhaltung der Keimfähigkeit ist es nun geboten, durch die Art und Weise der Aufbewahrung das Erhitzen der Eicheln und deren Keimung im Winterlager zu verhindern, ebenso aber auch zu starkes Austrocknen. Das Keimen im Winterlager macht die Eicheln allerdings nicht zur Saat unbrauchbar, wenn die Kernstücke noch entsprechend frisch sind, und abgestoßene Keime ersetzen sich wieder — man schneidet ja, wie oben erwähnt, bisweilen die Keime absichtlich ab; allein solche gekeimte Eicheln sind mit Vorsicht zu behandeln, dürfen nicht mehr trocken werden[2]), und wenn die Keime welk, schwarzfleckig, faulig sind, so sind die betreffenden Eicheln natürlich unbrauchbar; auf

---

[1]) Monatsschr. f. d. F.- u. J.-W. 1870. S. 471.
  Genth, Doppelte Riesen. 1874.
[2]) Gayer, Forstbenutzung. 4. Aufl. S. 496.

eine weitere mißliche Folge des Vertrocknens der Keime haben wir ebenfalls oben hingewiesen. Unsere beiden Eichelarten verhalten sich übrigens nach manchen Beobachtungen bezüglich des Aufbewahrens verschieden[1]), indem die Traubeneichel viel leichter keimt, viel mehr dem Verderben während des Winters ausgesetzt ist, als die Frucht der Stieleiche.

Die etwa in feuchtem Zustand eingesammelten oder eingelieferten Eicheln sind vor dem Bringen ins Winterlager durch dünnes Auf=schütten auf einer Tenne gut' abzutrocknen. Das Ueberwintern selbst geschieht nun auf sehr verschiedene Weise. Ed. Heyer empfiehlt[2]) auf Grund von ihm angestellter vergleichender Versuche die Ueberwinterung in Sand als bestes Mittel; zu diesem Zweck wird auf einem trocknen, etwa von Nadelbäumen gegen zu starke Erwärmung und frühzeitiges Aufthauen geschützten Platz eine 1½ m tiefe cylindrische Grube an=gefertigt und an deren Wänden eine Anzahl noch etwa 2 m über die Grube hinausragender Stangen eingeschlagen, die zur Beförderung einiger Luftcirkulation mit Stroh umhüllt werden. In die Grube werden nun die Eicheln, mit reinem Sand so innig vermengt, daß möglichst keine Eichel die andere berührt, eingefüllt und dieser unter=irdische Eichelcylinder dadurch in einen oberirdischen fortgesetzt, daß man die über die Grube herausragenden Stangentheile mittelst Zwei=gen und Gerten zu einem dichten Zaun verbindet, der in gleicher Weise mit Eicheln und Sand gefüllt wird. Auf den Cylinder kommt schließlich ein Sandkegel, der mit Fichtenreisig bedeckt und mit einer Strohhaube versehen wird; ein Graben rings um die Grube führt alle von der Strohhaube abfließende Feuchtigkeit ab.

Andern Orts wird die Alemann'sche Methode[3]) angewendet: Die Eicheln werden in einen, an einem trocknen Platz hergestellten, ca. 30 cm tiefen Graben, ohne jede Mischung, eingeschüttet und der Graben mit einem leichten, mit Stroh oder Reisig gedeckten Giebeldache von der Höhe überdacht, daß ein Mann gebückt darunter stehen kann. Die bis zum Grabenrand eingeschütteten Eicheln werden öfter umgeschaufelt, zu welchem Zwecke ein reichlich meterlanges Stück des Grabens leer bleibt; bei eintretender strengerer Kälte werden die Giebel mit Stroh=bunden zugestellt und das Dach verstärkt.

Nach unsern eigenen Erfahrungen hat sich das Ueberwintern der

---

[1]) Monatsschr. f. b. F.= u. J.=W. 1870. S. 471 und Burkhardt, Säen u. Pflz. S. 51.

[2]) Allg. F.= u. J.=Z. 1883. S. 298.

[3]) Alemann, Ueber Forstkulturwesen. 1861. S. 22.

gut abgetrockneten Eicheln in einfachen Erdgruben vorzüglich bewährt: auf dem Boden der an trocknem Platze angefertigten, rechteckigen und etwa 50 cm tiefen Grube wurde etwas Stroh ausgebreitet, die Eicheln etwa 30 cm hoch aufgeschüttet, mit etwas Stroh überdeckt, und nun etwa 30 cm hoch mit Erde überworfen. Die Eicheln zeigten nur sehr geringen Abgang und begannen meist erst im April etwas anzukeimen, so daß dann deren sofortige Aussaat möglich war.

Bisweilen werden kleinere zu überwinternde Quantitäten einfach auf einer Lehm- oder Steintenne (nicht Bretterboden!) aufgeschüttet, mit Strohmatten gedeckt und öfter umgeschaufelt. Allein sie trocknen hiebei doch leicht zu stark aus, und solche stark ausgetrocknete Eicheln keimen dann, zumal in trockenem Frühjahre, sehr spät, die Pflanzen bleiben schwach und verholzen unvollkommen, wie dies ein Versuch in unserem Forstgarten erwiesen.

Schutz der zu überwinternden Eicheln gegen Mäuse durch Fallen, Gift in Drainröhren ist nöthig; auch Umlegen der etwa in oberirdischen Haufen aufbewahrten Eicheln mit Wachholderreisig wird als sicheres Schutzmittel sehr empfohlen[1]).

Eine ganz eigene Methode der Eichelaufbewahrung empfiehlt Genth[2]), der auf die Erhaltung entsprechender Feuchtigkeit in der Eichel besondern Werth legt. Derselbe schüttet die gesammelten Eicheln auf einer grasigen Fläche dünn auf, und läßt sie so lange liegen, bis sie mit Wasser gesättigt sind, dann werden sie in weit geflochtene Weidenkörbe eingefüllt, mit Stroh oder Sackleinen zugedeckt und in einem Raum zu ebner Erde mit gutem Luftzug eingestellt. Sobald die Eicheln anfangen, ihr Wasser zu verlieren, was sich in der matten Farbe und Verminderung des Gewichts zu erkennen gibt, werden sie wieder auf eine grasige Fläche, selbst auf Schnee, ausgeschüttet, um sich wieder mit Wasser zu sättigen, ein Verfahren, das öfters wiederholt werden muß, und dessen Erfolg Genth als vollkommen sicher bezeichnet.

Die Aussaat selbst geschieht jetzt wohl allenthalben in Rillen, nirgends mehr als Vollsaat. Mit Rücksicht auf die rasche Höhenentwicklung der jungen Eiche, welche im ersten Lebensjahre schon 30 cm und selbst mehr beträgt und eben so viel unter günstigen Verhältnissen im zweiten Jahre, werden die Rillen etwa 25—30 cm entfernt von einander gezogen. Diese Entfernung der Rillen gestattet leicht ein

---

[1]) Geyer, Die Erziehung der Eiche. S. 24.
[2]) Doppelte Riefen. S. 56.

Betreten der Zwischenräume durch Arbeiter beim Reinigen und Lockern, und man wählt deshalb für die Eichelsaat meist statt der Beete größere Länder, um die hier entbehrlichen Zwischenwege zu ersparen. Die Rillen werden nach der Schnur mit einer leichten Haue oder dem Rillenzieher in entsprechender Tiefe — entsprechend der zu gebenden Bedeckung — gezogen, und beträgt letztere nach Baur's Versuchen (s. § 51) am besten 3—6 cm; man wird sonach, mit Rücksicht auf die Stärke der Eichel, die Rillen 4—7 cm tief anfertigen und für leichteren Boden die größere, für schwereren die geringere Tiefe wählen. Das Decken erfolgt bei leichterem Boden durch Einziehen der seitlich der Rille aufgehäuften Erde mit hölzernem Rechen, bei schwerem Boden empfiehlt sich das Ausfüllen der Rillen mit lockerer guter Erde, Dammerde u. dgl., während die ausgehobene Erde auf dem Zwischenraum mittelst des Rechens vertheilt wird.

Das Einlegen der Eicheln in die Saatrille geschieht stets ohne weitere Säevorrichtung mit der Hand, Eichel an Eichel, bei sehr gutem Samen oder, wenn die Eichen im Saatbeet zweijährig werden sollen, wohl besser in Entfernungen von 2—3 cm, und mißt man hiebei dem wagrechten Einlegen der Eicheln von manchen Seiten besondern Werth bei. So gibt v. Schütz[1]) an, daß bei nach oben gerichteter Spitze, an welcher bekanntlich Stengelchen und Würzelchen hervorbrechen, die Wurzel sich erst mühsam nach unten krümmen müsse und sich schlechter entwickle, während bei nach unten gerichteter Spitze zwar die Wurzel eine normale Lage habe, der Stengel dagegen erst nach längerem Kampfe verspätet und fadenförmig erscheine[2]). Ein von uns hierüber angestellter vergleichender Versuch hat uns jedoch diese Befürchtungen als ungegründet erscheinen lassen; sowohl die mit der Spitze, wie die mit der Basis nach unten in den Boden gesteckten Eicheln zeigten in der Entwicklung der aus ihnen hervorgegangenen Pflanzen keinerlei Zurückbleiben gegenüber den zur Vergleichung nebenan aus horizontal gelegten Eicheln erzogenen. Im ersteren Fall zeigte das Stämmchen, im letzteren das Würzelchen eine durch das Herumwachsen um die Eichel entstandene leichte und wohl bald ganz verschwindende Krümmung, für das weitere Gedeihen der Pflanzen sicher ohne jeden Einfluß.

Die pro Ar nöthige Samenmenge hängt von der oft außerordentlich verschiedenen Größe der Eicheln — nach Baur's Versuch[3])

---

[1]) Die Pflege der Eiche. S. 6. Vergl. auch Heyer, Waldbau. S. 146.

[2]) Wäre dies der Fall, dann würde das Einstufen der Eicheln mit dem Steckholz, dem Steckbrett Fig. 23 S. 107, als unzweckmäßig zu erklären sein.

[3]) Monatsschr. f. d. F.- u. J.-W. 1881. S. 607.

enthält ein Hektoliter großer Stieleicheln 11 500, mittlerer 14 900, kleiner 20 900 Stück, ein Hektoliter großer Traubeneicheln 26 300, kleiner 41'600 Stück, — der Entfernung der Saatrillen, dem engern oder weitern Legen der Eicheln ab und schwankt um deßwillen sehr bedeutend. Das mag denn auch der Grund sein, weshalb sich Angaben über die pro Ar Saatbeetfläche nöthige Samenmenge weder bei Burkhardt, noch in den der Eichenerziehung speziell gewidmeten Schriften von Schütz, Manteuffel, Geyer finden [1]).

Gayer [2]) gibt dieselbe auf 0,10—0,20 hl pro Ar an, also in ziemlich weiten Grenzen, offenbar mit Rücksicht auf oben berührte Verhältnisse; ähnlich ist die Angabe in Judeichs Forstkalender, und würden, wenn wir das Gewicht eines Hektoliters Eicheln zu etwa 80 kg annehmen, pro Ar nur 8—16 kg nöthig sein. Nach unsern eigenen Versuchen bedurften wir pro Ar Saatfläche (also ohne Wege) bei einer Entfernung der Rillen von 30 cm, in welch' letztere die Eicheln — schönes, großes Saatgut — in je 3 cm Entfernung eingelegt wurden, 37 kg, also ein viel höheres Quantum; und ähnlichen Bedarf gibt v. Varendorf [3]) an, der bei gleicher Entfernung der Rillen im Durchschnitt 40 Liter = 32 kg verwendet.

Die Menge der bei solcher Aussaat erzogenen, tauglichen 2jährigen Pflanzen hat nach unsern Zählungen bei gut gelungener Saat 4500 bis 4700 Stück pro Ar betragen.

Was nun den Schutz der Saatbeete betrifft, so wäre zunächst zu erwähnen, daß bei fehlendem Hochwild- und geringem Rehstand Eichelsaatkämpe einer Einfriedigung wohl entbehren können; Hasen verbeißen die jungen Pflanzen nur selten und auch die Rehe ziehen andere Holzarten vor [4]). — Dagegen sind dieselben gegen Mäuse und Häher zu schützen, und es gilt dies vor Allem für die während des langen Winters durch beide Thiere gefährdeten Herbstsaaten; zur Vermeidung von Wiederholungen verweisen wir auf das in § 66 und 67 Gesagte.

Oberförster Ahrends empfiehlt [5]) das Decken der im Herbst ange-

---

[1]) Es möge hier noch beigefügt sein, daß nach Frömblings Angaben (Forstl. Bl. 1887. S. 36) ein Centner Stieleicheln durchschnittlich 6600 Stück, ein Centner Traubeneicheln 7700 Stück enthält, wobei je nach der Größe der Früchte allerdings sehr bedeutende Abweichungen vorkommen.

[2]) Waldbau. S. 422.

[3]) Jahrb. des schles. Forstver. 1880. S. 186.

[4]) In hiesiger Gegend werden bei ziemlich gutem Stand an Hasen die Eichenkämpe vielfach uneingefriedigt belassen.

[5]) Burkhardt. A. d. Walde. III. S. 178.

säeten Beete mit Laub oder Nadelreisig, da sonst bei häufig wechseln=
der Temperatur — starkem Frost und mildem Wetter — die Eicheln
im Winterlager gerne verdürben. Ebenso hat man auch durch Aufbrin=
gen einer solchen Decke n a c h eingetretenem starken Frost die Erwärmung
des Bodens und mit derselben die Keimung zu verzögern gesucht, um
die jungen Eichen in minderem Maße der Gefahr des S p ä t f r o s t e s
auszusetzen. In beiden Fällen ist aber nicht aus dem Auge zu ver=
lieren, daß durch eine solche Laub= oder Reisigdecke die Mäusegefahr
außerordentlich erhöht wird!

Gleichen Schutz gegen die Spätfrostgefahr sucht man durch etwas
s p ä t e Frühjahrssaat — im Mai — zu erreichen, doch setzt dieselbe
sehr sorgfältige Ueberwinterung der Eicheln voraus; die Pflänzchen er=
scheinen erst im Juni und sind dadurch für dieses Frühjahr allerdings
vor jener Gefahr sicher, doch bleiben sie, worauf oben schon hingewiesen
wurde, meist im ersten Jahre schwächer und verholzen unvollkommen. —
Frühzeitig erscheinenden Herbstsaaten würde man den nöthigen Schutz
durch Gitter oder Reisig geben. Gegen T r o c k n i ß bedarf der tief=
liegende und selbst viel Feuchtigkeit enthaltende Samen ebenso wenig
besondern Schutz, wie die sofort tief wurzelnde und durch die Kotyle=
donen kräftig ernährte junge Pflanze.

Die ein= und mehrjährigen Pflanzen leiden im Herbst und Winter
nicht selten durch F r ü h f r o s t oder s t ä r k e r e n W i n t e r f r o s t, durch
welche die nicht genügend verholzten sogenannten Johannistriebe getödtet
werden; doch ist der Nachtheil nur ein= mäßiger, und übernimmt die
oberste unversehrt gebliebene Seitenknospe die neue Gipfelbildung. Auch
ein g ä n z l i c h e s Erfrieren der W u r z e l n einjähriger Eichen durch an=
haltenden starken Winterfrost bei fehlender Schneedecke wurde schon
konstatirt[1]) und Deckung des Bodens mit Laub würde als Mittel gegen
diese, allerdings seltene, Beschädigung dienen. Durch B a r f r o s t sind
die tiefwurzelnden Eichenpflanzen in keiner Weise gefährdet.

Die P f l e g e der Eichensaatbeete beschränkt sich zunächst auf das
Reinhalten von Unkraut und das für alle Pflanzen so wohlthätige
wiederholte Lockern des Bodens zwischen den Pflanzenreihen. Merk=
würdiger Weise spricht sich Manteuffel[2]) g e g e n das Behacken der
Saat= und Verschulungsbeete aus, „weil durch das Behacken die oberen
Wurzeln der Pflanzen vielfach abgehauen werden, die öfters gelockerte
Bodenoberfläche leicht austrocknet und hiedurch Veranlassung gegeben
wird, daß sich die Pflanzen mehr nach unten hin bewurzeln". Wir

---

[1]) Allgem. F.= u. J.=Z. 1870. S. 409.
[2]) Die Eiche. S. 85.

theilen diese Befürchtungen nicht; — wäre insbesondere deren erste richtig, dann dürfte man die Saat- und Pflanzbeete der flachwurzelnden Fichte wohl noch viel weniger behacken! — Auch Einbringung einer dichten Laubdecke auf die Zwischenräume nach erstmaliger Reinigung und Bodenlockerung hat man zur Unterdrückung des Unkrautes, eventuell auch zum Frischerhalten des Bodens angewendet.

Um die jungen Eichen zu möglichst kräftiger Entwicklung zu bringen, wurde auch neuerdings das sogenannte Pinciren — Abschneiden des oberirdischen Keimes 5—6 Tage nach seinem Erscheinen — angewendet und auf der Pariser Weltausstellung zur Anschauung gebracht[1]); es soll sich hiedurch zuerst das Wurzelsystem kräftig ausbilden und mit dessen Hülfe sodann der nach einiger Zeit erscheinende neue Stengel sich sehr kräftig und üppig entwickeln. Nach andern Mittheilungen[2]) hat sich dies Verfahren jedoch nicht bewährt, indem bei vergleichenden Versuchen die nicht pincirten Pflanzen entschieden kräftiger wurden. — Für den größern Forsthaushalt würde sich das Verfahren wohl ohnehin nicht gut ausführbar erweisen.

Ein Beschneiden der Aeste findet in den Eichensaatbeeten, in welchen die Pflanzen in der Regel ein bis höchstens zwei Jahre verbleiben, nicht statt, und selbst das Abstoßen der erfrornen Johannistriebe überläßt man zumeist der Natur. — Dagegen hat man eine für die Verpflanzung günstigere Wurzelbildung ohne die immerhin kostspieligere Verschulung dadurch zu erreichen gesucht, daß man zu Anfang des zweiten Lebensjahres der Pflanze die Pfahlwurzel auf eine Länge von etwa 10—15 cm durch Abstoßen mit scharfem Spaten von der Seite her kürzt. Die Urtheile über dies Verfahren sind verschieden: Laurop[3]) versichert, gute Erfahrungen damit gemacht zu haben, Schreiber[4]) dagegen tadelt dasselbe als ein unsicheres Verfahren, bei welchem ein Abschinden und Quetschen der Wurzeln, zumal wenn der Spaten nicht sehr scharf ist, nicht zu vermeiden sei; Burkhardt[5]) sagt jedenfalls sehr richtig: „in geschickter Hand sind damit gute Erfolge erzielt worden, andernfalls und mit stumpfem Instrument desto schlechtere." —

Ein von uns angestellter Versuch, bei welchem den Eichen am Beginn des zweiten Lebensjahres, im April, mit scharfem Spaten die Pfahlwurzeln etwa 12—15 cm tief abgestoßen wurden, ergab ein

---

[1]) Centralbl. 1879. S. 97.
[2]) Centralbl. 1880. S. 381.
[2]) Monatsschr. f. d. F.- u. J.-W. 1861. S. 129.
[4]) Monatsschr. f. d. F.- u. J.-W. 1861. S. 296.
[5]) Säen u. Pflz. S. 74.

sehr günstiges Resultat, wie nachfolgende Figuren zeigen, einige der kräftigsten Pflanzen des betreffenden Saatbeets darstellend. An Stelle der in den Nachbarreihen am Ende des Jahres 50 bis selbst 70 cm langen, an Saugwurzeln ziemlich armen Pfahlwurzeln (a) war ein vorzügliches Seiten- u. Saugwurzelsystem (b) getreten, wie man sich ein solches für gesicherte Verpflanzung nur wünschen kann; ein Wurzelsystem, das viel günstiger erscheint, als jenes, welches die nebenan mit gekürzter Pfahlwurzel einjährig verschulten Pflanzen (c) vielfach zeigten. — Auch die oberirdische Entwicklung der in obiger Weise behan=

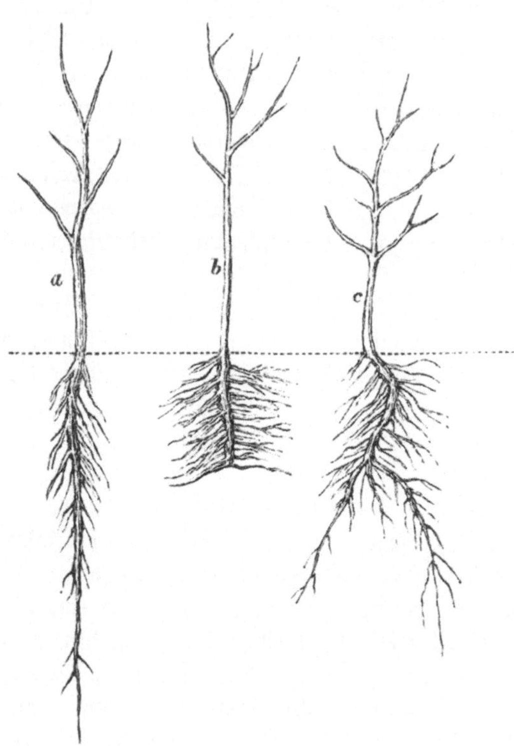

Figur 49.

delten Pflanzen ließ nichts zu wünschen übrig; die Bildung der Johannistriebe war zwar in den Reihen mit abgestoßenen Wurzeln etwas später erfolgt, so daß sie sich von den Reihen mit ungekürzten Wurzeln anfänglich deutlich unterschieden, bis zum Herbst war jedoch dieser Unterschied vollständig verschwunden. Den aus gleichem Beet genommenen und verschulten Pflanzen waren sie am Ende des ersten Jahres (1881) weit voraus.

Auch Demontzey[1]) empfiehlt auf Grund seiner Erfahrungen das Abstechen der Wurzeln mit scharfem Spaten in 15 cm Tiefe und rühmt die günstige, das Verpflanzen erleichternde Wurzelbildung.

Unbedingt wird sich dies Abstoßen der Wurzeln empfehlen, wenn

[1]) Studien über die Arbeiten der Wiederbewaldung und Berasung der Gebirge, übers. von A. Frhr. von Seckendorff. 1880. S. 209.

man durch irgend welche Veranlassung genöthigt wäre, zweijährige Eichen noch ein Jahr im Saatbeet stehen zu lassen. Das obige Resultat würde vielleicht überhaupt die Frage nahe legen, ob sich durch sorgfältig ausgeführtes Abstoßen der Pfahlwurzeln einjähriger, nicht zu eng stehender Eichen kräftige, dreijährige Eichenpflanzen, wie sie zu manchen Kulturen wünschenswerth sind, nicht billiger und doch eben so gut erziehen ließen, als durch das immerhin theure Verschulen?

Auch das s. g. Levret'sche Verfahren[1] sei hier kurz erwähnt. Bei demselben wird das zu besäende Beet 13 cm tief ausgehoben, auf die hart gebliebene Sohle eine 10 cm hohe Lage 5—6 cm dicker, poröser Steine chausseeartig geschichtet, und auf diese Steine erfolgt die breitwürfige Aussaat der Eicheln, die 2 cm stark mit guter Erde gedeckt werden sollen. Die Pfahlwurzel drängt sich zwischen den Steinen durch, bleibt in deren Zwischenräumen mit den Atmosphärilien in beständigem Contakt, findet in Folge der Wasserhaltigkeit der Steine beständige Feuchtigkeit und entwickelt ein sehr reiches Seitenwurzelsystem. Die von Ludwig[2] angestellten vergleichenden Versuche mit der Erziehung von Eichelpflanzen nach dem gewöhnlichen, Biermans'schen und Levret'schen Verfahren erwiesen sich zwar für letzteres günstig — gleichwohl dürfte es aus naheliegenden Gründen für den großen Forsthaushalt keine weitere Verbreitung finden.

Wo schwächere Eichelpflanzen genügen: zur Ausfüllung nicht zu kleiner Lücken im Nieder- und Mittelwald, zur Kulturausführung da, wo Hochwild (vor Allem Sauen) die sonst zulässige Saat unmöglich machen[3] u. s. f., nimmt man dieselben ein- oder zweijährig aus den Saatbeeten und pflanzt sie, erstere oft und letztere immer mit gekürzten Wurzeln, ins Freie. Sind aber stärkere Pflanzen nöthig, so greift man zur Verschulung.

Die Verschulung der Eiche, theils zur Erziehung kräftiger, etwa meterhoher Lohdenpflanzen, theils zur Nachzucht starker, selbst 3—4 m hoher Heister, findet in ziemlich ausgedehntem Maße statt; neben der Gewährung eines größern Standraumes, dem allgemeinen Grund jeder Verschulung, ist es namentlich auch die Nothwendigkeit einer Korrektur der für die Verpflanzung in höherem Alter höchst un-

---

[1] Von Oberförster Koltz in Monatsschr. f. d. F.- u. J.-W. 1881. S. 152 geschildert.

[2] Centralbl. f. d. F.-W. 1882. S. 104.

[3] Vor einigen Jahren mußte man im s. g. Pfälzerwald die Einmischung der Eiche in die Buchenbestände durch horstweise Einpflanzung einjähriger Eichen erstreben, da das zahlreich gewordene Schwarzwild jede Saat vernichtete.

günstigen Pfahlwurzelbildung der Eiche, welche zur ein= und selbst zweimaligen Verschulung nöthigt.

Für Tiefgründigkeit und sonstige Beschaffenheit des Bodens im Pflanzbeet, für Tiefe der Bodenbearbeitung gelten die gleichen Regeln, wie für das Eichelsaatbeet — mäßige Tiefe und fruchtbarer oder gut gedüngter Boden. — Man verschult mit Rücksicht auf die Stärke, welche die Pflanzen bereits haben und im Pflanzbeet erreichen sollen, in Reihenabständen von 30—35 cm und Pflanzenabständen von 20—25 cm, und wählt zur Verschulung, mit Rücksicht auf diesen größern Reihenabstand, größere Länder an Stelle der Beete.

Was die Frage betrifft, ob man lieber ein= oder zweijährige Pflanzen verschulen soll, so wird man bei kräftiger Entwicklung der einjährigen Pflanze den Vorzug geben, andernfalls zur zweijährigen greifen; man verschult grundsätzlich nur gut entwickelte und gewachsene Pflanzen, wirft Schwächlinge und Krümmlinge bei Seite — und diese nothwendige Auswahl spricht bei langsamer Entwicklung der Pflanzen für Verschulung im zweiten Jahre. Varendorff empfiehlt[1]) die letztere namentlich um deßwillen, weil die einjährige Pflanze die beim Verschulen gekürzte Pfahlwurzel zu rasch wieder ersetze.

Dies Kürzen der Pfahlwurzel hat den Zweck, an Stelle der tiefgehenden und das spätere Auspflanzen außerordentlich erschwerenden Pfahlwurzel eine reichere Seitenwurzel=Entwicklung zu erzeugen; über die Zulässigkeit, den Grad und Erfolg gehen die Ansichten der Eichenzüchter nicht unwesentlich aus einander.

Alemann[2]) will die Eichen überhaupt nur mit ganzer, unbeschädigter Pfahlwurzel verpflanzen, verwirft alles Einstutzen derselben, wodurch die Entwicklung der Pflanze, ihr Höhenwuchs vor Allem entschieden nothleiden müsse. Auch Schreiber[3]) will die Pfahlwurzel möglichst erhalten wissen. Den schroffsten Gegensatz hiezu bildet wohl Manteuffel[4]), welcher den zweijährigen Saatpflanzen beim Verschulen die Pfahlwurzel bis auf 3 cm einkürzen will — ein doch gar zu radikales Verfahren! Die Mehrzahl der Eichenzüchter, so insbesondere auch Altmeister Burkhardt[5]), stutzen die Pfahlwurzel auf etwa 15 cm Länge zurück, beachten hiebei jedoch den Sitz des möglichst zu schonenden Hauptseitengewürzels und schneiden erst unterhalb desselben die Wurzel

---

[1]) Jahrb. des schles. Forstver. 1880. S. 187.
[2]) Ueber Forstkulturwesen. S. 30, 34.
[3]) Monatsschr. f. b. F.= u. J.=W. 1860. S. 435.
[4]) Die Eiche. S. 83.
[5]) Säen u. Pflz. S. 76.

ab. Die Erfahrung zeigt denn auch, daß eine derartige Behandlung einerseits den Wuchs der Pflanze nur wenig beeinträchtigt, anderseits den gewünschten Erfolg — Hervorrufen mehrerer Seitenwurzeln an Stelle der einen Pfahlwurzel — mehr oder weniger erreichen läßt.

Mehr oder weniger — denn wie Schütz ganz richtig sagt[1]), strebt die Pflanze, die verlorenen Theile möglichst rasch wieder zu ersetzen, und die an der Abschnittsfläche erscheinenden 2—4 Seitenwurzeln streben gleichfalls wieder nach der Tiefe, so daß bei der seinerzeitigen Auspflanzung oder Verschulung in den Heisterkamp ein abermaliges Einstutzen nöthig wird. Schütz empfiehlt daher ein Umkrümmen der Pfahlwurzel, ja selbst ein knotenförmiges Verschlingen (Fig. 50), wovon keinerlei üble Folgen für die Pflanze zu fürchten seien. Was sich Pflanzen bezüglich des Verkrümmens der Wurzeln ohne allzugroße Benachtheiligung ihres Wuchses bieten lassen, hat Borggreve durch seine mit zweijährigen Eichen angestellten Versuche[2]) nachgewiesen. Auch die von Heß[3]) angestellten vergleichenden Versuche haben ergeben, daß die Schürzung eines Knotens an der Pfahlwurzel durchaus keine Schmälerung des Höhenwuchses zur Folge

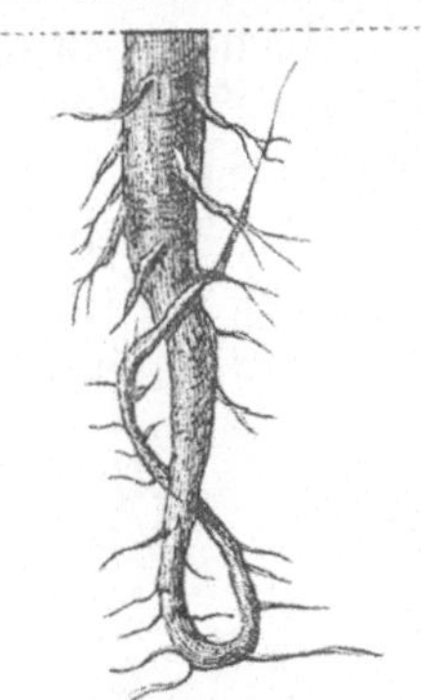

Figur 50.

hatte und daß letzterer entschieden besser war, als jener der Pflanzen mit auf ca. 15 cm gekürzten Wurzeln. — Immerhin aber werden jene zwei und mehr sich bildenden stärkeren Seitenwurzeln mit ihren zahlreichen Saugwurzeln selbst bei nochmaliger Kürzung sich günstiger verhalten, als die eine Pfahlwurzel, insbesondere wenn letztere nicht zu lang belassen wurde, so daß diese Seitenwurzeln nicht zu tief sitzen, kein zu starkes Zurückschneiden bei dem seinerzeitigen Verpflanzen erfordern. Letzteres hat wohl Manteuffel im Auge, wenn er die Pfahlwurzel in so starker Weise, wie oben erwähnt, zurückschneidet, und das möchten wir auch der Ansicht Borggreves gegenüber geltend machen, welcher, die Berechtigung eines Wurzelschnitts bei der Verschulung anerkennend, sagt[4]): „Für einen Heister müssen wir ein fußtiefes Pflanzloch machen — es liegt also gar kein Grund vor, jungen Eichen mit

<hr>

1) Die Pflege der Eiche. S. 78. Auch Manteuffel, Die Eiche. S. 58.
2) Forstl. Blätter. 1878. S. 306.
3) Monatsschrift f. d. F.- u. J.-W. 1882. S. 385.
4) Forstl. Blätter. 1878. S. 306.

zwei Fuß langen Pfahlwurzeln bei der Verschulung mehr als die Hälfte dieser Pfahlwurzeln zu nehmen."

Im Uebrigen möchten wir hier nochmals auf die viel günstigere Wurzelbildung beim Abstoßen der Pfahlwurzel gegenüber jener bei der Verschulung (Fig. 49) hinweisen. —

Auch darüber, welche Korrekturen mit Messer oder Scheere (Dittmar'sche Astscheere) an den Stämmchen der ein- oder zweijährigen Eichen vorzunehmen seien, gehen die Ansichten der Eichenzüchter nicht unwesentlich auseinander. Burkhardt will[1]) nur etwa schwächliche Johannistriebe, überzählige Gipfel wegnehmen, sonst aber an den kleinen Pflanzen möglichst wenig schneiden, während eine von der preußischen Regierung im Jahre 1865 veröffentlichte „Anleitung über das Verfahren bei dem Schneideln der Eiche in Pflanzkämpen"[2]) (verfaßt bei der Regierung in Trier) ausspricht: „eine ganz sorgfältige Schneidelung der Eiche gerade in einjährigem Alter sei die Grundlage für die künftige Ausbildung des Stämmchens."

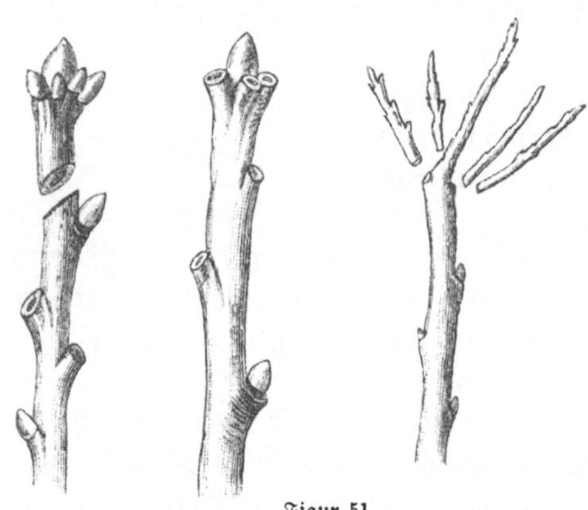

Figur 51.

Nach dieser Anleitung soll nun jede ausgehobene Pflanze vor dem Einschulen genau besichtigt und an derselben je nach Befund die eine oder andere der nachfolgenden Operationen vorgenommen werden:

1. Ein Ausbrechen der am Ende des Gipfeltriebes oft sehr gehäuft stehenden Seitenknospen, um dadurch die Entwicklung der Haupt-knospe zu befördern, quirlartige Gipfelbildung zu vermeiden. Die Knospen müssen zu dieser Operation gut ausgebildet sein, so daß sie sich leicht auslösen; bei Johannistrieben pflegt dies nicht der Fall zu sein.

2. Unreife Johannistriebe werden bis auf eine gute Seitenknospe zurückgeschnitten, und bei sehr gehäufter Knospenbildung am Ende des Triebs schneidet man denselben ebenfalls oberhalb einer kräftigen Seitenknospe ab.

3. Ueberzählige Gipfeltriebe werden, unter Aussonderung der ge-

---

[1]) Säen u. Pflz. S. 76.
[2]) Allgem. F.- u. J.-Z. 1866. S. 270.

eignetsten zum bleibenden Höhentrieb, entfernt oder zurückgestutzt[1]). (Die Abbildungen, Figur 51, sind jener Instruktion entnommen.)

Wir gehören zu Jenen, welche, gleich Burkhardt, an den zu verschulenden Eichen, namentlich den erst einjährigen, wenig zu schneiden finden und das Beschneiden als einen Theil der Pflege im Pflanzbeet betrachten. Insbesondere dürfte das Ausbrechen der Knospen denn doch ein zeitraubendes und mißliches Geschäft sein!

Das Einschulen der Pflanzen nach erfolgter Pfahlwurzelkürzung erfolgt entweder durch Einlegen in Gräbchen, welche nach einer Schnur mit der Haue hinreichend tief gezogen werden, und Festpflanzen mit der Hand, oder mit Hülfe eines genügend starken Setzholzes (Buttlar'schen Eisens), auch eines Keilspatens, wobei man sich zur Arbeitsförderung, und um das Zusammentreten des gelockerten Bodens beim Arbeiten auf den Ländern zu vermeiden, zweckmäßig des in § 82 beschriebenen Pflanzbrettes und s. g. Laufbretter bedient.

Die Pflege, welche man den verschulten Eichen angedeihen läßt, beschränkt sich im ersten Jahre auf entsprechende Lockerung des Bodens und Reinigung der Beete von Unkraut; im zweiten und eventuell dritten Jahre dagegen, welches die Eiche im Pflanzbeet zubringt, wird Angesichts der großen Neigung derselben zur Astverbreitung auf Kosten des Höhenwuchses, der Pflege durch richtiges Beschneiden ein ziemlich weites und dankbares Feld geboten sein. Während ihres Verbleibens im Pflanzbeet, welches sich nur ausnahmsweise über mehr als drei Jahre erstrecken wird, soll die Eiche jene Gestalt erhalten, welche man bei ihrer Verwendung ins Freie, oder der Umschulung in den Heisterkamp fordert, so daß bei dem Verpflanzen oder Umschulen keinerlei Beschneiden nöthig wird.

Es sind sonach, mit Hülfe der Dittmar'schen Astscheere oder eines guten Gartenmessers, starke und tiefangesetzte Seitenäste, sowie etwaige Doppelwipfel durch einen Schnitt, hart am Stämmchen, zu entfernen, schwächere Seitenäste zu kürzen, und ist hiedurch auf eine stufige Gestalt des Stämmchens hinzuwirken. Wir können bezüglich der Vornahme dieser Operationen auf das im § 90 Gesagte zurückverweisen — es bezieht sich dasselbe in erster Linie auf die Eiche, als auf jene Holzart, bei welcher das Beschneiden am meisten nothwendig ist und zur Ausführung kommt.

Schutzmittel gegen Spätfröste, unter denen in rauheren

---

1) Eine Pflanze mit 4 oder 5 Gipfeltrieben, wie die nebenstehend abgebildete, würde wohl am zweckmäßigsten von der Verschulung ganz ausgeschlossen!

Lagen die Eichen nicht selten leiden, lassen sich für die starken Pflanzen des Pflanzbeets nicht wohl mehr in Anwendung bringen; der beste Schutz, den die gegen Spätfröste empfindliche Eiche genießt, besteht in ihrem spät erfolgenden Ausschlagen, so daß es doch nur b e s o n d e r s s p ä t eintretende Fröste sind, die sie gefährden.

Nach 2—3jährigem Stehen im Pflanzkamp, und sonach in einem Gesammtalter von 3—5 Jahren, wird die Eiche stets jene Höhe und Stärke erreicht haben, um entweder als kräftige Pflanze ins Freie verwendet werden zu können, oder um des abermaligen Umschulens, der Gewährung größeren Standraumes zu bedürfen, wenn es sich um Erziehung von H e i s t e r n handelt[1]).

Bezüglich der allgemeinen Grundsätze und Regeln für Heistererziehung verweisen wir auf § 83 und bemerken, daß die früher häufiger betriebene Eichenheisterzucht Angesichts der bedeutenden Kosten, welche die Erziehung und Verwendung von Heistern verursacht, gegenwärtig aufs Nothwendigste beschränkt wird. Die Bepflanzung von Hutplätzen, oder von vorzugsweise zur Grasproduktion bestimmten Flächen im Wildpark, die Ergänzung des Oberholzes im Mittelwald, die Ausfüllung einzelner Lücken am Bestandsrand[2]) sind es, für welche sich noch die Verwendung des Eichenheisters, des etwa 2 m hohen H a l b h e i s t e r s, des **3** bis selbst **4** m hohen V o l l h e i s t e r s empfehlen kann.

Nur ausnahmsweise[3]) wird man Heister direkt aus Saaten oder natürlichem Aufschlag entnehmen können; die Pfahlwurzelbildung der Eiche steht dem entgegen, und auch die Beastung und Bekronung solcher Wildlinge wird nur selten entsprechen. Gleichwohl finden wir, etwa bei großem Bedarf im Wildpark, solche Wildlinge verwendet, doch gehen stets Jahre hin, bis dieselben zu normalem Wuchs und kräftiger Entwicklung kommen. Wo Heister benutzt werden sollen, wird dies jederzeit am besten geschehen mit Stämmchen, welche im Saatbeet erzogen, ein oder zweijährig mit gekürzter Wurzel verschult und nach abermals zwei bis drei Jahren, unter nochmaliger Wurzelkorrektur, in die Heisterschule gebracht wurden — ja zur Erziehung sehr starker Heister findet bisweilen selbst eine d r i t t e Verschulung statt. — Heister dadurch erzielen zu wollen, daß man die Pflanzen gleich bei der erstmaligen Verschulung in weitem Verband einpflanzt, oder daß

---

[1]) Vergl. über die Erziehung von Eichenheistern auch die Mittheilungen v. Varendorffs (Jahrb. des schles. Forstver. 1880. S. 179).

[2]) Aus dem Walde. V. S. 130.

[3]) Aus dem Walde. III. S. 178.

man von den enger verschulten Pflanzen je die zweite Reihe und Pflanze zur Gewährung des nöthigen größeren Standraumes aushebt, wie dies etwa für Ahorn und Esche geschieht, ist bei der Eiche nicht wohl zulässig: ihre große Neigung zur Astbildung spricht gegen ersteres, die wiederholt nothwendige Wurzelkorrektur gegen ersteres und letzteres Verfahren.

Bei der zweiten Umschulung wird man alle minder schönen Stämmchen zu anderweiter Verwendung ausscheiden, die zu stark nach der Tiefe oder Seite gehenden Seitenwurzeln einer entsprechenden, auf das nothwendige Maß beschränkten Kürzung unterwerfen, an den Stämmchen selbst aber möglichst wenig schneiden — das Beschneiden der Aeste soll theils im Jahre vor der Umschulung, im Uebrigen aber nach erfolgter Anwurzelung im Heisterkamp erfolgen. Ueber die Entfernung, welche den Pflanzen zu geben ist, die Art des Einpflanzens u. dgl. mehr, ist bereits in § 83 das Nöthige gesagt.

Bezüglich der Pflege des Heisterkamps steht nun das für die Eiche geradezu unentbehrliche Beschneiden und mit Hülfe desselben die Heranbildung einer möglichst günstigen Bekronung obenan. Man sucht eine nicht zu hoch angesetzte, möglichst pyramidale Bekronung zu erzeugen und vermeidet ruthenförmiges Aufschneideln; Erziehung stufiger Stämmchen ist mit Rücksicht auf deren spätere Einzelstellung vor Allem im Auge zu behalten. Auch hier verweisen wir im Uebrigen auf § 90, welcher die Pflege der Pflanzen durch Beschneiden bespricht.

Im Weiteren sind die Heisterkämpe durch Reinigen von Unkraut und Lockern des Bodens zu pflegen; ersteres kann natürlich mit minderer Sorgfalt, als bei schwächeren Pflanzen geschehen, das Lockern aber erfolgt tiefer, mit kräftiger Haue, und grobscholliger. Auch Laubeinstreu zur Unterdrückung des Unkrautes, Feuchterhaltung des Bodens und etwa selbst Düngung wird von manchen Eichenzüchtern angewendet und der Erfolg gerühmt[1]). Eine Zwischendüngung mit guter Walderde, Rasenasche oder Mineraldüngern, je nach der Beschaffenheit des Bodens, wird sich für längere Zeit im Heisterkamp stehende Pflanzen überhaupt nicht selten empfehlen.

Als einen Feind der Eichenpflanzschule bezeichnet Burkhardt[2]) die Wühlmaus, welche selbst stärkere Pflanzen in der Erde abnagt und durch Fangen, Vergiften, Ausdampfen zu beseitigen ist; Schütz theilt mit[3]), daß die große Waldameise besonders die umgeschulten und

---

[1]) Burkhardt, Säen u. Pflz. S. 78. Schütz, Die Pflege d. Eiche. S. 69.
[2]) Burkhardt, Säen u. Pflz. S. 78.
[3]) Schütz, Die Pflege d. Eiche. S. 72.

sich dadurch spät entwickelnden Eichen heimsuche und jeden Blattkeim abnage, weiß aber keine Hülfe gegen diesen Feind. Maikäfer sind zu sammeln und zu vernichten.

Je nach der Stärke und Höhe, welche der Heister erlangen soll, wird die Eiche 3—5 Jahre im Heisterkamp stehen, und sonach ein Alter von 8—10 Jahren bis zu ihrer Verwendung erreichen. Einzelne Eichenzüchter[1]) nehmen sogar zur Erziehung starker Heister eine dritte Verschulung in meterweitem Verband vor, nachdem die Pflanzen drei Jahre in der Heisterschule gestanden; die Kosten der Heistererziehung erfahren hiedurch allerdings eine nochmalige nicht unbedeutende Steige= rung, und es wird sich eine solche dritte Verschulung daher nur aus= nahmsweise rechtfertigen lassen.

Ein eigenthümliches Verfahren empfiehlt Oberförster Geyer[2]). Den in einjährigem Alter verschulten Eichen soll nach zweijährigem Stehen im Pflanzbeet im Monat April das Stämmchen etwa 3 cm über dem Boden mit der Scheere scharf und glatt abgeschnitten, die Wundfläche aber sofort mit Steinkohlentheer überstrichen werden, um den Saft= ausfluß zu verhindern.

Theils auf der Abschnittsfläche, zwischen Holz und Rinde, theils unterhalb derselben erscheinen nun neue Triebe, welche Mitte Mai durch einen geübten Arbeiter bis auf den kräftigsten beseitigt werden; hiebei erhält ein an der Abschnittsfläche stehender Trieb um der schnelleren Ueberwallung willen den Vorzug vor den tiefer unten am Wurzelhals erscheinenden. Dieses Beseitigen überflüssiger Triebe muß eventuell wiederholt werden, wenn nochmals Ausschläge erscheinen würden. Bis zum Herbste soll nun die Wunde vollständig überwallt sein, der belassene Trieb aber eine Länge von 90 cm und mehr besitzen.

Im darauffolgenden Frühjahre wird die so erzogene Pflanze zum zweiten Male verschult, und zwar im Abstand von 60 cm im Quadrat; den Pflanzen werden beim Umschulen möglichst die Ballen belassen, die herausragenden Wurzeln aber zurückgeschnitten.

Nachdem die Pflanzen im zweiten und dritten Jahre nach dieser Verschulung die nöthige Pflege bezüglich der Kronenbildung während des Sommers durch Auskneifen der Spitzen oder Umdrehen der entbehrlichen noch krautartigen Triebe — Beides geschieht einfach mit der Hand, und wird durch derartiges, rechtzeitiges Operiren jede Verwundung des Stammes vermieden — erhalten haben, werden sie

---

[1]) Geyer, Die Erziehung der Eiche zum Hochstamm. 1870.
[2]) Geyer, Die Erziehung der Eiche zum Hochstamm; A. d. Walde. I. S. 81.

nach abermals drei Jahren, im Ganzen also siebenjährig, zum dritten
Male verschult. Diese Verschulung erfolgt möglichst mit Ballen, unter
abermaliger Wurzelkorrektur, in 1 m Quadratverband; die Pflanzen
erfahren während der nächsten Jahre wieder die nöthige Pflege durch
Beschneiden mit der Astscheere, und soll deren Krone etwa 1,20 m über
dem Boden beginnen und eine möglichst pyramidenförmige Gestalt erhalten, bis sie endlich nach abermals etwa drei Jahren und sonach
im Ganzen zehnjährig, als starke, 3—4 m hohe Vollheister thunlichst
mit Ballen ausgepflanzt werden. Die Kosten eines so erzogenen
Heisters gibt Geyer nur auf 13 Pfennige an, ein Betrag, der für dreimalige Verschulung entschieden zu niedrig erscheint.

Burkhardt spricht sich[1] über den Werth dieses Verfahrens auf
Grund seiner Wahrnehmungen etwas zweifelhaft aus: Die so erzogenen Pflanzen erfreuen das Auge nach Wurzel, Stamm und Zweigen,
nur darf man nicht nach dem Wurzelhalse sehen, woselbst sich eine
verdächtige Auftreibung zeigt! — Diese Auftreibungen wurden in
Burkhardts Gegenwart in einem Geyer'schen Pflanzkamp an 12jähri-
gen, jedoch erst vor sechs Jahren gestummelten Heistern bei
einer größeren Zahl (40) aufgeschnitten, und zeigten sich nur 20 % gesund, während die übrigen schadhafte Stellen an der überwallten Ab-
hiebsfläche zeigten. Bei in jüngerem Alter gestummelten Pflanzen mag
dies besser sein. — Ein im hiesigen Forstgarten angestellter Versuch
mit der Geyer'schen Erziehungsmethode ergab einen nur wenig befriedigenden Erfolg, indem die Lohden bei mäßigem Wachsthum ebenfalls
jene unschöne Auftreibung am Wurzelhals zeigten, und ebenso haben
wir bei andernorts auf solche Weise erzogenen Eichen jene von Burkhardt konstatirte Faulstelle an der Basis ebenfalls gefunden.

Ein bez. der Eichenheistererziehung in Eberswalde angestellter vergleichender Versuch ergab nach Schwappach's Mittheilung[2] die günstigsten Resultate für eine zweimalige Verschulung mit mäßiger Kürzung
der Pfahlwurzeln, während sich das Geyer'sche Verfahren nach keiner
Seite hin empfahl, indem es einerseits die mindest schön entwickelten
Pflanzen, anderseits die oben erwähnte Deformation und Faulstelle
am Fuße zeigte.

Schließlich sei noch ein Feind der Eichenpflanze erwähnt, der erst
seit neuerer Zeit beobachtet, oder wenigstens erkannt worden ist: ein
in den Eichenwurzeln wuchernder Pilz, von R. Hartig Rosellinia

---

[1] Aus d. Walde. V. S. 113.
[2] Zeitschr. f. F.- u. J.-W. XIX. S. 2.

quercina, Eichenwurzeltödter, genannt[1]). Dieser Pilz, vorzugsweise im nordwestlichen Deutschland, neuerdings aber auch in Sachsen beobachtet[2]), befällt nach Hartigs Angabe vorzugsweise die Eichen im ersten Lebensjahre, oft auch im zweiten, selten im dritten; in Sachsen hat man ihn jedoch selbst an Eichenheistern konstatirt. Er entwickelt sich nur in feuchtem Boden, resp. feuchten Jahren; sein Mycelium wuchert in Gestalt weißer Fäden auf den Wurzeln der Eiche, sich von dem abgestorbenen Rindengewebe nährend, und an noch unverkorkten Stellen, namentlich an der Spitze der Pfahlwurzel, in deren Inneres eindringend, deren Gewebe zerstörend. Die befallenen Pflanzen zeigen zuerst Kümmern und Absterben des Gipfeltriebes, später auch der unteren Blätter und Stammtheile; schwächere Pflanzen sterben ab, stärkere erholen sich theilweise und nach längerem Kümmern.

Entfernung erkrankter Pflanzen und Isolirung der an dem Kümmern und Absterben der Pflanzen kenntlichen Infektionsherde durch Stichgräben, welche, 20—30 cm von den erkrankten Pflanzen gezogen, das unterirdische Weiterwuchern des Mycels hindern, werden Gegenmittel sein, bei starker Infektion aber kann wohl auch das Verlassen des Kamps in Frage kommen.

§ 104.

Die Rothbuche.

Die Buche war eine in früheren Zeiten den Saat- und Pflanzgärten fast völlig fremde Holzart. Ihre Verjüngung erfolgte ausschließlich auf natürlichem Wege, und wo man zur Schlagkompletirung Pflanzen bedurfte, da griff man zu jenen Ballen- oder Büschel-Pflanzen, welche die Schläge fast stets in reichster Fülle boten. Wollte man aber Buchen da oder dort auf künstlichem Wege unter Schutzbestand nachziehen, so wählte man in der Regel die Saat — und so bestand keinerlei Veranlassung, Buchen im Forstgarten zu erziehen.

Der in Folge so vieler Kalamitäten, welche unsere reinen Nadelholzbestände in den letzten Dezennien heimgesucht haben, vieler Orten hervorgetretene Wunsch, die Buche jenen Beständen wieder mehr oder weniger beizumischen, dem Laubholz wieder größere Verbreitung zu verschaffen, mehr aber noch der eifrige Betrieb des Unterbaues von Eichen- und Föhrenbeständen, wozu eben keine Holzart geeigneter

---

[1]) Hartig, Untersuchungen aus dem forstbotanischen Institut in München. 1880. Zeitschr. f. F.- u. J.-W. VIII. S. 329.
[2]) Bericht über die 27. Vers. des sächs. Forstver. S. 130.

ist, als die Buche, haben dem Anbau dieser letzteren in neuerer Zeit größere Ausdehnung gegeben, und zwar deren Anbau durch Pflanzung als dem rascheren und sichereren Verfahren.

Wo man schon zahlreiche Buchenbestände, wohlgelungene natürliche Verjüngungen im Revier hat, da wird man das zu obigen Zwecken nöthige Pflanzmaterial meist in einfachster und billigster Weise dem in Ueberzahl vorhandenen Aufschlage entnehmen, die Kosten der Erziehung von Buchenpflanzen ersparen können. Nicht überall ist aber diese Gelegenheit geboten, nicht immer sind die Verjüngungen so dicht, die Pflanzen so kräftig entwickelt, als wünschenswerth, und der Forstgarten muß die nöthigen Pflanzen liefern. So ist denn auch die Buche seit einiger Zeit Gegenstand der Nachzucht in letzterem; an manchen Orten ist dies schon länger der Fall, und im Hannöver'schen zog man für bestimmte Verhältnisse seit Jahren Buchenheister. —

Legt man ein Saatbeet vorwiegend oder ausschließlich zur Erziehung von Buchenpflanzen an, so wird man eine möglichst geschützte Lage, am liebsten eine nicht zu große Blöße inmitten eines Bestandes, mit Rücksicht auf den hiedurch der gegen Frost und Hitze so empfindlichen jungen Buche gebotenen Seitenschutz wählen, außerdem aber den Buchensaatbeeten wenigstens die geschütztesten Plätze in dem auch für andere Holzarten bestimmten Forstgarten zuweisen. Man hat Buchensaatbeete selbst in der Weise angelegt, daß man zur Erhaltung des Schutzes einzelne alte Buchen auf der zur Saatbeetanlage gerodeten Fläche stehen ließ, allein wir halten dies für unzweckmäßig aus mancherlei Gründen (s. § 12), unter denen die nachtheilige Einwirkung der direkten Ueberschirmung, zumal der dichtbelaubten Buche, auf die jungen Pflanzen obenan steht[1]). Licht von oben, Schutz von der Seite ist auch der Buche am zuträglichsten, und durch nicht zu breite Saatbeete im alten Bestand erreicht man Beides; wir haben selbst Abtheilungslinien, am Gehäng gelegen und daher nicht als Abfuhrwege benutzt, mit gutem Erfolg für Buchensaatbeete benutzt gesehen. — Mit sehr gutem Erfolg hat man auch Buchenpflanzen zur Deckung des Bedarfs für den Unterbau in einfachster und billigster Weise, sowie in großer Menge unter lichten Föhrenschutzbeständen dadurch erzogen, daß der Boden rauh umgehackt, mit Bucheln voll angesäet und durch Zerschlagen der Schollen mit der Hacke denselben die nöthige Decke ge-

---

[1]) Forstl. Mitth. XI. S. 119.

geben wurde[1]). Der lichte Schirm der Föhre ist ja erfahrungsgemäß allen Holzarten am zuträglichsten.

Die Bodenbearbeitung braucht nur mäßig tief zu sein; eine solche von nur 9 cm, wie sie ein Buchenzüchter empfiehlt[2]), würden wir jedoch aus allgemeinen Gründen gegen jede zu seichte Bodenlockerung (siehe § 17) verwerfen, eine solche von 25—30 cm auch für die Buche empfehlen.

Wo Hochwild, Sauen, ein stärkerer Rehstand, da wird eine entsprechende Einfriedigung des Buchenkampes nicht wohl entbehrlich sein; am wenigsten scheinen nach unsern Erfahrungen die Hasen den Buchenknospen gefährlich zu sein, so daß, wo bloß letztere Wildart oder ein geringer Rehstand vorhanden, auch die einfacheren Schutzmittel — Stangengerüste, Ueberspannen mit Schnüren, Verwittern 2c. (siehe § 68) — genügen.

Der Auswahl entsprechenden Saatgutes wendet man selbstverständlich auch volle Aufmerksamkeit zu, und es wird dies auch durch die leichte Erkennbarkeit der Keimfähigkeit durch die einfache Schnittprobe sehr unterstützt, zumal für die Herbstsaat, während im Frühjahre ein zu starkes Austrocknen des sonst guten Samens während des Winters und eine dadurch wesentlich verringerte Keimfähigkeit desselben zu fürchten ist.

Nach Kienitz's Angabe[3]) bewährt sich als ein gutes Mittel zur Erprobung der Keimkraft das Einwerfen der frisch gesammelten, noch nicht getrockneten Bucheln in Wasser, wobei fast nur gute Körner zu Boden sinken, während die obenauf schwimmenden schlecht oder doch sehr gering entwickelt sind. Sind die Bucheln jedoch schon stärker abgetrocknet, so schwimmt Anfangs die Mehrzahl, während das Untersinken sehr allmählich erfolgt und sich auf gute, wie auf einen Theil der schlechten Eckern erstreckt. — Keimproben auf Keimplatten werden nur selten angestellt, und ist dabei zu beachten, daß die Bucheln einer gewissen Nachreife bedürfen, frisch eingesammelt selbst unter günstigen Bedingungen nicht keimen; man würde solche Keimproben daher erst im Nachwinter anstellen dürfen.

Was nun die zweckmäßigste Zeit der Aussaat betrifft, so wird man im Allgemeinen der Herbstsaat den Vorzug geben, da man hie-

---

[1]) Vergl. E. Heyers Mittheilung in Allg. F.- u. J.-Z. 1883. S. 301. Wir haben diese Buchelvollsaaten in Viernheim selbst gesehen und uns von deren vorzüglichem Stand überzeugt.
[2]) Allg. F.- u. J.-Z. 1862. S. 322.
[3]) Forstl. Bl. 1880. S. 5.

durch die Kosten der Ueberwinterung und den bei aller Sorgfalt kaum zu umgehenden Verlust eines Theiles der Keimkraft vermeidet. Dagegen ist die Buchel im Winterlager allerdings manchen Gefahren durch Mäuse, Häher, in schwerem Boden wohl auch durch Verstocken, ausgesetzt, und die Pflanzen erscheinen im Frühjahre zeitiger, so daß sie durch die Spätfröste in höherem Maße gefährdet sind. Namentlich letzterer Grund hat vielfach Veranlassung zur Frühjahrssaat, und zwar zu später Saat im Frühjahre gegeben — Alemann[1]) säte seine Bucheln nach dem 10. Mai! Nach Konstatirung Wiese's[2]) haben jedoch gegenüber dem guten Erfolg von Herbst- oder zeitig vorgenommenen Frühjahrssaaten späte Saaten im Frühjahre bei eintretender Trockne schlechten Erfolg, ja nicht selten bleiben dann die Bucheln ein volles Jahr im Boden liegen und keimen, wenn auch nur spärlich, erst im zweiten Jahre[3]). Auch stärkeres Decken, durch welches man das Keimen der im Herbst gesäeten Bucheln etwa zurückzuhalten sucht, hat manches Bedenken gegen sich; am zulässigsten erscheint für Herbstsaaten das Decken der Beete mit Laub oder Nadelreisig nach eingetretenem Frost, um hiedurch das Eindringen der Wärme in den Boden im Frühjahre zu verzögern. Bei solcher Deckung ist aber doppelte Vorsicht gegen Mäuse, die unter der Decke ihr Geschäft der Samenzerstörung ungenirt und oft lange unentdeckt treiben, nöthig. — Im Uebrigen aber stehen uns ja im Saatbeet mancherlei Schutzmittel gegen Spätfröste zur Verfügung, und darum wird die Herbst- oder zeitige Frühjahrssaat meist den Vorzug verdienen.

Hat man sich aber für letztere entschlossen — Mäusejahre nöthigen uns direkt dazu —, so ist die zweckgemäße Ueberwinterung der im Herbst gesammelten Bucheln unsere Aufgabe; dieselbe erfordert, gleich jener der Eicheln, viele Aufmerksamkeit, wenn die Keimfähigkeit nicht Noth leiden soll, ja sie ist schwieriger als erstere. Selbsterhitzung der etwa zu dicht auf einander liegenden Bucheln, in Folge deren diese verstocken, ist ebenso zu vermeiden, wie zu starkes Austrocknen, und auch das stärkere oder zu frühe Ankeimen vor der Saat ist bei der Empfindlichkeit des an der Luft sehr rasch vertrocknenden Keimes unerwünscht, zumal eine Buchel, deren Keim vertrocknet, als verloren zu betrachten ist, nicht gleich der Eichel nachkeimt.

Mancherlei Methoden der Durchwinterung sind Angesichts dessen

---

1) Forstkulturwesen. S. 43.
2) Allg. F.- u. J.-Z. 1866. S. 358.
3) Allg. F.- u. J.-Z. 1865. S. 120; 1866. S. 358; Alemann, S. 42.

versucht und empfohlen worden[1]), theilweise die gleichen, wie für die Eicheln: so namentlich das Aufschütten in nicht zu dicker Lage an gegen Nässe geschütztem, jedoch nicht zu trocknem Orte, auf mit Steinpflaster oder Lehmbeschlag versehenem Boden (Bretterböden verursachen leicht zu starkes Austrocknen), und Decken mit Stroh oder Matten, verbunden mit öfterem Umschaufeln, eine Methode, die neuerdings[2]) durch einen erfahrenen Samenhändler (Appel in Darmstadt) empfohlen wird. Auch die Alemann'sche Eichelhütte (s. § 103) wurde zur Durchwinterung der Buchel benutzt. Widersprechende, günstige[3]) wie ungünstige[4]) Urtheile hört man über das Durchwintern der Bucheln in Mischung mit feuchtem Sand, wie mit trocknen Materialien, indem bei ersterer Methode Verstocken oder zu frühes Keimen, bei letzterer zu starkes Austrocknen der Bucheln in dem einen oder andern Fall eingetreten ist.

Oberförster Genth[5]) empfiehlt auf Grund seiner Erfahrungen folgende einfache Methode: Man lasse die Bucheln auf einem luftigen Boden, der keine Unterfeuerung hat, etwa 30 cm hoch aufschütten und mit einer 2 cm dicken Strohmatte so überdecken, daß der Rand, des Luftzuges wegen, am Boden frei bleibt. Vor dem Decken werden die Bucheln durch Ueberbrausen mit einer Gießkanne angefeuchtet und dies Verfahren alle 14 Tage wiederholt, bei trocknem Wetter noch öfter; bei feuchtem Wetter entfernt man die Strohmatte und schaufelt die Bucheln tüchtig um. Wir haben dies Verfahren etwas modifizirt (die Bucheln auf steingeplattetem Boden nur handhoch aufgeschüttet) wiederholt mit sehr gutem Erfolg angewendet.

Sehr eingehend hat neuerdings E. Heyer[6]) die Buchelnüberwinterung besprochen. Er schlägt dieselben in den oben bei der Eiche geschilderten Samencylinder, jedoch nur oberirdisch, ein, und zwar in Mengung mit bereits im Sommer ausgegrabenen und dadurch gut ausgetrocknetem Sand. Er läßt ferner die Beete zur Aussaat im Herbst vollständig zubereiten, gute Erde zum Decken der Saat in Haufen bringen, durch Deckung mit Laub, Reisig ꝛc. vor dem Naßwerden schützen, und die Aussaat im zeitigen Frühjahre vornehmen, sobald die öfter zu untersuchenden Bucheln zu keimen beginnen (letztere Vorsicht wird auch für Eichelsaatbeete empfohlen).

---

[1]) Vergl. Burkhardt, Säen u. Pflz. S. 137; Gayers Forstbenutzung. S. 495.
[2]) Tharander Jahrb. Bd. 32. S. 69.
[3]) Monatsschr. f. F.- u. J.-W. 1862. S. 52.
[4]) Tharander Jahrb. Bd. 31. S. 79.
[5]) Doppelte Riefen. S. 48.
[6]) Allg. F.- u. J.-Z. 1883. S. 301.

Das Erhalten der kastanienbraunen Farbe der Bucheln ist ein Zeichen, daß dieselben noch genügend Feuchtigkeit enthalten, während gelbbraune Färbung auf Austrocknen und damit auf Verlust der Keimkraft hindeutet.

Vor der Aussaat im Frühjahre wird mit Rücksicht auf das Austrocknen, welchem die Buchel während der Ueberwinterung so gerne ausgesetzt ist und welches, wenn nicht den vollständigen Verlust der Keimkraft, so bei minderem Austrocknen doch sehr verspätetes Auf= gehen zur Folge hat, das Einweichen der Bucheln in Wasser, oder das vollständige Ankeimen derselben — Malzen — empfohlen, letzteres zugleich als sicherstes Mittel, um sich von der Keimfähigkeit des Sa= mens zu überzeugen. E. Heyer[1]) empfiehlt das Mischen der Bucheln mit feuchtem Sand in einem 8—10 Tage lang liegenden, mit Reisig bedeckten und öfter angenetzten Haufen. Burkhardt[2]) dagegen läßt den Sand weg, schüttet die Bucheln lediglich im Freien auf, sie stark begießend und öfter umschaufelnd, jede trockne Hitze im Innern der Haufen sorgfältig vermeidend; letztere werden mit alten Säcken oder Reisig gedeckt. Sobald die Bucheln den Keim zeigen, oder wenigstens die ursprüngliche frische braune Farbe wieder erlangt haben, sollen sie mit entsprechender Vorsicht gegen das Austrocknen ausgesäet werden. Schon angekeimte Bucheln sind bei der Empfindlichkeit des Keimes mit besonderer Sorgfalt zu behandeln. — Sind jedoch die Bucheln im Winterlager frisch geblieben, so kann man sich nach unsern Erfahrun= gen dieses Ankeimen der Bucheln ersparen.

Die Aussaat selbst nimmt man am besten in Rillen vor, welche, quer über die Beete laufend, mit einer etwa 3 cm starken Saatlatte eingedrückt werden; die Entfernung dieser einfachen (nicht Doppel=) Rillen ist durch die Stärke bedingt, welche die Pflanzen im Saatbeet erreichen sollen, und wird eine solche von 15—20 cm meist die ent= sprechendste sein. Nach der bayrischen Anleitung vom Jahre 1862[3]) können die Rillen in einfacher Weise mit Rechen angefertigt werden, deren 3 cm breite Zinken 10 cm von einander abstehen; letztere Ent= fernung will uns jedoch etwas gering erscheinen. — Was die Tiefe der Rillen und resp. die durch letztere bedingte Stärke der Be= deckung betrifft, so haben die bereits erwähnten Versuche Baurs (s. § 51) eine Bedeckung von 2 cm Stärke als die günstigste ergeben,

---

1) Allg. F.= u. J.=Z. 1866. S. 210.
2) Säen u. Pflz. S. 138.
3) Forstl. Mitth. XI.

während eine solche von 5 cm sich bereits der Keimung sehr nachtheilig erwies, eine noch stärkere dieselbe fast vollständig verhinderte. Auch Burkhardt empfiehlt eine 2 bis 2,5 cm starke Bedeckung, die bei lockerem Boden und zur Verhütung zu frühen Keimens (bei Herbstsaat) etwas verstärkt werden kann. Nach einer Angabe Pfeils[1]) soll allerdings eine selbst 9 cm starke Deckung ohne Nachtheil angewendet worden sein (?).

Die Saat selbst erfolgt aus der Hand ohne Anwendung von Säevorrichtungen und läßt sich bei der Größe des Samens eine gleichmäßige Vertheilung des Samens leicht erzielen, eine zu dichte Saat vermeiden; in den etwa 3 cm breiten Rillen darf der Samen wohl so liegen, daß je zwei Bucheln neben einander und in der Längsrichtung Korn an Korn sich befinden. Das Decken geschieht durch Ausfüllen der eingedrückten Rillen mit guter Komposterde; sind die Rillen mit dem Rechen oder Häckchen gefertigt worden, so zieht man auch wohl die zur Seite liegende Erde mit hölzernem Rechen wieder bei, auf diese Weise deckend.

Als Samenbedarf gibt Burkhardt[2]) pro Ar bei einem Rillenabstand von 0,3 m 10 Liter an, bei dem geringern Abstand aber, welcher meist den Rillen gegeben wird, ist dieses Samenquantum entsprechend zu erhöhen, wie denn auch Judeich[3]) dasselbe auf 0,2 bis 0,4 hl pro Ar angibt.

Schutz der Saaten. Herbstsaaten sind gegen Mäuse durch Gräben, eventuell durch Vergiftung, gegen Häher durch eine Decke von Dornen zu schützen; auch Eichhörnchen gehen denselben begierig nach und lassen sich selbst durch Saatgitter (nach unsern Erfahrungen) nur schwer abhalten, wenn sie das Saatbeet entdeckt, so daß nur Abschuß derselben helfen kann. Besondere Sorgfalt erheischen dieselben aber im Frühjahre gegenüber den Spätfrösten, denen sie im höheren Grade ausgesetzt sind als die später keimenden Frühjahrssaaten. Bei später Frühjahrssaat, die allerdings wieder anderweite Bedenken hat (s. o.), fällt die Frostgefahr im ersten Jahre allerdings ganz weg. — Am größten ist erklärlicher Weise die Spätfrostgefahr für die Keimlinge, welche durch eine Temperatur von —1 Grad wohl immer getödtet werden; der empfindlichste Theil scheint hiebei der Stengel, namentlich an der Anheftungsstelle der Kotyledonen zu sein, und das Anhäufeln der Keimlinge bis an diese Stelle ist daher als ein Schutzmittel zu

---

[1]) Krit. Blätter. XXIX. 1.
[2]) Säen u. Pflz. S. 139.
[3]) Forstkalender. 1882. S. 113.

empfehlen. Auch durch eine Deckung der Räume zwischen den Rillen mit Laub, so daß nur der obere Theil der Kotyledonen sichtbar bleibt, hat man guten Schutz gegeben[1]. Außerdem wird man aber den Keimlingen stets den nöthigen Schutz gegen Spätfröste durch aufgestecktes Reisig, besser noch durch Schutzgitter bieten, und soll nach Pfeils Angabe[2] hiedurch bei genügend dichter Deckung selbst eine Temperatur bis —6 Grad unschädlich gemacht werden können. — Eine leichte Deckung (Pflanzgitter) wird sich da, wo Seitenbeschattung fehlt, auch gegen die grelle Einwirkung der Sonne im Hochsommer als nützlich erweisen.

Auch in den nächsten Jahren — älter als dreijährig läßt man die Buche im Saatbeet wohl nicht leicht werden, zumal deren Entwicklung im gut vorbereiteten Saatbeet eine sehr rasche zu sein pflegt, — gibt man derselben im Frühjahre gerne durch Schutzgitter die nöthige Sicherung gegen Spätfröste, welche die kräftigere Pflanze, wenn auch nicht tödten, so doch im Wuchs sehr zurücksetzen.

Als eine den Buchenkeimlingen drohende Gefahr dürfte hier auch die Kotyledonenkrankheit, hervorgerufen durch einen Pilz (Phytophthora omnivora), zu erwähnen sein[3]. Die Keimlinge werden zuerst an der Anheftungsstelle der Kotyledonen am Stengel, allmählich aber durchaus schwarz und gehen unfehlbar zu Grunde. In feuchten Frühjahren tritt der Pilz besonders häufig und heftig auf und wir haben gefunden, daß mit Gittern gedeckte und dadurch vor dem Abtrocknen bewahrte Saatbeete unseres Forstgartens besonders stark darunter litten. Mittel gegen diese Krankheit sind wenige anwendbar; durch vorsichtiges Ausziehen aller abgestorbenen oder sichtbar erkrankten Pflanzen läßt sich wohl ein Theil der übrigen Pflanzen des Kampes retten. Saatkämpe, in welchen die Krankheit aufgetreten, sollen für Buchensaat nicht mehr benutzt werden, da die Sporen mehrere Jahre keimfähig bleiben, die Krankheit sich also wiederholen würde. —

Im Uebrigen erhalten die Pflanzen im Saatbeet die nöthige Pflege durch Reinigen der Beete von Unkraut und Lockern der Räume

---

[1] Allg. F.- u. J.-Z. 1862. S. 322.

[2] Krit. Blätter. XXXV. 1.

[3] Siehe R. Hartigs Mitth. in Zeitschr. f. F.- u. J.-W. VIII. S. 117. Monatsschr. f. F.- u. J.-W. 1879. S. 161. Untersuchungen a. d. forstbotanischen Institut in München. 1880. Der Pilz wurde zuerst an Buchen entdeckt und deshalb Ph. fagi genannt, nachdem Hartig jedoch später gefunden, daß er auch andere Keimlinge — so von Ahorn, Fichte, Föhre, Tanne — gefährdet, gab er demselben obigen Namen.

zwischen den Rillen; ihre Entwicklung pflegt jener ihrer Altersgenossen im Besamungsschlag, Dank der Lockerung des Bodens, dem höheren Lichtgenuß stets nicht unwesentlich voraus zu sein. Man kann sie zu Unterpflanzungen wohl schon einjährig verwenden, nimmt aber lieber zweijährige, auch dreijährige kräftige Pflanzen.

Eine Verschulung der auf solche Weise erzogenen Buchen nimmt man wohl nur ausnahmsweise vor; zu Unterpflanzungen genügen die billigeren Saatbeetpflanzen, die ja durch den betreffenden Bestand gegen Graswuchs, Frost und Hitze geschützt sind, Buchenpflanzungen ins Freie aber, die stärkere verschulte Pflanzen erfordern würden, pflegen zu den Ausnahmen zu gehören. Bedarf man aber in besonderen Fällen solche stärkere Pflanzen oder gar Heister, so verschult man die im Saatbeet erzogenen Pflanzen ein- oder zweijährig, schult etwa auch Wildlinge aus natürlichen Verjüngungen in solchem Alter ein, wählt den Abstand von 20 cm in den Reihen und 25—30 cm für die Entfernung letzterer von einander und läßt die Pflanzen, je nach ihrer Entwicklung, 2 bis 3 Jahre im Pflanzbeet stehen.

Man hat wohl auch Keimlinge[1]), die sich nach einer das Sammeln von Samen nicht ermöglichenden Sprengmast in größerer Zahl in den Beständen vorfinden, zur Deckung des Pflanzenbedarfs ausgehoben, sobald sie das erste Blattpaar getrieben haben, und sie eingeschult; dieselben bedürfen jedoch bei dem Ausheben, Transport und Einschulen großer Vorsicht, entsprechender Deckung durch Gitter zum Schutz gegen die Sonne, und eine derartige Manipulation wird daher stets kostspielig und nur unter besonderen Verhältnissen gerechtfertigt sein.

Noch seltener findet man die Buche als stärkere Pflanze, als Heister, im Forstgarten, und Süddeutschland zumal kennt einen Buchenheisterkamp wohl gar nicht. Wo man, wie dies z. B. im Spessarter Wildpark der Fall gewesen, mit Rücksicht auf die den schwächeren Pflanzen durch das Wild drohenden Gefahren genöthigt war, zur Unterpflanzung der Eichenbestände starke, bis mannshohe Buchen zu verwenden, da gewann man solche aus älteren Verjüngungen durch sorgfältige Rodung und köpfte die zu schwanken Pflänzlinge in einer Höhe von 1—1½ m; der Erfolg dieser Kulturen war ein durchaus befriedigender, wenn auch nicht in Abrede gestellt werden kann, daß im Kamp erzogene Pflanzen von solcher Höhe eine raschere Entwicklung gehabt haben würden, — die Kosten aber wären auch unverhältnißmäßig höher gewesen.

---

[1]) Burkhardt, Säen u. Pflz. S. 164.

Häufiger wurde nach Burkhardts Mittheilungen die Pflanzung mit Buchenheistern in Hannover angewendet: zur Bepflanzung von s. g. Hudewaldungen, meist in Mischung mit der Eiche, auch zur Ausfüllung von Lücken in Hoch= und Niederwaldungen, und der Erfolg solcher Kulturen war vielfach ein sehr günstiger[1]). Zu solchen Pflanzungen ins Freie sind nun starke Buchenpflanzen, die bisher in dichtem Schluß standen, wenig verwendbar; dieselben legen sich leicht zur Seite, die empfindliche Rinde der schwach beasteten Pflanzen wird durch die Einwirkung der Sonne gerne brandig; eine rauhe, tiefer herabgehende, die Rinde schützende Beastung ist daher wünschenswerth. Theilweise lieferten die Ränder der Verjüngungen taugliches Material, der Haupt= sache nach erzog man sich dasselbe jedoch in der Heisterpflanzschule entweder durch wiederholte Verschulung von Saatbeetpflanzen, oder durch Einschulung kräftiger Wildlinge aus Verjüngungen. Abstand der Pflanzen und Zeit des Stehens im Pflanz= und Heister=Kamp sind ab= hängig von der Stärke der Pflanzen beim Umschulen, wie derjenigen, welche die Heister erlangen sollen. Nach Burkhardt verschult man die einjährigen Saatbeetpflanzen in Reihen von 40 cm Abstand und 20 cm Pflanzenentfernung, und setzt die so erzogenen Pflanzen 3= bis 4jährig in etwa 70 cm Quadratverband in den Heisterkamp, wo sie weitere vier Jahre verbleiben.

Zu beschneiden ist an den Buchen weniger als an Eichen, die Er= haltung einer rauhen Beastung ist, wie oben erwähnt, geradezu nöthig; doch sind zu lange Seitenäste zu kürzen, und solche Korrekturen, durch welche man der Bekronung eine pyramidenförmige Gestalt zu geben strebt, im Jahre vor der Verschulung resp. Auspflanzung vorzunehmen. An den Wurzeln werden beschädigte Theile, zu lange Seitenwurzeln entfernt resp. gekürzt, im Allgemeinen schneidet man auch hier nicht viel.

Im Ganzen aber wird der Buchenheister stets eine untergeordnete Rolle spielen, nur ausnahmsweise Verwendung finden, da in den meisten Fällen die Verwendung billigeren Materials ebenfalls zum erwünschten Ziel führen wird.

§ 105.

Die Esche.

Die Esche, früher in unsern Waldungen häufiger zu finden als jetzt, hat, wie Gayer richtig sagt[2]), bezüglich ihrer Verbreitung der menschlichen Kunst wenig zu danken; für ihre Nachzucht ist in früherer

---

[1]) Vergl. Burkhardt, A. d. Walde. V. S. 123; Säen u. Pflz. S. 164.
[2]) Waldbau. S. 115.

Zeit nur wenig geschehen, der gleichalte Hochwaldbetrieb, die natürliche Verjüngung mittelst Dunkelschlag waren wohl geeignet, diese entschieden lichtbedürftige Holzart mehr und mehr zu verdrängen, zumal wenn der Standort nicht ein die Esche besonders begünstigender war. In neuerer Zeit wendet man der werthvollen Esche, gleich dem Ahorn, größere Aufmerksamkeit zu, sucht sie dem Buchenhochwald in geeigneten Oertlichkeiten einzeln oder in kleinen Horsten einzumengen, ihr im Nieder- und Mittelwald als Unterholz und Oberholz einen Platz zuzuweisen, so daß sie jetzt vielfach Gegenstand des forstlichen Anbaues geworden ist.

Der Anbau geschieht aber vorwiegend durch Pflanzung — im Nieder- und Mittelwald immer, im Hochwald in den meisten Fällen, da auch in diesem die beabsichtigte mäßige Einmischung hiedurch sicherer und entsprechender erreicht wird, als durch die Saat, — und deshalb finden wir die Esche in den Saat- und Pflanzbeeten unserer Forstgärten von der schwachen Saatpflanze bis zum kräftigen Heister, wie ihn etwa der Mittelwald verlangt, vor.

Die Wahl eines hinreichend frischen Bodens ist, bei dem bekannten Feuchtigkeitsbedürfniß der Esche, bei Auswahl des Platzes wohl zu beachten, der Versuch, sie auf trockenerem Boden zu erziehen, zu unterlassen. — Die Bodenbearbeitung braucht für die Esche, selbst wenn es sich um Erziehung stärkerer Pflanzen handelt, eine nur mäßig tiefe zu sein, 30 bis 40 cm auch für den Heister nicht zu überschreiten.

Was nun die Saat derselben betrifft, so ist hier eine Eigenthümlichkeit der Esche ins Auge zu fassen: ihr Samen keimt fast ausnahmslos erst im zweiten Jahre nach der Reife und resp. Aussaat. Nach einer Mittheilung [1] soll derselbe zwar, im Herbst nach der Samenreife sofort mit Sand vermischt und über Winter in Gruben aufbewahrt, aus diesen letzteren aber im Frühjahre ins Saatbeet gebracht, alsbald aufgehen, nach einer weitern Notiz [2] soll durch einstündiges Einweichen in heißem Wasser die lederartige Umhüllung des Samenkorns unbeschadet der Keimkraft erweicht und dadurch gleichfalls Keimung im ersten Frühjahre ermöglicht werden, — aber ersteres Verfahren scheint uns doch nur ausnahmsweise wirksam und letzteres hat nirgends weitere Empfehlung gefunden, ein von uns selbst angestellter Versuch zeigte das erwartete Resultat nicht, und die Keimung des Eschensamens erst im

---

[1] Allg. F.- u. J.-Z. 1863. S. 275.
[2] Monatsschr. f. F.- u. J.-W. 1858. S. 341.

zweiten Frühjahre nach der Samenreife erscheint daher als Regel. — Nach Pfeil's Angabe[1]) würde der sofort nach eingetretener Samenreife im Herbst ausgesäete Samen vielfach schon im ersten Frühjahre keimen, der noch längere Zeit an den Bäumen hängende und dadurch stärker ausgetrocknete aber erst im zweiten. Durch alle die genannten Mittel bringt man aber doch nur einen Theil des Samens zum Keimen, der andere keimt im zweiten Jahre nach, und eine derartig ungleich aufgehende Saat bringt so entschiedene Nachtheile mit sich, daß eine erst im zweiten Jahre gleichmäßig aufgehende Saat vorzuziehen ist.

Dieses lange Liegen des Samens bis zum Aufgehen hat aber die unangenehme Folge, daß die Saatbeete während des Sommers stark verunkrauten, bei dem Reinigen derselben aber namentlich mit dem tiefer wurzelnden Unkraut der Samen leicht herausgerissen wird, ein Nachtheil, den alle im zweiten Jahre erst keimenden Samen mit sich bringen. Man schlägt deshalb den Samen an weder zu feuchtem noch zu trockenem Orte in der Weise ein, daß man eine etwa 30 cm tiefe Grube von entsprechender Größe, je nach der Menge des aufzubewahrenden Samens herstellen läßt, deren Boden mit Laub oder Stroh deckt, den Samen handhoch einschüttet, und nach abermaliger Aufbringung einer Laub= oder Strohschichte die Grube gar mit Erde ausfüllt; oder man deckt die im ersten Frühjahre angesäeten Beete mit einer dichten, durch aufgelegtes Reisig festgehaltenen Laub= oder Moosdecke, welche die Entwicklung verhindert. Im erstern Falle versäume man jedoch nicht, die Saat im zweiten Frühjahre sehr zeitig vorzunehmen, da der Samen meist bald zu keimen beginnt und bei vorgeschrittener Keimung nicht mehr verwendbar ist; in letzterem entferne man im Spätherbst die Laubschichte, unter der sich im Winter sonst gerne die Mäuse sammeln (s. § 47).

Hat man den Samen in Gruben aufbewahrt, so nimmt man ihn im Frühjahre unmittelbar vor der Saat heraus, entfernt, etwa durch Siebe, die Erde zur Erleichterung der Saat und nimmt letztere sofort vor. Will man aber die Saat gleich im ersten Frühjahre vornehmen und den Samen in den Beeten ein Jahr liegen lassen, so bewahrt man den im Herbst gesammelten und entsprechend abgetrockneten Samen über Winter einfach in Säcken aufgehängt auf. — Die Keimprobe erfolgt beim Eschensamen lediglich durch die Schnittprobe, bei welcher sich das Samenkorn im Innern bläulichweiß und wachsartig zeigen muß.

---

[1]) Deutsche Holzzucht. S. 283.

Die Aussaat selbst erfolgt in Rillen, welche mit der Saatlatte oder dem Rillenbrett Fig. 20 (S. 105) eingedrückt werden. Ueber die zweckmäßigste Stärke der Deckung des Samens, wodurch die Tiefe der Rille bedingt wird, hat Baur bezüglich der Esche keine Versuche angestellt, eine solche von 1,5 bis 2 cm dürfte nach der Größe des Samens und unsern Erfahrungen die entsprechendste sein. Die Entfernung der Rillen — einfacher, etwa 3 cm breiter Rillen — wird man bei beabsichtigter Verschulung der Pflanzen in einjährigem Alter zu 15 cm, bei zweijährigem Stehen derselben im Saatbeet zu 20—25 cm wählen. Die Saat selbst, welche ohne Hülfsmittel aus der Hand geschieht, darf so dicht vorgenommen werden, daß Korn an Korn liegt, und ist nach Burkhardts Angabe, bei 30 cm Rillenentfernung pro Ar ein Quantum von drei Pfund nöthig, ein Quantum, das nach unsern Erfahrungen etwas gering ist, und bei den oben angegebenen Rillenentfernungen auf sieben und resp. fünf Pfund zu erhöhen ist.

Die zeitig erscheinenden Keimpflanzen sind gegen Fröste sehr empfindlich und durch Reisig oder Schutzgitter entsprechend gegen dieselben zu schützen. Die jungen Pflanzen aber sind während des Winters durch Verbeißen seitens der Rehe nnd Hasen gefährdet, und eine genügend dichte Einfriedigung daher nöthig.

Nur selten werden die Eschen unverschult, etwa als zweijährige Pflanzen, verwendet, in den meisten Fällen bedarf man zur Schlagkompletierung im Niederwald, zur Einpflanzung in den Hochwald stärkere Pflanzen, zumal die Esche stets auf frischen, zu Graswuchs geneigten Lokalitäten angepflanzt wird; man erzieht daher durch Verschulung meterhohe kräftige Pflanzen, nach Umständen aber noch viel stärkere Heister. Ihr Wurzelsystem, neben wenigen stärkeren Wurzeln eine große Zahl feinerer, vielverzweigter Wurzeln zeigend, macht ihr Verpflanzen in jedem Alter, jeder Stärke zu einer sehr sichern Manipulation.

Man verschult die Esche mit sehr gutem Erfolg schon als Keimling (Krautpflanze) nach dem Erscheinen des ersten Blattpaares, und kann solche Pflanzen nicht selten zahlreichem natürlichen Anflug in der Nähe alter Eschen entnehmen. Solche eingeschulte Keimlinge erreichen schon im ersten Lebensjahre eine ziemliche, die unverschulten Pflänzchen im Saatbeet wesentlich überragende Höhe und Stärke, und der Gewinn durch das Einschulen solcher Pflanzen ist daher Angesichts des langen Liegens des Samens und der damit verbundenen Umstände ein doppelter. Doch ist bei dem Versetzen derselben ins Pflanzbeet, welches mit dem einfachen Setzholz rasch erfolgt, auf vor-

handene entsprechende Bodenfeuchtigkeit zu sehen, für solche nöthigen=
falls durch Gießen zu sorgen und bei eintretendem sonnigen Wetter
den Pflänzchen der nöthige Schutz durch Gitter zu geben.

Außerdem verschult man vorzugsweise einjährige, kräftige
Saatbeetpflanzen, bei geringer Entwicklung derselben wohl auch noch
zweijährige, und zwar mit Rücksicht auf die rasche Entwicklung der
Esche in nicht zu engem Verband, etwa von 20 auf 30 cm. Nach
zwei=, höchstens dreijährigem Stehen im Pflanzbeet haben die mittler=
weile bis meterhoch gewordenen Pflanzen jene Stärke erreicht, in der
sie entweder in die Schläge ausgepflanzt oder zum Zweck der Heister=
zucht nochmals in weiteren Verband verschult werden müssen. Letz=
terer wird sich nach der Stärke richten, welche die Heister erreichen
sollen, und hienach 0,50—0,70 m Quadratverband betragen, letzteres
für die wenig zur Astverbreitung geneigte Esche wohl das Maximum;
in einem Alter von sechs Jahren werden die Heister der raschwüchsigen
Esche auf gutem Boden fast stets die nöthige Stärke erreicht haben —
bei keiner Holzart pflegt die Heisterzucht dankbarer zu sein, raschere
Erfolge und schöneres, durchaus brauchbares Material zu liefern, als
bei der Esche!

Keine Holzart hat ferner ein für die Verpflanzung günstigeres
Wurzelsystem, als die Esche: mäßig starke Hauptwurzeln mit einem
außerordentlich reichen Geflecht von Faserwurzeln. Ein Beschneiden
der ersteren erscheint bei der erstmaligen Verschulung nicht nöthig,
wohl aber sind dieselben zu kürzen, wenn zum Zweck der Heisterzucht
eine zweitmalige Verschulung stattfindet; das reich verzweigte Saug=
wurzelsystem läßt die Esche solche Eingriffe bei Verschulung, wie bei
Auspflanzung ins Freie sehr leicht ertragen. Deswegen erscheint es
auch bei der Esche am ersten zulässig, stärkere Pflanzen dadurch zu er=
ziehen, daß man im Pflanzbeet je die zweite Reihe und die zweite
Pflanze in der Reihe nach etwa zweijährigem Stehen im Beet vor=
sichtig heraushebt, hiedurch den Standraum der verbleibenden Pflanzen
vergrößernd. Auch findet sich bei der Esche in den Pflanzbeeten bei
Weitem nicht so viel zur Heisterzucht untauglicher Ausschuß als
bei der Eiche, — ein weiterer Grund für die Zulässigkeit dieses Ver=
fahrens.

Eine Pflege der Pflanzbeete, des Heisterkampes durch Be=
schneiden der Aeste ist bei der geringen Neigung der jungen Esche
zur Astverbreitung nur in beschränktem Maße nöthig — nöthig fast
nur zur Beseitigung der in den Pflanzbeeten, wie auch an den schon
stärkeren Stämmen bekanntlich so häufig auftretenden Gabel= oder

Zwillerbildungen[1]). Dieselben erscheinen stets als Folge des Verkümmerns oder Erfrierens der Mittelknospe, des Gipfeltriebes, an deren Stelle dann die beiden gegenständigen Seitenknospen oder -Triebe die Gipfelbildung zu übernehmen pflegen; die beiden Triebe wachsen dabei nicht selten längere Zeit in gleich starker Entwicklung fort, oder es wird bald der eine dominirend — um sich häufig schon nach nicht allzulanger Frist wieder zu gabeln! Ein Spätfrost hat oft die Folge, daß nahezu sämmtliche Pflanzen eines Beetes sich gabeln, und hier wird es nun Aufgabe der Pflege sein, den schwächeren der beiden Triebe baldig durch einen scharfen Schnitt mit der Astscheere zu entfernen, wodurch in wenig Jahren die Spuren jener Frostwirkung am Stämmchen verschwinden. Das rechtzeitige Ausbrechen einer Seitenknospe hat den gleichen Erfolg.

Stehen ältere Eschen in der Nähe des Forstgartens, so zeigt sich die erstere heimsuchende spanische Fliege (Lytta vesicatoria) wohl auch auf den Pflanzbeeten und muß durch fleißiges Absuchen entfernt werden.

§ 106.

Der Ahorn.

Der Ahorn (und zwar fassen wir unter dieser Bezeichnung zunächst den Berg- und Spitzahorn zusammen) zeigt manches mit der Esche Gemeinsame. Gemeinsam ist ihm mit jener das mehr vereinzelte oder horstweise Auftreten, der Anspruch an genügende Frische des Bodens, das Lichtbedürfniß, das Verschwinden in den gleichaltrigen natürlichen Verjüngungen der Buche oder Nadelhölzer, gemeinsam aber auch die Berücksichtigung, welche diese edle Nutzholzart in neuerer Zeit als Mischholz im Hoch-, wie im Niederwald findet. Aehnlich der Esche läßt sich aber auch der Ahorn sicherer und zweckmäßiger durch Pflanzung, als durch Saat in die Bestände einbringen[2]), und darum sehen wir denn den Ahorn auch vielfach als eine Holzart unserer Forstgärten. Dabei wird man den Bergahorn (Acer pseudoplatanus) vorzugsweise im Berg- und Hügelland, den Spitzahorn (A. platanoides) in der Ebene, dem tiefer gelegenen Lande nachziehen[3]); beim Anbau beider im Forstgarten aber besteht kein wesentlicher Unterschied.

---

[1]) Vergl. Burkhardt, Säen u. Pflz. S. 175.

[2]) Vergl. Jahrb. des schles. Forstver. 1879. S. 74 und 78.

[3]) In Süddeutschland, insbesondere in Bayern, wird der Bergahorn in viel reicherem Maße nachgezogen, als der Spitzahorn, während der erstere in der norddeutschen Ebene ein Fremdling ist.

Dieser Anbau erfolgt nun wohl in den meisten Fällen durch Erziehung in Saatbeeten mit nachfolgender Verschulung, um dadurch meterhohe Lohden oder stärkere Heister zu erlangen; eine Verpflanzung ohne vorgängige Verschulung findet mit Rücksicht auf die durch Graswuchs, Wild, im Niederwald durch Ueberwachsen den schwächeren Ahornpflanzen drohenden Gefahren nur seltener, bei besonders günstiger Entwicklung der im Saatbeet nicht zu dicht stehenden Pflanzen, in etwa zweijährigem Alter derselben statt.

Wie für Eschen- so auch für Ahorn-Saatbeete, welche mit Rücksicht auf die den Pflanzen durch Verbeißen drohende Gefahr wohl stets im gut eingefriedigten Forstgarten liegen, ist zu freudigem Gedeihen ein frischer, kräftiger Boden nöthig. Stärkerer Seitenschatten ist zu vermeiden, da der Ahorn eine entschiedene Lichtpflanze ist, weshalb man für die Nachzucht des Ahorns die Beete unmittelbar an der Bestandswand vermeidet.

Eine Bodenbearbeitung von 30—40 cm Tiefe genügt für Saat- und Pflanzbeet.

Der im Oktober reifende Samen wird sehr häufig direkt seitens der Waldbesitzer gesammelt; in diesem Falle beachte man die Qualität des Saatgutes, sammle nicht schwach ausgebildeten, kleinen Samen von jungen Stämmchen, sondern nehme Rücksicht auf mannbare Mutterbäume und auf gut ausgebildete, kräftige Samen. Zumal bei dem starken, runden Korn des Bergahorns fallen oft die bedeutenden Größenunterschiede desselben ins Auge.

Die Aussaat des Samens, dessen Keimkraft durch die Schnittprobe leicht zu konstatiren ist, indem sich bei letzterer die saftigen grünen Kotyledonen unter der braunen Hülle zeigen müssen[1]), kann nun entweder im Herbst oder im Frühjahre erfolgen.

Die Herbstsaat hat den Vorzug, daß der ausgesäete, im Boden vor jedem stärkeren Austrocknen bewahrte Samen sicher und vollständig im Frühjahre keimt, während bei der Frühjahrssaat der trocken gewordene Samen nicht selten ganz oder theilweise erst im zweiten Jahre zur Keimung gelangt, in trockenen Jahrgängen nach unseren Erfahrungen selbst völlig zu Grunde geht. Insbesondere scheint der Samen des Spitzahorns bei Frühjahrssaat fast jederzeit ganz oder doch zum größten Theil überzuliegen. Um diesem Uebelstande vorzu-

---

[1]) Kienitz hat auch Keimproben mit dem Samen des Bergahorns angestellt und empfiehlt Anwendung mäßiger Temperatur (bis 15° C.); beim Einlegen in den Keimraum werden zweckmäßig die Flügel abgeschnitten, da sie zu viel Raum einnehmen. (Forstl. Bl. 1880. S. 1.)

beugen, ist es empfehlenswerth, die Saat schon im Herbst vorzunehmen, und die in solchem Falle allerdings oft sehr zeitig im Frühjahre erscheinenden Keimpflanzen durch entsprechende Schutzvorrichtungen gegen die Spätfrostgefahr zu schützen; auch ein Decken der gefrorenen Beete mit Reisig wird ein Mittel gegen allzufrühe Keimung sein.

Hat man sich aber für die **Frühjahrssaat** entschieden, wozu der Umstand, daß die Beete erst dann leer werden, das erwünschte Ausfrieren des frisch umgearbeiteten Bodens bei neuer Saatbeetanlage, die drohende Gefahr für den Samen durch Mäuse, vor Allem aber die Sorge vor den Spätfrösten manchen Pflanzenzüchter veranlassen[1]), dann muß, soll die Saat sicher aufkeimen, der Samen vor zu starkem Austrocknen geschützt werden. Ein erfahrener Laubholzzüchter[2]) empfiehlt uns für diesen Fall öfteres Ueberbrausen des an einem trockenen Orte aufbewahrten Samens oder Aufschütten des Samens einige Centimeter hoch im Wald und Bedecken desselben mit Laub, und nach eigenen inzwischen gesammelten Erfahrungen bewährt sich das Einschlagen des im Herbst gesammelten Ahornsamens in Erde während des Winters sehr. — Bezüglich **zu später Frühjahrssaat** bemerkt übrigens Pfeil[3]), daß die spät erscheinenden Pflanzen häufig nur mangelhaft verholzen und im Winter dann ganz oder theilweise erfrieren, und müssen wir späte Saat nach unsern Erfahrungen verwerfen.

Die **Aussaat** selbst erfolgt in Rillen, welche, wie bei der Esche, mit der Saatlatte oder dem Rillenbrett (Fig. 20) eingedrückt werden, und zwar mit Rücksicht auf die oft schon im ersten Jahre bedeutende Höhenentwicklung der Ahornpflanze[4]) in einer Entfernung von 20 bis 25 cm; die Rille wird etwa 3 cm breit und so tief eingedrückt, daß der Samen bei deren Ausfüllung mit guter Erde eine Decke von 1—2 cm erhält. Nach den Versuchen Baur's ist dies die zweckmäßigste Stärke der Deckung, während eine solche von 3—4 cm die Keimung schon bedeutend beeinträchtigt. Baur weist hiebei noch darauf hin, wie für den Ahorn eine **lockere,** nicht zur Verkrustung geneigte Decke besonders nothwendig sei, indem, wenn diese letztere nach Regenwetter eintreten sollte, die langen Kotyledonen nicht mit den fortwachsenden Stengelchen aus dem Boden kommen können und abbrechen.

---

[1]) Allg. F.- u. J.-Z. 1863. S. 274 u. S. 370.

[2]) Herr Oberförster Kaufmann zu Irtenberg bei Würzburg.

[3]) Deutsche Holzzucht. S. 257.

[4]) In den Saatbeeten des hiesigen Forstgartens haben einjährige Ahorne in größerer Zahl eine Höhe von 40—50 cm erreicht.

Das Säen erfolgt mit der Hand, da die starken Flügel Säe=
vorrichtungen ausschließen, und, je nach der untersuchten Qualität des
Samens, mehr oder minder dicht; etwas dünnere Saat bietet den
Vorzug viel kräftigerer Pflanzenentwicklung im ersten Jahre! Burk=
hardt bezeichnet 3—4 Pfund als das nöthige Samenquantum pro
Ar, von dem schwereren Samen des Bergahorns wird man etwas
mehr bedürfen.

Was den Schutz der Saatbeete anbelangt, so können Mäuse
dem Samen im Winterlager (oder Aufbewahrungsorte) gefährlich wer=
den und sind die Saatbeete entsprechend im Auge zu behalten. Im
Frühjahre ist es der Spätfrost, der die früh erscheinenden Keim=
pflanzen der Herbstsaat bedroht und deren Beschützung durch Schutz=
gitter nöthig macht, während in späteren Jahren die stärkeren Pflanzen
minder empfindlich sind. Gegen das Verbeißen durch Rehe und
Hasen ist Schutz durch hinreichend dichte Einfriedigung nothwendig.

Aehnlich wie bei der Buche tritt auch bei den Ahornkeimlingen
eine Krankheit auf, veranlaßt durch einen Pilz (Cercospora acerina)[1],
welcher zahlreiche schwarze Flecken auf den Kotyledonen und ersten
Laubblättern erzeugt, denen das Schwarzwerden und Absterben der
ganzen Pflanze folgt. Die Wiederansaat eines mit solchen Pflanzen
besetzt gewesenen Beetes mit Ahornsamen wird jedenfalls zu meiden sein.

Bei kräftiger Entwicklung der Pflanzen wird man dieselben in der
Regel einjährig, bei minder guter zweijährig verschulen und, wie
schon oben erwähnt, nur ausnahmsweise kräftige Pflanzen aus der
Saatschule direkt ins Freie verwenden. Namentlich zur Einpflanzung
in Niederwaldschläge, zur Einsprengung in den Buchenhochwaldschlag
nach bereits vollzogener Räumung des Oberholzes verwendet man lieber
und mit sicherem Erfolge die durch Verschulung erzogene meterhohe
Lohdenpflanze.

Die Verschulung, bei welcher etwa zu lange Seitenwurzeln
entsprechend gekürzt werden, erfolgt, je nach der Größe der Pflanzen,
mit starkem Setzholz oder in Pflanzlöcher, und zwar mit Rücksicht auf
die rasche Höhenentwicklung der Pflanzen in etwa 30 cm Quadrat=
verband, oder in 30 cm entfernten Reihen mit 20 cm Pflanzenentfer=
nung. Gute Sortirung der in der Höhenentwicklung oft sehr ver=
schiedenen Saatbeetpflanzen nach der Größe (siehe nach § 75) ist hiebei

---

[1] Centralblatt. 1880. S. 435.
Hartig, Untersuchungen aus dem forstbotan. Institut in München. 1880.

besonders zu empfehlen, ebenso ziemlich frühzeitige Verschulung mit Rück=
sicht auf das baldige Schwellen der Knospen und Antreiben der Pflanzen.

Eine Pflege durch Beschneiden ist bei den verschulten Ahornpflanzen
nur in geringstem Maße nöthig, da der Höhenwuchs ein sehr ausge=
prägter, die Entwicklung von Seitenästen eine geringere ist; ja nicht
selten, zumal bei etwas enger Verschulung, wiegt der erstere so be=
deutend vor, daß die Pflanzen allzu schwank in die Höhe wachsen, sich
kaum selbständig tragen können.   Nur Gabelbildungen, die in gleicher
Art wie bei der Esche und aus gleichen Gründen nicht selten auftreten,
sind rechtzeitig zu beseitigen.

Nach zwei=, längstens dreijährigem Stehen im Pflanzbeet hat
der Ahorn unter normalen Verhältnissen jene Höhe von etwa 1 m er=
reicht, welche für seine Auspflanzung in die Schläge wünschenswerth
erscheint.   Wünscht man aber aus besonderen Gründen — für Anlagen,
Alleen, Wildparke 2c. — starke Heister, so wird eine nochmalige Ver=
schulung der Pflanzen unter Auswahl der bestwüchsigen Exemplare vor=
genommen.   Die Wurzeln der ausgehobenen Pflanzen werden einer
nochmaligen Korrektur durch Beseitigung allzu langer Seitenwurzeln
unterstellt und erstere sodann in einer Entfernung von 60—70 cm (Qua=
dratverband) in hinreichend große Pflanzlöcher eingeschult.   In einem
Alter von 6—7 Jahren wird der Ahornheister wohl stets eine allen
Anforderungen entsprechende Stärke und Höhe erreicht haben[1]); eine
dreimalige Verschulung, wie sie Crelinger[2]) zur Erziehung starker Hei=
ster anwendet, halten wir nach unsern Erfahrungen für überflüssig und
allzu kostspielig.   Auch der Heister braucht nur wenig Pflege durch Be=
schneiden, da seine seitliche Beastung eine sehr geringe zu sein pflegt;
ist eine solche nöthig, so soll sie nach Ansicht von Lignitz[3]) stets im
Herbst geschehen, da beim Beschneiden im Frühjahre der Stamm zu
stark blute, eine Menge Saft also für denselben verloren gehe und selbst
ein Austrocknen und Absterben des Holzes an der Schnittstelle erfolge.
Wir haben bei allerdings sehr mäßigem Beschneiden von Ahornpflanzen
im Frühjahre solche Nachtheile nicht wahrnehmen können.

---

[1]) Welche rasche Entwicklung der Ahorn unter günstigen Umständen haben
kann, zeigten uns eine Anzahl von Spitzahornpflanzen im hiesigen akademischen
Forstgarten, welche sehr vereinzelt auf einem Beet standen — dieselben waren
im ersten Jahre nach der im Frühjahre erfolgten Saat aufgegangen, die im zweiten
Jahre nachgekeimten Pflänzchen aber erfroren —; sie erreichten als zweijährige
unverschulte Pflanzen eine Höhe von durchschnittlich 1½, theilweise selbst
2 Meter.

[2]) Jahrb. des schles. Forstver. 1880. S. 110.

[3]) Daselbst. 1879. S. 75.

§ 107.

Die Ulme.

In viel minderem Maße als Ahorn und Esche ist die Ulme Gegenstand forstlichen Anbaues; sie ist überhaupt mehr eine südliche Holzart, die in Italien und Frankreich in größerer Verbreitung vorkommt, während sie bei uns vorwiegend nur in den Flußthälern und Niederungen, weniger im Bergland und eigentlichen Gebirge auftritt, und zwar auch hier nur als Mischholz, wohl nur ausnahmsweise bestandsbildend. In vielen Oertlichkeiten, in denen sie früher vorkam, ist sie jetzt mehr oder weniger verschwunden, woran nach Burkhardts Ansicht der große, breitgeflügelte und leichte Samen, welcher nur schwer an den wunden Boden kommt, die der Ulme nachtheilige starke Beschattung in der natürlichen Buchenverjüngung, andern Orts der Unkrautwuchs oder überwachsende andere Holzarten die Schuld tragen [1]), — außerdem aber wohl vor Allem die geringe Berücksichtigung, welche sie bei dem Kulturbetrieb zu finden pflegt.

In geeigneten Oertlichkeiten, auf frischem, kräftigem Boden in nicht zu rauher Lage, bemüht man sich wohl da und dort um Erhaltung und Nachzucht dieser schönen und werthvollen Holzart, sei es als Mischholz im Hochwald, sei es als kräftig vom Stock ausschlagendes Unterholz im Mittel- und Niederwald; in Parkanlagen, zu Alleen wird die Ulme ebenfalls gerne verwendet. In allen diesen Fällen aber erfolgt die Nachzucht wohl nur durch die sichere Pflanzung mit im Forstgarten erzogenen und einmal verschulten Pflanzen oder zweimal verschulten Heistern.

Der Anfang Juni reifende Samen wird am besten sofort nach der Einsammlung ausgesäet, da bis zum Herbst oder gar zum Frühjahre aufbewahrter Samen durch Austrocknen einen nicht geringen Theil seiner an sich nicht großen Keimfähigkeit verliert. Unter dem fast alljährlich in großer Menge reifenden Ulmensamen findet sich sehr viel tauber Samen, der zuerst abfliegt; man vermeidet daher das Sammeln dieses zuerst abfliegenden Samens, sucht auch wohl den gesammelten Samen durch Aussieben und Schwingen von den tauben Körnern zu befreien [2]). Jedenfalls aber untersuche man stets die Keimkraft des zur Verfügung stehenden Samens durch Zerschneiden einer entsprechenden Anzahl von Körnern — es kommen Jahre vor, in welchen

---

[1]) Säen u. Pflz. S. 188.
[2]) Allg. F.- u. J.-Z. 1863. S. 270.

18*

sich unter demselben kaum ein keimfähiges Korn findet, sonach jede Aussaat vergeblich wäre.

Die Aussaat erfolgt mit Rücksicht auf die geringe Keimkraft, ziemlich dicht in flach eingedrückte, 2 cm breite und etwa 15 cm von einander entfernte Rillen, wo möglich bei feuchter Witterung; fehlt diese, so muß durch Gießen und Deckreisig das Saatbeet sowohl bei der Ansaat, wie während und nach dem Keimen frisch erhalten werden[1]).   Man wird überhaupt gut thun, den Ulmensaatbeeten die frischesten und gegen das Austrocknen geschütztesten Theile des Forstgartens anzuweisen, also etwa die Beete nächst der gegen Süd und West schützend vorliegenden Bestandswand, was um so mehr zulässig, als Seitenbeschattung den jungen Pflanzen nicht nachtheilig wird[2]).   Bei anhaltender Trockne ohne die genannten Maßregeln keimt nach unsern Erfahrungen kaum ein Korn im Laufe des Sommers auf, nach Burkhardts Mittheilungen aber bisweilen im Frühjahre ein Theil des Samens nach.   Dieses Feuchthalten der Saatbeete wird erklärlicher Weise ganz besonders bei der oft in sehr warme Witterung fallenden Sommersaat nöthig.

Kann man nicht im Sommer säen, so nehme man die Saat wenigstens im Herbst vor, damit der Samen während des Winters nicht noch weiter austrockne.

Das nöthige Quantum des sehr leichten Samens beträgt mit Rücksicht auf die geringe Keimkraft etwa 3 Pfund pro Ar.

Eben so nöthig als das Feuchthalten ist aber auch eine möglichst schwache Deckung des Samens mit Erde; nach Baurs mehrerwähnten Versuchen (s. § 51) ergab eine 1,5 cm starke Deckung mit Erde bereits vollständiges Versagen der Keimkraft, leichtes Uebersieben oder bloße Vermengung mit Erde dagegen gute Resultate. — Gerade diese schwache Erddecke macht anderweiten Schutz gegen Austrocknen doppelt nöthig!

Die schon etwa nach 8—10 Tagen erscheinenden Pflänzchen erreichen unter günstigen Umständen noch im selben Jahre eine Höhe von

---

[1]) Centralbl. f. d. F.-W. 1883. S. 348.

[2]) Ueber die Fähigkeit der jungen Ulmen, sich von der Beeinträchtigung durch längere Ueberschattung rasch zu erholen, hat uns ein Versuch im akademischen Forstgarten in interessanter Weise belehrt. Wir verschulten 5jährige, durch dichte Saat entstandene und in einem stark überschatteten und neben dichter Fichtenhecke liegenden Saatbeet stehen gebliebene verkümmerte Ulmenpflanzen von 25—30 cm Höhe — deren verschulte Altersgenossen bereits 2 m hohe Heister waren! — im Frühjahre 1886; dieselben trieben sofort kräftig an, entwickelten im ersten Jahre bis 50 cm lange Triebe und haben im Jahre 1887 theilweise schon eine Höhe von 120 cm erreicht.

15 bis selbst 25 cm, verholzen dagegen bisweilen nur mangelhaft und leiden durch Früh= und Winterfröste; es wird dies selbst als Grund gegen die sonst wohl sehr übliche Sommersaat geltend gemacht[1]).

Ist die Saat gut ausgefallen, dicht aufgegangen und haben sich die Pflänzchen günstig entwickelt, so verschult man dieselben wohl schon im nächsten Frühjahre, kann die Verschulung aber auch ganz gut ins zweite Jahr verschieben. Die Ulme entwickelt anfänglich eine ziemlich tiefgehende Pfahlwurzel, die man beim Verschulen etwas kürzt; Pfeil[2]) behauptet allerdings, daß eine mit gekürzter Wurzel verpflanzte Ulme keinen entsprechenden, zu Nutzholz geeigneten Schaft entwickle (?).

Die Verschulung selbst erfolgt rasch und leicht mittelst des Setz= holzes in nicht zu engen Abständen, etwa von 20 auf 30 cm. Die Entwicklung der Pflanzen ist auf gut gedüngtem Boden von genügen= der Frische eine rasche und nach zweijährigem Stehen im Pflanzbeet haben dieselben in der Regel schon eine Höhe von reichlich 1 m und damit die Stärke zum Auspflanzen in die Schläge erreicht. Will man aber zu besonderen Zwecken, so namentlich zur Anlage von Alleen, für Parkanlagen, stärkere Heister erziehen, die sich ebenfalls noch mit Sicherheit verpflanzen lassen, so verschult man die besten Lohden noch= mals in Abständen von 0,60—0,70 m, und erhält in einem Alter von 6 bis höchstens 8 Jahren genügend starke Heister, wie denn überhaupt die Entwicklung der Ulme in der Jugend eine sehr rasche ist.

Was Schutz und Pflege der Ulmen=Saat= und =Pflanzbeete anbelangt, so ist das rauhe Blatt der Ulme gegen Spätfröste wenig empfindlich und nur etwa bei Anwendung der Frühjahrssaat sind die frisch aufgegangenen Pflänzchen durch Schutzgitter oder Aeste gegen deren Einwirkung zu schützen. — Im Uebrigen läßt man denselben die nöthige Pflege durch Reinigung und Lockerung angedeihen; die ver= schulten Pflanzen bedürfen aber auch entsprechenden Beschneidens, indem sie Neigung zur Gabelbildung und zur Entwicklung stärkerer Seitenäste nach den in unsern Pflanzgärten gemachten Wahrnehmungen zeigen. Im Heisterkamp ist diese Pflege noch weniger zu entbehren, und sind namentlich die zahlreichen schwächeren Triebe, welche an dem unteren Theile des Stammes meist zu erscheinen pflegen, rechtzeitig zu entfernen.

Erwähnt möge schließlich noch sein, daß es vorzugsweise die Feld= ulme (Ulmus campestris), weniger die Flatterulme (Ulmus effusa) ist, welche bei uns angebaut wird.

---

[1]) Allgem. F.= u. J.=Z. 1863. S. 275.
[2]) Deutsche Holzzucht. S. 269.

§ 108.

Die Erle.

Die Erle ist eine in unserem Forsthaushalte geradezu unentbehrliche Holzart; zahlreichere größere oder kleinere Flächen in unseren Waldungen würden schwer kultivirbar sein, keine oder nur sehr geringe Erträge an Stelle der oft sehr bedeutenden Nutzung geben, wenn uns nicht in der Erle eine Holzart zur Verfügung stände, die, auf feuchtem Boden vorzüglich gedeihend, selbst auf nassem Standort noch gutes Wachsthum zeigt und den eigentlichen Bruchboden auf oft ausgedehnten Flächen bedeckt. Es wird wenige Reviere geben, in welchen die Erle nicht in kleineren oder größeren Horsten auf nassem oder bruchigem Boden, in feuchten Mulden und Einsenkungen, am Rand der Wasserläufe vorkommt, und fast jeder Forstmann hat in geringerem oder höherem Grade mit ihrer Nachzucht zu thun. Ihr zu mancherlei Nutzholzzwecken, wie zur Pulverfabrikation gesuchtes und gut bezahltes Holz hat an nicht wenig Orten ihrem Anbau größere Ausdehnung verschafft, und die schnellwüchsige Erle gehört entschieden zu den finanziell rentabelsten Holzarten.

Ihr Anbau aber muß fast ausschließlich durch die Pflanzung geschehen, nachdem die Saat auf den für die Erle geeigneten feuchten, graswüchsigen Oertlichkeiten zu unsicher ist, die erscheinenden Pflänzchen durch Graswuchs, Ausfrieren zu häufig wieder vernichtet werden. Zur Pflanzung taugliches Material findet sich nun zuweilen als natürlicher Anflug an Grabenrändern, Aufwürfen und ähnlichen Stellen vor, und lassen sich solche Wildlinge zur Kultur benutzen; in den meisten Fällen aber wird man doch zu im Saatbeet erzogenen Pflanzen greifen müssen.

Die Erziehung von Erlenpflanzen in unseren auch für andere Holzarten bestimmten Forstgärten stößt bisweilen auf Schwierigkeiten, da die Erle, wie zur Keimung, so zu freudigem Gedeihen der Pflanzen schon in frühester Jugend mehr Feuchtigkeit bedarf, als den meisten Holzarten zuträglich und, mit Rücksicht auf Graswuchs und Auffrieren, für unsere Forstgärten erwünscht ist[1]. Man wird daher in den meisten Fällen gut thun, für die Erlennachzucht einen eigenen kleinen Saatkamp in geeigneter, hinreichend frischer oder feuchter Oertlichkeit anzulegen, und richtet hiebei sein Augenmerk auf frischen, sandig lehmigen Boden, der mäßig tief bearbeitet wird, sich aber mit

---

[1] Jäger, Forstkulturwesen. S. 361.

Rücksicht auf die Gefahr des Auffrierens vor der Ansaat wieder tüch=
tig gesetzt haben soll, eventuell etwas angedrückt wird. Nach Burk=
hardt[1]) beschafft man sich ein entsprechendes Saatbeet auch dadurch,
daß man guten, frischen Waldboden lediglich oberflächlich reinigt, ebnet
und mit etwas guter Erde (zur Beschaffung des Keimbetts) überwirft,
und auch E. Heyer[2]) empfiehlt die Anlage von Erlensaatbeeten auf
kleinen, feuchten Blößen und Bestandslücken in älteren Laub= und
Nadelholzbeständen, welch' letztere den Keimlingen zugleich den nöthigen
Seitenschutz gegen Fröste geben, ja er hat selbst feuchte, humose
Stellen unter gelichtetem Kiefernschutzbestand mit gutem Erfolg dazu
verwendet. Pfeil[3]) hat sich einen geeigneten Saatplatz dadurch her=
gestellt, daß er eine feuchte Mulde zuerst mit Sand, dann mit besserem
Boden entsprechend hoch ausfüllen ließ, sich hiedurch die wünschens=
werthe Grundfeuchtigkeit sichernd. Seitenschutz gegen die Sonne durch
einen vorstehenden Bestand ist stets erwünscht, eine Einfriedigung des
Kamps nur ausnahmsweise nöthig, da Wild die Erle nicht angeht.

Nach den Untersuchungen von Ramann und Will[4]) ist die Erle
eine Holzart, welche nicht unbedeutende Ansprüche an den Mineral=
gehalt des Bodens überhaupt, an Kalkgehalt insbesondere stellt. Es
wird sonach auf kalkarmem Boden eine Düngung mit kalkhaltigen
Stoffen (Asche, Knochenmehl u. dgl.) für die Saatbeete zu empfehlen sein.

Der im Spätherbst reifende Erlensamen wird durch Sammeln
der Zäpfchen im November und Ausklengen im warmen Zimmer ge=
wonnen; da nun die Keimkraft desselben schon binnen Jahresfrist zum
großen Theil verloren geht, so ergibt sich hiedurch die Frühjahrs=
saat mit frischem Samen von selbst als Regel. Die Keimkraft
des Samens untersuche man stets durch Zerschneiden einer größern
Anzahl von Körnern, von denen, wie auch Heyer[2]) angibt, meist ein
ziemlicher Prozentsatz schlecht ist; ja bisweilen findet man, ähnlich wie
beim Ulmensamen, nahezu die ganze Samenmenge taub — vielleicht
Samen von sehr jungen Pflanzen oder Ausschlägen herrührend. —
Im Frühjahre durch Auffischen aus dem Wasser gesammelter Samen
soll nach oberflächlichem Abtrocknen sofort ausgesäet werden.

Die Aussaat selbst erfolgt bisweilen noch als Vollsaat, die
insbesondere auch E. Heyer befürwortet[5]), ziemlich dicht auf die, wie

---

1) Burkhardt, Säen u. Pflz. S. 227.
2) Allg. F.= u. J.=Z. 1883. S. 302.
3) Deutsche Holzzucht. S. 342.
4) Zeitschr. f. F.= u. J.=W. 1882. S. 54.
5) Allg. F.= u. J.=Z. 1883. S. 302.

oben angegeben, zugerichtete Saatbeetfläche, mit Rücksicht auf die bei feuchtem Boden doppelt nöthige Reinigung von dem zahlreich erscheinenden Gras und Unkraut aber wohl auch bei der Erle besser als Rillensaat, und wenden wir bei derselben gleichfalls das Doppelrillen herstellende Saatbrett an, durch welches auch zugleich das nöthige Festdrücken des Bodens erfolgt. Ebenso läßt sich zur Erzielung rascher und gleichförmiger Saat das Figur 27 abgebildete Klappbrett (s. § 55) verwenden und darf die Saat nicht zu dünn vorgenommen werden, da die Keimkraft des Samens eine nur mäßige. — Das Samenquantum ist darnach zu bemessen, ob man die Pflanzen etwa einjährig verschulen, oder als zwei- und dreijährige Saatbeetpflanzen verwenden will, in welch' letzterem Falle entsprechend dünner zu säen ist. In ersterem Falle wird man zur Rillensaat bei nur 10—12 cm Rillenentfernung 6 Pfund, bei Benutzung des Doppelrillenbrettes nach unsern Versuchen selbst bis 9 Pfund pro Ar verwenden, in letzterem Falle bei einem Abstand der Rillen von etwa 25 cm kaum die Hälfte.

Die Bedeckung des kleinen Samens darf nur eine schwache sein, ja es würde selbst eine bloße Vermischung mit der obern Bodenschichte, wie sie selbst durch Saat im Winter auf dem Schnee erzielt wird[1]), genügen. Doch bringt solch geringe Deckung die Gefahr des Austrocknens in der Keimperiode in erhöhtem Maße mit sich, und bei der Empfindlichkeit des Samens hiegegen wird man lieber die nach Baurs Versuchen zulässige und zweckmäßige Deckung von 1 cm Stärke wählen, eine stärkere aber vermeiden; eine solche von 1,5 cm beeinträchtigte bereits die Keimung, eine solche von 3 cm hinderte sie vollständig.

Bei trockner Witterung wird der ausgesäete Samen zweckmäßig sogleich gut angegossen; von großer Bedeutung für den Erfolg der Saat ist aber auch ein entsprechendes Feuchthalten des Saatbeetes während der Keimperiode; durch aufgelegtes Nadelholzreisig oder durch Schutzgitter sucht man die vorhandene Bodenfeuchtigkeit zu erhalten und greift, wo letztere fehlt oder verloren ging, zur Gießkanne[2]). Wird dies unterlassen, so keimt nach unsern Erfahrungen in trocknem Frühjahre und bei fehlendem Seitenschutze kaum ein Korn; nach Burkhardts Angabe läuft zwar nicht selten ein Theil des Samens im

---

[1]) Allgem. F.- u. J.-Z. 1863. S. 369.

[2]) In den Rheinwaldungen bei Speyer, wo Erlenpflanzen in großer Menge erzogen werden, findet bei trockener Witterung ein täglich zweimaliges Begießen der Erlensaatbeete statt.

zweiten Jahre nach — aber als verunglückt ist die Saat doch zu be=
trachten!

Den aufkeimenden Erlenpflänzchen drohen zwei Gefahren: der
Spätfrost und die Trockniß. Gegen ersteren schützt man die zar=
ten Keimpflänzchen durch ein Schutzdach von Reisig (Föhrenäste, Besen=
pfriemen), das man nach Heyers Rath jedoch unter Tag abnehmen
soll, da sonst die Pflänzchen verstocken, gegen letztere muß bei trocknem
Wetter abermals die Gießkanne helfen, soll nicht ein großer Theil der
Pflänzchen zu Grunde gehen. Liegt das Saatbeet gegen die Sonne
geschützt und hat der Boden viel natürliche Frische, so ist solche Pflege
durch Gießen natürlich in geringerem Maße nöthig. — Als einen den
Keimlingen speziell gefährlichen Feind bezeichnet Baur[1] die Regen=
würmer, welche dieselben in ihre Gänge ziehen und verzehren. —
Die einjährigen Pflänzchen leiden auf feuchterem Boden leicht durch
Auffrieren. Auch Gras= und Unkrautwuchs wird auf letzterem in
ziemlichem Grade sich einstellen und ist mit Vorsicht zu entfernen, da=
mit die sehr schwachen Keimpflänzchen nicht mit herausgerissen werden;
in Vollsaaten wird man das Unkraut vorsichtig herausstechen.

In den meisten Fällen wird man die Erle als unverschulte zwei=
oder dreijährige Saatbeetpflanze verwenden können; sie erreicht in diesem
Alter eine für die meisten Oertlichkeiten genügende Stärke. Sie im
Saatbeet noch älter werden zu lassen — Pfeil, der sich gegen jedes
Verschulen der Erle ausspricht, erklärt dies selbst bis zum fünften
Lebensjahre für zulässig[2] — möchten wir für die schnellwüchsige Erle
nicht empfehlen.

Sind aber die Pflanzen im Saatbeet verhältnißmäßig dicht auf=
gegangen, für die beabsichtigten Kulturen aber kräftige, stärkere Pflan=
zen nöthig, so verschult man die einjährigen Erlen mit bestem Erfolg,
etwa im Verband von 15 auf 25 oder 30 cm, und wird dann nach
weiteren zwei Jahren bereits meterhohe, sehr kräftige Pflanzen haben;
ja bei Verwendung kräftiger, einjähriger Pflanzen und gutem, frischem
Boden genügt meist schon einjähriges Stehen in der Pflanzschule
zur Erziehung hinreichend starker Pflanzen. — Irgend welcher Wurzel=
korrektur bedürfen die zu verschulenden Erlenpflanzen nicht und ebenso
wenig ist irgend welche Pflege der Pflanzbeete durch Beschneiden
der Aeste nöthig.

Eigentliche Erlenheister erzieht man wohl nirgends; bedarf

---

[1] Monatsschr. f. F.= u. J.=W. 1875. S. 349.
[2] Krit. Blätter. XXXI. S. 79.

man besonders starker Pflanzen, so verschult man die einjährigen Pflanzen in etwas weiterem Verband, als oben angegeben, und läßt sie ein Jahr, höchstens zwei, länger in der Pflanzschule. Es geht dann beim Auspflanzen allerdings nicht ohne einigen Wurzelverlust ab, den aber die Erle auf zusagendem Standorte leicht erträgt. — Das Gedeihen derselben ist auf solchem ein außerordentlich sicheres. —

Das vorstehend Gesagte bezieht sich vorzugsweise auf die allgemein verbreitete Schwarzerle (Alnus glutinosa); doch bedingt, nach unsern Wahrnehmungen im hiesigen Forstgarten, die Anzucht der Weißerle (A. incana) keinerlei Abweichungen.

§ 109.
Die Edelkastanie.

Die Edelkastanie (Castanea vesca) hat bisher in unsern forstlichen Lehrbüchern nahezu keine Beachtung gefunden, und es ist der Grund hiefür wohl vorzugsweise in ihrem lokal eng begrenzten Vorkommen zu suchen; hatte sie doch innerhalb der deutschen Grenzpfähle ihr Gebiet lediglich in einem Theil der Rheinpfalz und war doch selbst dort dies Gebiet durch ihren Genossen, den Weinstock, nach und nach nicht unwesentlich eingeengt worden. Durch die Einverleibung Elsaß-Lothringens in das deutsche Reich ist aber die Kastanie in erhöhtem Maße ein deutscher Waldbaum geworden, da im Elsaß ziemlich bedeutende Flächen mit derselben bestockt sind, und Angesichts der hohen Erträge, welche der Kastanienniederwald durch die Verwendung der Stangen als Rebpfähle und Reifstangen zu liefern vermag[1]), Angesichts der Fähigkeit der Kastanie, auch auf geringerem, oberflächlich vermagertem Boden noch hinreichend zu gedeihen, denselben durch reichen Laubabfall wieder zu verbessern, ist ihr Gebiet dort selbst im starken Wachsen begriffen. Auch in der Rheinpfalz sucht man die edle Holzart möglichst zu verbreiten, und ihre eben erwähnten Eigenschaften lassen sie als zur Bestockung und Verbesserung der heruntergekommenen Vorberge des Pfälzerwaldes vielen Orts sehr geeignet erscheinen. Das Klima und resp. die Höhenlage ziehen allerdings dieser Verbreitung der Kastanie in Pfalz und Elsaß, wie für das übrige Deutschland entsprechende Grenzen, die mit jenen für den Weinbau nahe zusammenhängen.

Eigentliche Kastanien-Hochwaldungen kommen in Deutschland kaum vor, die Kastanie wird fast ausschließlich als Niederwald, im kleinen Privatbesitz auch als Mittelwald oder Plänterwald behandelt —

---

[1]) Forstl. Blätter. 1877. S. 70.

so ist von einer natürlichen Verjüngung und Nachzucht bei ihr nur wenig die Rede und die Neubegründung wie Vervollständigung von Kastanienbeständen erfolgt auf künstlichem Wege, durch Saat oder Pflanzung.

Die Saat wird aber im Ganzen nur wenig angewendet; der bekanntlich eßbare Samen ist theuer, hat unter den Nachstellungen der Mäuse, Häher, Eichhörnchen und des Wildes zu leiden, und namentlich wo Wildschweine vorkommen, ist derselbe·in hohem Grade gefährdet; daher gibt man der Pflanzung den Vorzug, und wo ihr Anbau überhaupt betrieben wird, ist die Kastanie Gegenstand der An= zucht im Saatbeet.

Die Erziehung der Kastanienpflanzen[1]) erfolgt nun in Saat= kämpen, für welche man guten, frischen Boden und eine, namentlich gegen Spätfröste geschützte Lage aussucht, und die hinreichend tief rajolt und gut gedüngt werden; eine Bodenbearbeitung von etwa 40 cm Tiefe wird hiebei als zweckmäßig erachtet, zur Düngung aber namentlich kalireicher Dünger empfohlen. Ein Mengedünger, bestehend aus gleichen Gewichtstheilen Kali=Superphosphat, Knochenmehl und Humus, und angewendet in einer Quantität von 15 Kilogramm pro Ar, hat sich insbesondere auf dem mineralisch armen Boden des Bunt= sandsteins bewährt. Auch Stalldünger wird mit sehr gutem Erfolg verwendet. — Wo einiger Wildstand vorhanden, sind die Saatkämpe entsprechend einzufriedigen, weshalb Wanderkämpe minder am Platze sind.

Die Ansaat der Beete erfolgt mit Rücksicht auf die oben bereits erwähnten Gefahren, die dem Samen im Winterlager drohen, stets im Frühjahre, und werden die in günstigen Lagen fast alljährlich ge= deihenden Früchte entweder in den Hüllen (Igeln) oder durch Einschlagen in trockenen Sand, wobei Früchte und Sand in dünnen Lagen ab= wechseln, über Winter aufbewahrt.

Was die Auswahl des Samens anbelangt, so gibt man mit Rücksicht auf den Kostenpunkt der gewöhnlichen, kleinern Kastanie den Vorzug vor der größern, sogenannten Marone. Das Saatmaterial ist stets aus zuverlässiger Quelle zu beziehen, weil die im Handel vor= kommenden Früchte zur Verhütung des Keimens leicht gedörrt und da= durch natürlich zur Aussaat unbrauchbar werden.

Trotz guter Aufbewahrung beginnen die Kastanien gegen das

---

[1]) Vergl. hierüber die Aufsätze: Monatsschr. 1876. S. 489; 1877. S. 273; Forstl. Blätter. 1877. S. 70; Allgem. F.= u. J.=Z. 1879. S. 205; dann Panne= witz, Der Anbau der Lärche, süßen Kastanie 2c. 1855.

Frühjahr zu nicht selten zu keimen. Während nun ein Kastanien=
züchter[1]) sorgfältige Schonung dieser Keime und frühzeitige Saat, vor
Mitte April, welche sonst als die richtigste Zeit betrachtet wird, ver=
langt, keimt ein anderer[2]) dieselben in der Art, wie es da und dort
bei Eicheln geschieht, ab, nachdem sie etwa 3 cm lang getrieben haben,
jedenfalls in der Absicht, hiedurch an Stelle der ziemlich ausgeprägten
Pfahlwurzelbildung eine für die Verpflanzung günstigere Bewurzelung
zu erzielen.

Die Aussaat selbst erfolgt, wie erwähnt, etwa Mitte April und
zwar in mit der Hacke oder dem Rillenzieher gezogene, etwa 6 cm tiefe
Rillen, deren Entfernung 15—30 cm beträgt; erstere Entfernung ist
jedoch nur zulässig, wenn die Verwendung einjähriger Pflanzen in Ab=
sicht liegt, während bei beabsichtigtem, zwei oder gar drei Jahre dauern=
dem Verbleiben der Pflanzen im Saatbeet eine größere Entfernung der
Rillen — bis zu 30 cm — zu wählen ist.

In die Rillen werden die Früchte einzeln in etwa 5 cm Ent=
fernung eingelegt und sodann durch Beiziehen der Erde mit dem Rechen
3—4 cm stark gedeckt. Oberförster Kaysing[1]) empfiehlt hiebei, sehr
darauf zu achten, daß die Spitzen der Früchte nach unten liegen, wo=
durch eine günstigere Wurzelbildung erzielt werde, während ein anderer
erfahrener Kastanienzüchter, Oberförster Osterheld[3]), diese Vorsicht nicht
für nöthig hält.

Die Angabe des pro Ar nöthigen Samenquantums schwankt
von ¹/₂ bis 1¹/₂ ha, wobei die Größe der Früchte, wie die Entfernung
der Rillen von wesentlichem Einfluß sein werden. Der Unterschied in
der Größe der Früchte macht sich in den verschiedenen Angaben über
deren Zahl in einem Hektoliter geltend, welche nach einer Mittheilung
10 000, nach einer anderen 15 000 Stück beträgt.

Einige Wochen nach der Aussaat, während welcher Zeit die Saat=
beete gegen Häher und Mäuse zu schützen sind, keimen die Pflänzchen
unter Rücklassung der Kotyledonen im Boden auf. Dieselben sind
gegen Spätfröste empfindlich und durch Reisig oder Schutzgitter
gegen dieselben zu sichern.

Bei entsprechender Pflege durch Lockerung des Bodens und Rein=
halten von Unkraut können die Pflanzen schon im ersten Jahre auf
gut gedüngtem Boden eine Höhe von 40 cm und selbst mehr erreichen,

---

[1]) Oberförster Weidmann in Pannewitz, Der Anbau der Lärche ꝛc.   S. 59.
[2]) Monatsschr. f. d. F.= u. J.=W. 1876. S. 489 ff.
[3]) Monatsschr. f. d. F.= u. J.=W. 1877. S. 273 ff.

und dann sofort im nächsten Frühjahre zur Auspflanzung verwendet werden; bei geringerer Entwicklung bleiben sie ein weiteres Jahr im Saatbeet und gelangen also zweijährig zur Verwendung, in welchem Alter sie der Hauptmasse nach wohl stets die nöthige Stärke erreicht haben. Sie noch ein drittes Jahr im Saatbeet stehen zu lassen, ist mit Rücksicht auf die starke Entwicklung der Pfahlwurzel nicht zu empfehlen.

Sowohl unter den ein= wie zweijährig zur Verwendung bestimm= ten Pflanzen werden sich stets eine Anzahl minder gut entwickelter, zur Schlagnachbesserung noch zu schwacher Pflänzlinge finden, welche sodann, in nicht zu engem Verband verschult, nach etwa zweijährigem Stehen im Pflanzbeet zur Benutzung kommen. Die Verschulung gilt sonach für die Edelkastanie als Ausnahme, nicht als Regel.

Durch Frost stark beschädigte[1]) oder sonst krüppelhaft gewachsene Pflanzen schneidet man tief am Boden ab, worauf kräftige Lohden er= scheinen, deren Zahl man durch Ausbrechen reduzirt. Die im Saat= und Pflanzbeet erzogenen Pflanzen werden überhaupt nicht selten als sogenannte Stutzpflanzen verwendet, indem man das Stämmchen vor dem Einpflanzen mit scharfer Baumscheere etwa 2 cm über dem Wurzel= stock abschneidet und, wenn nöthig, die Schnittfläche an den Rändern mit einem Messer etwas glättet. Andere nehmen das Stutzen erst vor, wenn die Pflanze bereits ein Jahr verpflanzt und entsprechend ange= wurzelt ist. — Der Erfolg des Stutzens hat sich vielfach als ein sehr günstiger gezeigt.

§ 110.
Die Akazie.

Die Akazie, seit mehr als 200 Jahren aus Nordamerika zu uns eingeführt und nun vollständig eingebürgert, wurde vielfach als eine auch für den Wald sehr werthvolle Holzart betrachtet und warm em= pfohlen[2]). Ihre Schnellwüchsigkeit, ihre Fähigkeit, kräftige Stock= und Wurzelausschläge zu liefern, ihre geringen Ansprüche an den Boden im Zusammenhalt mit der mannigfachen Verwendbarkeit ihres Holzes schienen ihre eine Zukunft unter unsern Waldbäumen zu sichern — allein so manche andere mißliche Eigenschaften traten dem entgegen: das baldige Nachlassen im Wuchs, die ästige, vielfach gablige Stamm=

---

[1]) Der strenge Winterfrost 1879/80 ließ die einjährigen, kräftigen Kastanien= pflanzen des hiesigen Forstgartens bis zum Boden herab erfrieren.

[2]) Vergl. das Schriftchen von Pannewitz, „Der Anbau der Lärche, Kastanie u. Akazie". 1855.

form, der schwache Laubschirm und Laubabfall, die spitzen, Aufarbei=
tung und Verwendung des Reisigs erschwerenden Stacheln. So ist
sie ein verhältnißmäßig seltener Gast in unsern Waldungen, unsern
Forstgärten geblieben, um so häufiger aber in Anlagen, Alleen u. dgl.
zu finden; doch ist sie namentlich auf ärmerem Sandboden, zur Boden=
befestigung an steilen Böschungen auch nicht selten Gegenstand
forstlichen Anbaues, und der hohe Preis, den ihr Holz als Nutzholz
an vielen Orten erreicht hat, dürfte wohl Veranlassung geben, ihr
mehr Beachtung als bisher zu schenken: so wird ihr denn auch hier
in unserem Buche ein Platz einzuräumen sein.

Der Anbau der Akazie erfolgt stets durch Pflanzung mit un=
verschulten und verschulten Pflanzen, da die Saat der Gefahr des Ver=
beißens durch Hasen, welche diese Holzart jeder anderen vorzuziehen
scheinen, in hohem Grade ausgesetzt ist.

An den Boden stellt die Akazie auch im Saatbeet keine großen
Anforderungen, doch düngt man im Interesse der Erziehung kräftiger
Pflanzen den etwa benutzten geringeren Boden in entsprechender Weise.
Seitenschutz ist für die gegen Trockniß wenig empfindliche Akazie ent=
behrlich, voller Lichtgenuß aber Bedürfniß.

Der Samen der Akazie, fast alljährlich gedeihend, ist leicht zu
gewinnen und aufzubewahren, behält seine Keimkraft auch mehrere
Jahre; da man gleichwohl am liebsten frischen Samen verwendet und
die Einsammlung während des Winters erfolgt, so gilt die Früh=
jahrssaat als Regel.

Die Aussaat selbst erfolgt in Rillen, welche mit Rücksicht auf
den raschen Wuchs, die bedeutende Höhenentwicklung, welche die Akazie
schon im ersten Lebensjahre zu zeigen pflegt, in einer Entfernung von
etwa 20 cm zu ziehen sind, und am besten mit dem Fig. 20 abge=
bildeten Lang'schen Rillenbrett hergestellt werden.

Die Tiefe der Rillen darf eine im Verhältniß zur geringen
Größe des Samenkorns bedeutende sein; nach den schon mehrfach er=
wähnten Versuchen Baurs macht nämlich die Akazie eine merkwürdige
Ausnahme von der sonst gültigen Regel, daß die Stärke des Samen=
korns mit der zweckmäßigsten Stärke der demselben zu gebenden Be=
deckung in engem Zusammenhang stehe. Jene Versuche haben nämlich
ergeben, daß der Akaziensamen eine verhältnißmäßig starke Bedeckung —
bis zu 7 cm! — nicht nur verträgt, sondern bei einer etwas star=
ken Deckung (bis zur erwähnten Grenze) sogar reichlicher keimt, kräf=
tigere Pflanzen entwickelt, als bei einer schwachen Deckung von 1 bis
2 cm, wie sie etwa der Stärke des Korns entsprechen würde. Selbst

bei einer 10 cm starken Decke gingen noch Pflanzen auf, wenn auch spärlicher.

Die Aussaat selbst erfolgt aus der Hand, oder mit Hülfe des in Fig. 27 dargestellten Klappbrettes, und darf mit Rücksicht auf den hohen Prozentsatz keimfähiger Körner, welchen frischer Samen zu haben pflegt, und auf die rasche Entwicklung der Pflanzen nicht zu dicht erfolgen; man erhält sonst viel schwachen Ausschuß neben den besseren, aber doch von diesen beeinträchtigten Pflanzen. Burkhardt[1]) rechnet 1½ Kilogr. pro Ar bei 30 cm weit entfernten Rillen, ein Quantum, das nach unsern Versuchen etwas knapp bemessen ist; nach diesen letzteren würden bei so bedeutender Rillenentfernung immer noch 2½—3 Kilogr. pro Ar treffen.

Das Aufgehen des Samens erfolgt rasch und sicher, die Saat-beete bedürfen weder des Bedeckens noch Besteckens mit Reisig und während des Sommers nur der nöthigen Pflege durch Ausjäten und Lockern, während des Winters aber eines genügenden Schutzes gegen die Hasen und Kaninchen durch hinreichend dichte Einfriedigung; letz-tere äsen sonst die einjährigen Pflanzen bis auf den Boden ab, und scheinen, wie schon oben erwähnt, die Akazien jeder andern Holzart vorzuziehen. Durch Winterfrost werden die weniger verholzten Spitzen der Pflanzen nicht selten getödtet, doch ist der Nachtheil für die Pflanzen kein großer, indem die oberste gut gebliebene Seiten-knospe (eine eigentliche Terminalknospe zeigt die Akazie überhaupt nicht) im Frühjahre die Bildung des neuen Gipfeltriebes übernimmt, den er-frorenen Theil allmählich abstoßend; doch kann man durch Zurückschnei-den bis aufs gesunde Holz zweckmäßig helfen. — Geht der Frostschaden tief herab, was bei strenger Kälte wohl der Fall, so empfiehlt Burk-hardt das Setzen der Pflanzen auf die Wurzeln und Erziehung einer neuen Pflanze aus einer Ausschlagslohde.

Durch Spätfröste ist die Akazie in Folge ihres späten Er-grünens nur bei spätem Eintreten derselben gefährdet, in letzterem Falle allerdings gegen dieselben sehr empfindlich.

Unter günstigen Verhältnissen, namentlich bei minder dichter Saat, erreichen die Pflanzen schon im ersten Lebensjahre eine Höhe von 40 cm und darüber[2]) und können dann meist im nächsten Frühjahre verwendet werden; war ihre Entwicklung minder kräftig, oder bedarf

---

[1]) Säen u. Pflz. S. 483.

[2]) Wir haben in günstigen Jahren schon einjährige Akazien von über 1 m Höhe erzogen!

man stärkerer Pflanzen, so läßt man sie noch ein Jahr im Saatbeet stehen (und ist, wenn Letzteres schon ursprünglich in Absicht liegt, ein größerer Rillenabstand — bis 30 cm — zu empfehlen), oder man verschult die einjährigen Pflanzen.

Die in einem Abstand von 25—30 cm verschulten Pflanzen entwickeln sich meist schon binnen Jahresfrist zu genügender Stärke und erreichen eine Höhe bis zu 1,5 m; zwei Jahre im Pflanzbeet stehend, werden sie bis 2 m und darüber hoch und entsprechend stark, fast zu stark zur bequemen bez. billigen Verpflanzung — es zeigt wohl keine Holzart eine so rasche Entwicklung in den ersten Jugendjahren, wie die Akazie. Das Ausheben und die Verpflanzung solch stärkerer Pflanzen geht wohl nicht ohne Wurzelverlust vor sich, doch ist die Akazie hiergegen wenig empfindlich.

Die Erziehung stärkerer Heister für Alleen, Schneisen u. dgl. geschieht durch weitständigere, eventuell zweimalige Verschulung unter entsprechenden Wurzelschnitt — Kürzen der oft ziemlich weit ausstreichenden Seitenwurzeln —, unter Auswahl der bestgewachsenen Individuen, unter entsprechender Pflege der Stämmchen durch Entfernung tief angesetzter Aeste und genügen 4—5 Jahre zur Erziehung eines solchen Heisters.

<h2 style="text-align:center">§ 111.</h2>

<h3 style="text-align:center">Die Hainbuche.</h3>

Die Hain- oder Weißbuche hat bekanntlich für den Hochwald nur geringe Bedeutung, ist in demselben mehr geduldet als erstrebt und vorzugsweise nur als Lückenbüßer für die Buche in kalten Frostlagen, in Mulden und Einbeugungen mit frischem Boden und öfteren Spätfrösten am Platz. Größer ist ihre Bedeutung im Niederwald, Dank ihrem trefflichen Brennholz, wie ihrer reichen Ausschlagsfähigkeit. Als Bodenschutzholz unter Eichen findet man sie da und dort, ja man gibt ihr bisweilen sogar den Vorzug vor der Rothbuche[1]), die andern Orts entschieden zu diesem Zweck höher geschätzt wird. Außerdem findet die Hainbuche bekanntlich bei der Anlage von Hecken vielfach Verwendung (s. § 35).

Im Ganzen wird die Hainbuche nur selten Gegenstand forstlichen Anbaues sein, man überläßt fast allenthalben ihre Nachzucht der Natur, welche da, wo die Hainbuche einmal vorhanden, durch frühzeitiges

---

[1]) Beiträge zur Kenntniß der forstlichen Verhältnisse von Hannover (Festschrift zur X. deutschen Forstversammlung. S. 39).

oftes und reichliches Samentragen auch zur Genüge für solche zu sorgen pflegt. Deshalb, und weil man das etwa benöthigte Pflanz= material wohl vielfach den natürlichen Anflügen entnehmen kann, pflegt die Hainbuche ein seltener Gast in unsern Forstgärten zu sein, der wir um der Vollständigkeit willen gleichwohl einen Platz hier anweisen.

Der Samen der Hainbuche, stets frisch zu verwenden, keimt, Dank seiner harten Samenschale, wohl regelmäßig erst im zweiten Jahre und man wird ihn daher gleich jenem der Esche behandeln: ihn entweder in frischem Boden hinreichend tief eingeschlagen bis zum nächsten Herbst aufbewahren, oder die im ersten Frühjahre mit dem während des Winters gesammelten frischen Samen angesäeten Beete mit Moos oder Laub, das durch aufgelegte Aeste festgehalten wird, so dick decken, daß Gras= und Unkrautwuchs dadurch verhindert werden. Nach unsern Erfahrungen möchten wir das erstere Verfahren empfehlen, da der Samen in den Saatbeeten während des Winters von den Mäusen sehr stark decimirt werden kann, während der ähnlich der Esche eingeschlagene Samen (f. § 105) leichter zu schützen ist. Doch ist auch bei der Hain= buche die dort empfohlene Vorsichtsmaßregel zeitiger Frühjahrssaat, ehe der Samen in den Gruben zum Keimen kommt, zu beachten. — Die Aussaat nimmt man am zweckmäßigsten in Rillen, welche mit einem Rillenbrett (Fig. 20) mit 2 cm starken Leisten in Abständen von 20 cm eingedrückt werden, vor und gibt dem Samen eine entsprechende Bedeckung; Burkhardt[1]) empfiehlt 1½ cm, eigene Er= fahrungen haben uns eine solche von ca. 2 cm als zweckmäßig ge= zeigt, wie sie sich durch Ausfüllen der Rillen mit lockerer Erde von selbst ergibt.

Die Entwicklung der Pflanzen ist im 2. und 3. Lebensjahre eine rasche, und 3jährige Pflanzen sind 50—60 cm hoch. Will man stärkere und recht stufige Pflanzen, wie sie z. B. für Hecken zu empfehlen sind, erziehen, so wird man die Saatbeetpflanzen einjährig verschulen. Wir haben solche stärkere Pflanzen auch dadurch rasch und in guter Qualität erzogen, daß wir die in Beständen, denen die Hainbuche bei= gemischt ist, in großer Menge vorhandenen Keimpflänzchen nach Erscheinen der ersten Laubblätter mit dem kleinen Heyer'schen Hohlbohrer ausstechen und mit dem nur 4—5 cm im Durchmesser haltenden Bäll= chen im Verband von 10 auf 20 cm einschulen ließen. Mit Rücksicht auf die ersparten Saatkosten, die gewonnene Zeit und den guten Erfolg erscheint diese Art der Pflanzenbeschaffung sehr empfehlenswerth. Das

---

[1]) Säen u. Pflz. S. 197.

Einschulen der Keimlinge war aber nöthig, weil erfahrungsgemäß in den dicht geschlossenen Beständen bis zum Herbst oft kaum ein Pflänzchen mehr vorhanden war, die Keimlinge in Folge der Beschattung nahezu sämmtlich wieder verschwunden waren — sonst würden wir den jedenfalls minder sorgfältig zu behandelnden und ohne Ballen einzuschulenden einjährigen Pflanzen den Vorzug gegeben haben.

Die eingeschulten Keimlinge, welchen durch Schutzgitter der nöthige Schutz gegen die Einwirkung der Sonne gegeben werden muß, wachsen innerhalb drei Jahren zu kräftigen, durchschnittlich 50—60 cm hohen Pflanzen heran, wie sie zu Nachbesserungen im Nieder- und Mittelwald, wie als künftige Heckenpflanzen erwünscht sind.

Von dem Feind, der die Hainbuche im Freien oft so wesentlich bedroht, von den Mäusen, hat dieselbe als Pflanze im Forstgarten weniger zu fürchten, da die Mäuse, hier der Deckung durch Gras und Laub entbehrend, nur selten Pflanzen benagen, sondern nur unterirdisch zu arbeiten, den Sämereien nachzugehen pflegen. — Gegen Fröste ist die Hainbuche bekanntlich ganz unempfindlich, bedarf also keinerlei Schutzes.

Auch stärkere Pflanzen kann man nach Burkhardts Mittheilungen[1]) wohl einschulen, wenn die Erziehung von Heistern zu Kopfholzstämmen u. dgl. in Absicht liegt, ein im forstlichen Haushalt immerhin seltener Fall. Engerer Stand und entsprechendes Aufschneideln sind bei der zur Astbildung geneigten Hainbuche dann nicht zu entbehren.

§ 112.

Die Birke.

Gleich der Hainbuche ist auch die Birke eine Holzart, die nur ausnahmsweise Gegenstand eigentlichen forstlichen Anbaues ist und noch seltener in unsern Forstgärten angetroffen wird; die Entfernung eines schädlichen Uebermaßes von Birken ist viel öfter Aufgabe des Forstmannes, als ihre Nachzucht! Wo sie einmal vorhanden, da pflegt, Dank dem fast alljährlich in Menge produzirten und durch seine Leichtigkeit sich überall hin verbreitenden Samen dieser Holzart, Birkenanflug in großer Menge da zu erscheinen, wo Licht und wunder Boden dies gestatten, und diesem Anflug werden wir denn meist auch jene Pflanzen entnehmen können, die wir etwa als Schutzholz für empfindliche Holzarten, zur Bildung von sogenannten Feuermänteln in ausgedehnten Kiefernforsten und zu ähnlichen Zwecken bedürfen. Es ist dies ein

---

[1]) Säen u. Pflz. S. 198.

weiterer Grund, weshalb die Birke in Saatkämpen und Forstgärten auch dort nur selten angebaut zu werden pflegt, wo zu den genannten Kulturen Birkenpflanzen nothwendig sind. — Dagegen hat solcher natür=licher Anflug zumal auf ärmerem Boden meist eine für das Ver=pflanzen ungünstige Wurzelbildung, die Wurzeln streichen ziemlich weit aus, die Faserwurzeln sitzen der Hauptsache nach am Ende dieser langen Wurzeln und gehen beim Ausheben und Verpflanzen zum nicht ge=ringen Theile verloren, und in Folge dessen sieht man die Pflanzen vielfach kümmern und eingehen. Dies kann nun Veranlassung werden, sich gut bewurzelte Pflanzen im Saatbeet und durch Verschulung zu erziehen.

Die Erziehung der Pflanzen im Saatbeet ist nun durchaus nicht so leicht, als man glauben sollte. Der schwache Samen verträgt durch=aus keine stärkere Bedeckung, kommt unter solcher nicht zum Keimen — dagegen ist er anderseits wieder dem Austrocknen in hohem Grade aus=gesetzt, und ebenso verhindert eine nach Regenwetter eintretende Ver=krustung der Beetoberfläche den Durchbruch der Kotyledonen; so haben denn (wie wir aus eigener Erfahrung sagen müssen) die Birkensaaten im Saatbeet oft sehr geringen Erfolg! Um aber einen guten Erfolg zu erzielen, gibt Oberförster Biedermann folgende Anleitung[1]): Der mäßig tief umgegrabene Boden wird wieder angedrückt, sodann vor der Aussaat nochmals leicht überrecht und nun zeitig im Frühjahre mit frischem Samen (der ja alljährlich zu haben ist) dicht voll angesäet — dicht, weil das Keimprozent des Samens ein geringes zu sein pflegt. Nach der Aussaat wird der Samen mit der flachen Schaufel fest an=geklopft, bei trockenem Wetter mit der Gießkanne überbraust und nun mit klein gehackten Kiefernzweigen so überdeckt, daß die Sonne nicht direkt auf den Boden gelangen kann, aber auch die Wirkung verkrusten=der Schlagregen abgehalten wird; bei trockener Witterung werden die Beete öfter überbraust — auch hier hindern die Kiefernzweige wieder das Verschwemmen des Samens, wie das Verkrusten der Oberfläche, ebenso aber auch dessen zu rasches Abtrocknen.

Mit Rücksicht darauf, daß der über Winter trocken aufbewahrte Samen leicht zu stark austrocknet und an Keimkraft verliert, kann man die Saat auch schon im Spätherbst vornehmen, wird sie aber dann vor Allem in obiger Weise gegen Verschwemmen und Verhärten des Bodens schützen müssen.

Zur Erziehung stärkerer Pflanzen, wie sie bisweilen nöthig, greift

---

[1]) Bericht der Vers. des märkischen Forstver., 1882. S. 41. Ein sofort nach obigem Rezept vorgenommener Versuch in unserem Forstgarten hatte einen außer=ordentlich günstigen Erfolg!

man zur Verschulung, wenn man solche nicht den natürlichen Anflug in Schlägen entnehmen kann, oder wenn dieselben dort die oben erwähnte ungünstige Wurzelbildung zeigen; man verschult dann entweder die auf eben angegebene Weise erzogenen einjährigen Saatbeetpflanzen, oder ein= und zweijährige Sämlinge aus den Schlägen. Es muß dies Einschulen zeitig im Frühjahre geschehen, da die Birke sich bekanntlich sehr bald begrünt; ein Versuch, schon angetriebene Birken einzuschulen, ist uns vollständig mißglückt, und glauben wir davor warnen zu sollen. Die Verschulung wird man etwa im Verband von 20 auf 30 cm vornehmen und bei der raschen Entwicklung der Birkenpflanzen genügen 2—3 Jahre im Pflanzbeet wohl stets, um Pflanzen der gewünschten Stärke zu erziehen. Schutz irgend welcher Art, gegen Frost, Trockniß, Wild, bedürfen die Birken nicht und ihre Pflege erstreckt sich auf das gewöhnliche Jäten und Lockern.

In etwas höherem Alter und Heisterstärke läßt sich die Birke nicht mehr mit gutem Erfolg verpflanzen, und selbst wenn sie dabei nicht zu Grunde geht, so bleibt doch ihr Wuchs lange ein kümmerlicher[1]). Das beginnende Weißwerden der Rinde am unteren Stammtheile gilt besonders als Zeichen, daß die Zeit der Verpflanzbarkeit vorüber sei.

§ 113.

Die Linde.

Die Linde hat forstlich nur geringe Bedeutung, und diese letztere schwindet, wo sie bei uns in Deutschland noch besteht, mehr und mehr; die in unsern Hochwaldungen da und dort noch vorhandenen älteren Linden verschwinden bei unsern regelmäßigen Verjüngungen im Dunkelschlag wie beim kahlen Abtrieb, und der verhältnißmäßig geringe Werth des Holzes gibt auch keine Veranlassung, ihre Nachzucht anzustreben. Auch im Niederwald ist sie, obwohl reich ausschlagend und von langer Dauer des Stockes, um des geringen Holzwerthes willen lediglich geduldet — es ist nur die Holzzucht außerhalb des Waldes oder die Waldverschönerung, für welche sie eine, allerdings geradezu hervorragende Bedeutung hat: als Alleebaum, in Parkanlagen, als Einzelbaum im Dorf und Gehöfte finden wir die Linde allenthalben. So wird sie denn auch hier und da in mäßiger Zahl in unsern Forstgärten erzogen, mehr zum Verkauf, als zum eigenen Gebrauch; doch überlassen wir dies wohl besser dem Handelsgärtner, uns auf die Erziehung der eigentlichen Waldpflanzen beschränkend.

---

[1]) Pfeil, Deutsche Holzzucht. S. 313.

Fast stets wird es sich bei der Linde um Erziehung starker Pflanzen und bezw. der zu vorstehend angegebenen Zwecken nöthigen Heister handeln, wozu zweimalige Verschulung nicht zu umgehen ist.

Der Samen der Linde keimt fast regelmäßig erst im zweiten Frühjahre (nach Pfeils Angabe[1]) soll allerdings im Herbst ausgesäeter Samen schon im nächsten Frühjahre zur Keimung gelangen), und wird daher zweckmäßig in der bei der Esche angegebenen Weise in Gruben bis zum zweiten Frühjahre aufbewahrt und dann zeitig ausgesäet. Auch dieser Samen ist durch Mäuse gefährdet und dürfte vielleicht die Anwendung von Mennige auch für ihn zu empfehlen sein.

Die aufgehenden Pflänzchen sind durch Gitter gegen Frost und Hitze zu schützen, erreichen im ersten Jahre eine Höhe bis zu 20 cm und werden dann ein- oder zweijährig verschult. Mit gutem Erfolge haben wir auch Keimlinge, die unter alten Linden im frischen Waldboden in größerer Zahl erschienen, nach Hervorbrechen der ersten Laubblätter mit kleinen Bällchen eingeschult[2]) und hiedurch die Aufbewahrung des Samens und die Saat erspart.

Die Stammbildung der jungen Pflanzen zeigte sich in unserem Forstgarten nicht sehr günstig, und Gabelbildung, wie starke seitliche Verästelung machten ziemliche Pflege durch Beschneiden nöthig. — Als etwa meterhohe Pflanzen werden sie sodann, etwa 4—5jährig, in den Heisterkamp versetzt und erreichen dort unter entsprechender Pflege, namentlich durch Beschneiden, dessen sie bei ihrer Neigung zur Astbildung nicht entbehren können, immerhin erst in 10—12jährigem Alter jene bedeutendere Stärke, welche man für Alleebäume u. dgl. fordert; sie sind deshalb, wie auch aus den Preiskouranten unserer Gärtner zu ersehen, ein theures Material! — Auch stärkere Wildlinge kann man wohl in den Heisterkamp einschulen und dadurch rascher zum Ziele kommen, ja selbst Wurzelbrut kann hiezu verwendet werden, und die leichte Verpflanzbarkeit der Linde läßt auch solche mit schwacher Bewurzelung noch Gedeihen finden[3]).

---

[1]) Pfeil, Deutsche Holzzucht. S. 291.

[2]) Auch von Burkhardt empfohlen, siehe Säen u. Pflz. S. 479.

[3]) Burkhardt, Säen u. Pflz. S. 479; ferner freundliche Mittheilungen des Herrn Oberförster Clausius zu Sobbowitz, der schöne Heister durch Einschulen stärkerer Wildlinge und Wurzelbrut ohne nochmalige weitere Umschulung erzog.

II. Abschnitt.

Die Nadelhölzer.

§ 114.

Die Weißtanne.

Gleich der Rothbuche, der sie ja bezüglich ihres Verhaltens in manchen Stücken ähnelt, war auch die Weißtanne in den Forst= gärten früher ein seltener Gast. Wo sie bereits im reinen oder ge= mischten Bestand vorhanden war, da überließ man die Sorge für ihre Nachzucht der Natur, und zwar meist mit gutem Erfolge, wenn die Verjüngung der Bestände in entsprechender Weise, auf dem Wege der rascheren oder langsameren Femelschlagwirthschaft erfolgte. Wollte man einzelne Lücken mit Tannen auspflanzen, so griff man zur kräftigen Ballenpflanze, die sich in den Nachhieben, auf Blößen und Lücken in den älteren Beständen in jeder Zahl und Stärke vorfand; zur künst= lichen Nachzucht aber, wo solche überhaupt stattfand, benützte man in der Regel die Saat unter Schutzbestand — und so war wenig Ver= anlassung zur Erziehung der Tanne im Forstgarten gegeben.

Das ist nun vielfach anders geworden! Die großen Kalamitäten, unter denen die Rivalin der Tanne im Mittelgebirg, die Fichte, in ihren künstlich durch Kahlschlagbetrieb mit nachfolgender Kultur er= zogenen, ausgedehnten reinen Beständen durch Schneebruch, Windwurf, Borkenkäfer namentlich in den letzten Dezennien gelitten hat, ließen den Werth der Tanne und einer Beimischung derselben in die Fichten= bestände in erhöhtem Maße erkennen, die Erzielung letzterer selbst zum Wirthschaftsgrundsatz in nicht wenigen Waldgebieten werden. Zur Aus= füllung der durch Schnee und Sturm entstandenen Lücken in Föhren= und Fichtenbeständen, zum Unterbau der sich frühzeitig lichtenden Föhrenbestände erschien ebenfalls die schattenertragende Tanne vielfach als die geeignetste Holzart, und ebenso erkannte man ihren Werth als Nutzholz lieferndes Mischholz für die Buchenbestände.

Man sah aber auch, daß die Pflanzung meist rascher und sicherer als die Saat, ja in manchen Fällen allein zum ge= wünschten Ziele führe — so z. B. bei der Aufforstung der Wind= bruchflächen, bei dem Einbringen der Tanne in zu verjüngende Buchen= bestände, in denen die Keimlinge durch Ueberlagerung mit Laub vielfach wieder zu Grunde gingen, — und da Wildlinge dort, wo die Tanne erst eingebürgert werden sollte, gar nicht, andern Orts wenigstens nicht in der gewünschten Menge und Qualität zur Verfügung standen, so mußte man sich seinen Pflanzenbedarf künstlich erziehen, und in Folge dieser Verhältnisse sehen wir die Tanne jetzt vielfach in unsern Forst=gärten, ihre Erziehung als eine Aufgabe des Forstverwalters.

Diese Aufgabe besteht nun meist in der Anzucht kräftiger ver=schulter Tannen, und es wird das Material für die Pflanzbeete entweder im Saatbeet erzogen oder, jedoch in minderem Maße, den natürlichen Anflügen entnommen. Fassen wir zunächst den ersten Fall ins Auge.

Für die Anlage eines Tannensaatbeetes ist die Auswahl eines gegen Spätfrost, wie gegen die grelle Einwirkung der Sonne geschütz=ten Platzes von besonderer Wichtigkeit. Bestandslücken, hinreichend groß, um direkte Ueberschirmung des Beetes und den Fall der Traufe auf dasselbe zu vermeiden, wählt man besonders gerne, obwohl man die Saatbeete auch ohne solchen Seitenschutz anlegen kann, in welch letzterem Fall jedoch Schutzvorrichtungen gegen Frost und Hitze nicht zu umgehen sind[1]). Wir würden aber einen solch ungeschützten Platz nur im Nothfall wählen! Bezüglich der Anlage von Saatbeeten unter schützendem Oberstand, wie solche wohl auch geschieht, gilt das bei der Rothbuche hierüber Gesagte.

Die Bearbeitung des hinreichend frischen Bodens erfolgt in üblicher Weise unter Vermeidung zu tiefer Lockerung oder Düngung, um die Bildung einer zu starken Pfahlwurzel, zu welcher die junge Tanne geneigt ist, nicht noch mehr zu befördern; 25—30 cm ge=nügen stets.

Der Samen der Weißtanne, der vielfach auf den betreffenden Revieren selbst gesammelt wird, wodurch gute Qualität vor Allem ge=sichert erscheint, erhält sich nur bis zum kommenden Frühjahre keim=fähig und bedarf zu möglichster Erhaltung dieser Keimfähigkeit einer aufmerksamen Behandlung während des Winters. Er ist namentlich vor Erhitzung, die durch dichtes Aufeinanderliegen leicht eintritt, zu be=wahren, und wird zu diesem Zweck am besten folgendermaßen behandelt[2]): Die noch grünen geschlossenen Zapfen, in der zweiten Hälfte des Sep=tembers gesammelt, werden auf der Tenne des Samenmagazins ca. 20—25 cm hoch aufgeschüttet, dreimal täglich mit festem Rechen tüch=tig umgestoßen, und damit vier bis fünf Wochen fortgefahren, bis die Schuppen der zerfallenen Zapfen sich trocken anfühlen. Dann wird

---

[1]) Vergl. über Tannenerziehung: Burkhardt, Aus dem Walde. IV. S. 67. (Grebe) und III. S. 168. (Forstrath Lang.)

[2]) Mitth. des Forstmeisters Zenker in der Vereinsschrift des böhm. Forstver. pro 1882. 2. Heft.

der Samen sammt Schuppen auf dem Dachboden eingelagert und im Frühjahre eventuell mit diesen (ins Saatbeet aber wohl besser nach vorheriger Trennung in Sieben!) ausgesäet. — Die Keimkraft erprobt man einfach durch die Schnittprobe, bei welcher sich der frische, weiße Keim im Innern des stark nach Terpentin riechenden Samenkorns zeigen muß; doch ist nach Kienitz' Angabe[1]) dies Kennzeichen nicht untrüglich. Will man Keimproben (etwa auf der Keimplatte) mit Tannensamen anstellen, so ist wohl zu beachten, daß der frisch gesammelte Samen einer Nachreife bedarf; nach Kienitz' Versuchen[1]) keimte derselbe, im Februar geprüft, sehr rasch, während im Herbst auf die Keimplatte gebrachte Samen 50 Tage und darüber brauchten, bis sie zur Keimung gelangten. Höhere Wärmegrade werden hiebei dem Samen verderblich.

Angesichts der immerhin etwas umständlichen Ueberwinterung des Samens wendet man bei der Weißtanne gerne die Herbstsaat an, und kann dies um so eher thun, als der Samen im Winterlager weder durch Mäuse, noch durch Vögel bedroht ist; der starke Terpentingehalt scheint ein Schutz gegen die Thierwelt zu sein. Doch ist man bei Bezug des Samens von weiterher oder frühzeitig eintretendem Winter nicht selten zur Frühjahrssaat genöthigt; Grebe empfiehlt solche bei anhaltend feuchtem Herbstwetter und schwerem Boden, und Gerwig[2]) bezeichnet die Frühjahrssaat als zweckmäßig wegen der Spätfröste, durch welche die sehr frühzeitig erscheinenden Keimlinge der Herbstsaat gefährdet sind.

Die Aussaat erfolgt in etwa 2 cm tiefe und 2 cm breite, mit dem Rillenbrett Fig. 20 (§ 53) eingedrückte Rillen, deren Abstand bei der geringen Entwicklung der Tanne in den beiden ersten Lebensjahren nur etwa 12 cm zu betragen braucht, und wird der starke, von Flügeln, Schuppenresten u. dgl. möglichst gereinigte Samen aus der Hand — ohne Anwendung der hier entbehrlichen Säevorrichtungen — möglichst gleichmäßig und in der Güte des Samens entsprechender Menge eingestreut. E. Heyer[3]) läßt auch den Weißtannensamen bei der Frühjahrssaat zur Beförderung des Keimens acht Tage lang in feuchten Sand einschlagen. — Das nöthige Samenquantum gibt Grebe[4]) pro Ar auf 5—6 Pfund bei der nach unserer Meinung überflüssig großen Entfernung der Rillen von 21 cm an; bei dem von uns

---

1) Forstl. Bl. 1880. S. 1.
2) Die Weißtanne im Schwarzwald. S. 137.
3) Allg. F.- u. J.-Z. 1866. S. 210.
4) Aus dem Walde. IV. S. 67 ff.

empfohlenen geringeren Abstand derselben wird sich dieser nach unsern Erfahrungen knapp bemessene Bedarf wesentlich erhöhen, bei Frühjahrs=saat ohnehin etwas reichlicher zu bemessen sein, und ist die Angabe Judeichs[1]), daß 8—12 Kilogr. pro Ar nöthig seien, als richtig zu be=trachten, stimmt auch mit den uns von anderen erfahrenen Pflanzen=züchtern gemachten Angaben.

Eine Deckung des Samens zu 1—2 cm hat sich nach Baurs Versuchen für die Tanne als die der Keimung zuträglichste erwiesen, eine solche von 3 cm schon als sehr nachtheilig; nach Grebes Angabe dagegen wurde im Thüringer Walde eine Decke von 2,6 cm noch mit gutem Erfolg angewendet; der Lockerheitsgrad des verwendeten Deck=materials spielt eben hiebei seine Rolle!

Zum Schutz gegen das Austrocknen deckt man die angesäeten Beete mit Nadelholzreisig; die im Herbst besäeten Beete aber deckt man in solcher Weise etwa nach eingetretenem stärkern Frost, um da=durch allzu früher Keimung entgegen zu wirken. Durch Aufstecken des Reisigs oder durch Schutzgitter aber schützt man die empfindlichen Keimlinge gegen Spätfröste, wie grelle Sonneneinwirkung und Trockniß, welch letztere die schwachen Pflänzchen während des Sommers ebenfalls gefährdet, und wo der Seitenschutz gegen Süd und West fehlt, da sind Schutzgitter, allmählich höher gestellt, oder Schutzschirme, aus leichtem Stangengerüst mit Nadelholzreisig gedeckt, welch letzteres allmählich abgenommen und zuletzt, gleich den Schutzgittern, ganz entfernt wird, zur Sicherung unserer Tannenpflänzchen nicht wohl entbehrlich.

Als einen Feind der keimenden Tannen nennt uns Dreßler[2]) den Erdfloh, einen Feind, gegen welchen uns nur mangelhafte Mittel zur Verfügung stehen (s. § 65).

Wo Auergeflüg vorhanden, bedürfen die Tannenpflänzchen im Saatbeet gegen dasselbe des in § 67 angegebenen Schutzes, da das=selbe nicht nur die Knospen, sondern auch die Nadeln derselben abäst und die Pflanzen dadurch ruinirt.

Im Uebrigen pflegen wir unsere Tannensaatbeete, die wir auch im nächsten Frühjahre noch durch Schutzgitter gegen Spätfröste schützen, durch Jäten und Lockern in gleicher Weise, wie die andern Holz=arten. Pfeil[3]) empfiehlt nach erfolgtem Aufgehen das Eindecken mit

---

[1]) Forst= und Jagdkalender. 1882. S. 113.
[2]) Die Weißtanne. S. 55.
[3]) Deutsche Holzzucht. S. 524.

Moos, so daß nur die Nadeln herausschauen, als ein Verfahren, das sich durch Erhaltung der Bodenfrische für die junge Tanne besonders empfehle.

Nur ausnahmsweise werden die bekanntlich sich sehr langsam entwickelnden Tannenpflänzchen — Grebe gibt als Resultat angestellter Messungen die durchschnittliche mittlere Stammlänge der einjährigen Pflanze zu 5, der zweijährigen zu 12 cm an — im Alter von zwei oder drei Jahren direkt verwendet; es wäre dies nur etwa zu Unterpflanzungen zulässig. In der Regel aber werden die Pflänzchen zu weiterer Erstarkung aus dem Saatbeet ins Pflanzbeet versetzt, und zwar am liebsten im zweijährigen Alter; die einjährigen Pflanzen sind noch zu klein; die dreijährigen aber erschweren durch ihre schon tiefer gehende Pfahlwurzel die Verschulung.

In die ebenfalls wo möglich etwas geschützt liegenden Pflanzbeete verschult man die Pflänzchen am einfachsten mittelst des Setzholzes nach der Schnur, und erleichtert die Pfahlwurzelbildung der Tanne diese Art der Verschulung. Auch das Eck'sche Verschulungsgestell (Fig. 43) haben wir mit sehr gutem Erfolge angewendet. Ist diese Pfahlwurzel etwas zu stark entwickelt, so empfiehlt sich sowohl zum leichteren Einschulen, wie behufs Erzielung günstigerer Wurzelbildung für die spätere Auspflanzung ein mäßiges Kürzen derselben. — Bei der Verschulung (wie später bei der Auspflanzung ins Freie) empfiehlt Gerwig[1]) eine „an Aengstlichkeit grenzende Vorsicht" bezüglich des Feuchterhaltens der Wurzeln. — Die Entfernung der Pflanzreihen wählt man mit Rücksicht auf dies etwas längere Verbleiben der Tanne im Pflanzbeet und auf die in den ersten Jugendjahren vorwiegende Entwicklung der Seitenäste nicht zu eng und jedenfalls weiter, als bei der Fichte; wir würden den Verband von 12 bis 15 cm in den Reihen auf 20 cm Reihenabstand für den entsprechendsten, den von Gerwig empfohlenen von nur 6 cm in den Reihen (bei 24 cm Abstand) für einen etwas zu engen halten. Die Stärke, welche die Pflanzen im Verschulungsbeet erreichen, die Zeit, die sie hienach in demselben verbleiben sollen, kann allerdings den geringern Abstand zulässig oder den größern nothwendig machen; in der Regel und bei normaler Entwicklung wird man die zweijährig verschulten Pflanzen drei bis höchstens vier Jahre im Pflanzbeet belassen und dadurch genügend starke Pflanzen erziehen, während zwei Jahre hiezu nur ausnahmsweise ausreichen. Eine nochmalige Verschulung zur Erziehung

---

[1]) Die Weißtanne im Schwarzwald. S. 132.

besonders starker Pflanzen[1]) erweist sich unserer Ansicht nach ent=
schieden als zu kostspielig und wird daher nur in besonderen Fällen
Platz greifen können.

An Stelle der im Saatbeet erzogenen Pflanzen kann man auch
mit gutem Erfolg Wildlinge einschulen[2]), und zwar sowohl kleinere,
zwei= bis dreijährige, wie auch stärkere, bereits 25—30 cm hohe
Pflanzen, welche zu besonderer Stärke herangezogen werden sollen.
Mit ersteren haben wir selbst mit bestem Erfolge manipulirt; die in
den etwa durch Sturm etwas gelichteten alten Beständen nach
reichen Samenjahren oft in großer Menge und kräftiger Ent=
wicklung vorhandenen Pflänzchen (am besten die zweijährigen)
werden mittelst eines kleinen Schippchens ohne Ballen herausgehoben,
in mit feuchtem Moos belegten Körben gesammelt und alsbald wieder
eingeschult. Wo die eben genannten Vorbedingungen gegeben sind, die
Pflänzchen also nicht etwa zusammengesucht werden müssen, sind
solche Wildlinge entschieden billiger, als die in Saatbeeten erzogenen
Pflanzen. — Die stärkeren Wildlinge werden ebenfalls ohne Ballen
ausgehobeu, die Seitenzweige etwas zurückgestutzt, und die Verschulung
erfolgt sodann in mindestens 30 cm entfernten Reihen in einem
Pflanzenabstand von etwa 12 cm[3]). Doch möchten wir hier vor
älteren, schon länger unter stärkerer Ueberschirmung gestandenen Pflan=
zen sehr warnen! Alle diese aus dem Bestandsschutz in frei ge=
legene Saatbeete verschulten Wildlinge bedürfen aber eines entsprechen=
den Schutzes, da — wie allen Pflanzen, so insbesondere den Tannen —
ein plötzlicher Uebergang vom Schatten ins volle Licht sehr nach=
theilig wird; im Pflanzbeet sind sie allmählich an den freien Stand
zu gewöhnen, und zu diesem Behuf gibt man ihnen nach dem Ein=
schulen eine Art Hochdeckung, indem man etwa 70—100 cm hohe,
leichte Stangengerüste mit Tannenästen durchflicht und die zuerst dich=
tere Decke durch allmähliche Wegnahme der Aeste lichtet, zuletzt aber
ganz entfernt. Den am Rand liegenden Beeten gibt man durch ein=
gesteckte Aeste an der Süd= und Westseite noch weiteren Schutz;
wo genügender Seitenschutz durch vorliegende Bestände gegeben, kann
dies unterbleiben.

---

[1]) Vergl. Dreßler, Die Weißtanne. S. 59. und Monatsschr. f. d. F.= u. J.=W.
1879. S. 10.

[2]) Gerwig, Die Weißtanne. S. 140.

[3]) Aus d. Walde. III. S. 173. (Dieser Abstand von nur 12 cm, wie ihn
Lang empfiehlt, dürfte für stärkere Wildlinge wohl etwas gering sein. Ein
Kürzen der Pfahlwurzel wird nicht zu umgehen sein.)

Schutz und Pflege der Tanne im Pflanzbeet besteht neben dem Jäten und Lockern, das aber nach dem im zweiten Jahre meist schon erfolgenden Ineinandergreifen der Aeste entbehrlich und resp. unthunlich wird, zunächst in möglichster Bewahrung vor Spätfrösten, gegen welche die Tanne ja bekanntlich sehr empfindlich ist. Dies bezwecken wir nun durch Anwendung von Schutzgittern, und deren Anwendung ist für die Tanne ganz besonders zu empfehlen. Die Verschulung in Beete (statt in Länder) erleichtert deren Verwendung. Günstig ist die Eigenthümlichkeit der Tanne, die Gipfelknospe erst spät und nach den Seitenknospen zu entwickeln, so daß häufig nur die Seitentriebe vom Frost getroffen werden. Haben aber die jungen Weißtannen durch Frost den Höhentrieb verloren und bilden sich in Folge dessen aus Seitenknospen mehrere Gipfel, so schneide man baldigst alle diese Triebe bis auf den dienlichst scheinenden sogleich mit der Scheere ab[1]).

Manchen Orts üblich ist auch das oben schon erwähnte Stutzen der Seitenäste sowohl beim Einschulen der stärkeren Wildlinge, wie auch der schon länger im Pflanzbeet stehenden Pflanzen; nach Langs Angaben[2]) soll durch dies alljährlich wiederholte Verfahren eine dichte Verästelung, stufiges Wachsthum und kräftiger Höhentrieb erzielt werden. Auch Gerwig will dadurch den Höhenwuchs befördern. Dreßler[3]) wendet dies Stutzen der Seitenäste, wozu die Astscheere benutzt wird, nur dann an, wenn sich dieselben besonders stark entwickeln und in einander zu verflechten drohen; nach unsern eigenen Erfahrungen würde dasselbe in den meisten Fällen entbehrlich sein. Im Thüringer Wald scheint man das Stutzen der Aeste gleichfalls nicht anzuwenden.

Als ein bisweilen angewandtes Verfahren zur Erziehung billiger Tannenpflanzen, sei auch noch das von uns schon oben (§ 83) geschilderte hier nochmals kurz erwähnt; dasselbe besteht darin, daß man in Heisterschulen (Eichen) zwischen je zwei Heister eine Tanne, zwischen je zwei Heisterreihen eine Tannenreihe einschult und hiedurch mit sehr geringen Kosten unter dem Schutz der Heister kräftige Tannen zieht.

§ 115.

Die Fichte.

Keine Holzart ist wohl in unsern Forstgärten, unsern Saatkämpen seit nun schon geraumer Zeit mehr zu Haus, als die Fichte; Millionen

---

[1]) Gerwig, Die Weißtanne. S. 140.
[2]) Aus dem Walde. III. S. 173.
[3]) Die Weißtanne. S. 59.

von Fichtenpflanzen werden alljährlich in Deutschland verwendet, und nur die Föhre mag, seit die Pflanzung derselben mit Jährlingen so vielfach an Stelle der Saat getreten, sie vielleicht an Zahl der alljährlich erzogenen Pflanzen übertreffen.

Der Gründe für diese ausgedehnte Verwendung der Fichte sind viele: Zunächst ist das Verbreitungsgebiet der Fichte an sich ein sehr ausgedehntes, im Weiteren aber ist sie vielfach an Stelle der minder ertragsreichen, bezüglich des Bodens aber anspruchsvolleren Buche getreten, auch an Stelle der Tanne, wo man von der natürlichen Verjüngung abging, oder, durch Windbruch gezwungen, abgehen mußte. Es wurde aber ferner, je länger je mehr, die Pflanzung die vorwiegende Methode der Fichtennachzucht. Die natürliche Verjüngung stieß auf manche Schwierigkeiten, durch die Ausbringung der großen Nutzholzmassen litten die Anflüge in hohem Grade, in den dem Wind exponirten Lagen erwies sich die natürliche Verjüngung oft geradezu unmöglich, und nirgends haben die Windstürme des letzten Jahrzehnts ärger gehaust, als in den Fichten-Angriffs- und Nachhieben. Die künstliche Verjüngung durch Saat, früher in großer Ausdehnung angewendet, fand auf frischem Boden, in dem starken Gras- und Unkrautwuchs, wohl auch im Ausfrieren der Pflänzchen bedeutende Hemmnisse, während auf oberflächlich vermagertem Boden die noch dazu meist dicht stehenden Saaten lange kümmerten. Der dichte Stand der durch Saat entstandenen Dickungen und Stangenhölzer führte schwere Beschädigungen durch Schneedruck und Schneebruch herbei — und so ist, Angesichts dieser Mißstände, mehr und mehr die Pflanzung bei der Fichte zur Herrschaft, ja fast zur Alleinherrschaft gelangt, die Erziehung entsprechender Fichtenpflanzen eine wichtige Aufgabe zahlreicher Forstwirthe geworden — eine Aufgabe, die wir durchaus nicht so geringschätzig betrachten wollen, wie dies Genth[1]) thut.

Auch die Methode der Pflanzung hat aber seit einem Menschenalter bedeutende Wandelungen durchgemacht, und mit ihr die Aufgabe des Pflanzenzüchters. — Nachdem man mit sogenannten gezogenen Pflanzen — Pflanzen, die aus dichten natürlichen Anflügen oft ziemlich schonungslos ausgezogen wurden — erklärlicher Weise vielfach geringen Erfolg gehabt, wandte man sich der Ballenpflanzung zu; das Material für dieselbe lieferten zunächst wohl natürliche Anflüge, später, bei größerem Bedarf, die immer noch ausgedehnten Saaten, auch wohl Saaten, auf kleineren Flächen speziell zum Zweck der Er-

---

[1]) Genth, Doppelte Riesen. S. 41.

ziehung von Ballenpflanzen vorgenommen, bis man schließlich auch solche Pflanzen durch Verschulung erzog. — Der dichte Stand der Pflanzen in den Saaten führte beim Ausstechen der Pflanzen von selbst zu Büschelpflanzen, die eine Zeit lang an manchen Orten (Ha'rz!) sehr in Ansehen standen.

Man glaubte überhaupt lange, die Fichte lasse sich nur mit Ballen verpflanzen; sagt doch Pfeil[1]) noch im Jahre 1858: „Das dichte Gewirr der kleinen, zahlreichen Faserwurzeln bedingt das Ausheben und Versetzen mit der sie umgebenden Erde, die Ballenpflanzung, da es schwer und oft ganz unmöglich sein würde, die entblößten Wurzeln alle wieder in ihre natürliche Lage zu bringen." Auch Heß spricht in seiner Schilderung des Kulturbetriebes in Thüringen[2]) im Jahre 1862 nur von der Erziehung von Ballen- und Büschelpflanzen im Pflanzgarten, glaubt aber, daß künftig mehr ballenloses Material zur Verwendung kommen werde — eine Prophezeiung, die bekanntlich in vollstem Maße in Erfüllung gegangen ist. Doch wurden auch zu jener Zeit schon vielfach ballenlose, unverschulte Fichten verpflanzt, so namentlich in Bayern, und ebenso das Verschulen zur Erziehung kräftiger, mit bloßen Wurzeln zu verwendender Fichtenpflanzen angewendet[3]), welch letzteres Verfahren mittlerweile bekanntlich außerordentliche Verbreitung gefunden hat.

Die Aufgabe des Pflanzenzüchters ist nun bezüglich der Fichte: die Erziehung derselben im Saatbeet zur Verschulung oder zu direkter Verwendung ins Freie; die Erziehung kräftiger verschulter Pflanzen im Pflanzbeet und endlich, wenn auch seltener, die Erziehung von Ballen- oder Büschelpflanzen durch Saat wie durch Verschulung. Betrachten wir die Lösung dieser Aufgabe in der angegebenen Reihenfolge[4]).

Die Auswahl eines Platzes für ein Fichtensaatbeet erfolgt nach den im allgemeinen Theil gegebenen Regeln. Der Umstand, daß Fichtensaatbeete da, wo weder Hochwild, noch Sauen vorhanden, einer Einfriedigung in der Regel nicht bedürfen, erleichtert die Auswahl des Platzes, da man bezüglich der Gestalt desselben freie Hand hat, statt eines größeren, in koupirtem Terrain oft schwer zu findenden Platzes mehrere kleinere, besonders geeignete Oertlichkeiten verwenden kann.

---

[1]) Deutsche Holzzucht. S. 471.
[2]) Allg. F.- u. J.-Z. 1862. S. 285.
[3]) Forstl. Mitth. XI. S. 114, 130.
[4]) Wir verweisen bez. der Erziehung der Fichte insbesondere auf das schon oft citirte Werkchen: „Schmitt, Fichtenpflanzschulen".

Auch Wanderkämpe werden in Folge dieses Umstandes nicht selten angewendet. — Seitenschutz gegen Süd und West ist der Fichte sehr wohlthätig, und Frostlagen sind mit Rücksicht auf die Spätfrostgefahr sorgfältig zu meiden. — Tiefgründigkeit des Bodens ist nicht nöthig, doch vermeidet man flachgründige und in Folge dessen rasch austrocknende und zum Auffrieren geneigte Böden auch bei der Wahl eines Saatbeetes für die flachwurzelnde Fichte, und aus gleichen Gründen möchten wir uns gegen die allzuseichte Bodenbearbeitung von nur 12—15 cm, wie sie wohl da und dort üblich ist, aussprechen.

Den Fichtensamen beschaffen wir uns zum weitaus größten Theile durch Ankauf von Samenhandlungen, seltener durch eigenes Ausklengen oder aus ärarialischen Samendarren, und eine Prüfung der Keimfähigkeit ist daher nicht wohl zu umgehen, auch für selbst gewonnenen Samen zu empfehlen. Guter, frischer Fichtensamen zeigt eine Keimkraft, die 80 Prozent erreicht, ja übersteigt; mit jedem Jahre, welches der Samen aufbewahrt wird, sinkt dieselbe, und drei bis vier Jahre alter Samen zeigt meist so geringe Prozente, daß er zur Aussaat ins Saatbeet nicht mehr zu verwenden ist[1]). Nach Angabe des Forstmeisters Zenker ist dagegen selbst vierjähriger Samen noch gut brauchbar, wenn die gesammelten Zapfen trocken einmagazinirt und erst kurz vor dem Verbrauch ausgeklengt werden[2]).

Die Keimkraft des Fichtensamens prüfen wir mittelst der Lappen- oder Scherbenprobe oder in den § 45 angegebenen Keimapparaten. Sollen wir uns sofort ein Urtheil über seine Güte bilden, so nehmen wir die allerdings minder verlässige Schnittprobe zu Hülfe. Einen Samen, welcher 70 Prozent keimfähiger Körner zeigt, erklären wir noch für einen guten, einen solchen unter 40 Prozent für einen schlechten Samen. — Nach Reuß' Angabe spricht dunkle, gleichmäßige Färbung, länglich schlanke (nicht dickbauchige Gestalt) und höheres Gewicht für bessere Qualität des Samens[1]).

Die Aussaat erfolgt bei der Fichte jederzeit nur im Frühjahre, Ende April oder Anfang Mai, in rauhen Lagen selbst erst in der zweiten Hälfte des Mai. Ein Einquellen des Fichtensamens halten wir für unnöthig und überhaupt nur für zulässig, wenn das zum Gießen während der Keimperiode im Falle eintretender Trockniß nöthige

---

[1]) S. die von Reuß angestellten Versuche mit Fichtensamen (Centr.-Bl. f. d. F.-W. 1884. S. 65 und 175).

[2]) Vereinsschr. des böhm. F.-Vereins. 1882. Heft 2.

Wasser vorhanden ist; vollständiges Abtrocknen des Samens vor dem Aussäen ist aber nöthig, um das klumpenweise Zusammenkleben des Samens und in Folge dessen ungleichmäßige Saat zu vermeiden. Droht Gefahr durch Vögel, so wird sich die Anwendung der Mennige (§ 67) empfehlen.

Die Saat erfolgt fast ausschließlich in Rillen und ist die früher übliche Vollsaat allenthalben verlassen worden; selbst in den zur Erziehung von Büschelpflanzen bestimmten Pflanzkämpen wählt man nach Burkhardts Mittheilungen[1]) erstere Art der Ansaat. Den von Burkhardt empfohlenen, 8 cm breiten und 22 cm entfernten Rillen pflichten wir jedoch nicht bei, sondern halten die von Schmitt angewendeten, nur 3 cm breiten und 10 cm von einander entfernten Rillen und die in Bayern üblichen, mit dem hier besonders zu empfehlenden Rillenbrett (s. § 53) eingedrückten schmalen Doppelrillen mit 10 cm Abstand für zweckmäßiger. Jene breiten Rillen pflegen in der Mitte zu viel Ausschußmaterial zu liefern, wenn die Pflanzen länger als ein Jahr in ihnen stehen, während nur die Randpflanzen kräftige Entwicklung zeigen; der Rillenabstand von 22 cm aber dürfte ein unnöthig großer sein. Schmale Rillen, näher zusammengerückt, werden stets eine größere Zahl kräftiger Pflanzen liefern.

Die Tiefe der Rillen und resp. die hiedurch bedingte Stärke der Bedeckung soll nach Baurs Versuchen 1—2 cm betragen, und ist eine Decke von 2 cm Stärke schon zu viel, wenn man mit schwererem Boden deckt — ein Deckungsmaterial, welches man nach dem in § 56 Gesagten jedoch stets zu vermeiden trachten wird.

Das Einlegen des Samens geschieht entweder mit der Hand, oder, im Interesse gleichmäßiger Saat, besser mittelst einer Säevorrichtung; wir können hiezu das einfache Klappbrett oder die Saatkrippe (§ 55) in Verbindung mit dem oben erwähnten Rillenbrett zur Erzeugung von Doppelrillen als rasch fördernd empfehlen.

Bezüglich des nöthigen Samenquantums finden wir in der Literatur sehr abweichende Angaben; so verlangt Schmitt[2]) pro Ar durchschnittlich 2 ½ Kilogr., die bayrische Instruktion vom Jahre 1862[3]) 1 Kilogr., Oberförster Vultejus[4]) bezeichnet 1,40 Kilogr., Dankelmann[5]) 1,5—2 Kilogr. als das entsprechende Quantum. Nach unsern eigenen

---

[1]) Säen u. Pflz. S. 355.
[2]) Fichtenpflanzschulen. S. 64.
[3]) Forstl. Mitth. XI. S. 123.
[4]) Forstl. Blätter. 1879. S. 168.
[5]) Zeitschr. f. d. F.- u. J.-W. V. S. 73.

Erfahrungen und Versuchen ist das von Schmitt angegebene Quantum nicht zu groß, und dürfte die bedeutende Differenz von $2^1/_2$ und 1 Kilogr. ihre Erklärung wohl darin finden, daß Schmitt lediglich Pflanzen zum Verschulen, die bayrische Instruktion aber vorzugsweise kräftige Saatbeetpflanzen zum sofortigen Auspflanzen ins Freie erziehen will; das längere, der Regel nach dreijährige Stehen im Saatbeet bedingt im letzteren Falle dünnere Saat, — und je nach seinen Zwecken wird der Pflanzenzüchter sich mehr dem oben bezeichneten Minimum oder Maximum zuneigen. Breite und Entfernung der Rillen, Güte des Samens sind selbstverständlich ebenfalls von Einfluß auf das zur Verwendung kommende Samenquantum.

Durch aufgelegtes Föhren= oder Tannenreisig, das nach erfolgtem Keimen und Aufgehen des Samens rechtzeitig aufgesteckt und allmählich entfernt wird, oder durch Schutz= und Deckgitter (weniger praktisch durch Moos) schützt man den Samen gegen Trockniß, Abschwem= men durch Regengüsse und Aufzehren durch Vögel, welch letztere dem keimenden, wie dem bereits aufgegangenen Samen bis zum Moment des Abstreifens der Samenhülle sehr gefährlich werden. Der Anwen= dung der Mennige als Schutzmittel gegen Vögel haben wir schon oben gedacht. — Durch Mäuse ist der Fichtensamen nur wenig gefährdet.

Die nöthige Pflege der Saatbeete durch öfteres Reinigen von Unkraut und Lockern des Bodens mit dem Gartenhäckchen oder Dreizack erfolgt in der im „Allgemeinen Theil" angegebenen Weise. Gegen das Auffrieren, dem die flachwurzelnden Fichtenpflänzchen besonders ausgesetzt sind, sucht man dieselben durch das Anhäuseln der Rillen im Herbst, auch durch in die Zwischenräume eingelegtes Moos zu schützen, und drückt gehobene Pflanzen und Pflanzbüschel etwa unter gleichzeitigem Uebererden der Zwischenräume wieder alsbald an. — Ein Decken der Saatbeete im Winter mit Reisig u. dgl. ist nicht nöthig; dagegen sind Schutzgitter im Frühjahre, zur Zeit der Spät= fröste für die gegen letztere sehr empfindliche Fichte empfehlenswerth.

Eine Zwischendüngung wird, wenn die Beete vor der Ansaat hinreichend gedüngt wurden, bei den nur zwei Jahre im Saatbeet ver= bleibenden Pflanzen überflüssig sein, bei drei= oder gar vierjährigem Stehen im Saatbeet dagegen sich etwa zu Anfang des 3. Jahres sehr empfehlen und dann in der § 28 näher bezeichneten Weise gegeben.

Von großer Wichtigkeit ist aber noch für jene Saatbeete, deren Mate= rial nicht schon im ersten Jahre zur Verschulung gelangt, die rechtzeitige Pflege durch entsprechendes Durchrupfen der etwa zu dicht stehen= den Saatrillen, eine Manipulation, die um so nothwendiger ist, je dichter die Pflanzen stehen, und je länger sie im Saatbeet verbleiben sollen. Es ist dieses kräftige Durchrupfen insbesondere ein Mittel, um schöne und etwas stufige Fichtenpflanzen bis zum Alter von drei Jahren — länger bleiben die Pflanzen nur ausnahmsweise, bei besonders langsamer oder durch Spätfröste beeinträchtigter Entwicklung im Saatbeet — auch ohne Verschulung zu erziehen, ein Mittel, das nach unsern Wahrnehmungen vielfach wohl nicht energisch genug gehandhabt wird [1]). Ueber die Art und Weise, wie das Durchrupfen zur Anwendung gebracht wird, besagt § 71 das Nähere und gilt das dort Gesagte insbesondere für Fichtensaatbeete.

Bezüglich der Zahl tauglicher Fichtenpflanzen, welche pro Ar erzogen werden können, gibt Pöpel [2]) an, daß er auf gut bestockten Saatbeeten 40 000 Stück (2= oder 3jährige Pflanzen?) pro Ar gefunden habe. Wir haben in unserem Forstgarten pro Quadratmeter Saatbeetfläche (einschließlich der Wege) 400 taugliche 3jährige Pflanzen im Durchschnitt von ebenfalls gut bestockten, jedoch durchrupften Beeten erhalten, ein Resultat, das mit Pöpels Angabe genau stimmt; auch die Angabe Jägers [3]), nach welcher pro Ar im günstigsten Falle 60 000, im ungünstigen 20 000 Stück zweijähriger Pflanzen stehen, trifft mit diesen Angaben zusammen.

In nicht wenig Fällen und insbesondere da, wo man es mit keinem stärkeren Gras= oder Unkrautwuchs zu thun hat, lassen sich kräftige unverschulte Fichten im Alter von zwei oder drei Jahren mit sehr gutem Erfolge zu Kulturen verwenden, und die Kostenersparung gegenüber der Anwendung verschulter Fichten ist bei den nicht unwesentlichen Kosten, welche die Verschulung verursacht, sowie bei den höheren Kosten, welche die Pflanzung größerer Pflanzen überhaupt veranlaßt, eine nicht geringe! Man ist, bestochen von den allerdings sehr günstigen Resultaten der Verschulung, der Verwendung verschulter Pflanzen, nicht selten mit letzterer zu weit gegangen [4]) und glaubte selbst, unverschulte Fichten überhaupt nicht verwenden zu sollen, kommt aber jetzt vielfach hievon zurück und läßt auch der unverschulten Pflanze ihr Recht.

In allen etwas mißlicheren Fällen aber: auf ungünstigerem Boden,

---

[1]) Im hiesigen Forstgarten angestellte vergleichende Versuche ergaben auffallend günstige Resultate zu Gunsten kräftigen Durchrupfens.

[2]) Thar. Jahrb. 32. S. 123.

[3]) Allg. F.= u. J.=Z. 1887. S. 230.

[4]) In Bayern wurde im Jahre 1862 durch Ministerial=Verfügung angeordnet, es sei das Verschulen der Fichten nicht weiter auszudehnen, als die Umstände absolut gebieten. (Forstl. Mitth. XI. S. 230.)

bei starkem Graswuchs, größerer Bodenfeuchtigkeit, dann bei Lücken=
pflanzungen, bei welchen rasches An= und Fortwachsen besonders
wünschenswerth erscheint, verdient dagegen die kräftige Schulpflanze
den entschiedenen Vorzug, und die Verschulung der Fichte findet
denn gegenwärtig auch die weiteste Ausdehnung.

Für Auswahl des Platzes und Tiefe der Bodenbearbeitung werden
für Fichtenpflanzschulen die gleichen Regeln, wie für Fichtensaat=
beete zu gelten haben. — Die Verschulung findet stets im Frühjahre
statt, und zwar nimmt man dieselbe gerne zeitig vor, jedenfalls vor
den Saatkulturen und ehe die Fichten angetrieben haben; letzteres ist
zwar ohne Nachtheil bei genügend feuchter Witterung und wir haben
schon Verschulungen im Juni mit stark angetriebenen Fichten ausführen
sehen, allein bei eintretender längerer Trockne wird ziemlicher Abgang
die Folge sein, und wir möchten so späte Verschulung daher in keiner
Weise empfehlen.

Die Frage, ob man zur Verschulung Beete oder Länder (Ge=
wannen) verwenden soll, ist gerade bei der Fichte noch sehr strittig, und
finden die einen wie die andern ihre Vertheidiger. Indem wir auf das
hierüber in § 41 Gesagte verweisen, bekennen wir uns für die Fichte
als einen Anhänger der Beete, die zum Zwecke des Lockerns und
Reinigens nicht betreten werden müssen und in Folge dessen eine bei
der Fichte mit Rücksicht auf ihre Entwicklung sehr wohl zulässige
engere Verschulung, eine intensive Ausnutzung des Raumes gestatten,
und hiedurch die Ersparung an Wegfläche bei Anwendung größerer
Länder mehr als ausgleichen. Auch als Mittel gegen das Auffrieren,
durch welches die Fichte im Pflanzbeet viel zu leiden hat, sind die als
seichte Entwässerungsgräben dienenden Wege zwischen den Beeten oft
von Vortheil. Selbstverständlich sind diese Wege jederzeit thunlichst
schmal zu halten.

Was die Entfernung anbelangt, in welcher man verschulen
soll, so gestattet die geringe Größe, in welcher die Fichte verschult wird,
die mäßige, nur 30—40 cm betragende Höhe, in welcher sie das Pflanz=
beet wieder verläßt, eine ziemlich enge Verschulung und nur die (selt=
nere) Erziehung besonders starker Pflanzen erfordert größere Pflanzen=
abstände. Für die gewöhnlich zur Anwendung kommenden drei= bis
vierjährigen Pflanzen genügt ein Abstand der Pflanzreihen von
15 cm, bei Anwendung größerer Länder ist, behufs Ermöglichung des
Betretens derselben, ein solcher von mindestens 20 cm nöthig. Die
Entfernung der Pflanzen in den Reihen wählt man meist zu 10 cm,
Schmitt geht auf 8 cm herunter, und nicht selten sieht man noch ge=

ringere Entfernungen angewendet. Zu einem vergleichenden Versuch über den Einfluß dieser Entfernungen auf die Entwicklung der Pflanzen haben wir im hiesigen Forstgarten einjährige Fichten auf einem größeren Land in Entfernung von 20 auf 10 cm verschult, auf einem anstoßenden Beet[1]) aber die Verschulung der Pflanzen mit Hülfe eines Zapfenbrettes (s. § 82) vorgenommen, in dessen doppelter Zapfenreihe die 10 cm langen Zapfen in Entfernungen von 7 cm in der Reihe und 5 cm vom nächsten Zapfen der Nachbarreihe standen (s. Fig. 52); die

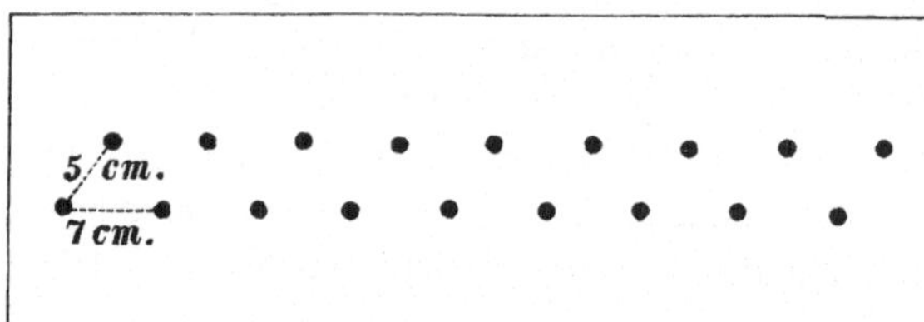

Figur 52.

doppelten Pflanzreihen waren ebenfalls 20 cm von der nächsten Doppelreihe entfernt. Die Entwicklung dieser eng verschulten Pflanzen ließ nichts zu wünschen übrig und blieb hinter jener der in weitem Verband verschulten Pflanzen kaum in sichtbarer Weise zurück. — Jedenfalls bewies dieser zur Instruktion der Studirenden alljährlich wiederholte Versuch, daß eine größere Pflanzenentfernung als jene von 15 auf 10 cm völlig überflüssig und ohne Einfluß auf die Entwicklung der Pflanzen ist, und spricht für Anwendung thunlichst geringer Entfernungen mit Rücksicht auf die dadurch erzielte Kostenersparung.

Was nun das Alter betrifft, in welchem die Fichte am zweckmäßigsten verschult wird, so liefern kräftig entwickelte einjährige Pflanzen entschieden die schönsten verschulten Pflanzen und möchten wir dieselben vor Allem empfehlen. Haben sich dagegen die Pflanzen im Saatbeet während des ersten Jahres in Folge ungünstiger Witterung nur schwach entwickelt, oder ist deren Entwicklung in Folge rauheren Klimas überhaupt eine langsame, so daß die Pflänzchen im ersten Jahre kaum einige Centimeter hoch werden, so verschult man die Fichten erst zweijährig, ja nach Schmitts Angabe unter besonders ungünstigen Verhältnissen selbst erst dreijährig. — Kräftig entwickelte zweijährige Pflanzen liefern bei der Verschulung meist minder stufige und weniger gut beastete Pflanzen und werden daher nur ausnahmsweise verwendet; namentlich gilt dies von solchen Pflanzen, die auf gutem Boden in etwas gedrängtem Stande spindelig emporgewachsen sind.

<hr>

    [1]) Im akademischen Forstgarten werden zur Unterweisung der Studirenden erklärlicher Weise Beete und Länder zur Anwendung gebracht.

Die Verschulung von Fichtenkeimpflanzen, 3—3¹/₂ Monate nach deren Aufkeimen (also im August?), wie sie Pannewitz in Böhmen angewendet fand[1]) und wie sie nach einem von Gayer[2]) mitgetheilten Kulturkostentarif auch in Schlesien bisweilen stattzufinden scheint, möchten wir mit Rücksicht auf das empfindliche Pflanzmaterial und die kritische Verschulungszeit für wenig praktisch und auch nicht für nöthig halten, sondern der Verwendung einjähriger Pflanzen den Vorzug geben; das Resultat von Versuchen, die wir selbst angestellt, war in keiner Weise günstig, insbesondere ist auch das Arbeiten mit den sehr schwachen Keimlingen mißlich.

Bei der Verschulung einjähriger Fichten werfe man rücksichtslos alle Schwächlinge weg — ein vorsichtiger Wirthschafter wird sich stets Saatbeete in der Größe anlegen, daß der Verschulungsbedarf reichlich gedeckt ist. Auch von den zweijährig zur Verwendung gelangenden Saatbeetpflanzen scheide man alle schlechtwüchsigen, doppelwipfeligen, ebenso aber auch zu lange und spindelige Pflanzen aus.

Dem Frisch=Erhalten der Würzelchen wendet man natürlich die entsprechende Sorgfalt zu; die kleinen, einjährigen Pflänzchen stellt man beim Verschulen zu diesem Zwecke in kleine Wassergefäße, Häfen u. dgl., stärkere Pflanzen legt man in feuchtes Moos. — Anschlämmen der Wurzeln ist entbehrlich, ebenso jedes Beschneiden derselben, und nur bei zu langer Wurzelbildung ein Kürzen derselben angezeigt. Bei Anwendung des Zapfenbrettes wird es zweckmäßig sein, die Wurzeln der büschelweise zusammengelegten Pflanzen in einer der Länge der Zapfen (10 bis 12 cm) entsprechenden Weise zu kürzen, um das Um= stülpen derselben zu vermeiden.

Die Verschulung selbst wird mit Hülfe der Schnur und des Setzholzes, des Pflanzbrettes, des mehrerwähnten Zapfenbrettes, sowie der mehrerwähnten Verschulungsgestelle — die vorwiegend für Fichtenverschulung konstruirt wurden — vorgenommen, und verweisen wir bezüglich derselben auf die ausführliche Besprechung in § 82.

Was nun Schutz und Pflege der verschulten Fichten anbelangt, so bedürfen dieselben zu ihrem Gedeihen zunächst der rechtzeitigen Ent= fernung des Unkrautes und öfterer Bodenlockerung, gleich allen andern Pflanzen. Sehr vortheilhaft erweist sich auch der Schutz gegen Spät= fröste, durch welche die Fichtenpflänzchen oft schwer beschädigt, in ihrer Entwicklung um ein volles Jahr zurückgeworfen werden; ja durch

---

[1]) Monatsschr. f. d. F.= u. J.=W. 1800. S. 81.
[2]) Waldbau. S. 686. (Oberförstereien Karlsberg, Reinerz, Nesselgrund.)

wiederholte Frostbeschädigung verkrüppelt oft ein großer Theil der ver=
schulten Pflanzen bis zur Unbrauchbarkeit.   Schutzgitter erweisen sich
als ein sehr empfehlenswerthes Mittel gegen diese Gefahr.

Eine Decke gegen Winterfrost ist nicht nöthig, da unter ge=
wöhnlichen Verhältnissen die jungen Fichten selbst den strengsten Winter=
frost gut ertragen; nur strenge Kälte bei Nacht im Wechsel mit ver=
hältnißmäßig hoher Temperatur am Tage, wie dies an klaren
Wintertagen häufig der Fall, zeigt sich nachtheilig, hat Erfrieren der
Nadeln zur Folge[1]).

Durch den Baarfrost werden namentlich schwächere verschulte
Fichten in Folge ihrer flachen Bewurzelung häufig gehoben, ja aus=
gezogen; durch etwas tieferes Einpflanzen, Anhäufeln im Herbste,
Zwischendecke von Moos beugen wir der Beschädigung möglichst vor,
durch Andrücken der gehobenen Pflanzen und Einstreuen von Erde
zwischen die gehobenen Pflanzenreihen gleichen wir den eingetretenen
Schaden wieder aus und retten dadurch mit geringem Aufwand oft
große Pflanzenmengen.

Als Folge heftiger Regengüsse zeigen namentlich die verschulten
Fichtenpflänzchen nicht selten die sogenannten Erdhöschen, einen die
Nadeln oft bis zur Spitze der Pflanze umhüllenden Erdüberzug, der
nach erfolgtem Trockenwerden rasch und fast ohne Kosten durch Ueber=
fahren der Pflanzen mit einem Stock beseitigt wird (s. § 63).

Eine Zwischendüngung wird, wenn die Pflanzen nicht über
die normale Zeit von 2 Jahren im Pflanzbeet bleiben, nur dann nöthig
sein, wenn das Beet vor der Verschulung fehlerhafter Weise nicht oder
nicht genügend gedüngt wurde und die Pflanzen insbesondere durch
gelbliche Färbung der Nadeln den Nahrungsmangel dokumentiren; sie
wird dann mit rasch wirkenden Düngemitteln in schon besprochener
Weise gegeben.

Ein Beschneiden der Fichtenpflanzen findet nicht statt; bei
durch Spätfröste beschädigten Pflanzen kann man etwa die dann häufige
Doppelwipfelbildung durch Wegnahme des schwächeren Triebs be=
seitigen.

Die Zeit, welche die verschulten Fichten im Pflanzbeet zu ver=
bleiben haben, beträgt in der Regel zwei Jahre. Ein kürzeres,
also nur einjähriges Stehen im Pflanzbeet zeigt verhältnißmäßig wenig

---

[1]) In dem bekannten Winter 1879/80, welchem so viele Koniferen zum Opfer
fielen, haben auch die Fichten=Saat= und =Pflanzbeete viel gelitten, indem nament=
lich in sonnigen Lagen die aus der nur geringen Schneedecke hervorragenden
Theile erfroren.

Erfolg, die Wirkung des größeren Standraumes kommt erst im zweiten Jahre zur vollen Geltung, zumal die verschulte Pflanze doch erst die Folgen des Versetzens überwinden, erst kräftig anwurzeln muß. Ein längeres Verbleiben im Pflanzbeet als zwei Jahre wird nur bei langsamer Entwicklung der Pflanzen (in rauhen Lagen), bei Beschädigung derselben durch Spätfrost oder bei Bedarf besonders starker Pflanzen zweckmäßig sein; in letzterem Falle würde man aber schon bei der Verschulung auf Gewährung eines entsprechend größeren Standraumes durch Verschulung in etwas weiterem Verband Bedacht zu nehmen haben. Ueber drei Jahre wird man aber mit Rücksicht auf die starke horizontale Verbreitung, welche die Wurzeln der Fichte dann erlangen und welche schon im dritten Jahre eine die Verpflanzung erschwerende werden kann, nicht hinausgehen; namentlich auf ärmerem oder schwach gedüngtem Boden macht sich ein weites Ausstreichen der Seitenwurzeln bemerklich.

Unter günstigen Verhältnissen wird man sonach in drei Jahren — ein Jahr im Saatbeet, zwei im Pflanzbeet —, unter minder günstigen in vier Jahren — zwei und zwei Jahre —, unter ungünstigen in fünf Jahren — zwei und drei Jahre — Pflanzmaterial von der nöthigen Stärke erziehen. Man wird annehmen können, daß auf kräftigem Boden erwachsene, einjährig verschulte Fichten in einem Alter von drei Jahren (also nach zweijährigem Verbleiben im Pflanzbeet) eine durchschnittliche Höhe von 25—30 cm, im Alter von vier Jahren eine solche von 35—45 cm erreichen werden; einzelne, unter besonders günstigen Umständen sogar eine größere Zahl von Pflanzen überschreiten diese Grenzen oft nicht unbedeutend.

Wir hätten endlich noch die Erziehung von Ballen- oder Büschelpflanzen kurz zu besprechen, eines Pflanzmaterials, das früher in sehr ausgedehntem Maße und manchen Orts (Harz, Thüringen) noch vor wenig Jahrzehnten ausschließlich zu den Fichtenkulturen Verwendung fand, in neuerer Zeit aber den ballenlosen, verschulten und unverschulten Pflanzen allenthalben mehr oder weniger hat weichen müssen, und gegenwärtig nur in verhältnißmäßig geringer Menge, sowie etwa für besonders kritische Oertlichkeiten und Fälle mehr zur Verwendung kommt.

Wir können jedoch einfach auf Abschnitt V (S. 206) verweisen — was dort über Erziehung von Ballen- und Büschelpflanzen gesagt ist, gilt in erster Linie von der Fichte. —

§ 116.

Die Föhre.

Wie bezüglich ihrer Verbreitung in den deutschen Waldungen, so auch hinsichtlich ihrer Nachzucht in Saatkämpen und Forstgärten ringt die Föhre mit der Fichte um den ersten Platz und nimmt denselben vielen Orts — so in den großen Kiefernforsten der norddeutschen Ebene, wie in nicht wenigen süddeutschen, auf Sandboden stocken= den Waldungen — auch in beiden Richtungen ein. Der entschiedene Rückgang, in welchem sich so viele Privat= und Gemeindewaldungen und leider auch nicht wenige, durch Streuberechtigungen herunter= gekommene Staatswaldungen befinden, hat ihr Gebiet in den letzten Jahrzehnten außerordentlich wachsen lassen, ihr in vielen Waldgebieten, denen sie früher fremd war (Spessart!) Eingang verschafft. — In den Forstgärten aber hat sie sich einen Platz erst seit den letzten Jahr= zehnten errungen, denn bis vor 40 Jahren waren die Ansaat der Kulturflächen und die Pflanzung mit solchen Ansaaten entnommenen Ballenpflanzen bei Nachbesserungen oder in solchen Oertlichkeiten, wo die Saat wenig Aussicht auf Erfolg bot, die ausschließlich zur Anwendung kommenden Kulturmethoden für die Föhre, und letztere daher ein Fremdling in den Forstgärten. Jetzt dagegen ist die Pflan= zung mit einjährigen, im Saatbeet erzogenen ballenlosen Pflanzen in sehr ausgedehnter Anwendung, ja neuerdings verschult man selbst Föhren, und die Erziehung geeigneter Föhrenpflanzen spielt daher jetzt eine ganz bedeutende Rolle im Kulturbetrieb, ist eine wich= tige Aufgabe zahlreicher Forstwirthe[1]).

In den meisten Fällen beschränkt sich diese Aufgabe auf die Er= ziehung von Jährlingen und erfordert im Ganzen wohl weniger forstliche Kunst, als die Anzucht so mancher anderen Holzart; doch ist

---

[1]) Wie bekannt, hat der mittlerweile verstorbene Oberforstmeister von Dücker in Düsseldorf sich in sehr entschiedener Weise gegen die Pflanzung einjähriger Föhren ausgesprochen (Zeitschr. f. F.= u. J.=W. 1882. S. 65) und auf Grund zahlreicher Beobachtungen in auf solche Weise begründeten Beständen, sowie vieler Unter= suchungen des Wurzelbaues älterer und jüngerer gepflanzter Föhren behauptet, daß mittelst dieser Kulturmethode nie normale, bis zur Haubarkeit in gutem Schluß und Wuchs ausdauernde Bestände erzogen werden könnten. Dückers Ansichten haben jedoch sowohl in Zeitschriften, wie bei Forstversammlungen, — auf denen dieser Gegenstand längere Zeit ein ständiges Thema bildete — ebenso entschiedenen Widerspruch gefunden, und wenn auch die Saat der Föhre zur Zeit wieder an Verbreitung gewonnen hat, so wird gleichwohl auch jetzt noch die Pflanzung der einjährigen Föhren in ausgedehntem Maße angewendet.

auch zur erfolgreichen und billigen Erziehung solcher Jährlinge mancherlei zu beachten. Die Verschulung der Jährlinge, um zwei- bis höchstens dreijährige kräftige Pflanzen zu erziehen, ist ein Produkt der Neuzeit, das als erfolgreich gerühmt wird, größere Verbreitung aber bis jetzt noch nicht gefunden hat. — Ein bitterer Feind der Föhrensaatbeete aber, die Schütte, diese „Kinderkrankheit" der Föhre, bringt vielen Orts die Föhrenzüchter fast zur Verzweiflung und macht die sonst so einfache Nachzucht der nöthigen Pflanzen unsicher und theuer; seit lange schon bekannt, tritt diese Krankheit seit einigen Jahrzehnten in Freisaaten und Saatbeeten in großer Ausdehnung und Heftigkeit auf, und Millionen Pflanzen verfallen durch sie alljährlich dem Eingehen oder der Verkrüppelung. Wir werden bei Besprechung des Schutzes der Saatbeete gegen Gefährdungen auf sie zurückkommen.

Was nun die Anlage von Saatkämpen betrifft, so wird insbesondere bei der Föhre die Frage: ständige oder Wanderkämpe? verschieden beantwortet[1]). Der Umstand, daß man in dem vorwiegend ebenen Terrain der Föhrenwaldungen allenthalben und fast auf jeder Hiebsfläche eine entsprechende Oertlichkeit für einen Saatkamp findet; daß die Kosten der erstmaligen Bearbeitung auf dem meist steinfreien, sandigen oder lehmigen Boden nicht bedeutend sind; daß die Kämpe zumeist eine Umfriedigung nicht bedürfen: all' diese Umstände in Verbindung mit der Annehmlichkeit, die Pflanzen auf der Kulturfläche selbst, oder doch in deren nächster Nähe zu haben, das Ausheben derselben in der momentan benöthigten Menge durch den die Kultur beaufsichtigenden Forstbediensteten stets überwachen lassen zu können, die Verpackung zu ersparen, haben vielfach zu kleineren, einmal oder doch nur einige Male benutzten Wanderkämpen geführt. Auch die Schütte spielte hiebei eine Rolle: gestützt auf die Wahrnehmung, daß auf demselben Revier ein Saatkamp schüttete, der andere nicht, der in einem Saatkamp auftretenden Schütte aber meist alle Pflanzen zum Opfer fielen, wollte man mit Recht nicht Alles auf eine Karte setzen, sondern erzog die Pflanzen in verschiedenen Oertlichkeiten und wählte statt des einen großen — manche nicht zu leugnende Vortheile bietenden — Forstgartens eine Anzahl kleiner und dann meist wandernder Saatkämpe. Unter solchen Verhältnissen haben diese dann gewiß auch ihre Berechtigung.

Was nun die Auswahl des Platzes für einen Saatkamp betrifft, so hat man bei der wenig empfindlichen Föhre bezüglich der Lage

---

[1]) Vergl. hierüber insbes. Zeitschr. f. F.- u. J.-W. VI. S. 255. VIII. S. 403.

ziemlich freie Hand, doch wählt man auch für sie gerne eine Oertlich=
keit, die einigen Seitenschutz gegen Süd und West bietet[1]), ohne jedoch
zu nahe an die Bestandswand heran zu rücken. Die Schütte ist auch
bezüglich der Wahl des Platzes nicht selten ausschlaggebend gewesen:
gestützt auf die Wahrnehmung, daß Pflanzen unter lichtem Oberstand
selten und schwächer von der Schütte befallen werden, legte man Föhren=
saatbeete gerne auf mäßig großen Bestandslücken (Windbruchlöchern)
an, um hiedurch allseitigen Seitenschutz zu erzielen[2]), ja selbst unter
lichtem Oberstand, unter welchem man nach Nördlingers Angabe[3])
zwar kein sehr kräftiges, aber doch gut verwendbares, schüttefreies
Pflanzmaterial erziehen kann.

Der Boden soll unter allen Umständen hinreichend locker und
tiefgründig zur Ausbildung einer kräftigen Pfahlwurzel sein. Der
Vortheil, den man mit der Jährlingspflanzung gegenüber der Saat ins=
besondere auf den trockneren Sandböden erreicht, besteht neben den
sonstigen Vortheilen der Pflanzung vor Allem darin, daß die langbe=
wurzelte, einjährige Pflanze dem Vertrocknen im heißen Sommer leichter
entgeht, als der schwache Keimling; die Erziehung hinreichend lang
bewurzelter Pflänzlinge ist daher in der Mehrzahl der Fälle von be=
sonderer Wichtigkeit, und die Wahl eines an sich lockern, tiefgründigen
und entsprechend tief bearbeiteten und gedüngten Bodens das Mittel
zur Erreichung dieses Zieles. Man that hiebei aber vielfach des Guten
zu viel, suchte durch tiefe Rajolung und tiefes Unterbringen des guten
Bodens oder des Düngematerials den Pflanzen sehr lange Wurzeln —
bis zu 40 cm! anzuerziehen[4]). Solche Pflanzen sind aber schwer
ohne Wurzelbeschädigung auszuheben und zu verpflanzen, leiden leicht
durch Umstülpen oder verkrümmte Lage der Wurzeln beim Einpflanzen,
und man begnügt sich besser mit kräftigen Pflanzen, deren Wurzeln
etwa 20—25 cm lang sind; für minder leichten Boden ist eine Länge
der Wurzeln von 15 cm schon ausreichend.

Der ausgewählte Boden soll durchaus nicht nahrungsarm sein, da
sonst die Wurzeln lang und fadenförmig in die Tiefe gehen, die Pflan=
zen selbst aber schwächlich bleiben; Burkhardt empfiehlt ausdrücklich
die Verwendung guten Bodens zu Föhrensaatbeeten. Die Menge von
Nahrungsstoffen, die durch die einjährigen Föhren dem Boden bei
kräftiger Entwicklung der Pflanzen entzogen werden, ist nach Ausweis

---

[1]) Zeitschr. f. F.= u. J.=W. VIII. S. 403.
[2]) In der bayr. Oberpfalz galt dies als Vorschrift.
[3]) Centralbl. 1878. S. 389.
[4]) Burkhardt, Säen u. Pflz. S. 293.

angestellter Versuche (siehe § 23) keine geringe; wo also der Boden an sich nicht kräftig ist, wird schon bei der erstmaligen Benutzung, außerdem aber nach jedesmaliger Wiederholung derselben eine entsprechende Düngung einzutreten haben.

Die Bodenbearbeitung findet bei neuangelegten Kämpen auch bei der Föhre zweimal — im Herbst und Frühjahre — statt, und zwar auf eine Tiefe von etwa 25—30 cm; bei wiederholter Benutzung werden die Beete im Frühjahre nach erfolgter Verwendung der Pflanzen eben so tief umgegraben und gleichzeitig gedüngt, wobei sich für Sandböden namentlich eine Düngung mit guter, humoser Walderde empfiehlt, indem hiedurch gleichzeitig deren physikalische Eigenschaften verbessert werden. — Wünschenswerth ist, daß der Boden sich vor der Ansaat wieder genügend gesetzt hat, und ist dies nicht der Fall, so ist ein Andrücken, bei sehr sandigem Boden selbst ein Antreten desselben zu empfehlen; hiedurch soll dem Trocknen und Wehen des Bodens vorgebeugt und während der Keimperiode das kapillare Aufsteigen der Bodenfeuchtigkeit bis zu den Samen und Keimlingen gesichert werden[1]).

Die Aussaat des Föhrensamens erfolgt stets im Frühjahre und pflegt meist Ende April, in rauheren Lagen auch erst im Mai zu geschehen. Ein in Eberswalde angestellter Versuch[2]), bei welchem in der Zeit vom 27. März bis 22. Mai in Zwischenräumen von je acht Tagen neun neben einander liegende Flächen in ganz gleicher Weise besäet wurden, ergab als Resultat, daß die Mitte April ausgeführte Aussaat die zahlreichsten, gut verwerthbaren Pflanzen lieferte, daß die frühesten Saaten die wenigsten, die spätesten die meisten Abgänge an kümmerlichen Pflanzen ergaben, und daß überhaupt mit Hinausschiebung der Saat die Stärke der Pflanzen, wie deren Wurzelausbildung abnahm. Daß die jeweilige Frühjahrswitterung hiebei eine wesentliche Rolle spielen und ein feuchter Sommer auch bei später Saat ein günstiges Resultat bewirken, umgekehrt ein sehr trockener Sommer diese letztere ganz zu Grunde gehen lassen kann, ist leicht einzusehen — jedenfalls dürfte aber obiger Versuch für zeitige Saat, Mitte April, sprechen. Zu frühe Saaten (März) haben nach Maßgabe jener Versuche auch keinen Zweck, da bei ihnen die Keimruhe in Folge der mangelnden Bodenwärme eine viel längere ist; die Saat vom 27. März brauchte 35, jene vom 24. April nur 20 Tage zur vollständigen Keimung.

---

[1]) Zeitschr. f. F.- u. J.-W. V. 67.
[2]) Das. 1887. S. 10.

Auch der Schütte hat man einen Einfluß auf die Saatzeit ein= räumen wollen; Schwappach gibt an[1]), daß die Infektion der Kiefern= pflanzen durch die Sporen des Pilzes Hysterium pinastri Ende Mai, An= fang Juni erfolge, daß also, wenn um diese Zeit Primordialblätter noch gar nicht vorhanden, nur die im Herbst abfallenden Kotyledonen in= fizirt werden können, und hält hienach die s p ä t e Saat für ein Vor= beugungsmittel gegen die Schütte einjähriger Föhren. Nördlinger da= gegen, welcher die Schütte für eine Folge im Herbst eintretender Frühfröste hält, erklärt[2]) es für sicher, daß späte Saaten mehr durch die Schütte leiden, als frühe, weil die später erscheinenden Pflanzen dann im Herbst noch minder verholzt und gegen Frühfröste empfind= licher sind, so daß hienach f r ü h e Saat angezeigt wäre. — Wir haben hier also zwei sich direkt entgegenstehende Angaben, denen gegenüber wohl an der oben angegebenen normalen Saatzeit festzuhalten sein wird, bis weitere Erfahrungen vorliegen!

Die Güte des meist aus Samenhandlungen bezogenen S a m e n s, der seine Keimkraft gleich dem Fichtensamen mehrere Jahre mit aller= dings ziemlich rascher Abnahme der Keimkraft erhält, erprobt man, wie bei der Fichte angegeben, und stellt an seine Qualität nahezu die gleichen Anforderungen, einen Samen von 70 Prozent Keimkraft als guten, von 40—70 Prozent als mittelmäßigen, von weniger als 40 Prozent als geringen Samen bezeichnend. Samen, der schon drei Jahre alt ist, zeigt meist solch geringere Keimprozente und ist für Saatbeete nicht mehr zu empfehlen; älterer Samen keimt sehr ungleich= mäßig und überliegt bisweilen ins nächste Jahr, und man wird daher stets möglichst frischen Samen verwenden.

Bezüglich des A n q u e l l e n s des Samens gilt für die Föhre das Gleiche, wie für die Fichte, und ebenso bezüglich der Art und Weise der Aussaat: Anwendung des Rillenbretts zur Herstellung schmaler Doppelrillen in 10—12 cm Entfernung, dann von S ä e v o r r i c h = t u n g e n — vergl. hierüber § 55 —, welche bei den oft großen Flächen, welche zur Pflanzenerziehung angesäet werden müssen, von b e s o n d e r e m V o r t h e i l sind; leichtes Decken des Samens, 1 bis 1,5 cm stark und nur bei leichtem, humosem Deckmaterial bis zu 2 cm stark[3]).

Die nöthige Samenmenge beträgt pro Ar 1 bis 1,75 Kilogr.,

---

[1]) Monatsschr. f. d. F.= u. J.=W. 1879. S. 231.
[2]) Centralbl. f. d. F.=W. 1878. S. 391.
[3]) Monatsschr. f. d. F.= u. J.=W. 1875. S. 352.

ersteres wohl als Minimum, letzteres als Regel zu betrachten[1]); unsere eigenen Versuche erwiesen bei Anwendung des bayr. Saatbretts mit nur 10 cm entfernten Doppelrillen ein noch etwas höheres Quantum, als nöthig. Ueber den Einfluß der Samenmenge auf Zahl und Stärke der Pflanzen verweisen wir auf den in § 54 mitgetheilten Versuch von Riebel. Wollte man ausnahmsweise die Pflanzen im Saat=beet zweijährig werden lassen, so müßte man das Samenquantum natürlich mit Rücksicht auf die rasche Entwicklung der jungen Föhre bedeutend ermäßigen, will man nicht spindelige, schwache Pflanzen erziehen.

Den Samen schützt man durch Saatgitter, übergespannte Fäden, Netze und namentlich durch Einweichen in Mennige gegen Vögel, durch Gitter oder zuerst aufgelegtes, nach dem Aufgehen aufgestecktes Reisig Samen und Keimlinge gegen Trockniß und Regengüsse, und verweisen wir bezüglich dieser Schutzmittel auf das in § 57 ff. hierüber Gesagte, ebenso bezüglich des Schutzes gegen die Engerlinge, welche in dem mehr lockeren Boden und den trockenen Oertlichkeiten, die wir für Föhrensaatbeete häufig benutzen und benutzen müssen, zu den ge=fährlichsten Feinden der letzteren gehören. Die befressenen Pflanzen gehen unfehlbar zu Grunde. Auch Werren werden nicht selten in Föhren=saatbeeten lästig und sind zu bekämpfen. — Gegen Spätfröste und Auffrieren bedarf die frostharte und tiefwurzelnde Föhre keinen besondern Schutz, und nur besonders intensive und spät eintretende Spätfröste vermögen auch die Föhre zu schädigen[2]).

Eine wichtige Frage aber ist: Kann man die Saatbeete auch in irgend welcher Weise sicher gegen die so oft und so verheerend auf=tretende Schütte schützen?

Es kann nicht unsere Aufgabe sein, uns hier ausführlich über diese Krankheit und deren wahrscheinliche Ursachen zu verbreiten; — es würde das zu weit führen, und die darüber erwachsene, umfangreiche Literatur ist doch mehr oder weniger jedem Forstmann bekannt. Ander=seits werden aber die etwa in Anwendung zu bringenden Verhütungs=mittel mit der Ursache der Krankheit in so engem Zusammenhang stehen, daß die Erwähnung wenigstens der am meisten vertretenen theoretischen Erklärungen derselben nicht ganz zu umgehen ist.

Wir ziehen von diesen Erklärungen, die nach und nach über das Wesen der Schütte aufgetaucht sind, drei in den Kreis unserer Erwä=gungen: die Frost=, die Pilz= und die Verdunstungs=Theorie.

---

[1] Zeitschr. d. F.= u. J.=W. V. S. 05; VIII. S. 403.
[2] Hartig, Lehrb. der Baumkrankheiten. 1882. S. 127.

Als Vertreter der ersteren erscheinen insbesondere Nördlinger[1]), Alers[2]) und Holzner[3]); dieselben betrachten vor Allem die im Herbst etwa eintretenden Frühfröste als Ursache der Schütte, ebenso aber auch stärkere Winterfröste, denen warmer Sonnenschein folgt. Wäre Frost die alleinige und wirkliche Ursache, so müßte Schutz durch umgebende Bestände, Seitenschutz, welcher die Sonne abhält, rechtzeitige Deckung der Beete mit Schutzgittern oder Aesten ein ziemlich unfehlbares Mittel sein — und viele Versuche mit Deckung der verschiedensten Art, hoch und niedrig, dichter und lichter, wurden denn auch gemacht[4]). Nördlinger selbst aber sagt von solch künstlichen Schutzschirmen, daß sie in einem Falle nützten, im andern nichts halfen, ja, daß unter 1/2 m über den Pflanzen angebrachten Geflechtdecken die Schütte zuerst auftrat. Am besten soll sich stets der lichte Bestandsschirm erweisen (s. o.); dies bestätigt auch Alers, glaubt aber, durch 1 m hoch über den Pflanzen aufgestellte Horden, durch welche die Pflanzen gegen den Einfluß der Sonne im Winter geschützt werden, die Schütte sicher fern halten zu können, wenn die Deckung im Herbst rechtzeitig und vor Eintritt der ersten Fröste angewendet wird.

Zu sichern Resultaten ist man, trotz der mannigfaltigen Versuche mit jeder Art von Deckung, bis jetzt nicht gelangt[5]), und der Umstand, daß zweijährige Föhren im Saatbeet fast unfehlbar schütten, läßt die Frosttheorie immerhin noch etwas zweifelhaft erscheinen.

Nach der von Göppert zuerst aufgestellten, insbesondere von Prantl[6]) und Tursky weiter verfolgten Pilztheorie ist es ein Pilz, Hysterium pinastri, dessen Sporen auf den Nadeln der Föhre keimen, dessen Mycelium, in die Nadeln eindringend, zwischen den chlorophyllhaltigen Zellen fortwächst, das Gewebe lockert und die ganze, von ihm bewohnte Region der Nadel, schließlich diese selbst zum Absterben bringt. Dabei fällt die Infektion der Pflanze anfänglich nicht ins Auge und erst im Herbst macht sich dieselbe wahrnehmbar durch fleckiges Aussehen der Nadel, dem im Frühjahre das Absterben derselben folgt. — Der Pilz findet sich auch auf einzelnen Nadeln älterer Bäume, am meisten aber leiden jüngere Pflanzen und zumal die ein= und zweijährigen Föhren von demselben. Die klimatischen Verhältnisse, die Witterung insbesondere

---

1) Centralbl. 1878. S. 389.
2) Centralbl. 1878. S. 132.
3) Beobachtungen über die Schütte der Kiefer. 1877.
4) Centralbl. 1880. S. 156.
5) Monatsschr. f. d. F.= u. J.=W. 1877. S. 327.
6) Monatsschr. f. d. F.= u. J.=W. 1878. S. 325 u. 433.

zur Zeit der Sporenreife, Ende Mai, Anfang Juni, sind jedenfalls auch von Einfluß auf das mehr oder weniger heftige Auftreten des Pilzes, der Schütte.

Als Vorbeugungsmittel gegen das Auftreten des Pilzes in den Saatbeeten würde aus dieser Theorie das Fernhalten alter, mit Pilzpolstern versehener Nadeln folgen — also das Decken mit Föhrenästen zu unterlassen sein und ebenso die Wiederbenutzung von Saatbeeten, in denen die jungen Föhren schütteten. (Saatbeete in lichten Föhrenbeständen, wie Nördlinger empfiehlt, müßten freilich von dem Pilz besonders leiden!) Wie schon oben erwähnt, hält Schwappach eine späte Saat, welche die Primordialblätter erst nach der Sporenreife erscheinen läßt, für ein Verhütungsmittel.

Auch über diese Theorie und über die auf Grund derselben anzuwendenden Vorbeugungsmittel gegen die Schütte scheinen die Akten noch nicht völlig geschlossen, durch sie nicht a l l e Erscheinungen der Schütte erklärt[1]).

Die dritte Theorie, die V e r d u n s t u n g s = oder V e r t r o c k n u n g s = T h e o r i e, betrachtet die Schütte als Folge eines Mißverhältnisses zwischen der Verdunstung durch die Nadeln und der Wasseraufnahme aus dem Boden. In ganz ähnlicher Weise, wie wir dies bei frisch versetzten Pflanzen im Sommer bei anhaltender Hitze und Trockniß wahrnehmen, sehen wir auch im Spätherbst, Winter und Frühjahre eine plötzliche Bräunung der Nadeln, ein Vertrocknen derselben eintreten, wenn bei gefrorenem oder doch sehr kaltem Boden, der eine Wasseraufnahme durch die Wurzeln nicht ermöglicht, die Nadeln durch Einwirkung der Sonne zu starker Verdunstung angeregt werden. Diese Theorie, zuerst von Ebermayer auf Grund seiner Beobachtungen aufgestellt[2]), später wieder etwas in den Hintergrund gedrängt, wird neuerdings auch von R. Hartig für v i e l e Fälle als Grund der sogenannten Schütte anerkannt[3]). Ein Schutz gegen die Einwirkung der Sonne durch eine Bestandswand, durch Decken der Beete mit Gittern oder Reisig müßte sich hier ebenfalls als zweckmäßig erweisen, wie bei der Frosttheorie; ebenso das rechtzeitige Ausheben und Einschlagen der Pflanzen. So empfiehlt Brettmann[4]), ein Vertheidiger der Ebermayer'=

―――――――――

[1]) Vergl. den Artikel über die neueren, von R. Hartig angestellten Versuche über die Kiefernnadelschütte in Ganghofer, Das forstl. Versuchswesen. Bd. II. S. 352.

[2]) Ebermayer, Die phys. Einwirkungen d. Waldes. S. 251.

[3]) R. Hartig, Lehrbuch der Baumkrankheiten. S. 127.

[4]) Bericht über die 11. Vers. des preuß. Forstver. (auch Zeitschr. f. F.= u. J.=W. 1884. S. 234).

schen Theorie, die Pflanzen sehr zeitig im Frühjahre (Januar, Februar) auszuheben und in ca. 1 m tiefe Gruben von entsprechender Größe einzukellern. Die Pflanzen werden hiebei in kleinen Parthien von 100—200 Stück schräg angeschichtet, die Wurzeln jeder Parthie bis an die Nadeln mit frisch gegrabener, jedoch trockener Erde gedeckt und zu enges Aufeinander-Schichten der Pflanzen vermieden. Sind die Pflanzen eingebracht, so werden die Gruben mittelst Reisig unter Zuhülfenahme übergelegter Stangen gedeckt und diese Decke bei trockenem, klarem Wetter zweckmäßig verstärkt, bei feuchter Witterung gelüftet. Den Erfolg rühmt Brettmann als einen sehr günstigen.

Forstmeister Vosfeldt[1]) gibt, die Frage nach der Ursache der Schütte offen lassend, an, daß es sich sehr bewährt habe, die ein- und zweijährigen (?) Föhrenpflanzen Ende September oder Anfang Oktober vorsichtig herauszunehmen, sie in 70—80 cm erhöhte Beete reihenweise einzuschlagen und mit einer dünnen Laubschichte zu decken; während die nebenan in den Beeten belassenen Kiefern total roth wurden, blieben die eingeschlagenen vollständig intakt und brauchbar.

In neuerer Zeit neigt sich die Ansicht Vieler dahin, daß die Ursachen der Schütte die eine wie die andere der oben angegebenen Schädlichkeiten sein könne; so äußert sich auch R. Hartig[2]) dahin, daß sowohl Vertrocknung wie Pilze die Ursache jener Erkrankung der Föhren sein können. Neue Fortschritte in Erkennung des Uebels sind in den letzten Jahren nicht gemacht worden — doch will uns scheinen, als ob die Schütte in den letzten Jahren auch minder heftig und ausgedehnt aufgetreten sei, als früher, insbesondere auch die Saatbeete, in denen sonst oft Millionen einjähriger Pflanzen durch sie getödtet oder unbrauchbar gemacht wurden, in geringerem Maße heimgesucht habe. (Ist diese Wahrnehmung richtig, dann könnte sie vielleicht für den vorwiegenden Einfluß des Hysterium pinastri, als ein Beweis für die Pilztheorie gedeutet werden — denn die beiden anderen Einflüsse, Frost und Verdunstung, bestehen wohl in unveränderter Weise fort!)

Was die Folgen der Schütte anbelangt, so werden die von derselben befallenen Pflanzen meist als für den Kulturbetrieb verloren zu betrachten sein. Ein großer Theil derselben stirbt gleich direkt ab, und zwar ein um so größerer, je dichter die Pflanzen standen, je schwächer also das einzelne Individuum war; die andern, welche sich erholen, wachsen meist zu kümmerlichen zweijährigen Pflanzen heran, deren Ver-

---

[1]) Jahrb. des schles. Forstver. 1881. S. 29.
[2]) Lehrbuch der Baumkrankheiten. S. 126 ff.

wendung im nächsten Jahre einen jedenfalls sehr zweifelhaften, der
Regel nach aber schlechten Erfolg hat. Häufig schütten sie im zweiten
Jahre wieder und sind dann um so sicherer verloren.

Schüttekranke einjährige Föhren, deren Knospen gesund und kräftig
sind, können nach Alers' Ansicht[1]) und Erfahrungen dann mit Erfolg
verpflanzt werden, wenn sofort nach der Pflanzung fruchtbares Wetter
mit warmem Regen eintritt, so daß die Knospen sich rasch entwickeln
und die Ernährung der jungen Pflanzen mit übernehmen. Gewagt
ist bei der Unsicherheit, der man bezüglich des Wetters ausgesetzt ist,
eine solche Verwendung jedenfalls, und man wird sich daher nur aus=
nahmsweise zu solcher entschließen.

Die Pflege der Föhrensaatbeete besteht in der nöthigen Rei=
nigung und dem entsprechenden Lockern des Bodens, welch' letzteres
bei dem vielfach ohnehin lockern Sandboden, der in einem großen Theil
des eigentlichen Föhrengebietes zu den Saatbeeten verwendet werden
muß, auf eine einmalige Auflockerung beschränkt werden kann, auf bin=
digerem Boden aber wiederholt erfolgt. — Sind die Saaten gar zu
dicht aufgegangen, so ist ein baldiges Verdünnen derselben in der
Weise, daß man in der Mitte der Rille eine Gasse durchrupft, zu
empfehlen.

Länger als ein Jahr läßt man die Föhrenpflanzen zweckmäßiger
Weise nicht im Saatbeet stehen, nachdem erfahrungsgemäß die zwei=
jährigen Saatbeetpflanzen fast stets schütten und dadurch zur Verwen=
dung unbrauchbar werden, außerdem aber auch die Verpflanzung ge=
sunder zweijähriger Saatbeetpflanzen erfahrungsgemäß geringern Erfolg
zu haben pflegt, als diejenige einjähriger Pflanzen. Die starke Wurzel=
entwicklung der erstern macht auch die Pflanzung schwieriger und kost=
spieliger.

Dagegen hat man in neuerer Zeit begonnen, auch die Föhre ein=
jährig zu verschulen, um sie als kräftige, stufige zweijährige
(oder selbst dreijährige) Pflanze nacktwurzelig oder mit Ballen zu ver=
wenden, und wird der Erfolg gerühmt. Wir werden uns daher auch
mit der zur Zeit allerdings mehr ausnahmsweise stattfindenden Ver=
schulung der Föhre zu beschäftigen haben.

Unter gewöhnlichen Verhältnissen reichen wir bekanntlich bei unsern
Kulturen mit dem Föhrenjährling vollständig aus, und die Verschulung
würde hier als eine überflüssige und sehr kostspielige Maßregel zu be=
trachten sein; dagegen hat sich für ungünstige Standortsverhältnisse,

---

[1]) Centralbl. f. d. F.=W. 1878. S. 133.

sowie bei Nachbesserungen die verschulte und dadurch allseitig kräftig entwickelte Föhrenpflanze als ein sehr geeignetes Pflanzmaterial erwiesen, geeignet namentlich als Ersatz für die kostspieligere Ballenpflanzung[1]), für welche in Revieren mit Sandboden zudem nicht selten das Material fehlt.

Die Verschulung, zu welcher kräftige Jährlinge mit etwa 20 cm langen Pfahlwurzeln verwendet werden — noch längere Wurzeln, welche ein normales Einschulen erschweren würden, stutzt man entsprechend ein —, erfolgt im Verband von etwa 10 auf 15 cm nach der Pflanz= leine mit Hülfe eines entsprechend langen und starken Setzholzes, und sollen die Pflanzen bis an die untersten Nadeln in den Boden kommen (eine Regel, die man bekanntlich bei dem Einpflanzen von Jährlingen überhaupt gerne beachtet). Die Pflanzen entwickeln sich sehr kräftig und haben, nach einjährigem Stehen im Pflanzbeet mit entsprechender Vorsicht und namentlich mit sorgfältiger Bewahrung der Wurzeln gegen Austrocknen verpflanzt, nur geringen Abgang; doch wird die einfache Klemmpflanzung (mit Beil, Spaten, Buttlar'schem Eisen) sich für die mit reicher Bewurzelung versehenen Pflanzen nicht empfehlen, sondern Löcherpflanzung vorzuziehen sein[2]), und unbedingt ist letzteres nöthig, wenn die Pflanzen ein zweites Jahr im Pflanzbeet verbleiben. Den verschulten Föhren wird auch nachgerühmt[3]), daß sie von der Schütte verschont bleiben, was sich aber bei den in unserem Garten dahier verschulten Jährlingen nicht bewährt hat; dieselben schütteten vielmehr stark, entwickelten sich aber trotzdem der Mehrzahl nach kräftig und vermochten die Folgen der Krankheit rasch zu überwinden.

In dem Beschneiden der Pfahlwurzeln einjähriger Pflanzen bis auf ein Dritttheil (!) ihrer Länge mit nachfolgender Verschulung will Revierförster Krause ein Mittel gegen die Schütte gefunden haben[4]); zugleich sollen die Pflanzen bei geringer Entwicklung des Stämmchens ein sehr reiches Wurzelsystem erhalten und sich mit großer Sicherheit verpflanzen lassen. Eine so bedeutende Kürzung der Wurzeln will uns aber doch bedenklich erscheinen; das Umbiegen der zu langen Pfahlwurzeln beim Einschulen wird auf solche Weise allerdings sicher vermieden! —

Die auf solche Weise meist auf leichtem Boden in obigem Verband erzogenen Pflanzen werden ballenlos verwendet — aber auch Föhren=

---

[1]) Vergl.: Aus d. Walde. IV. S. 147; Zeitschr. f. F.= u. J.=W. XI. S. 329; Jahrb. des schles. Forstver. 1880. S. 24.

[2]) Zeitschr. f. F.= u. J.=W. XI. S. 331.

[3]) Zeitschr. f. F.= u. J.=W. IX. 555.

[4]) Forstl. Blätter. 1876. S. 383.

ballenpflanzen hat man schon durch Verschulung von Jährlingen er=
zogen[1]). Der Boden muß dann etwas bindender sein und darf selbst=
verständlich nach der Verschulung nicht mehr behackt werden, auch soll
das Unkraut nur ausgeschnitten, nicht ausgezogen werden; auf leichterem
Boden verschult man selbst, um das Stechen von Ballen zu ermöglichen,
ohne vorherige Lockerung nach einfacher Entfernung des Bodenüberzuges.
Die Entfernung der Pflanzen muß für Erziehung von Ballenpflanzen
etwas größer, etwa 16 cm im Quadrat, gewählt werden.

Solche durch Verschulung erzogene zwei= bis dreijährige Ballen=
pflanzen zeichnen sich durch kräftige Entwicklung vor den durch Saat
erzogenen und daher meist in dichterem Stand erwachsenen aus. Selbst=
verständlich kann das Pflanzbeet nur einmal benutzt werden und wird
eine derartige Pflanzenerziehung überhaupt eine etwas kostspielige sein.

Erwähnung möge auch hier noch das von Fischbach[2]) geschilderte
Verfahren der Bildung künstlicher Ballen für einjährige Föhren
finden. Der Arbeiter nimmt die linke Hand voll guter Erde, legt mit
der rechten Hand auf die geebnete Oberfläche ein Pflänzchen so, daß
dessen Wurzeln gut ausgebreitet auf der Erde liegen, deckt mit
der nun frei gewordenen Rechten eine zweite Hand voll Erde auf die=
selben und formt unter mäßigem Drücken einen kleinen, länglichen
Ballen. — Daß solche Pflanzen sehr sicher anschlagen und für un=
günstige Standörtlichkeiten das Gedeihen der Kultur sichern, läßt sich
wohl denken; lange Wurzeln dürfen aber die Jährlinge erklärlicher
Weise nicht haben, da dieselben sonst in einem solchen Ballen nicht
unterzubringen sind.

Auch die Verwendung einjähriger Föhrenballenpflänzchen,
auf nur oberflächlich durch Uebereggen gelockertem Boden mittelst Saat
erzogen und mit sehr kleinem, 4—8 cm im Durchmesser haltendem
Ballen gestochen, wurde als sicheres, billiges und ebenfalls durch die
Schütte minder gefährdetes Verfahren empfohlen[3]).

Im Uebrigen möge bezüglich der Gewinnung von Föhren=Ballen=
pflanzen, die bei Bedarf an besonders starken Pflanzen auch durch volle
Ansaat geeigneter Flächen und Ausstechen in 3—5jährigem Alter ge=
schieht, auf Abschnitt V verwiesen sein. Aelter als vier Jahre läßt
man solche Pflanzen jedoch nicht werden, indem sonst beim Stechen der
Pflanzen die schon stark entwickelte Pfahlwurzel abgestochen werden

---

[1]) Zeitschr. f. F.= u. J.=W. IX. S. 555.
[2]) Monatsschr. f. b. F.= u. J.=W. 1871. S. 201.
[3]) Monatsschr. f. b. F.= u. J.=W. 1879. S. 388.

muß, wodurch einerseits das Gedeihen der Pflanze beeinträchtigt, anderseits in Folge der durch das Abstoßen bedingten Prellung nicht selten das Zerfallen der Ballen bei minder bindendem Boden hervorgerufen wird.

§ 117.

Die Lärche.

Ursprünglich vorwiegend ein Baum des Gebirges, in Deutschland namentlich der Alpen, ist die Lärche seit etwa 100 Jahren durch Kultur fast über ganz Deutschland verbreitet worden. In der raschwüchsigen, ohne große Schwierigkeit anzubauenden Holzart glaubte man das beste Mittel zu sicherer und ertragsreicher Aufforstung vieler Flächen, zur Nachbesserung von Lücken, zur Erziehung werthvollen Nutzholzes gefunden zu haben, und ausgedehnter Anbau war die Folge dieser Ansicht.

Aber nicht überall hat die Lärche diesen Hoffnungen entsprochen — im Gegentheil hat man vielen Orts recht bedauerliche Erfahrungen mit derselben gemacht. Der anfänglich freudige Wuchs der Pflanzen und Stämme ließ bald früher, bald später nach, dieselben überzogen sich mit Flechten, kümmerten und kränkelten, zuletzt absterbend und mißliche Lücken in den Beständen zurücklassend. Eine als „Lärchenkrankheit" bezeichnete und insbesondere von Reuß[1]) näher besprochene Krankheit ließ dieselben oft in Menge frühzeitig absterben. Die Lärchenmotte (Coleophora laricella) entnadelte dieselbe oft in sehr bedeutendem Maße, Pilzkrankheiten (Peziza Willkommii) befielen die Stämmchen und Stangen, dieselben in kränkelnden Zustand versetzend oder ganz tödtend[2]) — kurz, man fand sich vielfach enttäuscht und unterließ wohl den Anbau der werthvollen und immerhin in vielen Oertlichkeiten gedeihenden Holzart ganz, statt sich auf die Wahl der richtigen Oertlichkeit mit ihrer Nachzucht zu beschränken.

Es kann hier nicht unsere Aufgabe sein, näher anzugeben, welches die richtige Oertlichkeit für Nachzucht der Lärche und welches der rechte Platz für sie innerhalb unserer Bestände sei. In letzterer Beziehung möchten wir nur berühren, daß sie im Laub- und Nadelholz-Hochwald[3]) als einzeln eingesprengte vorwüchsige Pflanze, bei der Verwendung zu Schlagnachbesserungen aber nur auf Lücken von solcher Größe, daß sie nicht durch Seitenbeschattung leidet, am Platze ist; daß sie im

----

[1]) Die Lärchenkrankheit. 1870.
[2]) Vergl. hierüber insbes. R. Hartig, Lehrbuch der Baumkrankheiten. S. 118 ff.
[3]) Im Spessart wendet man der Einsprengung der Lärche in die Buchenschläge besonderes Augenmerk zu.

Mittelwald sich zu Oberholz vorzüglich eignet[1]) und hier größere Verbreitung verdient, als wohl bisher der Fall gewesen; daß sie endlich als vorwüchsiges Schutz- und Schirmholz zur Nachzucht empfindlicher Holzarten an ungeschützten Orten mit gutem Erfolg verwendet werden kann.

Wo es sich nun um Lärchennachzucht handelt, da werden wir es stets mit künstlicher Nachzucht zu thun haben, wenn auch vielleicht da, wo ältere Lärchen stehen, sich im Lichtschlag des Hochwaldes oder auf den Lücken des Mittelwaldschlages einiger natürlicher Anflug zeigt.

Zu solch' künstlicher Nachzucht wurde nun früher vielfach die Saat benutzt, sei es, daß man Plattensaaten zur Einsprengung anwandte, oder in Nadelholzstreifensaaten je den dritten, vierten Streifen mit Lärchensamen ansäete, sei es — und dies war nach unsern Wahrnehmungen der häufigere Fall — daß man Fichten-, Föhren- und Lärchensamen in verschiedenem Verhältniß mengte und gemeinsam aussäete.

Das eine, wie das andere Verfahren hatte aber entschiedene Nachtheile. Im ersteren Falle überwuchsen die Lärchenstreifen ihre Nachbarn und insbesondere die Fichtenstreifen oft in solchem Maße, daß diese letztern im Wuchse stockten, während eine Entfernung der Lärchen doch nicht gut ohne Verursachung von Lücken zulässig war; im letzteren Falle dominirten ebenfalls die Lärchen entweder mehr, als wünschenswerth war, oder sie litten, vereinzelter stehend, in der dichten Umgebung der gleichalten Föhren unter Seitenbeschattung — kurz, die Resultate waren fast stets wenig günstig. So ist jetzt die Pflanzung als entschieden vorwiegende Kulturmethode für die Lärche in den Vordergrund getreten; die oben angegebenen Verwendungsarten der Lärche bedingen dieselbe ohnehin fast ausschließlich, und der Umstand, daß sich die Lärche bei entsprechender Vorsicht in jedem Alter, von der einjährigen Pflanze bis zum Heister hinauf, verpflanzen läßt, hat der Anwendung der Pflanzung noch weiteren Vorschub geleistet. Die Lärche zeigt in letzterwähnter Beziehung, wie in ihrem alljährlichen Laubabwurf, der fehlenden Quirlbildung, der Fähigkeit zur Entwicklung von Stammsprossen eine entschiedene Aehnlichkeit mit den Laubhölzern.

Die Oertlichkeit für einen Saatkamp wird nach den allgemeinen Regeln gewählt und soll der Boden nicht zu gering sein — die Lärche ist entschieden anspruchsvoller als die Föhre. Seitenschutz ist wohlthätig, aber nicht unbedingt nöthig, Seitendruck unter allen Umstän-

---

[1]) In den Mittelwaldungen bei Aschaffenburg (am sogen. Hahnenkamm) wird die hier auf dem kräftigen Gneußboden gut gedeihende Lärche mit Vorliebe als Oberbaum benutzt. Siehe auch Burkhardt, Säen u. Pflz. S. 416.

den bei der lichtfordernden Lärche zu meiden, und liegt ein Forstgarten unter dem Seitenschutze eines älteren Bestandes, so werden wir der Lärche stets die von der Bestandswand entfernteren Beete zuweisen.

Die Bodenbearbeitung erfolgt nicht zu seicht, und dürfte eine Tiefe derselben von etwa 30 cm die entsprechende sein.

Der Samen der Lärche zeigt manche Eigenthümlichkeiten. Vor Allem besitzt er eine andern Holzarten gegenüber sehr geringe Keim=kraft, mit einer solchen von 40 Prozent pflegt man schon zufrieden zu sein, und 30 Prozent sind, zumal bei nicht ganz frischem Samen, nicht selten. Der Grund hiefür ist wohl theilweise darin zu suchen, daß die Lärche schon frühzeitig Samen zu tragen beginnt, ein großer Theil des von solchen jüngern Bäumen produzirten Samens aber taub ist, jedoch gleichwohl mit in den Handel gelangt[1]). Bezüglich der Auswahl des Samens scheint überhaupt Vorsicht geboten; so weist Burkhardt[2]) darauf hin, daß der ausgezeichnete Wuchs der oldenbur=gischen Lärchenbestände wohl der Sorgfalt zu verdanken sei, mit der man nur Samen möglichst vollkommener Mutterstämme benutze, und Reuß behauptet, daß die schon oben erwähnte Lärchenkrankheit, wie der bald nachlassende schlechte Wuchs so vieler Lärchen überhaupt da=mit zusammenhänge, daß Samen von schlechten Beständen in un=passenden Oertlichkeiten gesammelt und in den Handel gebracht werde. Letzterer will daher Samen aus den Alpenregionen, in denen die Lärche ihre natürliche Heimath habe, verwendet wissen — während eine andere Stimme[3]) gerade diesen Samen als für das übrige Deutschland un=passend bezeichnet, wo möglich nur Samen von bei uns normal erwachsenen Stämmen anwenden will. (Vergl. § 44.)

Die Keimkraft des Lärchensamens prüfen wir in gleicher Weise, wie jene des Föhren= oder Fichtensamens: durch Lappen= oder Scherbenprobe, in Keimapparaten.

Eine weitere Eigenthümlichkeit des Lärchensamens ist ferner sein ungleichmäßiges Laufen; bei etwas trockner Frühjahrs=Witterung pflegt viel Samen im zweiten Jahre nachzukeimen, und in dem auf den sehr trockenen Sommer des Jahres 1881 gefolgten feuchten Herbst hat hier der im Frühjahre gesäete Samen theilweise im August und September gekeimt. Burkhardt[4]) und ebenso E. Heyer und andere Pflanzenzüchter empfehlen daher ein Einquellen des Samens in Wasser,

---

[1]) Reuß, Die Lärchenkrankheit.

[2]) Säen u. Pflz. S. 420.

[3]) Monatsschr. f. d. F.= u. J.=W. 1867. S. 301.

[4]) Säen u. Pflz. S. 419.

rein oder mit etwas Kalk oder Salzsäure versetzt, für den Lärchen=
samen ganz besonders und darf der Samen längere Zeit, selbst bis
zu 14 Tagen, im Wasser liegen; andern Orts schlägt man ihn zu
gleichem Zweck in feuchte Erde ein. Oberförster v. Lassaulx beschreibt[1])
sein erprobtes Verfahren folgendermaßen: Der Samen wird in einem
Gefäß mit Wasser übergossen, bis letzteres über dem Samen steht;
ist alles Wasser aufgesaugt, so schüttet man den Samen auf gedielten
Boden, rührt ihn täglich um, und wenn sich die ersten Keimspitzchen
zeigen, nimmt man die Aussaat vor, nachdem man behufs leichteren,
gleichmäßigen Säens und um das Ballen des nassen Samens zu ver=
meiden, den Samen mit feiner, trockner Erde gemischt.

Auf die Menge des pro Ar zu verwendenden Samens ist neben
der geringen Keimkraft auch noch der Umstand von Einfluß, daß der
Lärchensamen stets mit viel Schuppenresten (in Folge der jetzt üblichen
Gewinnungsart) vermischt zu sein pflegt, ein Umstand, der ebenfalls
Erhöhung des Samenquantums bedingt; in Weiterem wird die Art
und Weise der Ansaat — breitwürfig oder in Rillen —, in letzterem
Falle die Entfernung der Rillen von einander von Einfluß auf die
Samenmenge sein. Burkhardt gibt dieselbe für Vollsaat auf vier, für
Rillensaat auf 2 Kilogr. pro Ar an, während unsere eigenen Versuche
über die nöthigen Samenquantitäten für die Ansaat mit dem bay=
rischen Rillenbrett einen, den Burkhardt'schen nicht unwesentlich über=
steigenden Bedarf (bis 3 Kilogr.) ergaben.

Die Ansaat der Saatbeete erfolgt im Frühjahre, wobei zei=
tige Aussaat namentlich für den nicht angequellten Samen empfohlen
wird, um demselben die Frühjahrsfeuchtigkeit zu sichern. Burkhardt
empfiehlt breitwürfige Saat, bei welcher der gut bearbeitete Boden
zuerst wieder etwas angedrückt und dann, nach erfolgter Ansaat der
Samen bis zum Verschwinden, mit guter Erde übersiebt wird. Beim
Ausjäten soll dann zugleich der da oder dort zu dichte Pflanzenstand
gelichtet und hiedurch das Gedeihen der Pflänzchen gefördert werden.

Wenn nun gleich die breitwürfige Saat manchen Vortheil durch
mehr vereinzelten Stand der Pflanzen bieten mag, so halten wir doch
auch bei der Lärche die Vortheile der Rillensaat (siehe § 48) für
überwiegend, haben dieselben auch an den meisten Orten in Anwendung
gefunden. Die Entfernung der Rillen wird einigermaßen dadurch be=
dingt, ob man die jungen Pflanzen ein= oder zweijährig verwenden
will; im ersteren Falle genügt eine Entfernung der Rillen von 10 bis
15 cm, im andern wird eine solche von 20—25 cm vorzuziehen sein.

---

[1]) Zeitschr. f. d. F.= u. J.=W. V. S. 85.

Das Eindrücken der Rillen — am besten schmaler Doppel-rillen — erfolgt in gleicher Weise, wie bei Fichten und Föhren, und können zur Saat dieselben Säevorrichtungen in Anwendung kommen.

Das Decken des Samens erfolgt mit lockerer Erde oder mit Rasenasche etwa 1 cm stark; Baur[1]) gibt auf Grund seiner Versuche an, daß die Lärche gegen eine stärkere oder zur Verkrustung geneigte Decke empfindlich sei und eine schwächere Bedeckung als Fichte und Föhre liebe.

Ein Decken der angesäeten Beete mit Nadelholzästen, die nach er-folgtem Aufgehen zu beiden Seiten des Beetes aufgesteckt werden, oder mit Schutzgittern ist — wie zum Schutz gegen Vögel und Regengüsse — so zur Erhaltung der Feuchtigkeit sehr zu empfehlen und nament-lich bei eingequelltem Samen nöthig.

Die Pflege der Lärchensaatbeete erfolgt während des Sommers durch Jäten und Lockern. Durch Wild sind die jungen Lärchen während des Winters nur wenig gefährdet, und wo weder Hochwild, noch Sauen, läßt sich die Lärche mit Fichte und Föhre in uneinge-friedigten Kämpen erziehen. Gegen Spätfröste ist die Lärche zwar nicht gerade empfindlich, aber doch auch nicht so unempfindlich, wie Fischbach angibt[2]), und nach Burkhardts Mittheilung[3]) ist es nament-lich der im Moment des Laubausbruches, der ja sehr frühe erfolgt, eintretende Spätfrost, der sie schädigt, im Wuchs zurücksetzt; werden die Pflanzen daher nicht schon einjährig verpflanzt oder verschult, so ist die Anwendung von Pflanzgittern immerhin auch für die Lärche zu empfehlen.

Unter günstigen Umständen erreicht die junge Lärche schon im ersten Lebensjahre eine Höhe von 20—25 cm, und kann entweder im Spätherbst — und ihr frühzeitiges Ausschlagen im Frühjahre läßt Herbstpflanzung für sie nicht selten als zweckmäßig erscheinen — oder im nächsten Frühjahre bereits zur Verwendung kommen. Häufiger aber läßt man sie zwei Jahre im Saatbeet stehen, und geringe Entwicklung im ersten Jahre oder das Bedürfniß etwas kräftigerer Pflanzen nöthi-gen selbst hiezu; länger als zwei Jahre läßt man sie nicht im Saat-beet, da die sich rasch entwickelnden Pflanzen sich gegenseitig zu sehr beengen, sondern greift, wenn man noch stärkere, bis 1 m hohe Pflan-zen wünscht, wie man sie etwa zur Einpflanzung in schon stärkere Laub-

---

1) Monatsschr. f. d. F.- u. J.-W. 1875. S. 355.
2) Praktische Forstwirthsch. S. 207.
3) Säen u. Pflz. S. 414.

holzschläge oder in Mittelwaldungen bedarf, zur Verschulung, die
übrigens bei der Lärche in minderem Maße, als bei Fichte und Tanne
Platz zu greifen pflegt.

Zur Verschulung verwendet man wohl ausschließlich einjäh=
rige Pflanzen, die dann zwei Jahre im Pflanzbeet stehend zu meter=
hohen, kräftigen Pflanzen heranwachsen. Die Verschulung muß früh=
zeitig erfolgen, da deren Vornahme nach Aufbruch der Knospen be=
denklich ist[1]) und bei eintretender trockner Witterung bedeutenden
Abgang zur Folge haben kann — wir sehen auch hier wieder eine
Verwandtschaft mit dem Laubholz! Durch frühzeitiges Ausheben der
Pflanzen und Einschlagen derselben an kühlem, schattigem Ort kann
man dem zu frühen Treiben, sowie der Spätfrostgefahr für dies
Frühjahr vorbeugen (ein Verfahren, das auch unter Umständen für
die Auspflanzung ins Freie zu empfehlen ist). — Die Verschulung
darf mit Rücksicht auf die rasche Entwicklung der Lärche, namentlich
auch auf deren kräftige, allseitige Beastung nicht zu eng erfolgen,
etwa im Verband von 20 auf 30 cm; ja Burkhardt empfiehlt sogar
24 auf 36 cm.

Bei der Verschulung, die mit starkem Setzholz erfolgen kann, kürzt
man nöthigenfalls die Pfahlwurzeln etwas, wenn dieselben allzulang
entwickelt sind.

Die Pflege der Pflanzbeete bietet nichts Besonderes, erfolgt durch
Reinigen von Unkraut und Lockern des Bodens im ersten Jahre,
während im zweiten in Folge der raschen Entwicklung der Lärche ersteres
nicht mehr nöthig und letzteres oft nicht mehr möglich sein wird. —
Auch den Pflanzbeeten werden Spätfröste gefährlich, wenn sie intensiv
und zur kritischen Zeit eintreten; sie setzen die Pflanzen im Wuchs
zurück und, zwei Jahre einander folgend, bringen sie die Pflanzen fast
zum Verkrüppeln. Schutzgitter werden auch gegen diese Gefahr in An=
wendung gebracht werden können, doch geschieht dies, da die Lärche
doch nicht zu den empfindlichsten Pflanzen gehört, bei verschulten Lär=
chen wohl seltener.

Noch stärkerer Pflanzen, Lärchenheister, wird man nur ausnahms=
weise im Forsthaushalt bedürfen; wo aber die Verwendung solch'
starken (und kostspieligen!) Materiales aus besondern Rücksichten ange=
zeigt erscheint[2]), verschult man die im Pflanzbeet erzogenen dreijährigen,

---

[1]) Fischbach, Prakt. Forstwirthschaft. S. 207.

Auch wir haben mit etwas später Lärchen=Verschulung schlechte Erfahrungen
gemacht!

[2]) Wir haben solche im Wildpark in Verwendung gefunden.

meterhohen Pflanzen unter Auswahl der schönsten und kräftigsten Stämmchen noch einmal in etwa 70—80 cm Quadratverband, kürzt hiebei zu weit ausstreichende Seitenwurzeln entsprechend ein und stutzt zu lange Seitenäste, behandelt die Pflanzen also wie Laubholz=Pflänz= linge. Nach 2—3jährigem Stehen im Heisterkamp haben dieselben die nöthige Höhe und Stärke erreicht und können bei entsprechender Vor= sicht mit gutem Erfolge verpflanzt werden. — Unverschulte Lärchen von größerer Stärke, etwa aus alten Saatbeeten oder Saaten, zu ver= pflanzen, pflegt um der mangelhaften Wurzelbildung und fehlenden richtigen Beastung willen meist schlechten Erfolg zu haben: das hatte wohl auch Pfeil im Auge, wenn er die Lärche als nur in ganz jugend= lichem Alter verpflanzbar erklärt[1]).

§ 118.

Die Schwarzkiefer.

Die Heimath dieser Holzart ist bekanntlich eine sehr eng begrenzte; Niederösterreich, die Vorberge in Kärnten und Steiermark allein beher= bergen sie in größerer Ausdehnung, während sie in den südlichen Alpenländern, in Kroatien und Dalmatien, nur wenig mehr angetroffen wird[2]). Eine Reihe vorzüglicher Eigenschaften: große Genügsamkeit bezüglich des Standortes, insbesondere Gedeihen auch noch auf trocknem, hitzigem (Kalk=) Boden, Unempfindlichkeit gegen Fröste, geringe Gefähr= dung durch Wild und Insekten, starker Nadelabwurf — haben aber schon seit längerer Zeit[3]) die Aufmerksamkeit der Forstleute auf sie gelenkt, sie namentlich als eine Holzart erscheinen lassen, welche zur Aufforstung trockener, steiniger, flachgründiger Standorte beson= ders geeignet ist. Namentlich sind es die bei unvorsichtiger Abholzung so leicht verödenden, so schwer wieder in Bestockung zu bringenden Kalkgehänge, für welche die kalkliebende Schwarzkiefer ein Mittel zur Wiederbestockung bietet, und so sehen wir denn dieselbe nun viel= fach auch außerhalb der oben angegebenen natürlichen Grenzen ihrer Verbreitung angebaut. Fast ausschließlich ist es aber dann wohl die Pflanzung, welche zur Aufforstung angewendet wird, und so ist die Erziehung der Schwarzkiefer im Saat= oder Pflanzbeet da und dort Aufgabe des Forstmannes.

Bezüglich der Wahl der Oertlichkeit und Zurichtung der

---

[1]) Deutsche Holzzucht. S. 528.
[2]) v. Seckendorff, Mitth. a. d. östr. Verf.=W. I. S. 116.
[3]) Vergl. die Broschüre: Graf Uxkull-Gyllenbrand, Die Schwarzkiefer. 1845.

Saatbeete gelten die allgemeinen Regeln; auf Seitenschutz irgend wel=
cher Art ist bei der gegen Frost wie Hitze nahezu unempfindlichen
Schwarzkiefer wenig Rücksicht zu nehmen, und da keinerlei Wild die=
selbe gefährdet, so kann ihre Erziehung auch im uneingefriedigten
Kamp erfolgen.

Der Samen der Schwarzkiefer, welcher wohl ausschließlich aus
deren Heimath, Niederösterreich, bezogen wird, gehört nach unsern Er=
fahrungen zu den keimkräftigsten Samenarten; — auch Burkhardt gibt
dessen Keimfähigkeit bei guter Behandlung auf 90 Prozent an. Es ist
dies bei der Aussaat wohl zu beachten und zu dichte Saat im Inter=
esse der kräftigen Entwicklung der Pflanzen zu vermeiden. Burkhardt
rechnet 3,5 Kilogr. als das pro Ar zu verwendende Quantum, unsere
eigenen Versuche ergaben einen Bedarf bis zu 5 Kilogr.

Die Aussaat der Schwarzkiefer erfolgt in gleicher Weise, wie
beim Föhrensamen: im Frühjahre, in eingedrückte Doppelrillen,
deren Entfernung mit Rücksicht darauf, daß die Pflanzen fast stets
einjährig verwendet oder verschult werden, 10—12 cm nicht zu über=
steigen braucht, und mit einer 1½ bis 2 cm starken Bedeckung mit
gutem, lockerem Boden. Durch Schutzgitter oder Bedecken mit Nadel=
holzästen gibt man dem Samen den nöthigen Schutz gegen Trockniß
während der Keimperiode und gegen Vögel, gegen letztere etwa auch
durch Mennige (§ 67). Fink[1]) empfiehlt späte Saat, im Mai, um
durch rasches Aufgehen die Gefährdung des Samens durch Vögel zu
vermindern — wir geben eben genannten Mitteln den Vorzug.

Ein Einquellen des Samens ist unnöthig, ja nach einem von
Dr. Möller angestellten Versuch[2]) scheint dasselbe für den Schwarz=
kiefernsamen sogar leicht nachtheilig zu werden, indem bei 36—40
Stunden dauerndem Einweichen das Keimprozent von 70 auf circa
45 Prozent zurückging.

Die sich kräftig entwickelnden Pflanzen, die schon im ersten Lebens=
jahre eine tiefgehende Pfahlwurzel zeigen, hierin unserer gewöhnlichen
Föhre gleichend, werden entweder einjährig ins Freie ausgepflanzt,
oder wenn man stärkere, reichbewurzelte Pflanzen bedarf, verschult. Nur
einigermaßen dicht stehend, zeigen sie außerdem im zweiten Jahre ihres
Verbleibens im Saatbeet schon einen ganz entschiedenen Rückgang in
der Entwicklung; dagegen wachsen sie, im Abstand von etwa 15 auf
20 cm verschult und zwei Jahre im Pflanzbeet verbleibend, zu sehr

---

[1]) Allgem. F.= u. J.=Z. 1873. S. 215.
[2]) v. Seckendorff, Mitth. a. d. östr. Versf.=W. I. S. 118.

kräftigen, stufigen Pflanzen heran, die mit gutem Erfolge ballenlos zur Bepflanzung ungünstiger Oertlichkeiten verwendet werden. Sie im Pflanzbeet noch stärker werden zu lassen, dürfte nicht räthlich erscheinen, ihre Verpflanzung nur kostspieliger und unsicherer machen.

Das Verschulen erfolgt mit starkem Setzholz und ist, bei den oft sehr langen Wurzeln, Bedacht auf das Vermeiden von Umstülpungen und Verkrümmungen derselben zu nehmen. Ein Einstutzen allzulanger Wurzeln wird zu empfehlen sein.

Die Pflege der Saat= und Pflanzbeete bietet keinerlei Besonder= heiten; Schutz gegen Hitze, Spätfröste, Barfrost ist bei der gegen Temperaturextreme unempfindlichen, langwurzeligen Schwarzkiefer nicht nöthig.

Enthält der Boden, auf welchem man die Pflanzen erzieht, wenig Kalk, so dürfte sich eine Kalkdüngung vor der Ansaat oder Verschulung bei der eine besondere Vorliebe für Kalkboden zeigenden Schwarzkiefer besonders empfehlen.

§ 119.

Die Weymouthskiefer.

Dieser schöne Baum, zu Anfang des vorigen Jahrhunderts bei uns aus Nordamerika eingeführt und nun völlig acclimatisirt, ist ent= schieden die wichtigste unter den ausländischen Holzarten, die man in unsern deutschen Waldungen einzubürgern gesucht hat, und seine forst= liche Bedeutung wird wohl vielfach noch zu wenig beachtet. Der ge= ringe Werth des Holzes wird meist als Grund dieser Nichtbeachtung angegeben, — und doch ist die Verwendbarkeit desselben als Nutzholz eine gar mannigfaltige[1]), wenn auch von jener unserer einheimischen Nadelhölzer verschiedene; auch sonstige gute Eigenschaften mancher Art lassen sich zu Gunsten der Weymouthskiefer hervorheben, und sie hat denn auch schon manchen warmen Vertreter gefunden[2]). Ihre Schnellwüchsig= keit, ihre Genügsamkeit bezüglich der Bodengüte, ihr starker Nadel= abwurf, ihre Unempfindlichkeit gegen Frost jeder Art stellen sie an die Seite der Föhre, vor welcher sie aber die mindere Gefährdung durch Duft= und Schneebruch in höheren Lagen, ein viel höheres Schatten= erträgniß und in Folge letzterer Eigenschaft auch die Erhaltung eines dichteren Schlusses im reinen Horst oder Bestand voraus hat. Diese

---

[1]) Burkhardt, Säen u. Pflz. S. 427.

[2]) Monatsschr. f. d. F.= u. J.=W. 1866. S. 251. Monatsschr. f. d. F.= u. J.=W. 1867. S. 294. Bericht über die XII. Versammlung deutscher Forstmänner zu Straßburg. 1883.

Eigenschaften, verbunden mit hoher Massenproduktion, sind wohl geeig=
net, der Weymouthskiefer einen, wenn auch bescheidenen Platz, in
unserem deutschen Wald zu sichern; im Park hat sie sich denselben
durch ihren Habitus, durch ihre zierliche Benadelung längst gesichert.

Vielfach haben, wie schon berührt, diese Vorzüge denn auch bereits
Anerkennung gefunden, und wir finden die Weymouthskiefer nicht selten
als eine Bewohnerin unserer Forstgärten, da deren Anbau mit Rück=
sicht auf den theuern Samen, die Sicherheit der Verpflanzung und die
in der Regel bestehende Absicht, sie den Schlägen nur beizumischen,
lediglich durch die Pflanzung zu geschehen pflegt.

Die Aussaat des nicht selten nur mäßige Keimprozente zeigenden
starken Samens erfolgt stets im Frühjahre, und kann ganz in gleicher
Weise, wie bei der gewöhnlichen Föhre, geschehen. Man sät ihn dem=
nach in schmale Doppelrillen, die je 10—12 cm von der nächsten
Doppelrille entfernt sind, und drückt die Rillen so tief ein, daß der
Samen eine Bedeckung von 1,5—2 cm erhält; der Samen kann eben=
falls mittelst einfacher Säevorrichtungen — Saatbrett — gesäet werden
und bedarf man pro Ar etwa das doppelte Quantum, als bei der
Föhre, Dank seiner viel bedeutenderen Größe. Der Samen keimt minder
sicher als jener der Föhre, liegt bisweilen wenigstens theilweise ein volles
Jahr bis zur Keimung im Boden, was in der Mischung alten und
frischen Samens seinen Grund haben dürfte, und wird vor Allem
durch anhaltende Trockniß in seiner Keimkraft beeinträchtigt[1]), wes=
halb Erhaltung der Feuchtigkeit durch Decken mit Aesten, Stroh oder
durch Anwendung von Schutzgittern angezeigt erscheint; durch diese
Mittel wird gleichzeitig der Samen gegen Vögel geschützt. Einweichen
des Samens zeigt ebenfalls guten Erfolg. Auch die noch schwache
Pflanze ist gegen Trockniß empfindlicher, als jene der Föhre, hinter
welcher sie überhaupt im ersten Lebensjahre bezüglich der Entwicklung
des Stämmchens und mehr noch der Wurzeln nach unsern Erfah=
rungen etwas zurückbleibt.

Mit Rücksicht auf den wünschenswerthen Schutz gegen Trockniß wird

---

[1]) Im trocknen Sommer 1887 keimte der Weymouthskiefernsamen in einem
kleinen Beet unseres botanischen Gartens, woselbst tägliches Begießen erfolgen
konnte, vorzüglich auf, während derselbe Samen in den Saatbeeten im Walde,
wo dies Gießen nicht möglich war, vollständig versagte. — Es würde diese Erfah=
rung für die von Fischbach empfohlene Methode (Forstw. Centralbl. 1882. S. 397)
der Aussaat des Weymouthskiefernsamens in Frühbeetkästen sprechen, wenn sich
dem im Forstbetrieb nicht doch oft größere Schwierigkeiten entgegen stellten.

man den Weymouthskiefer-Saatbeeten im Forstgarten gerne einen gegen die grelle Einwirkung der Mittagssonne geschützten Platz zuweisen.

Bisweilen pflanzt man nun solche einjährige oder besser zweijährige Weymouthskiefern direkt aus dem Saatbeet ins Freie; öfter aber, und namentlich wenn man dieselben zur Lückenpflanzung in Schläge oder auf in der Oberfläche stark vermagertem Boden verwenden will, verschult man sie zur Erziehung kräftiger, gut bewurzelter Pflanzen.

Zur Verschulung verwendet man am besten einjährige Pflanzen, die man mittelst des Setzholzes in Entfernungen von 15 auf 15 oder 15 auf 20 cm einschult, was bei der noch geringen Wurzelentwicklung rasch und sicher vor sich geht. Sie schlagen leicht an, entwickeln im ersten Jahre einen nur mäßigen, im zweiten aber einen kräftigeren Höhentrieb nebst entsprechendem Astquirl und haben als vierjährige, kräftige, zwischen 30 und 40 cm hohe Pflanzen die zum Auspflanzen nöthige und zweckmäßige Stärke erreicht. Zwar lassen sich auch noch stärkere Weymouthskiefern ballenlos mit Erfolg verpflanzen, doch wird dies nur ausnahmsweise geschehen.

Schutz und Pflege der Weymouthskiefer im Saat- und Pflanzbeet bieten keine Besonderheiten. Weder Spät- noch Frühfrost werden den Pflanzen gefährlich, und gehört die Weymouthskiefer zu unsern frosthartesten Holzarten[1]); auch gegen Trockniß sind die Pflanzen vom zweiten Lebensjahre an wenig empfindlich. Dagegen leiden dieselben sehr durch Verbeißen seitens des Rehwildes, und wird man daher bei Vorhandensein eines, wenn auch geringen Rehstandes zur Erziehung der Pflanzen in eingefriedigtem Kamp genöthigt sein. An den verschulten drei- und vierjährigen Pflanzen unseres Forstgartens fanden wir endlich wiederholt eine Kothsackblattwespe (Lyda campestris) in größerer Menge, die übrigens durch Abstreifen der Kothsäcke leicht zu entfernen war.

---

[1]) Bericht der XII. Vers. deutscher Forstmänner zu Straßburg. 1883. S. 106.

Pierer'sche Hofbuchdruckerei. Stephan Geibel & Co. in Altenburg.